Jörg Sommer
Michael Müller
(Hrsg.)

Uas 62 Unt

Unter
2 Grad?

Was der Weltklimavertrag
wirklich bringt

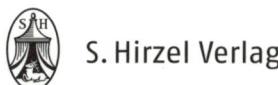

S. Hirzel Verlag

Danksagung der Herausgeber

Die Herausgeber danken Dr. Harald Kohl, Leiter des Energieforschungsreferates im Bundesministerium für Umwelt und Bauen (BMUB) sowie den Mitarbeitern der Deutschen Umweltstiftung Hans Gilly, Fabienne Gropengießer, Julia Hübner, Saskia Letz, Thea Luise Uhlich und Maximilian Wiessner für ihre engagierte Unterstützung bei der Realisierung dieses Buchprojektes.

Website: Weitere Informationen, unter anderem die Grafiken aus diesem Buch, finden Sie im Internet unter www.unter2grad.de.

Bibliografische Information der Deutschen Nationalbibliothek
Die Deutsche Nationalbibliothek verzeichnet diese Publikation in der Deutschen Nationalbibliografie; detaillierte bibliografische Daten sind im Internet über http://dnb.d-nb.de abrufbar.

ISBN 978-3-7776-2570-6 (Print)
ISBN 978-3-7776-2573-7 (E-Book, PDF)

© 2016 S. Hirzel Verlag
Birkenwaldstraße 44, 70191 Stuttgart
Printed in Germany
Grafiken: Celin Sommer (www.celin.design)
Einbandgestaltung: deblik, Berlin
Satz: abavo GmbH, Buchloe
Druck & Bindung: Kösel, Krugzell

Gedruckt auf Munken Premium cream, holzfreie Qualität mit 1,75-f. Volumen, FSC-zertifiziert.

www.hirzel.de

Inhaltsverzeichnis

Zum Geleit 7

Der Klimawandel braucht eine Weltinnenpolitik. 8

Das Gebot unserer Zeit: eine sozial-ökologische Transformation 10

Teil 1: Der Weltklimavertrag und seine Geschichte

Die Ergebnisse von Paris – ein Überblick 19

Die Entdeckung des warmen Himmels 27

Der lange Weg der Erkenntnis 36

Der steinige Weg der Klimadiplomatie 49

Von Kopenhagen nach Paris 53

Teil 2: Wissenschaft

Das Paradoxon von Paris 65

Koordinierte CO_2-Preise: zur Weiterentwicklung des
Pariser Abkommens 69

Klimaschutz braucht ein neues Narrativ. 79

Karbonisierung der Weltumweltpolitik oder ökosystembasierte
Nachhaltigkeit? 89

Paris als Vertrag zwischen den Welten. 104

Neue politische und wirtschaftliche Chancen. 115

Vom Umgang mit der Unsicherheit 122

Die Reise ins Anthropozän 132

Wir brauchen eine „Erdsystem-Betrachtung". 141

Vorreiterkoalitionen zum Klimaschutz gesucht. 150

Es braucht ein Bündnis der Zukunftsfähigen 159

Der Willensbekundung müssen Taten folgen 169

Ein neues klimapolitisches Paradigma? 177

Triumph der Nationalstaaten 184

Teil 3: Staat und Politik

Startschuss für die globale Transformation 193

195 Staaten vereint für den Klimaschutz 204

Wir brauchen einen transformatorischen Ansatz. 211

Ein historischer Erfolg, aber erst der Anfang 222

Konsequenzen für die deutsche Politik 227

Die Rolle der Städte zwischen Rio und Paris 237

Teil 4: Zivilgesellschaft

Ein Wunder – und ein Desaster 247

Der Klimawandel lässt nicht mit sich verhandeln 255

Warum uns die Energiewende zu Gewinnern macht 266

Ein Bruch mit der bisherigen Klimapolitik 272

Die Welt kann sich massiv zu ihrem Vorteil verändern 278

Plant ihr mal, wir fangen dann schon mal an 287

Neue Chancen und Gefahren. 293

Die Rolle der Tropenwälder im Weltklimavertrag 300

Die Neuerfindung des Systems Mensch 310

Autorinnen und Autoren 317

Zum Geleit

Im Dezember 2015 wurde in Paris Geschichte geschrieben. Die Weltklima-konferenz hat sich auf das erste Klimaschutzabkommen geeinigt, das alle Länder in die Pflicht nimmt. Mit dem Abkommen bekennt sich die Weltge-meinschaft völkerrechtlich verbindlich zum Ziel, die Erderwärmung auf unter zwei Grad zu begrenzen und strebt das noch ehrgeizigere Ziel von unter 1,5 Grad an. So konkret diese Ziele formuliert sind, so unverbindlich sind die Schritte auf dem Weg dorthin. Gesetzt wird auf die Freiwilligkeit der Nationalstaaten. Jedes Land soll dazu beitragen, was es kann. Eine For-mel, die den Disparitäten zwischen „Nord und Süd" Rechnung trägt und die das Abkommen letztlich erst möglich gemacht hat.

Doch was ist dieses Paris-Abkommen wert? Wo liegen seine Stärken, wel-che Herausforderungen kommen auf die Weltgemeinschaft zu? Welche Risiken birgt es? Was muss jetzt politisch folgen?

Noch vor der Unterzeichnung im Frühjahr 2016 in New York analysieren über 30 namhafte Expertinnen und Experten aus Wissenschaft, Politik, Medien und NGOs in diesem Buch Hintergründe, Inhalte und Konsequen-zen des neuen Weltklimavertrages. Den Herausgebern gebührt das Ver-dienst, in so kurzer Zeit so viele kompetente Autoren gewonnen zu haben. Sie zeigen damit, dass die Zivilgesellschaft das Paris-Abkommen ernst nimmt und sie eröffnen auf dessen Grundlage einen kritisch-konstruktiven Klimadiskurs über die Schranken von Wissenschaft, Politik und Zivilgesell-schaft hinweg.

Das stimmt mich hoffnungsvoll, denn wir wissen: Die Herausforderun-gen der Zukunft sind immens. Seit 1972 mit *Die Grenzen des Wachstums* der erste Bericht an den Club of Rome erschien, haben wir viel Wissen über diese Herausforderungen und mögliche Antworten angesammelt. Es ist das Handeln, das bislang diesem Wissen nicht oder zu langsam folgt. Entschei-dendes Handeln braucht entschiedene Treiber. Und es braucht Koalitionen. Diese Koalitionen aus Politik, Wissenschaft, Wirtschaft und Zivilgesellschaft können aber nur im Diskurs entstehen.

Einen wichtigen Impuls dazu liefern die Autorinnen und Autoren dieses Buches.

Ernst Ulrich von Weizsäcker
Ko-Präsident des Club of Rome

Der Klimawandel braucht eine Weltinnenpolitik

Zu den großen Herausforderungen unserer schnell zusammenwachsenden Welt gehört der Schutz der Erdatmosphäre. Er ist eine Menschheitsherausforderung. Der Klimawandel entscheidet nicht nur über Frieden und Lebensqualität künftiger Generationen, sondern führt in vielen Erdregionen schon heute durch die Ausbreitung von Wüsten, Austrocknung der Flüsse, Zunahme von Sturmfluten und Zerstörung der Wälder zu humanitären Katastrophen. Nur wenn die Erderwärmung schnell und dauerhaft gestoppt wird, werden wir unserer Verantwortung gerecht, national und international.

Natürlich sind Erwärmungen und Temperaturschwankungen auf der Erde nichts Neues. Wofür jedoch die Natur zehntausende Jahre braucht, das bewirkt der Mensch heute in wenigen Jahrzehnten. Ein unübersehbares Alarmsignal, dass unser Klimasystem sein Gleichgewicht verliert, ist die starke Zunahme von Wetterextremen. Deshalb erfahren heute nur wenige Themen eine so hohe Aufmerksamkeit wie der vom Menschen gemachte Klimawandel. Er ist da und nicht mehr zu leugnen.

Die Auswirkungen des zunehmenden Treibhauseffektes werden in den nächsten Jahrzehnten in erster Linie arme Länder treffen, aber letztlich werden alle Menschen auf der Erde die Folgen zu spüren bekommen – ob in China oder im Inselstaat Tuvalu, in Bangladesch oder Saudi-Arabien, in den Küstenstädten Kaliforniens oder den Lebensräumen der indigenen Völker Lateinamerikas. Besonders deutlich zeichnet sich eine katastrophale Entwicklung in großen Teilen Afrikas ab. Dort gibt es bereits mehr Flüchtlinge aufgrund des Klimawandels als durch Krieg und Gewalt. Obwohl der Kontinent den geringsten Anteil an der Verursachung des Klimawandels hat, ist er mit am stärksten von den Folgen betroffen. Von dort werden sich, wenn die Erderwärmung nicht schnell gestoppt wird, die nächsten großen Flüchtlingsströme in Richtung Europa aufmachen. Gerade diese Länder brauchen jetzt unsere Hilfe – technologisch und finanziell.

Der Klimaschutz braucht nicht nur nationale und europäische Maßnahmenprogramme, sondern auch globale Antworten. Damit ist die Außenpolitik gefordert. Sie ist, wie Willy Brandt vorausgesagt hat, der Wegbereiter für eine Weltinnenpolitik. Nur so werden ambitionierte Klimaschutzziele möglich und auch umgesetzt. Wenn wir nicht schnell weltweit zu einem wirksamen Klimaschutz kommen, steuert die Menschheit scheinbar unaufhaltsam auf den Punkt zu, an dem das Zusammenspiel von Klimaänderungen, Wasserknappheit, Ernährungsmangel und weiteren 2,5 Milliarden Menschen, die noch in diesem Jahrhundert auf unserem Planeten leben werden, negative Synergien auslösen können, deren Folgen jenseits unserer Vorstellungskraft liegen. Deshalb müssen wir alles tun, die Treibhausgaswerte in unserer Atmosphäre zu stabilisieren.

Auf dem Weltgipfel in Rio de Janeiro wurde 1992 mit der Klimarahmenkonvention die Grundlage für die internationale Klimadiplomatie geschaffen. Seither haben 21 Conferences of the Parties, so genannte COPs, stattgefunden, angefangen von Berlin 1995 (COP 1) bis Paris im Dezember 2015 (COP 21). Die Konferenz in Paris stand unter dem besonderen Druck, einen Anschlussvertrag zum Kyoto-Protokoll von 1997 zu schaffen. Das Zustandekommen eines neuen Klimaabkommens ist ein Erfolg der Diplomatie, für den auch die Bundesregierung im Rahmen der G7- und der G20-Gespräche wichtige Impulse gegeben hat. Auf diese Weise ist es gelungen, die großen Schwellenländer China und Indien ins Boot zu holen.

Jetzt muss alle Kraft darangesetzt werden, den Vertrag zu konkretisieren und vor allem auch umzusetzen. Mindestens 55 Staaten, auf die mindestens 55 Prozent der globalen Emissionen entfallen, müssen das Pariser Klimaabkommen ratifizieren, damit es mit seinen Schutzzielen, Anpassungsmaßnahmen, Finanz- und Technologietransfers sowie der regelmäßigen Überprüfung der nationalen Klimapolitiken im Jahr 2020 in Kraft tritt.

Paris hat wichtige Weichen für das künftige Klimaregime gestellt. Die dort verabredeten Klimaschutzziele müssen durch die internationale Klimadiplomatie weiter ausgefüllt werden, denn der Vertrag enthält noch keine hinreichend konkreten Vorgaben, die das angestrebte Ziel einer globalen Erwärmung von möglichst nur 1,5 Grad Celsius oder die von den Industrieländern zugestandenen Finanzhilfen an die Entwicklungsländer garantieren. Noch ist unklar, wie wichtige Ziele verbindlich erreicht werden können. Die bisherigen Zusagen erreichen selbst in einer optimistischen Berechnung erst eine Begrenzung der globalen Erwärmung knapp unter drei Grad Celsius, was viel zu hoch wäre.

In Paris gab es eine breitgefächerte Koalition der Ambitionierten. Sie waren maßgeblich für den Erfolg. Eine solche Koalition muss weitergeführt, erweitert und vertieft werden. Ich will dazu meinen Beitrag leisten, damit es zu einer erfolgreichen Weltinnenpolitik für einen nachhaltigen Klimaschutz kommt.

Dr. Frank-Walter Steinmeier
Bundesminister des Auswärtigen

Das Gebot unserer Zeit: eine sozial-ökologische Transformation

Jörg Sommer, Michael Müller

Mehr als 200 Millionen Jahre lang beherrschten die Dinosaurier die Welt – bis sie vor rund 65 Millionen Jahren in kurzer Zeit ausstarben und von der Bildfläche verschwanden. Woher kam das plötzliche Ende der Echsen? Wieso konnten so riesige und mächtige Tiere, die das Bild der Erde über Jahrmillionen prägten, so schnell verschwinden, wenn doch andere Tierarten wie Haie, Säugetiere und sogar winzige Insekten die Erde noch heute bevölkern?

Hat Charles Darwin nicht postuliert, dass *„die Stärksten überleben?"* Darwin hat mit seinem Schlagwort vom *Survival of the fittest* offensichtlich etwas ganz anderes gemeint, nämlich, dass diejenigen Arten überleben, die sich am besten den gegebenen Bedingungen anpassen. Genau das war das Problem der Dinos: Die Umwelt veränderte sich radikal am Ende der Kreidezeit. Während sich kleine, flinke und flexible Säugetiere, Insekten, Vögel oder Fische an die veränderten Lebensbedingungen anpassten, gingen die riesenhaften und schwerfälligen Echsen zugrunde.

Das Ende der Dinosaurier und die Kohlewirtschaft

Vor einer ähnlichen Situation steht heute die Menschheit: Der anthropogene Klimawandel spitzt sich zu. Er ist das Virus, das die Menschheit in die ökologische Selbstzerstörung treiben kann. Die Dinosaurier unserer Zeit sind die großen Kohle- und Atommeiler, auch wenn sie erst seit 100 bzw. 50 Jahren existieren, in denen sie lange Zeit mit Fortschritt gleichgesetzt wurden. Doch sie sind von der Zeit überholt worden. Sie passen nicht in eine lebens- und entwicklungsfähige Gesellschaft, die heute nicht mehr viel, sondern möglichst wenig Energie nachfragen muss. Und die den Umstieg in die solare Wirtschaft schnell verwirklicht. Das ist das Gegenteil der großen Kraftwerke der niedergehenden Verschwendungswirtschaft.

Was in einer Welt endlicher Rohstoffe und überlasteter Senken keine Zukunft hat, sind große Strommeiler, die behäbig hochfahren und nur schwer regelbar sind. Notwendig sind kleine flinke, solare Energieerzeuger, die dort Strom produzieren, wo er gebraucht wird, die minutiös geregelt werden können und sich in die Umwelt einfügen, ohne sie zu zerstören.

Was nicht gebraucht wird, sind schlecht gedämmte Häuser, die Energie nur so verschleudern. Erforderlich sind Null- oder gar Plusenergiehäuser sowie intelligente Verbünde solarer Nah- und Fernwärme.

Verantwortungslos sind immer mehr Pkws oder gar SUVs, die 20 bis 30 Prozent mehr Kraftstoff und Ressourcen brauchen als Pkws mit gleicher Motorleistung. Was wir brauchen, sind intelligente Verkehrssysteme, die unnötige Mobilität vermeiden und den Ressourcenverbrauch minimieren.

Was hier an wenigen Beispielen des Energieeinsatzes bei Strom, Wärme und Mobilität aufgezeigt wird, gilt auch für andere Bereiche wie die Landwirtschaft, wo eine Agrarwende überfällig ist.

Zeit der Weichenstellung

Im letzten Jahrhundert hat ein gewaltiges Wirtschaftswachstum einem Teil der Welt großen Wohlstand, Lebensqualität und Demokratie gebracht. Dafür wurden jedoch massenhaft Ressourcen ausgebeutet und die natürlichen Kohlenstoffsenken überlastet. Jetzt nähern wir uns, wie der anthropogene Klimawandel zeigt, einer Naturschranke, die nur um den Preis einer Katastrophe überschritten werden kann. Es war ein Fortschritt, der auch auf Kosten der Natur und der Dritten Welt ging. Jetzt steht die Menschheit an einem Wendepunkt, weil die alten Auswege verstellt sind.

An den ökologischen Grenzen des Wachstums, an der es zum Ausstieg aus den fossilen und nuklearen Brennstoffen kommen und die Abhängigkeit von der Wirtschaft beendet werden muss, entscheidet sich, ob wir ein *Jahrhundert neuer Gewalt und erbitterter Verteilungskämpfe* erleben oder ob es zu einem *Jahrhundert der nachhaltigen Entwicklung* kommt. Entscheidend wird sein, ob wir in unserem eigenen Land zu einer sozial-ökologischen Transformation fähig sind, ob wir die EU zu einer Nachhaltigkeitsunion machen, weltweit den Boden für mehr Klimaschutz bereiten und dabei zu mehr finanziellen und technischen Kooperationen zwischen Industrie-, Schwellen- und Entwicklungsländern kommen.

Heute befindet sich die Menschheit in einer „Suchbewegung", wie *Oskar Negt* unsere Zeit beschreibt. Die Menschen brauchen Orientierung, damit sie wissen, was zu verändern und was zu bewahren ist. Und wie sie Wirtschaft und Gesellschaft zu gestalten haben, damit ihnen eine gute Zukunft eröffnet wird. Auch wenn die Wachstumszwänge übermächtig erscheinen, hilflos ausgeliefert sind wir ihnen nicht. Der Markt ist keine Naturgewalt, die Globalisierung kein Schicksal. Eine sozial-ökologische Transformation ist möglich. Unsere Zeit kann zur Stunde der Demokratie und eines neuen gesellschaftlichen Fortschritts werden.

Der Schlüssel dazu liegt in der Ökologie. Sie ist der Hebel für mehr Demokratie, Gerechtigkeit und für ein neues Verständnis von Innovationen. Nicht nur die Industrieländer, die sich von hohem Ressourcen- und Naturverbrauch so abhängig gemacht haben wie der Junkie von der Nadel, alle Länder sind gefordert, dass es nicht zur Klimakatastrophe kommt, die unkalkulierbare, auf jeden Fall einschneidende Folgen hätte. Schon heute werfen die Schädigungen der Natur in vielen Erdregionen existenzielle Fragen auf: Armut, Hunger, Unbewohnbarkeit und Migration.

An dieser Weichenstellung muss der Widerspruch zwischen Wissen und Handeln überwunden werden. Eine sozial-ökologische Transformation muss bewahren *und* verändern. Vor allem muss sie die Grenzen, die sich aus den Naturgesetzen ergeben, beachten. Den Weg dazu weist die große Leitidee der nachhaltigen Entwicklung, die fragt, was wir verantworten können und was nicht. Sie gehört auf allen Ebenen – regional, national und international – ins Zentrum des politischen Handelns.

Von der Vorsorge zur Anpassung

Kohlendioxid (CO_2) ist das wichtigste Treibhausgas, andere Treibhausgase werden auf die Wertigkeit von CO_2 bezogen. Trotz des Kyoto-Vertrags von 1995 ist die Anreicherung von Kohlendioxid in der Troposphäre in den letzten Jahren weiter gestiegen, stärker noch als in den skeptischen Berechnungen des Weltklimarates (IPCC). Kommt es nicht schnell zu einer absoluten Reduktion der Treibhausgase, wird spätestens in 20 Jahren eine globale Erwärmung um mehr als 2 Grad Celsius nicht mehr zu verhindern sein.

Die globale Erwärmung auf 2 Grad Celsius zu begrenzen, reicht im Interesse eines gerechten und wirksamen Klimaschutzes nichts aus. Das Ziel muss, um auch die Menschen in den armen Erdregionen Afrikas, auf den pazifischen Inselstaaten oder an den asiatischen Flussdeltas zu schützen, niedriger liegen. Deshalb spricht der Pariser Vertrag von „unterhalb von 2 Grad". Der Bundestag ist in seinen Beschlüssen 1991 von einer „Erwärmungsobergrenze" von 1,5 Grad Celsius ausgegangen. Andernfalls sind die Auswirkungen schwerwiegend.

Vor diesem Hintergrund sehen wir das 2-Grad-Celsius-Ziel, das als so gerade noch tolerabel angesehen wird, kritisch. Für viele arme Regionen, die nicht über die finanziellen oder technischen Mittel verfügen, sich schützen zu können, führt es bereits in die Katastrophe:

- In weiten Teilen Afrikas droht eine deutliche Senkung (mehr als 20 Prozent) der Ernteerträge. Derzeit erhöhen sich dort die Temperaturen um 0,3 Grad Celsius pro Dekade. 18 Prozent der betroffenen Menschen, fast eine Milliarde, leiden bereits an Hunger und Unterernährung. Dabei ist Afrika nur für vier Prozent der Treibhausgas-Emissionen verantwortlich.
- Lima, die Hauptstadt Perus, ist in der Trinkwasserversorgung zu 100 Prozent von den Andengletschern abhängig. In den letzten 17 Jahren sind die Eisschichten in den Kordilleren bereits um 23 Prozent zurückgegangen.
- In Asien leben rund 635 Millionen Menschen in niedrig gelegenen Küstenzonen oder im Mündungsbereich großer Flüsse, die vom Himalaja gespeist werden. 40 Prozent davon sind gefährdet durch den ansteigenden Meeresspiegel und durch die schnell abfließenden Gletscherschmelzwässer, die zu verstärktem Hochwasser führen.
- Auch in Europa wird in den Alpen die Erwärmung etwa doppelt so hoch sein. Bei einem globalen Anstieg um zwei Grad werden vier Grad Celsius prognostiziert. Dann werden zwei Drittel der heute schneesicheren Gebiete verschwinden.

Das Wissen über die Gefahren liegt also vor. Doch zu einem verantwortlichen Handeln der Weltgemeinschaft ist es bis heute nicht gekommen. Trotz dieser Erkenntnisse wurde viel Zeit vertan, so dass es heute eine kaum noch vorstellbare Kraftanstrengung wäre, das 1,5-Grad-Celsius-Ziel zu erreichen. Fest steht jedoch, dass eine höhere Konzentration der Treibhausgase das Leben auf der Erde vor allem durch die Zunahme von Wetterextremen radikal verschlechtern würde.

Allerdings wurde in Paris selbst das unzureichende 2-Grad-Ziel substanziell nicht erreicht. Die von den 195 Mitgliedsstaaten der Klimarahmenkonvention der Pariser UN-Konferenz vorgelegten nationalen Minderungspläne würden zu einer Reduktion der Treibhausgase führen, die die Temperatur um rund 2,8 Grad Celsius erhöht. Die Wahrscheinlichkeit, die dieser Rechnung zugrunde liegt, liegt zudem nur bei etwa 60 Prozent. Es gibt zwar Überprüfungsfristen, aber keine Sanktionsmechanismen. Die nationalen Maßnahmen sind Selbstverpflichtungen, bei denen die Erfahrung zeigt, dass sie häufig nicht eingehalten und regelmäßig schöngerechnet werden.

Heute liegt die Erwärmung – bereinigt um die natürlichen Abweichungen – bereits 1 Grad über dem vorindustriellen Wert. In den nächsten vier bis fünf Jahrzehnten kann die schon im Klimasystem „gespeicherte" Erwärmung durch eine massenhafte Aufforstung, die Sicherung von Mooren und einen ökologischen Umgang mit den Böden verlangsamt, aber nicht mehr verhindert werden. Von daher ist das Kohlenstoffbudget, das die Atmosphäre noch aufnehmen kann, um unter 1,5 Grad Celsius zu bleiben, klein geworden.

Das zeigt: Beim Klimaschutz geht es schon lange nicht mehr um Vorsorge. Als die Vereinten Nationen Mitte der achtziger Jahre die ersten Warnungen vor dem globalen Klimawandel aussprachen, wäre es politisch viel leichter gewesen, die globale Erwärmung auf 1,5 Grad Celsius, von der auch der Deutsche Bundestag bei seinem Beschluss im März 1991 ausgegangen ist, zu begrenzen. Doch es geschah zu wenig, der Widerspruch zwischen Wissen und Handeln nahm weiter zu.

Heute sind die Zweifel groß, ob der globale Erwärmungsprozess noch unter 2 Grad Celsius gestoppt werden können. 2 Grad Celsius, das ist die Marke, auf die sich die Industrie- und Schwellenländer nach jahrelangen Auseinandersetzungen verständigt haben, obwohl das bedeutet, einen Teil der Welt bereits zu opfern. Die Zweifel an einem wirksamen Klimaschutz wachsen, denn der Klimawandel beschleunigt sich. Der Verdacht wächst, dass wieder einmal ökologisch falsche Fluchtwege gesucht werden. Der Pariser Vertrag spricht von „klimaneutralen Lösungen". Es gibt keine Klarheit, was das bedeutet. Vor dem Hintergrund historischer Erfahrungen ist der Verdacht berechtigt, dass es zu mehr CCS (Kohlenstoffabscheidung), Atomenergie oder Geomanipulation kommen könnte, aber nicht zur notwendigen ökologischen Wende.

Durch die Versäumnisse der letzten zwei Jahrzehnte, den Temperaturanstieg zu begrenzen, wird der Klimaschutz heute zu einer enormen Kraftanstrengung. Er verlangt vor allem einen schnellen Ausstieg aus der fossilen Verbrennung und eine sozial-ökologische Transformation.

Die Dimension der Herausforderung

In den letzten 600 000 Jahren schwankten die globalen Durchschnittstemperaturen zwischen einer Eiszeit, die im Mittel bei rund 10 Grad Celsius lag und unser Land zu einer einzigen Eistundra machte, und Warmzeiten von rund 16,5 Grad, die als blühende Landschaften, Paradies oder Garten Eden beschrieben wurden, lediglich in einer Bandbreite von rund 6 Grad Celsius.

Ein Plus zwischen 2 und 4 Grad Celsius bis zum Ende unseres Jahrhunderts, aus dem in pessimistischen Szenarien sogar bis zu 6 Grad werden könnten, packt auf eine Warmzeit gleichsam eine zweite Warmzeit drauf. In der Folge ist das ein dramatisches Experiment mit der Zerbrechlichkeit der Erde. Bei der anfangs geschilderten historischen Differenz schwankte die

CO_2-Konzentration in der unteren Lufthülle zwischen 180 ppm (*parts per million*) und 300 ppm. Heute werden fast 400 ppm gemessen.

In den letzten beiden Jahren stieg die Konzentration um 2 ppm pro Jahr an. Vor fünfzehn Jahren waren es erst 1,2 ppm jährlich. Gleichzeitig erhöht sich auch die Konzentration der anderen wichtigen Treibhausgase wie Methan und Ozon. Zudem nimmt durch die Erwärmung die Verdunstung zu. Wasserdampf aber ist ein zusätzlicher feuchter Treibhauseffekt.

Das Zeitfenster zur Vermeidung einer Katastrophe ist eng geworden. Der Klimawandel erhöht in der Dritten Welt, insbesondere in Afrika und Ostasien, den Druck zur Migration. Das wird, wenn es nicht schnell zu durchgreifenden Gegenmaßnahmen kommt, dazu führen, dass die Konflikte weltweit zunehmen, auch in den wohlhabenden Ländern, die ihre Grenzen schärfer kontrollieren und sich abschotten werden.

Es wäre russisches Roulette, wenn einige Länder damit spekulieren, dass sie vom Klimawandel weniger betroffen sein werden. Richtig ist zwar, dass die Folgen auf tragisch ungerechte Weise zu Lasten der armen Weltregionen gehen und künftiger Generationen, die noch keine Stimme haben. Dennoch: Auch in Deutschland ist nach den Berechnungen des Deutschen Wetterdienstes die Durchschnittstemperatur seit der industriellen Revolution bereits um 1,4 Grad Celsius gestiegen. Und 2 Grad Celsius höhere Temperaturen bedeuten eben kein angenehmes Mittelmeerklima, sondern sind mit Wetterextremen verbunden, mit Ernteausfällen, Artensterben, Überschwemmungen, Hurrikans und Dürreperioden. In unserem Land müssen wir im Sommer dauerhaft mit Temperaturen rechnen, die wir aus dem Hitzesommer 2003 kennen.

Nachhaltigkeit ist die wichtigste Antwort auf die Herausforderung. In ein Bild gefasst: Es geht um ein *neues Haus* der Zivilisation. Die Ökologie ist das Fundament, die soziale Gerechtigkeit gewährleistet die stabile Statik, und wie das Haus dann ausgestaltet wird, liegt an den schöpferischen Kräften bei der Entwicklung und Nutzung des wissenschaftlich-technischen Fortschritts.

Der Ausgangspunkt für eine nachhaltige Entwicklung ist die Erweiterung der zeitlichen Perspektive, indem sie die Bedürfnisse der heutigen Generationen in einer Weise befriedigt, die künftigen Generationen erlaubt, das auch angemessen zu tun. Der neue Weg heißt: Ein gezieltes Wachsen und Schrumpfen soll ein neues und dauerhaftes Gleichgewicht schaffen. Nachhaltigkeit orientiert sich dafür auf eine gemeinsame Verantwortungsethik und *mehr Demokratie* und *Partizipation*.

Um die Erderwärmung unter zwei Grad zu halten und damit die schlimmsten Folgen des Klimawandels abzuwenden, muss sofort eine deutliche Trendwende bei den globalen Treibhausgasemissionen erreicht werden. Notwendig wäre ein Kohlenstoffbudget, um das Klimasystem zu stabilisieren, das bei einer gerechten Verteilung weltweit 2 Tonnen pro Jahr beträgt. Davon ist auch Deutschland, das sich derzeit als Klimaretter feiern lässt, weit entfernt. Es würde nämlich bedeuten, dass etwa im Jahr 2020 bei einer Fortsetzung der heutigen Emissionen die Grenze erreicht ist. Danach müsste es zu Null-Emissionen bei CO_2 kommen.

Verpassen wir die letzte noch mögliche Ausfahrt vor dem totalen Absturz, wird die Aufheizung der Atmosphäre für große Teile der Erde zu einer unwiderruflichen und sich selbst beschleunigenden Katastrophe werden.

Wir plädieren für eine Dreifachstrategie, die nationale, europäische und globale Dimensionen aufweist:

1. Deutschland wird – wie beim Erneuerbaren Energien Gesetz (EEG) – zu einem Vorreiter für mehr Klimaschutz, wo immer es geht. Neben der Energiepolitik bieten sich insbesondere eine Agrarwende, sowie eine ökologische Stadtentwicklung mit flächenschonenden, ressourcensparenden und energieeffizienten Bauweisen an.
2. Die Europäische Union wird in der Globalisierung zum Vorreiter der sozial-ökologischen Transformation. Damit bekommt die Union ein dringend benötigtes einigendes Projekt.
3. Die Vereinten Nationen werden substantiell gestärkt, nicht nur um bessere Klimaschutzverträge zu ermöglichen, sondern auch um die Globalisierung sozial und ökologisch zu gestalten.

Dazu muss die Politik neue wirtschafts-, sozial- und finanzpolitische Instrumente nutzen, um wirksame Impulse zu setzen und innovative Rahmenbedingungen zu schaffen. In der Zivilgesellschaft müssen neue Allianzen gebildet werden, die den Transformationsprozess vorantreiben.

Wir brauchen einen gesellschaftlichen Paradigmenwechsel, der nicht nur die Inhalte, sondern auch die ‘Prozesse demokratischer Willensbildung erneuert. Ein gelingender Transformationsprozess beteiligt die Bürgerinnen und Bürger als Subjekte der Zukunftsgestaltung. Als Projekt politischer, wissenschaftlicher oder wirtschaftlicher Eliten könnte er nicht gelingen. Er wird die Legitimation demokratischer Strukturen, er wird Regierungen und Parlamente stärken und sie zugleich in eine fördernde und fordernde partizipative Kultur einbetten müssen.

Partizipation ist ein wesentlicher Erfolgsfaktor für die Gestaltung einer nachhaltigen Zukunft. Ein solcher Paradigmenwechsel erfordert in der Politik, in der Wirtschaft und bei jedem Bürger ein konsequentes Umdenken.

Dieser Prozess kann, muss und wird gelingen. Denn wenn wir zukünftig nachhaltig leben und wirtschaften, ernten wir eine *fünffache Dividende*. Wir

- gewinnen mehr Freiheit durch den schonenden, effizienten und innovativen Umgang mit Energie und Rohstoffen. Das bewahrt auch künftigen Generationen Frieden und Demokratie.
- entschärfen die globalen und nationalen Verteilungskonflikte, wenn Energie- und Rohstoffintelligenz zum Vorbild für die Entwicklungs- und Schwellenländer wird.
- verringern die Gefahr einer globalen Klimakatastrophe, die nicht nur mit hohen Kosten verbunden ist, sondern auch die Welt spaltet, verletzt und unfriedlich macht.
- erschließen die Märkte der Zukunft und leisten durch geringere Energiekosten einen Beitrag zur Verbesserung der Konkurrenz- und Wettbewerbsfähigkeit. Das schafft mehr qualifizierte Beschäftigung.
- leisten einen aktiven Beitrag zur Sicherung des Friedens in der Welt und für eine faire und kooperative Zusammenarbeit mit den Förderregionen.

Teil 1: Der Weltklimavertrag und seine Geschichte

Die Ergebnisse von Paris – ein Überblick

„Unter 2 Grad" – das ist die Kernbotschaft des Klimaschutzabkommens von Paris. Doch das Abkommen, aus taktischen Gründen nicht Vertrag, sondern „Paris Agreement" genannt, umfasst 32 Seiten. Die wesentlichen Elemente daraus stellen wir im Folgenden kurz dar. Eingehende Bewertungen, durchaus auch sehr unterschiedliche, nehmen die Autorinnen und Autoren dieses Buches auf den folgenden Seiten vor.

Das Abkommen von Paris besteht aus 32 Seiten und zwei Teilen: der sogenannten *draft decision*, die unter der Klimarahmenkonvention angesiedelt ist, und dem eigentlichen *Paris Agreement*, das nun noch von den einzelnen Staaten ratifiziert, also in nationales Recht überführt werden muss. 20 Seiten ist der erste Teil lang, zwölf der Zweite.

Die Klimarahmenkonvention

Die United Nations Framework Convention on Climate Change (UNFCCC) wurde 1992 auf dem UN-Gipfel für Umwelt und Entwicklung in Rio de Janeiro beschlossen und ist die Grundlage der gesamten Klimadiplomatie. Mittlerweile ist die Klimarahmenkonvention, wie der Vertrag kurz genannt wird, von 195 Vertragsstaaten und der Europäischen Union unterzeichnet worden. Die Vertragsstaaten verpflichten sich in der Konvention dazu, „die Treibhausgaskonzentration in der Atmosphäre auf einem Niveau zu stabilisieren, das eine gefährliche menschliche Beeinflussung des Klimasystems vermeidet".

Die wesentlichen Ergebnisse

- Die Weltklimakonferenz in Paris hat sich auf das erste Klimaschutzabkommen geeinigt, das alle Länder in die Pflicht nimmt.
- Mit dem Abkommen bekennt sich die Weltgemeinschaft völkerrechtlich verbindlich zum Ziel, die Erderwärmung durch den Treibhauseffekt auf unter zwei Grad zu begrenzen.

Der Treibhauseffekt

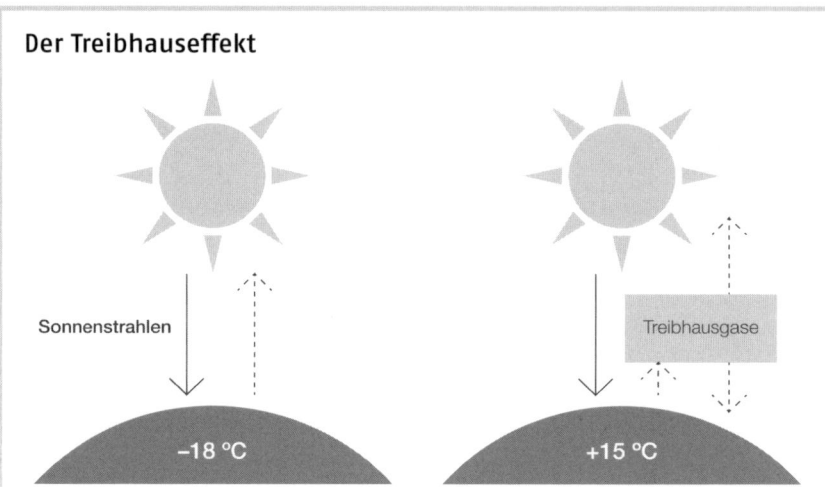

Sonnenstrahlen

Treibhausgase

−18 °C

+15 °C

Abb. 1 Die Treibhausgase heben durch den sogenannten Treibhauseffekt die durchschnittliche Temperatur auf der Erdoberfläche an: Die kurzwelligen Sonnenstrahlen erwärmen die Erdoberfläche. Diese gibt langwellige Infrarotstrahlung ab, welche von den Treibhausgasen aufgenommen und zum Teil zurück zur Erdoberfläche gesendet wird. Dadurch gelangt weniger Energie ins Weltall und die Temperatur auf der Erdoberfläche steigt. Man unterscheidet zwischen dem natürlichen Treibhauseffekt, der seit Entwicklung der Erdatmosphäre immer stattfindet und das Leben auf der Erde erst ermöglicht hat (ohne natürliche Treibhausgase läge die globale Mitteltemperatur momentan bei etwa −18 °C), und dem zusätzlichen anthropogenen Treibhauseffekt, der durch menschliches Handeln verursacht wird.

- Außerdem wollen die Länder „Anstrengungen unternehmen, um den Temperaturanstieg auf 1,5 Grad zu begrenzen".
- Das Abkommen legt auch fest, dass die Welt in der zweiten Hälfte des Jahrhunderts treibhausgasneutral werden muss.

Weitere Vereinbarungen im Detail

- In der zweiten Hälfte des Jahrhunderts soll ein Gleichgewicht erreicht werden zwischen dem menschengemachten Ausstoß von Treibhausgasen und der CO_2-Bindung durch sogenannte Senken, das sind etwa Wälder, aber auch unterirdische Kohlenstoffspeicher.

Die wichtigsten Treibhausgase

Treibhausgase sind diejenigen gasförmigen Bestandteile der Atmosphäre, sowohl natürlichen wie anthropogenen Ursprungs, welche thermische Infrarotstrahlung absorbieren und wieder ausstrahlen. Diese Eigenschaft verursacht den Treibhauseffekt. Wasserdampf (H_2O), Kohlendioxid (CO_2), Lachgas (N_2O), Methan (CH_4) und Ozon (O_3) sind die Haupttreibhausgase in der Erdatmosphäre. Kohlendioxid ist das wichtigste für den vom Menschen verursachten (anthropogenen) Treibhauseffekt verantwortliche Gas. Es ist ein Nebenprodukt aus der Verbrennung fossiler Treibstoffe wie Öl, Gas und Kohle sowie der Verbrennung von Biomasse, von Landnutzungsänderungen und anderen industriellen Prozessen. Es ist das wichtigste anthropogene Treibhausgas, das die Strahlungsbilanz der Erde beeinflusst. Außerdem dient es als Bezugsgas, gegenüber welchem die anderen Treibhausgase gemessen werden.

- Das Abkommen setzt weitgehend auf Freiwilligkeit. Schon vor dem Klimagipfel haben über 180 Staaten freiwillige nationale Klimaziele vorgelegt. Weitere sollen folgen.
- Die Staaten werden alle fünf Jahre neue Klimaschutzpläne (INDCs) vorlegen, die so ambitioniert wie irgend möglich sein müssen. Für diese Pläne gilt das verbindliche Prinzip, dass sie nicht abgeschwächt werden dürfen, sondern immer ehrgeiziger werden müssen (Ambitions- oder auch Ratschenmechanismus genannt): Im Jahr 2018 werden die Klimapläne zum ersten Mal überprüft. Dies soll die Länder dazu ermutigen, ihre Klimaziele für die Jahre nach 2020 zu erhöhen. Im Jahr 2023 kommt dann die nächste Kontrolle. Diese dient dann als Basis für die Ziele der Periode von 2026 bis 2030.
- Die Staaten vereinbarten ein gemeinsames System von Berichtspflichten und Transparenzregeln. Jedes Land soll Bilanzberichte seines CO_2-Ausstoßes vorlegen. Dabei werden die unterschiedlichen Voraussetzungen

und Fähigkeiten der Länder berücksichtigt. Damit ist sichergestellt, dass etwa bei der statistischen Erfassung des CO_2-Ausstoßes arme Länder nicht die gleichen Ansprüche erfüllen müssen wie reiche.

Die nationalen Klimaschutzbeiträge – INDCs

Bis Februar 2016 haben offiziell 188 Staaten, die zusammen für über 98 Prozent der globalen Treibhausgasemissionen verantwortlich sind, ihre beabsichtigten national festgelegten Klimaschutzbeiträge (Intended Nationally Determined Contributions, INDCs) beim Klimasekretariat in Bonn vorgelegt. Dies ist eine bisher einmalige Anzahl konkreter Klima-schutzbeiträge der Mehrheit aller Staaten. Allerdings reicht auch die Implementierung all dieser nationalen Klimaschutzbeiträge noch nicht aus, um die globale Temperaturerhöhung auf unter zwei Grad zu halten.

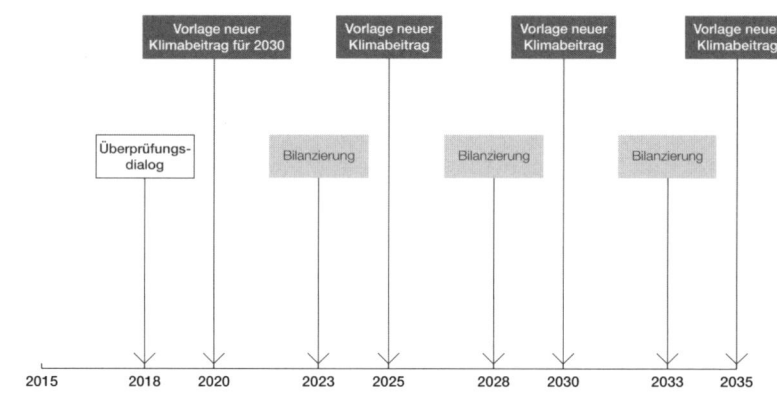

Abb. 2 Ambitions- oder Ratschenmechanismus des Pariser Weltklimavertrages

■ Das Abkommen enthält das feste Versprechen, die Entwicklungsländer beim Klimaschutz und der Anpassung an den Klimawandel zu unterstützen. Die Staatengemeinschaft soll den ärmsten und verwundbarsten Ländern auch dabei helfen, Schäden und Verluste durch den Klimawandel zu bewältigen – zum Beispiel durch Klimarisikoversicherungen oder eine bessere Schadensvorsorge.

■ Die Industriestaaten sollen arme Staaten beim Klimaschutz und bei der Anpassung an die Erderwärmung unterstützen. Andere Staaten – damit sind vor allem aufstrebende Schwellenländer gemeint – werden „ermutigt", ebenfalls einen freiwilligen finanziellen Beitrag zu leisten.

- Die Präambel „erkennt die notwendige Förderung des universalen Zugangs zu nachhaltiger Energie in Entwicklungsländern", was bedeutet, dass die Politik in diesen Ländern verstärkt erneuerbare Energien fördern soll.
- In einer begleitenden Entscheidung wird das Versprechen der Industrieländer festgehalten, von 2020 bis 2025 jährlich 100 Milliarden Dollar an Klimahilfen zur Verfügung zu stellen. Während dieser Zeit sind andere Länder dazu „eingeladen, auf freiwilliger Basis" ebenfalls Unterstützung zu leisten. Für das Jahr 2026 soll dann ein neues, kollektives Finanzziel festgelegt werden, das über die 100 Milliarden hinausgeht.
- Erwähnung fand außerdem klimabedingte Migration. Bislang gibt es die Kategorie „klimabedingte Flucht" noch nicht, weshalb die Betroffenen beispielsweise kein politisches Asyl beantragen können. Die Erwähnung ist ein Anfang, das zu ändern.
- Das Paris-Abkommen umfasst auch den Schutz der Wälder – zum ersten Mal in der Geschichte der Klimaverhandlungen. Das Abkommen verpflichtet alle Länder zur Bewahrung und Erweiterung von Senken und Reservoiren. Das ist der Code für Wälder und andere Ökosysteme wie Ozeane, die der Atmosphäre CO_2 entziehen. Das Abkommen institutionalisiert auch den REDD+-Mechanismus.

REDD+

REDD bedeutet Reducing Emissions from Deforestation and Degradation – Verringerung von Emissionen aus Entwaldung und zerstörerischer Waldnutzung. REDD ist ein Programm der Vereinten Nationen zum Klimaschutz durch Waldschutz. Dabei soll ein Mechanismus gefunden werden, der die Waldzerstörung stoppt. Als REDD+ wird ein überarbeitetes REDD-Modell bezeichnet, das neben den Waldschutzmaßnahmen auch die CO_2-Speicherung über nachhaltigere Waldbewirtschaftungsformen sowie die Verbesserung der Wirtschaftslage der Menschen in den betroffenen Gebieten einbezieht. Außerdem sollen vor allem nicht geschützte Waldgebiete einbezogen werden, die in naher Zukunft von Raubbau betroffen sein könnten. Bei Nichtregierungsorganisationen sind REDD und REDD+ wegen der „Kommerzialisierung" der Wälder umstritten.

Was nicht im Abkommen steht

Zugunsten eines Konsenses wurden drei diplomatische Maßnahmen getroffen:

- Bestimmte Schlüsselbegriffe wurden nicht in den Text des Abkommens aufgenommen, obgleich entsprechende Maßnahmen vorgesehen sind. Dazu gehört insbesondere die Begriffe *Dekarbonisierung* und *Klimaneutralität*, ohne die aber das geforderte „Gleichgewicht von CO_2-Ausstoß und -Bindung" nicht erreichbar wäre. Es handelt sich hier also um eher semantische Maßnahmen.

Dekarbonisierung

Dekarbonisierung bezeichnet die Umstellung der Wirtschaftsweise, speziell der Energiewirtschaft, in Richtung eines minimalen Umsatzes von Kohlenstoff. Dekarbonisierung ist ein zentrales Mittel des Klimaschutzes sowie einer der Hauptpfeiler der Energiewende. Ziel ist die CO_2-Neutralität der Wirtschaft.

Klimaneutralität

Wirtschaftliche Prozesse und Energiegewinnung, die keine klimaschädlichen Treibhausgase freisetzen, werden als klimaneutral bezeichnet. Die konsequenteste Form klimaneutraler Energienutzung ist die Nutzung treibhausgasfreier Energiequellen wie der Sonnen-, Wind- und Wasserenergie.

- Weitaus problematischer ist die weitgehende Unverbindlichkeit bei den Maßnahmen. Die Beiträge der Staaten sollen freiwillig sein, die in Paris vorliegenden nationalen Klimapläne führen zu Emissionen von rund 55 Milliarden Tonnen CO_2 im Jahr 2030. Das wird auch so im Text selbst festgehalten. Damit wären aber nicht einmal die beschlossenen 2 Grad als Obergrenze haltbar – dafür wären maximal 44 Milliarden Tonnen zulässig. Freiwilligkeit zieht sich durch das gesamte Maßnahmenpaket. Das Abkommen ist zwar völkerrechtlich bindend, jedoch drohen keine Strafen bei Missachtung der Vertragspunkte.

Kreisläufe und Verweilzeiten

Die treibhauswirksamen Spurengase werden andauernd aus sogenannten Quellen in die Atmosphäre emittiert. Gleichzeitig verschwinden sie aber auch ständig in so genannten Senken. Beispiel: Kohlendioxid wird bei der Verbrennung fossiler Brennstoffe in Kraftwerken, Motoren oder Ölheizungen in die Luft verbracht, durch Fotosynthese von Pflanzen aber auch aus der Luft entfernt. Man spricht von Stoffkreisläufen, denen auch alle Treibhausgase unterworfen sind. Werden größere Mengen der Gase in die Atmosphäre eingebracht als entfernt, steigen die Konzentrationen und damit der Treibhauseffekt kontinuierlich an. Das ist das, was derzeit passiert. Aus der Geschwindigkeit der Kreisläufe ergeben sich für die Moleküle der Treibhausgase typische Verweilzeiten in der Atmosphäre. „Langlebig" nennt man Treibhausgase, wenn sie mehr als ein Jahr in der Luft bleiben. Dann verteilen sie sich aufgrund der globalen Luftströmungen nicht nur über eine Erdhalbkugel, sondern über den gesamten Globus. Die wichtigsten anthropogenen Treibhausgase sind durchweg langlebig: Kohlendioxid zum Beispiel bleibt 30 bis 1000 Jahre in der Atmosphäre.

■ Drittens wurden zentrale Konfliktfelder schlicht ausgespart. So wurden die Emissionen des internationalen Luft- und Schiffsverkehrs im Abkommen nicht einbezogen. Auch werden die 100 Milliarden Dollar jährliche Klimabeihilfen ab 2020 nicht auf die Industrienationen aufgeteilt. Es ist völlig offen, wie der Betrag zusammenkommen soll. Ebenfalls wurde die Frage der Haftung der historisch überwiegend für den Klimawandel verantwortlichen Industrienationen dezidiert ausgeklammert.

Das Abkommen formuliert also völkerrechtlich verbindlich ehrgeizige Ziele und setzt damit ein starkes Signal. Es bleibt aber unverbindlich bis unbefriedigend bei dessen konkreter Umsetzung. Ob Paris damit also ein „historischer Wendepunkt" wird, entscheiden die kommenden Jahre. Möglicherweise wird in einigen Generationen der 12. Dezember 2015 tatsächlich als historisches Datum gefeiert. Möglicherweise wird es auch als Beispiel für ein historisches Scheitern betrachtet werden.

Ist das Abkommen gültig?

Noch nicht. Es wurde in Paris noch nicht einmal unterzeichnet. Diese Unterzeichnung soll am 22. April 2016 in New York stattfinden. Doch auch damit wird es noch nicht verbindlich.

Dazu müssen das Abkommen mindestens 55 Länder ratifizieren, die zusammen 55 Prozent der Emissionen erzeugen. Das bedeutet, dass der Vertrag theoretisch ohne China und die USA in Kraft treten könnte – vorausgesetzt, alle anderen Länder ratifizieren das Abkommen. Praktisch wird es aber ohne diese beiden Länder nicht gehen. Die Republikaner in den USA haben bereits entschiedenen Widerstand angekündigt.

Auch nach Unterzeichnung und Ratifizierung tritt das Abkommen noch nicht sofort in Kraft. Gültig wäre es dann ab 2020.

Die Entdeckung des warmen Himmels

Manfred Kriener

Fourier, Tyndall und Arrhenius heißen die genialen Großväter der Klimawissenschaften. Sie haben entdeckt, dass unser Heimatplanet die Wärme der Sonne irgendwie „speichern" kann. Das Kohlendioxid spielt dabei eine Hauptrolle. Fast 200 Jahre nach Fourier sitzt die Erde im Schwitzkasten – mit zunehmend katastrophalen Folgen.

Beinahe hätte das erste Genie der Klimaforschung den Kopf verloren. Jean Baptiste Joseph Fourier – Mathematiker, Archäologe und Physiker – kämpft zu Beginn der Französischen Revolution in seiner Heimatstadt Auxerre für die Bürgerrechte, landet während der *terreur* im Gefängnis und entgeht der Guillotine nur um Haaresbreite. Zurück in der Freiheit beschäftigt ihn ein kleiner Himmelskörper namens Erde. Der Sohn eines Schneiders grübelt darüber nach, warum unser Heimatplanet die Wärme der Sonne so gut „festhalten" kann. Fourier erkennt, dass der größte Teil dieser Wärme zwar in den Weiten des Universums wieder verschwindet, aber eben nicht alles. Seine Folgerung: Die Erdatmosphäre ist zwar gut durchlässig für das Licht der Sonne, doch die unsichtbare Infrarotstrahlung, die „nicht leuchtende Strahlungswärme", wie Fourier sie nennt, schafft den Rückweg nicht so leicht; sie wird teilweise zurückgeworfen und erwärmt so unsere Erde.

Für Fourier, der ursprünglich Priester werden wollte, ist diese gottgegebene Wärmflasche ein großartiges Geschenk. Und hat nicht schon der Schweizer Naturforscher Horace-Bénédict de Saussure 1767 gezeigt, dass in einer sonnenbeschienenen Kochkiste die Temperatur gewaltig steigt, wenn eine aufgesetzte Doppelverglasung die Zirkulation unterbricht? De Saussure beeindruckt mit praktischen Experimenten, Fourier liefert die Theorie.

1824 erscheinen seine *Bemerkungen zur Temperatur des Erdballs und des planetaren Raums*. Darin wird der Treibhauseffekt zum ersten Mal in der Geschichte der Menschheit beschrieben, Fourier ist der Urahn der Klimaforschung.

Im Mai 1830 stirbt Fourier. 29 Jahre später untermauert der irische Physiker und Eiszeitenforscher John Tyndall die Entdeckung des Franzosen und ergänzt sie um einen entscheidenden Befund. Tyndall kann nachweisen, dass Kohlendioxid, Wasserdampf und Ozon in der gasförmigen Hülle rund um unseren Planeten die abgestrahlte Wärme zurückzuwerfen. Dem Kohlendioxid gelingt dies besonders gut, obwohl es als Spurengas nur in kleinster Konzentration vorkommt. Tyndall erkennt mit visionärer Klarheit, dass sich mit der Zusammensetzung der Atmosphäre auch unser Klima ändern kann.

Im selben Jahr, 1859, erblickt in Schweden ein Wunderkind das Licht der Welt. Svante Arrhenius ist eine Jahrhundertbegabung. Der Junge, so heißt es, liest mit drei Jahren und kann bald darauf auch rechnen, mit siebzehn beginnt er sein Studium in Uppsala. Er ist Mathematiker, Physiker, Chemiker, Meteorologe, Kosmologe und 1903 einer der ersten Nobelpreisträger. 1896 veröffentlicht er in einer britischen Philosophie- und Wissenschaftszeitschrift einen ungewöhnlichen Essay: *Über den Einfluss von Kohlendioxid in der Luft auf die Temperatur am Boden.* Arrhenius legt darin erste Modellrechnungen vor und ermittelt sogar konkrete Temperatursprünge, je nach Anstieg der Kohlendioxid-Konzentration. Bei einer Verdoppelung des CO_2-Levels erwartet er eine Erderwärmung von vier bis sechs Grad – ein erstaunlich präziser Wert. Aktuellen Berechnungen zufolge sind es circa drei Grad.

1896 ist man noch optimistisch: „Die Menschheit wird das Problem lösen"

Arrhenius berücksichtigt bereits den verheerenden Verstärkereffekt des Wasserdampfs. Wird es durch eine höhere CO_2-Konzentration wärmer auf der Erde, kann die Luft auch mehr Wasserdampf aufnehmen – ein weiteres potentes Treibhausgas, das die Temperatur zusätzlich hochtreibt. Gefahren wittert der Klimapionier am ehesten von Vulkanausbrüchen. Dass das vom Menschen entfachte fossile Feuer die göttliche Weltordnung schon im nächsten Jahrhundert in erhebliche Turbulenzen stürzen wird, übersteigt die Phantasie selbst dieses intellektuellen Riesen. Frühestens in 3000 Jahren, so die Vermutung des Schweden, könnte sich die CO_2-Konzentration verdoppeln, aber „der Menschheit wird es zweifellos gelingen, dieses Problem zu lösen". Im lausig kalten Skandinavien hat man ohnehin keine Angst vor höheren Temperaturen: „Der Anstieg des CO_2 erlaubt es den Menschen, künftig unter einem wärmeren Himmel zu leben", schwärmt der Schwede.

Svante Arrhenius bleibt lange unverstanden. Als 1908 in den USA Fords erste Tin Lizzy vom Band läuft und die Massenmotorisierung beginnt, halten die meisten Forscher die Berechnungen des Nobelpreisträgers noch immer für höchst fragwürdig. Einer seiner entschlossensten Widersacher ist sein Landsmann Knut Ångström. Um die Wirkung des Kohlendioxids zu testen, schickt er Infrarotstrahlen durch eine CO_2-gesättigte Röhre und veröffentlicht im frühen 20. Jahrhundert eine Expertise, mit der er Arrhenius widerlegen will. Mehr oder weniger Kohlendioxid – für Ångström macht das keinen Unterschied. Ein großer Irrtum.

Der Streit geht weiter. 1931 widerlegt der US-Physiker Edward O. Hulburt Ångströms Arbeit und bestätigt die starke Klimapotenz des atmosphärischen Kohlendioxids. Ende der dreißiger Jahre schließlich betritt ein britischer Ingenieur die Bühne: Guy Callendar, ein Experte für Dampfmaschinen. Vor der königlich-meteorologischen Vereinigung in London spricht er 1938 über Klima und Kohlendioxid. In Temperaturaufzeichnungen hat er einen signifikanten Erwärmungstrend entdeckt. Und er nennt auch gleich die Ursache: Die Kohlendioxid-Konzentration der Atmosphäre sei deutlich gestiegen.

Zeichnet sich am Horizont tatsächlich eine Änderung des Klimas ab, wie Callendar behauptet? Die Meteorologen ihrer Majestät sind skeptisch. Sie bezweifeln die ungewöhnlich detaillierten Berechnungen der jährlichen globalen Erwärmungsrate – heute Callendar-Effekt genannt – durch den zunehmenden Kohlendioxid-Ausstoß. Um die Skeptiker zu überzeugen, müssten hochakkurate Messdaten vorliegen. Nur wie bekommt man die?

Charles David Keeling, Doktorand am Institut für Ozeanographie im amerikanischen San Diego, liebt es, unter freiem Himmel zu arbeiten. Für die Vermählung von Wissenschaft und Sonnenschein sucht er sich die passenden Jobs. Keeling glaubt zwar nicht, dass er mit der Messung atmosphärischen Kohlendioxids große Meriten ernten wird, aber es könnte ja wenigstens Spaß machen. Keeling macht sich ans Werk, ohne zu ahnen, dass seine Messungen eine wissenschaftliche Schockwelle aussenden werden.

Er hat Glück, denn zu Beginn der fünfziger Jahre fließen viele Dollars in die Wetter- und Klimaforschung, die man im Kalten Krieg mit der Sowjetunion als strategisch wichtig erachtet. Da kann man auch mal einen jungen Wissenschaftler auf die Spur des Kohlendioxids setzen, zumal das unheimliche Gas immer wichtiger zu werden scheint. Gerade hat der kanadische Physiker Gilbert Plass dem populären *Time Magazine* erklärt, was die industriellen Verbrennungsgase anrichten. Plass ist tief in die Schichtung der Erdatmosphäre eingedrungen; 1956 veröffentlicht er in der Fachzeitschrift *Tellus* seine Kohlendioxid-Theorie des Klimawandels. Kassandra hat die Bühne betreten – mit harten Fakten. Plass prophezeit Temperatur-Erhöhungen durch „menschliche Aktivitäten" von je 1,1 Grad in den kommenden Jahr-

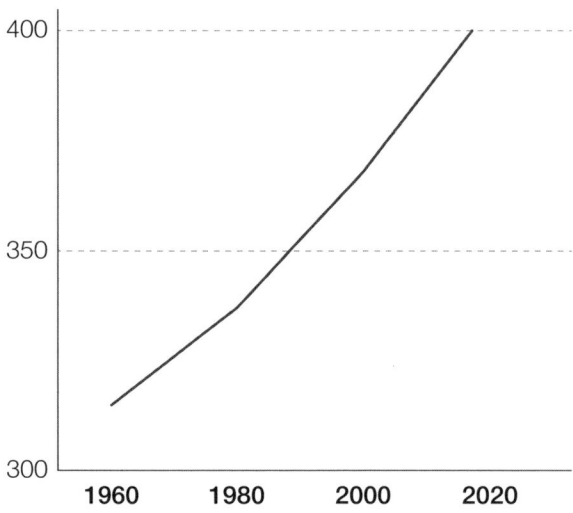

Abb. 1 Die Keeling-Kurve (geglättet) mit den Messwerten des atmosphärischen Gehalts von Kohlenstoffdioxid, gemessen am Mauna Loa (Hawaii). X-Achse: Jahreszahl; Y-Achse: CO_2-Anteil in trockener Luft μmol/mol.

hunderten und erklärt: „Die Klimaveränderung könnte für künftige Generationen zum ernsten Problem werden", zumal die Treibhausgase Tausende von Jahren aktiv bleiben.

Auch der junge Keeling liest Plass' Artikel, bevor er sich an die Arbeit macht. Seine Messstation installiert er weit weg von den industriellen Schmutzwelten am Berg Mauna Loa auf Hawaii in 3397 Metern Höhe. Hier, fernab von den Zudringlichkeiten der Zivilisation, hat Keeling den idealen emissionsfreien Ort gefunden. Mit seinem selbstgebastelten Gerät, durch das kontinuierlich Außenluft geleitet wird, gelingen ihm 1957 erste präzise Messungen von Kohlendioxid in der Atmosphäre.

Es ist der Startschuss für die bedeutendste Umwelt-Datenreihe des 20. Jahrhunderts. Mit zäher Beharrlichkeit setzt Keeling seine Untersuchungen über Jahrzehnte lang fort. Die nach ihm benannte Keeling-Kurve belegt den rasanten Anstieg des CO_2. Der zentrale Graph der Klimawissenschaft, eine Art Fieberkurve der Erde, ist auch für Laien leicht zu entschlüsseln. Die offenbar unaufhaltsame Zunahme des bald als „Klimakiller" apostrophierten Gases ist seit Keeling seriös dokumentiert. 1957 beträgt der CO_2-Gehalt 315 ppm (parts per million), im Frühjahr 2014 wird er erstmals die 400-ppm-Schallmauer erreichen.

Nicht nur auf Hawaii, auch am Nordpol wird gemessen: Polare Eisbohrkerne erlauben es, weit zurück ins Klimaarchiv der Erde zu blicken, sie sind wahre Zeitmaschinen. Von 1963 bis 1966 gräbt sich der Bohrer im Camp Century im Nordwesten Grönlands tief in die Eismassen, um einen Kern von 1375 Metern Länge zu sichern. Im Januar 1968 gelingt der antarktischen Byrd Station sogar die Bergung eines 2164 Meter langen Kerns. Im Eis werden Jahr für Jahr kleine Bläschen eingeschlossen, so kann die Luftzusammensetzung auch lang vergangener Epochen und Erdzeitalter analysiert werden. Inzwischen können Temperaturen und Kohlendioxid-Konzentration der letzten 420 000 Jahre rekonstruiert werden. Für die letzte Eiszeit wurde ein Minimum von nur 190 ppm ermittelt, im Jahr 1850 sind es 280 ppm, 2015 erstmals über 400 ppm. Für NASA-Forscherin Erika Podest ist klar: „Die CO_2-Konzentration war in den letzten Millionen Jahren niemals so hoch wie heute." Schon 1960 hinterlässt die Verbrennungsspur der Menschheit gewaltige 9,2 Milliarden Tonnen Kohlendioxid. Heute blasen wir viermal so viel in die Luft.

US-Präsident Lyndon B. Johnson erfährt im November 1965, vor mehr als 50 Jahren, von seinen wissenschaftlichen Beratern, welche Gefahr der ungebremste CO_2 Ausstoß birgt. In bemerkenswerter Hellsichtigkeit warnt der Revelle-Report, der erste offizielle Klimabericht an die US-Regierung, vor einer unkontrollierten Erderwärmung und dem Schmelzen der Polkappen: „Der Mensch", heißt es in diesem Dokument, „hat unwissentlich ein ungeheures geophysikalisches Experiment in Gang gesetzt."

Wenig später, 1967, machen Computer das Experiment sichtbar. Die Veränderung des Klimas kann erstmals von einem Computermodell zufriedenstellend simuliert werden, entwickelt vom japanischen Klimatologen Syukuro Manabe und dem US-Geophysiker Richard Wetherald. Mit immer besseren Simulationen wird in den nächsten Jahren das horrend komplexe Klimasystem noch präziser dargestellt. Die Folgen der Klimaveränderung werden sichtbar: Dürren, Fluten, Stürme, das Abschmelzen riesiger Eismassen und der Anstieg des Meeresspiegels. Die Büchse der Pandora ist prall gefüllt.

Die Ölkrise sorgt für eine kurze fossile Feuerpause

Erstmals wird nun die Politik aktiv. Im Juni 1972 treffen sich in Stockholm 1200 Delegierte aus 113 Staaten zur UN-Weltkonferenz über die menschliche Umwelt. Es ist der erste Erdgipfel dieser Art und der Beginn einer gemeinsamen Umweltpolitik der Völkergemeinschaft. Die Staaten bekennen sich zu einer grenzüberschreitenden „Weltinnenpolitik", ein Aktionsplan wird verabschiedet, ein Erdbeobachtungsprogramm installiert. Aber auch der tiefe Riss zwischen Industrie- und Entwicklungsländern tritt zutage. Auf Vorschlag der Stockholm-Konferenz wird in Nairobi die UN-Umweltbehörde (UNEP) gegründet. Im Jahr darauf sorgt die erste Ölkrise für leere Autobahnen – und für eine kurze fossile Feuerpause.

Doch die Erderwärmung hält an. Inzwischen weiß man, dass nicht nur CO_2, sondern auch Methan, das dem Verdauungstrakt der Rinder entweicht und aus Reisfeldern aufsteigt, sowie Lachgas aus Düngern und Fluorchlor-Kohlenwasserstoffe aus Kältemitteln potente Übeltäter unter den insgesamt 30 Klimagasen sind, die den Globus in den Schwitzkasten nehmen. Nicht nur die Verbrennung von Öl, Kohle und Gas ist also schuld am verschärften Treibhauseffekt. Auch Zementfabriken und die Massentierhaltung, das Auftauen von Permafrost-Gebieten und vor allem das Abholzen der Regenwälder verschlimmern die Lage. Dennoch gehen bis in die achtziger Jahre fast die Hälfte der Regenwälder in Südamerika und Asien in Rauch auf – ein gigantischer CO_2-Schub.

Höchste Zeit für die erste Klimakonferenz. 1979 treffen sich in Genf Wissenschaftler aus aller Welt. Sie haben seit Mitte der siebziger Jahre einen auffälligen Temperaturanstieg beobachtet. Das Jahr 1981 bestätigt den Trend, es ist das wärmste seit Beginn der Temperaturmessungen. Danach folgt ein Rekordjahr dem nächsten. Aktuell ist 2015 neuer historischer Spitzenreiter, davor war es 2014.

Im Hitzejahr 1981 wird der Schauspieler Ronald Reagan, ein Freund der Ölindustrie, neuer US-Präsident. Ein Hieb für die globale Umweltpolitik. Wissenschaftliche Erkenntnisse zum Klimawandel stehen verstärkt in der Kritik, die weltweit führende US-Klimaforschung wird zurückgefahren. Das neu etablierte US Climate Program Office wirke unter Reagan wie ein „Außenposten im Feindesland", schreibt der Historiker Spencer R. Weart (The discovery of global warming).

Von Reagan ermutigt, raten PR-Strategen des Ölkonzerns Exxon zu gezielten Verwirrungsmanövern, obwohl die eigenen Forscher die alarmierenden Klimabefunde bestätigen: „Wir müssen die Unsicherheit der wissenschaftlichen Ergebnisse betonen." So wird eine bestens finanzierte Problemleugner-Bewegung in Gang gesetzt, die ständig Zweifel an der Klimaforschung streut – ungeachtet des großen Konsenses unter den Wissenschaftlern.

Die sind zunehmend beunruhigt. In Deutschland berichtet der *Spiegel* am 11. August 1986, wie das Klima aus den Fugen gerät. Er illustriert seine spektakuläre Titelgeschichte mit dem auf halber Höhe im Wasser versinkenden Kölner Dom. „Ein globaler Temperaturanstieg", zitiert das Blatt NASA-Forscher Robert Watson, sei „unausweichlich". Ungewiss bleibe nur, ob er tatsächlich in eine verheerende Klimakatastrophe führe oder nur mittlere Schäden anrichte.

Die kurze Reise von Hopenhagen nach Flopenhagen

Jetzt geben sich auch Wissenschaftler der Deutschen Meteorologischen Gesellschaft einen Ruck. Obwohl die schwarz-gelbe Bundesregierung vor der Bundestagswahl 1987 alles versucht, um die Forscher einzuschüchtern, veröffentlichen sie eine „Warnung vor weltweiten Klimaänderungen". Die Kernaussage: In den nächsten 100 Jahren könne die Temperatur um drei bis schlimmstenfalls neun Grad ansteigen, die Erde unbewohnbar werden. Die Grünen springen bei der Wahl auf 8,3 Prozent. Bayerns Ministerpräsident Franz-Josef Strauß verlangt die Einrichtung eines deutschen Klimarats.

Doch im November 1988 konstituiert sich auf internationalem Terrain ein einflussreiches Gremium: Der Weltklimarat IPCC wird gegründet, eines der größten Wissenschaftsprojekte aller Zeiten. Er entwickelt sich in kurzer Zeit zum globalen Umweltgewissen und Leader der Debatte. In Universitäten und Forschungseinrichtungen rund um die Welt sitzen Tausende Wissenschaftler, deren Arbeit in die IPCC-Berichte fließt. 1990 erscheint der erste von bisher fünf Sachstandreports mit der Expertise von mehreren hundert Hauptautoren, bis zu 2500 Fachgutachtern und Zehntausenden Fachkommentaren. Ein herkulischer Aufwand. Schon der erste IPCC-Report diagnostiziert den „menschengemachten" Klimawandel. Er führt schnell zum Ruf nach globalen Klimakonferenzen. Zwei Jahre später wird er zur Grundlage der berühmten Klimarahmenkonvention von Rio de Janeiro.

Der Erdgipfel in der brasilianischen Metropole gerät im Juni 1992 zur Sternstunde globaler Umweltpolitik. 17 000 Experten, Staatslenker, Nobelpreisträger, Klimatologen und Querdenker der Zivilgesellschaft verabschieden ein ehrgeiziges Programm. „Rio", sagt der damalige UNEP-Direktor Klaus Töpfer, habe die Umwelt aus der Randlage herausgeholt und in den Hauptstrom der Weltpolitik gestellt. Das entscheidende Dokument wird die Klimarahmenkonvention. Sie erklärt die Erderwärmung zur größten Herausforderung der Menschheit. Die zunehmende Beladung der Atmosphäre mit Treibhausgasen soll gestoppt werden. Nach Einschätzung des IPCC muss der CO_2-Ausstoß bis 2050 um mindestens 60 Prozent reduziert werden. Die Industriestaaten sollen aber nicht nur ihre Emissionen kürzen, sondern auch den Entwicklungsländern Milliarden zur Klimaanpassung überweisen. Im Artikel sieben werden UN-Konferenzen festgeschrieben – die Geburtsstunde der Klimadiplomatie mit ihren jährlichen Gipfeln.

Es vergehen weitere fünf Jahre, bis 1997 in Kyoto verbindliche Zielwerte festgeschrieben werden; der „Kyoto-Prozess" beginnt. Er wird zum schillernden Code für den weltweiten Klimakampf und für einen nervtötenden Verhandlungsmarathon, der nur im Schneckengang Fortschritte bringt. Erst nach acht quälenden Jahren kann der Kyoto-Vertrag in Kraft treten. Die beiden großen Klimakiller, China und die USA, verweigern die Unterschrift, aber immerhin 176 Länder verpflichten sich völkerrechtlich zum Klimaschutz.

Statt feuriger Lippenbekenntnisse stehen endlich konkrete Zahlen auf dem Zettel. Doch die Umsetzung bleibt schwierig, der CO_2-Ausstoß vor allem der Schwellenländer galoppiert. China steigt im Jahr 2003 zum weltweit größten Emittenten auf. Ist Kyoto wirklich „das Papier nicht wert, auf dem die Reduktionsziele stehen", wie SPD-Solarpionier Hermann Scheer wettert? Einige Länder verzeichnen beeindruckende Fortschritte, andere ignorieren die Reduktionsziele. Im Basisjahr 1990 werden 22 Milliarden Tonnen Kohlendioxid in die Atmosphäre geblasen, heute sind es, trotz Kyoto, 36 Milliarden jährlich.

Selbst Katastrophen bringen die Welt nicht zur Besinnung. Im Sahara-Sommer 2003 sterben in Europa mehr als 70 000 Menschen an den Folgen der Hitze. Auch der im August 2005 in den USA wütende Hurrikan Katrina, der 1800 Menschen umbringt und 110 Milliarden Dollar kostet, oder die Jahrtausendflut in Pakistan 2010 mit 1,8 Millionen zerstörten Häusern bringen keine Wende. Am 7. November 2013 rast der Taifun „Haiyan" mit Windgeschwindigkeiten bis zu 315 km/h auf die Philippinen zu, der heftigste tropische Wirbelsturm seit Beginn der verlässlichen Aufzeichnungen. Mehr als vier Millionen Menschen werden obdachlos.

Ungeachtet aller Katastrophen kommen die Klimadiplomaten regelmäßig mit dürren Ergebnissen von ihren Gipfeln zurück. Auch die mit heftigen Erlöserphantasien hochgejazzte, „alles entscheidende" Klimakonferenz in Kopenhagen bringt im Dezember 2009 keinen Durchbruch. Im Gegenteil: Hopenhagen verwandelt sich schnell in Flopenhagen. China und die USA schließen einen Nichtangriffspakt. Und am Ende verhandeln, ungerührt von jeglicher Weltrettungsrhetorik und den Hoffnungen der 27 000 Teilnehmer, nur noch fünf Staatsführer im Hinterzimmer über die Zukunft der Erde. Der Rest der Welt muss zuschauen und abnicken. Der schließlich beschlossene Kopenhagen-Accord ist eine müde inhaltsleere Kompromissformel ohne wirkliches Klimaengagement. „Climate shame, climate shame!" skandieren die empörten Konferenzteilnehmer. Die Erderwärmung, darauf hat man sich immerhin verständigt, soll auf die magischen, gerade noch beherrschbaren zwei Grad begrenzt werden. Aber wie, wenn weiter business as usual regiert?

Das Zeitfenster für eine Wende der Klimapolitik ist klein geworden und die Sanduhr wird man nicht noch einmal umdrehen können. Jetzt hat der Klimagipfel in Paris mit guten Beschlüssen neue Hoffnungen geweckt. Unsere Erwartungen, sagt man, sind wie kleine Biester, die Herz und Hirn zermartern. Schon 1824 wurde der Treibhauseffekt entdeckt, seit mehr als 100 Jahren wird über die Erderwärmung und ihre Folgen gestritten. Heute ist unser Planet wärmer, als er es in den 120 000 Jahren zuvor jemals war. Es gibt schon längst keine Ausreden mehr. Der Potsdamer Klimawissenschaftler Hans Joachim Schellnhuber schreibt in seinem Buch *Selbstverbrennung*, der am Jahresende 2015 erschienenen klimawissenschaftlichen Bilanz: „In der Ferne zeichnet sich eine Bedrohung ab, die fast allen, die sich mit dem Thema ernsthaft auseinandersetzen, den Atem stocken lässt." Und: „Diejenigen, die am meisten wissen, machen sich die größten Sorgen!"

Der lange Weg der Erkenntnis

Hartmut Graßl

Das Abkommen von Paris kann Konfliktminderung für Generationen schaffen, erleichtert die Armutsbekämpfung im Vergleich zu fehlender Klimapolitik, dämpft den steigenden Wassermangel als eine weitere potenzielle Konfliktquelle und macht so eine nachhaltige Entwicklung wahrscheinlicher. Doch dazu muss die weltweite Bewegung der Nicht-regierungsorganisationen in den kommenden Jahren den notwendigen Druck für Klimaschutz erzeugen.

Der berühmte Alpinist John Tyndall, ein in Großbritannien arbeitender Ire, hat bereits 1863 folgende prägnante und auch für Laien verständliche sowie kurze Version des Treibhauseffektes der Atmosphäre in den Verhandlungen der königlichen Institutes von Großbritannien veröffentlicht: „The solar heat possesses the power of crossing an atmosphere, but, when the heat is absorbed by the planet, it is so changed in quality that the rays emanating from the planet cannot get with the same freedom back into space. Thus the atmosphere admits the entrance of the solar heat but checks its exit, and the result is a tendency to accumulate heat at the surface of the planet" (Tyndall 1863).

Ich empfehle, dass dieser kurze Text seinem Denkmal als Alpinist im Wallis in der Schweiz hinzugefügt wird. Dass sich Tyndall damit auseinandersetzte, hatte schon mit der Nutzung fossiler Brennstoffe zu tun, denn seine Aufgabe bestand zuallererst auch darin, die Eigenschaften gasförmiger Kohlenwasserstoffe, die bei der Kohlenutzung entstehen, zu verstehen.

Die erste wissenschaftliche Veröffentlichung zum erhöhten Treibhauseffekt

Der erste, der über den erhöhten Treibhauseffekt durch die Nutzung der Kohle veröffentlichte, war 1896 der schwedische Naturforscher Svante Arrhenius. Er nutzte die Kenntnis über die Absorptionsbanden des Kohlendioxids, publiziert vom Amerikaner Langley, für das Argument, dass weiteres Verbrennen von Kohle – zu der Zeit überwiegend in Großbritannien –

zu höheren Temperaturen an der Erdoberfläche führen könnte. Er gab eine erste Abschätzung von 3 bis 5 Grad Celsius Erwärmung bei Verdoppelung des Gehaltes an Kohlendioxid. Auch die nicht-lineare Abhängigkeit von der Konzentrationszunahme deutete er richtig, indem er schrieb: „if the quantity of carbonic acid [CO_2] increases in geometric progression, the augmentation of the temperature will increase nearly in arithmetic progression." (Arrhenius 1896) Also hatte er schon damals die Abhängigkeit vom Logarithmus der Konzentrationszunahme korrekt erfasst.

Die erste vollständige Theorie des anthropogenen Treibhauseffektes

Der Brite Guy Stewart Callendar veröffentlichte 1938 die erste volle Theorie der globalen anthropogenen Klimaänderungen. Aus noch recht ungenauen Beobachtungen der Zunahme der Kohlendioxidkonzentration, der beobachteten Temperaturzunahme seit etwa 1900 und der Kenntnis der Absorptionseigenschaften von Kohlendioxid und Wasserdampf schlussfolgerte er, dass das anthropogene Signal bereits sichtbar sei. Viele seiner Kollegen haben das, solange er lebte (bis 1964), jedoch nicht akzeptiert, erstens, weil nach 1940 die mittlere globale Temperatur bis etwa 1970 nicht weiter anstieg und zweitens, weil er damals als Spezialist für Dampfkraftwerke bei der „British Electrical and Allied Industries Research Association" arbeitete und kein „echter" Meteorologe war.

In seiner Zusammenfassung schrieb er damals: Durch Verbrennung von Treibstoffen hat die Menschheit im vergangenen halben Jahrhundert 150 000 Millionen Tonnen Kohlendioxid der Luft hinzugefügt. Der Autor schätzt, auf der Basis der besten verfügbaren Daten, dass etwa drei Viertel davon in der Atmosphäre geblieben sind. Die Absorptionskoeffizienten von Kohlendioxid und Wasserdampf werden genutzt, um die Wirkung auf die Himmelsstrahlung (heute Gegenstrahlung, der Verf.) zu zeigen. Daraus folgt, dass die derzeitige Temperaturzunahme durch das künstlich erzeugte Kohlendioxid etwa 0,003 Grad pro Jahr beträgt. Temperaturbeobachtungen an 100 Wetterstationen zeigen, dass die mittlere globale Temperatur im vergangenen halben Jahrhundert um 0,005 Grad anstieg (Callendar 1938).

Erst in den späten 1950er Jahren lebte die Debatte auch in der Wissenschaft wieder auf. Es dauerte noch weitere zwei Jahrzehnte, bis sich eine Akademie der Wissenschaften mit dem Thema Klimaänderungen durch den Menschen beschäftigte.

Die erste politische Reaktion

Die Ad-hoc-Studiengruppe zu Kohlendioxid und Klima des Nationalen Forschungsrates der USA hat 1979 Folgendes berichtet: „When it is assumed that CO_2 ... is doubled ... the more realistic modeling efforts predict a global surface warming of 2 to 3.5 °C." (NRC 1979)

Wenn also der Kohlendioxidgehalt in der Atmosphäre sich verdoppelt, so sagen die realistischeren Modelluntersuchungen eine mittlere globale Erwärmung von 2 bis 3,5 Grad Celsius vorher. Diese Äußerung war auch als Vorlage für die erste Weltklimakonferenz 1979, von der Weltorganisation für Meteorologie nach Genf einberufen, gedacht.

Dort wurde das Weltklimaprogramm (WCP) der Vereinten Nationen beschlossen, dessen Forschungskomponente, das Weltklimaforschungsprogramm (WCRP), längst zum wichtigsten Teil des WCP gehört und für die naturwissenschaftliche Basis für die Statusberichte des Zwischenstaatlichen Ausschusses über Klimaänderungen (IPCC) wesentlich geworden ist. Der Erfolg des WCRP beruht wesentlich auf der starken Integration der globalen Wissenschaftlergemeinschaft, denn schon 1980 hat der Internationale Rat Wissenschaftlicher Vereinigungen (ICSU = International Council of Scientific Unions; heute: Internationaler Rat für Wissenschaften) mit der WMO zusammen das WCRP gestartet. 1991 kam dann die Intergovernmental Oceanographic Commission der UNESCO als weiterer Förderer hinzu. Vor allem durch die Integration von ICSU ist es für viele hochrangige Wissenschaftler eine Ehre, das WCRP gestalten zu dürfen und in den Nationalen Klimaforschungsprogrammen die beschlossenen Strategien umzusetzen.

Die erste Reaktion wissenschaftlicher Gesellschaften in Deutschland

Die Bundesrepublik Deutschland hat sehr bald nach dem Start des WCP durch die WMO in der ersten Hälfte der 1980er Jahre eigene nationale Klimaforschungsprogramme initiiert und dadurch im internationalen Konzert der Forschungsnationen eine wachsende Rolle gespielt, denn viele andere OECD-Länder haben fast nicht oder stärker verzögert reagiert.

Länder mit wesentlicher Forschung zum globalen Klima konnte man fast an einer Hand abzählen. Auch in der deutschen Öffentlichkeit gab es kaum eine Debatte über globale Klimaänderungen durch den Menschen. Diese war stärker in den USA zu finden. Eine größere öffentliche Debatte löste erst eine Stellungnahme der Deutschen Physikalischen Gesellschaft im Jahre

1986 aus, die den *Spiegel* veranlasste, den Kölner Dom in die Nordsee zu stellen.

Wegen Fehlerhaftigkeit veranlasste dieses Memorandum aber auch eine Beschwerde der Deutschen Meteorologischen Gesellschaft. Die DPG nahm deshalb noch 1986 zwei Klimatologen in ihren Arbeitskreis Energie auf. Bei einer ersten Debatte in diesem Arbeitskreis bekam ich als Neuankömmling den Auftrag, den Klimateil des Memorandums mit dem Titel: „Warnung vor globalen Klimaänderungen durch den Menschen" zusammen mit Professor Schönwiese aus Frankfurt neu zu schreiben.

Das neue Memorandum war Ende 1986 fertig und kam dem Forschungsministerium zu Ohren, das im Januar 1987 das Autorenteam einbestellte und uns Autoren zusammen mit den Präsidenten beider wissenschaftlicher Gesellschaften mit hochrangigen Fachkollegen konfrontierte, um den Text wegen der gefundenen Fehler zurückziehen zu können.

Die Fehlersuche war unergiebig, dennoch sollte von einer Veröffentlichung abgesehen werden, weil es – so die Äußerung eines hochrangigen Ministerialbeamten – politisch nicht opportun sei. Der Präsident der DPG bat mich Wochen später, Schönheitsreparaturen am Text anzubringen, um ihn bei der Frühjahrstagung der DPG in Berlin im März 1987, also nach der Bundestagswahl am 25. Januar 1987, doch noch zu veröffentlichen.

Die politische Reaktion blieb zunächst aus. Erst im November 1987 beantragte der Freistaat Bayern im Deutschen Bundesrat die Einrichtung eines Wissenschaftlichen Klimabeirates der Bundesregierung. Der nahm dann auch rasch im Jahre 1988, am Forschungsministerium angebunden, seine Arbeit auf und schlug unter anderem ein Institut für Klimafolgenforschung in Deutschland vor (heute das PIK in Potsdam).

Das erste Bewertungsgremium globaler anthropogener Klimaänderungen

Auf den Äußerungen zweier Konferenzen im österreichischen Villach Mitte der 1980er Jahre aufbauend, forderte der Exekutivrat der WMO die Einrichtung eines Zwischenstaatlichen Ausschusses über Klimaänderungen (Intergovernmental Panel on Climate Change, IPCC), von den Medien heute Weltklimarat genannt.

Die WMO hat zusammen mit dem Umweltprogramm der Vereinten Nationen (UNEP) diesen Zwischenstaatlichen Ausschuss im November 1988 gestartet. Weil das Forschungsministerium in Bonn, das den Einladungsbrief der WMO – der über den Präsidenten des Deutschen Wetterdienstes laufen muss – in seiner Bedeutung nicht voll erkannte und deshalb nur einen einzigen Vertreter, einen Wissenschaftler, schickte, fiel Deutschland dabei eher negativ auf. Erstmals in meinem Leben habe ich dabei mein Land offiziell im großen internationalen Kongresszentrum in Genf vertreten und als Vorsitzender des Wissenschaftlichen Klimabeirates der Deutschen Bundesregierung für die Repräsentanz Deutschlands in den Arbeitsgruppen des IPCC gefochten.

Schon bei der zweiten Plenarsitzung des IPCC, in Nairobi im Juni 1989, hat die deutsche Delegation, jetzt vom Umweltministerium geleitet, eine angemessene Rolle gespielt. Es ist uns dabei sogar gelungen, ein Szenario D einzuführen (intern stand dafür das Wort „drakonian"), das heute als das 2-Grad-Szenario gelten würde. Es wurde damals von den USA jedoch nicht gewollt – aber toleriert –, und fand die Unterstützung der Schweiz, Norwegens und der Niederlande.

Die Enquete-Kommission „Vorsorge zum Schutz der Erdatmosphäre"

Das Gelegenheitsfenster für internationale Klimapolitik ist in der Bundesrepublik durch die genannte Kommission weit aufgestoßen worden. Viele Nationen beneiden uns um diese Möglichkeit, unter Einbeziehung aller im Bundestag vertretenen Parteien wichtige Themen angemessen und öffentlich auf der Basis wissenschaftlicher Befunde zu diskutieren.

Vom Beginn im Jahre 1988 bis zum Ende im Jahre 1990 sind von dieser Kommission fast nur einstimmige Beschlüsse im Bundestag zu den drei Themen „Schutz der Ozonschicht in der Stratosphäre", „Schutz tropischer Regenwälder" und „erhöhter Treibhauseffekt der Atmosphäre" gefasst worden.

Die beiden führenden Abgeordneten (Bernd Schmidbauer, CDU, und Michael Müller, SPD) haben konsensorientiert gehandelt und auch den beiden parteilich ungebundenen Wissenschaftlern (Paul Crutzen und mir) bei Pressekonferenzen die öffentliche Arena gegeben.

So hat diese Kommission wesentlich zur Verschärfung des Montrealer Protokolls als Ausführungsbestimmung des Wiener Abkommens zum Schutz der Ozonschicht beigetragen, der Schutz der tropischen Regenwälder wurde Regierungspolitik und die Bundesrepublik nahm sich das Ziel einer Reduktion der Kohlendioxidemissionen um 25 Prozent bis zum Jahre 2005 vor.

Obwohl dieses Ziel nicht voll erreicht wurde, ist dennoch damit der Grundstock für die spätere Energiewende im Oktober 2010 gelegt worden, die dann im Juni 2011 mit dem wieder beschleunigten Ausstieg aus der Nutzung der Kernenergie noch einmal bestätigt und noch fordernder geworden ist. Auch der größte ideelle Exportartikel Deutschlands, die Einspeisevergütung für Strom aus erneuerbaren Energieträgern, inzwischen von mehr als 60 Ländern eingeführt, wurde in diesem günstigen Klima 1990 beschlossen und startete am 1. Januar 1991. Sie hat in den ersten Jahren insbesondere die Windenergienutzung in Deutschland im wahrsten Sinne des Wortes beflügelt und ist Basis für einen wichtigen Industriezweig in Deutschland geworden.

Das Rahmenübereinkommen zu Klimaänderungen der Vereinten Nationen

Der erste bewertende Bericht des IPCC, der schon knapp zwei Jahre nach der Gründung Ende Oktober 1990 auf der 2. Weltklimakonferenz der WMO in Genf vorgelegt wurde, führte zur Forderung des Minister-Segmentes der Tagung Anfang November 1990, eine Konvention zu Klimaänderungen der Vereinten Nationen zu schaffen, die zum Erdgipfel in Rio de Janeiro, die eigentlich United Nations Conference on Environment and Development (UNCED) hieß, vorgelegt werden solle. Im Juni 1992 ist dann die UNFCCC (United Nations Framework Convention on Climate Change) von 153 Ländern und der Europäischen Gemeinschaft bei UNCED gezeichnet worden. Der zentrale Paragraf 2 dieses schon seit März 1994 völkerrechtlich verbindlichen Rahmenübereinkommens (das ist die offizielle deutsche Übersetzung), das jetzt für 195 Länder und die EU gilt, lautet: „Das Endziel dieses Übereinkommens … ist es … die Stabilisierung der Treibhausgaskonzentrationen in der Atmosphäre auf einem Niveau zu erreichen, auf dem eine gefährliche anthropogene Störung des Klimasystems verhindert wird. Ein solches Niveau sollte innerhalb eines Zeitraums erreicht werden, der ausreicht, damit sich die Ökosysteme auf natürliche Weise den Klimaänderungen anpassen können, die Nahrungsmittelerzeugung nicht bedroht wird und die wirtschaftliche Entwicklung auf nachhaltige Weise fortgeführt werden kann." (UN 1992)

Zentral bei dieser Zielformulierung ist das Wort „gefährlich", das sicher nicht durch die Wissenschaft allein vorgegeben werden kann, sondern einer globalen öffentlichen Debatte bedarf. Es hat bis 2010, also bis zur 16. der jährlichen Vertragsstaatenkonferenzen zur UNFCCC im mexikanischen

Cancún gedauert, bis ein erstes Ziel nicht nur definiert, sondern beschlossen worden ist, nämlich das sogenannte 2-Grad-Ziel. Demnach sollte im 21. Jahrhundert die mittlere globale Erwärmung an der Erdoberfläche – eigentlich ist die Lufttemperatur in 2 Meter Höhe gemeint – im Vergleich zum vorindustriellen Wert unter 2 Grad Celsius bleiben. In Cancún sollte damit nach dem Scheitern der 15. Vertragsstaatenkonferenz in Kopenhagen ein Zeichen für die Handlungsfähigkeit der Weltgemeinschaft gegeben werden.

Weil der Temperaturunterschied zwischen einer intensiven Vereisung wie vor 20 000 Jahren und der jetzigen Zwischeneiszeit an der Erdoberfläche nur etwa 5 Grad Celsius beträgt, erlaubt dieses Ziel immer noch wesentliche Klimaänderungen, das heißt, damit werden sich die Vegetationszonen sicherlich stark verändern und verschieben, wodurch sich die Lebensbedingungen in vielen Regionen oft verschlechtern werden. Treibendes Argument für diese Zielsetzung war, dass extreme und von uns nur noch hinzunehmende und nicht mehr steuerbare Änderungen wie starkes Auftauen der dauerhaft gefrorenen Böden und das starke Abschmelzen großer Eisgebiete mit mehreren Metern Meeresspiegelanstieg über Jahrhunderte so wahrscheinlich verhindert werden könnten.

Der erste Trippelschritt zur Reduktion der weltweiten Emissionen

Als die Arbeitsgruppe I des IPCC im Dezember 1995 in der Plenarsitzung in Madrid in der Zusammenfassung für Entscheidungsträger den schon im Juli 1995 bei einer Gruppentagung formulierten Satz „The balance of evidence suggests a discernible human influence on global climate" öffentlich machte (IPCC 1995), war von uns Wissenschaftlern zum ersten Mal klargestellt worden: Die beobachtete globale Erwärmung (bis dahin ca. 0,6 Grad Celsius) stammt sehr wahrscheinlich, also mit einer Irrtumswahrscheinlichkeit von nur noch 5 Prozent, von uns Menschen. Ich war selbst Mitglied einer kleinen 12-köpfigen Gruppe, die den Vorläufersatz und eine sehr kurze Zusammenfassung eines etwa 800 Seiten umfassenden Berichtes Ende Juli 1995 in Asheville, North Carolina, USA, im Auftrag des Vorsitzenden der Arbeitsgruppe, Sir John Houghton, in einer Nachtsitzung zustande brachte. Mit diesem Satz war auch immer mehr Politikern klar geworden, dass gehandelt werden musste.

Schon bei der ersten Vertragsstaatenkonferenz zur UNFCCC Ende März/ Anfang April 1995 war die Präsidentin der Konferenz, die deutsche Umweltministerin Angela Merkel, über diesen wissenschaftlichen Durchbruch vorinformiert, denn bei einer Pressekonferenz am Max-Planck-Institut für Meteorologie im März 1995 hatte der Gründungsdirektor des Institutes, Klaus Hasselmann, die Entdeckung des anthropogenen Signals verkündet. Ich selbst hatte bei einer gemeinsamen Tagung mit der Adenauer-Stiftung im Wissenschaftszentrum in Bonn bei einem Abendessen mit der Ministerin über die Chancen für ein Protokoll zur UNFCCC diskutiert und natürlich über den Durchbruch in der Wissenschaft berichtet.

Dass es zum Berliner Mandat zu einem Protokoll kam, das bei der dritten Vertragsstaatenkonferenz fertig sein sollte, lag aber auch daran, dass zum Beispiel Saudi-Arabien auf verzögernde Geschäftsordnungsdebatten verzichtete (dies war während des Abendessens vom Botschafter signalisiert worden).

Das Berliner Mandat führte zum Kyoto-Protokoll, das am 10. Dezember 1997 einstimmig angenommen wurde und auf dem die Hoffnungen Vieler lagen. Die dann über Jahre hinweg immer stärker enttäuscht wurden, weil wichtige Industrieländer wegen eigenen „Fehlverhaltens" bei der Klimapolitik ausstiegen, sich quasi davonschlichen (2001 die USA, danach Kanada und Australien).

Noch wichtiger als dieses Sich-Davonschleichen aus der Verantwortung wurde aber das enorme Wirtschaftswachstum bei fast ausschließlichem Einsatz fossiler Brennstoffe in den Schwellenländern, allen voran China. Denn dadurch war aus nur noch etwa 1 Prozent Zuwachs der globalen Kohlendioxidemissionen pro Jahr in den 1990er Jahren, auch als Folge des Teilzusammenbruchs der sehr ineffizienten Industrie in den früheren sozialistischen Ländern, wieder ein Zuwachs von 3 Prozent pro Jahr im ersten Jahrzehnt dieses Jahrhunderts geworden. Leider wurde dadurch das Kyoto-Protokoll nur zu einem ersten Trippelschritt für den Klimaschutz. Die Länder aber, die es ernst genommen haben, haben sich einen Vorsprung in der sowieso notwendigen Transformation der Industriegesellschaft in Richtung nachhaltige Entwicklung erarbeitet.

Ist die Paris-Vereinbarung ein Durchbruch?

Ja, aber nur wenn das Ziel allein betrachtet wird. Denn im Klartext heißt dieses Ziel: Der größte Teil der fossilen Brennstoffe muss in der Erdkruste bleiben (viele sagen etwa 80 Prozent), die Zeit mit wie bisher immer noch steigenden globalen Emissionen von Treibhausgasen muss rasch, in wenigen Jahren, der Vergangenheit angehören, in der zweiten Hälfte dieses Jahrhunderts muss zunächst für die Industrienationen und bald auch für die

Entwicklungsländer Neutralität bei Quellen und Senken von Treibhausgasen erreicht werden. Dies alles folgt allein schon aus dem von der Konferenz formulierten Ziel in Artikel 2 der Paris-Vereinbarung, das dem Ziel der UNFCCC, eine gefährliche Störung des Klimasystems zu verhindern, untergeordnet ist.

Da inzwischen die mittlere globale Erwärmung seit 1900 annähernd 1 Grad erreicht hat und wegen der Trägheit des Klimasystems die Erwärmung auch bei Stopp der Emissionen noch Jahrzehnte und mehr anhielte, denn Ozeane und Eisgebiete verzögern die volle Anpassung an die Antriebe um mindestens einige Jahrzehnte, ist das 1,5-Grad-Ziel schon jetzt illusorisch zu nennen, wenn nicht neben der massiven Emissionsreduzierung viele zusätzliche Maßnahmen ergriffen würden, große Mengen Kohlendioxid aus der Atmosphäre zu entfernen.

Mögliche Aktivitäten zur Entfernung von Kohlendioxid sind erstens starke Wiederaufforstung auf von der Landwirtschaft geschädigten und aufgegebenen Böden, zweitens eine kräftig geänderte Landwirtschaft, die den Kohlenstoffgehalt in den Böden erhöht und nicht weiter senkt, sowie drittens das Einlagern von Kohlendioxid in tiefere Schichten der Erdkruste. Helfen könnte außerdem eine etwas geringere Empfindlichkeit des Klimasystems als bisher von uns Wissenschaftlern im Mittel eingeschätzt. Aber darauf sollte man nicht bauen.

Was heißt deutlich unter 2 Grad für wen?

Für Menschen in den nördlichen Polargebieten heißt das zuallererst Erwärmung um das mindestens Doppelte, kräftigere Vegetation bis hin zu Wald, wo bisher keiner wuchs, aber auch starke Küstenerosion in den Permafrostgebieten, Verlust an Meereisökosystemen, mehr Schifffahrt, Ausbeutung von Rohstoffen, mehr Tourismus; für die meisten Mittelmeerklimazonen bedeutet es weniger Wasser, extreme sommerliche Hitzewellen, mehr Waldbrände, längere Dürren, häufigere Flucht; für tropische Regionen nicht mehr Wirbelstürme, aber im Mittel heftigere und überdurchschnittlich ansteigender Meeresspiegel, weil bei Abschmelzen der Inlandeisgebiete wegen dadurch verminderter Erdanziehung in den hohen Breiten das zusätzliche Meerwasser überwiegend in niederen Breiten landet; in Hochgebirgsregionen heißt das Verlust eines Großteils der Gletschermasse und schwierigere Wasserversorgung im Sommer in den vorgelagerten Tälern und Ebenen.

Die Folgen für die jeweilige Wirtschaft sind schwer abzuschätzen, aber wegen der Interdependenz der Regionen sind auch bei vielleicht erwarteter positiver Wirkung für eine regionale Untersuchung Klimaänderungen eher negativ.

Ist der Gipfel ein Erfolg für das Vorhaben, den Klimawandel weltweit zu bremsen?

Es gibt bisher nur wenige hoch entwickelte Länder, die es geschafft haben, bei weiterhin im Mittel sogar wachsendem und hohem materiellem Wohlstand weniger Treibhausgase zu emittieren, zum Beispiel Großbritannien und Deutschland. Sogar alle 28 Länder der Europäischen Union haben nach Aussagen der Europäischen Umweltbehörde insgesamt die Emissionen seit 1990 von 5,7 Milliarden auf 4,5 Milliarden Tonnen Kohlendioxid-Äquivalent im Jahre 2013 gesenkt, also um etwa 20 Prozent.

Jetzt haben sich alle Industrieländer, demnächst auch die Schwellenländer (bei den Vereinten Nationen noch immer als Entwicklungsländer geführt) und in wenigen Jahrzehnten auch die echten Entwicklungsländer zu Emissionsreduktionen verpflichtet.

In der Euphorie über den geschafften Durchbruch in Paris muss allerdings immer wieder darauf hingewiesen werden, dass der Vertrag völkerrechtlich erst nach Ratifizierung durch mindestens 55 Vertragsstaaten verbindlich wird, wobei diese Staaten mindestens 55 Prozent der globalen Emissionen umfassen müssen. Diese beiden Hürden sind jedoch vergleichsweise niedrig, wenn man bedenkt, dass in Paris zum Schluss der Konferenz eine Allianz von über 100 Vertragsstaaten für das Abkommen existierte und die drei Schwergewichte bei den Emissionen, nämlich China, USA und EU, dabei waren. Allein diese drei sind für etwa 50 Prozent der weltweiten Emissionen verantwortlich.

Dass das Paris-Übereinkommen zustande kam, liegt auch an einer wesentlichen Änderung in der Art des Herangehens bei Emissionsminderungen: Jedes Land durfte selbst bestimmen, welche Emissionsminderungen es für die erste Verpflichtungsperiode bis 2030 verspricht. Bisher haben fast alle Vertragsstaaten Ziele genannt, manche sogar erst nach COP 21. Summiert man diese versprochenen Emissionsreduktionen oder verlangsamten Anstiege und speist sie in einfache Rechenmodelle der mittleren globalen Erwärmung ein, so wird das vereinbarte Ziel – wesentlich unter 2 Grad Celsius mittlerer globaler Erwärmung zu bleiben – massiv verfehlt. Auch Werte über 3 Grad sind dann bei hoher Empfindlichkeit des Klimasystems im 21. Jahrhundert nicht auszuschließen.

Deshalb ist es ein weiterer wichtiger Aspekt des Vertrages, dass nach jeweils fünf Jahren im Lichte neuer wissenschaftlicher Erkenntnisse eine Überprüfung der Ziele und der Maßnahmen erfolgt. Da sich bisher der Umbau des Energieversorgungssystems hin zu mehr erneuerbaren Energien bei den Vorreiterländern als einfacher als gedacht herausgestellt hat, sind Verschärfungen bei den Emissionsreduktionen wahrscheinlich.

So hat Deutschland im Jahre 2015 bereits fast ein Drittel des elektrischen Stroms (32,5 Prozent nach Äußerungen der Agora Energiewende vom 7. Januar 2016) aus erneuerbaren Energieträgern, vor allem Wind und Sonne, bereitgestellt. Eine wesentliche Entspannung in der gesamten Klimadiskussion wird wohl in den nächsten wenigen Jahren eintreten, wenn für immer mehr Länder der Preis für eine Kilowattstunde elektrische Energie aus der Photovoltaik unter den für die gleiche Energiemenge aus dem Kohlekraftwerk sinkt. Der zunächst in Deutschland entstandene Markt hat global beflügelnd gewirkt. Sehr bald wird in sonnenscheinreichen Gebieten Photovoltaik mit Batteriespeicher die billigste Stromversorgung sein.

Was bedeuten die Ergebnisse von Paris für Deutschland?

Die meisten Bürger in Deutschland wissen nicht, dass es den Beschluss vom Oktober 2010 gibt, bis zum Jahre 2050 die Treibhausgasemissionen mindestens um 80, besser um noch höhere Prozentzahlen zu mindern. Dieses Ziel ist nach den Kernschmelzen in den Kernkraftwerken von Fukushima am 30. Juni 2011 durch den Deutschen Bundestag bestätigt, aber noch fordernder geworden.

Wir wollten also auch ohne das Paris-Abkommen spätestens bis zu diesem Zeitpunkt fast vollständig aus der Nutzung fossiler Brennstoffe aussteigen. Das Neue am Paris-Abkommen ist demnach, dass erstens das Ziel jetzt auch für andere Industrieländer gilt und dass dadurch zweitens die Maßnahmen bei uns leichter fallen werden, weil wir als innovatives Land uns noch stärker anstrengen müssen, um in den Bereichen der erneuerbaren Energietechniken noch in der Spitzengruppe zu bleiben. Bis zu einem festen Kohleausstiegsplan für Deutschland werden jetzt wohl nur noch wenige Jahre vergehen.

Erste Zeichen für die Abkehr von der Kohle, dem häufigsten fossilen Energieträger in der Erdkruste, sind in der Finanzwirtschaft schon sichtbar: Der Versicherungskonzern Allianz verkündete am 24. November 2015, er steige aus Unternehmen aus, die mehr als 30 Prozent Anteil an Kohle haben; das norwegische Parlament hatte schon am 5. Juni 2015 einstimmig beschlossen, ebenfalls Unternehmen, die mehr als 30 Prozent mit Kohle erwirtschaften, aus dem größten Pensionsfond der Welt mit etwa 800 Milliarden Euro zu streichen.

Diese Beschlüsse sind genauso wichtig oder vielleicht sogar wichtiger als weitere Aktionen der Zivilgesellschaft für den Klimaschutz. Eigentlich sollten die Nichtregierungsorganisationen, die sich für den Klimaschutz einsetzen, jetzt ihren Etappensieg kräftig feiern, aber dennoch weiterhin als Wadenbeißer auftreten, um die fälligen Beschlüsse der politischen Gremien zu beschleunigen.

Schlussbemerkung

Wenn man bedenkt, dass die Mehrheit der Länder keine parlamentarischen Demokratien sind und weiterhin bewaffnete Konflikte – meist sind es Bürgerkriege oder Anschläge von Terrornetzen – viele Tote fordern, dann ist das Paris-Protokoll eine Sternstunde für die Menschheit. Denn es kann Konfliktminderung für Generationen schaffen, erleichtert die Armutsbekämpfung im Vergleich zu fehlender Klimapolitik, dämpft den steigenden Wassermangel als eine weitere potenzielle Konfliktquelle, macht also eine nachhaltige Entwicklung wahrscheinlicher. Auch die biologische Vielfalt wäre bei erfolgreicher Umsetzung unter wesentlich geringerem Druck.

Sicherlich bedarf es bei den nächsten Vertragsstaatenkonferenzen weiterhin intensiver Debatten um das „Kleingedruckte", zum Beispiel die Anrechnung von Aufforstungsflächen als Kohlenstoffsenke oder einer Bodenkohlenstoff anreichernden Landwirtschaft, zur Umsetzung der Beschlüsse von Paris.

Aber die weltweite Bewegung der Nichtregierungsorganisationen wird den notwendigen Druck für Klimaschutz erzeugen und die ökonomischen Fortschritte bei der Nutzung von Sonnen- und Windenergie werden auch noch zögernde Vertragsstaaten überzeugen, dass sie nicht mehr auf das falsche Pferd „fossile Brennstoffe" setzen sollten.

Das „Paris Agreement" hat meinen seit Jahrzehnten immer wieder stark angegriffenen Optimismus wieder gestützt.

Literatur

Arrhenius, S.: On the Influence of Carbonic Acid in the Air upon the Temperature of the Ground. In: Philosophical Magazine (1896), Nr. 5, S. 237–276.

Callendar, G. S.: The artificial production of carbon dioxide and its influence on temperature, In: Quarterly Journal of the Royal Meteorological Society (1938), Nr. 275, S. 223–240.

Graßl, H.: Eine Sternstunde der Menschheit. In: Politische Ökologie (im Druck), München, 2016.

IPCC: IPCC Second Assessement: Climate Change 1995, Genf, 1995.

NRC: Changing Climate: Report of the Carbon Dioxide Assessment Committee, Washington, 1979.

Tyndall, J.: On the transmission of heat of different qualities through gases of different kinds. Proceedings of the Royal Institute of Great Britain (1863), Nr. 3, S. 158.

UN: United Nations Framework Convention on Climate Change, New York, 1992.

Der steinige Weg der Klimadiplomatie

Susanne Schwarz

Die Klimadiplomatie ist noch jung, weist aber dennoch bereits eine lange Geschichte von Missverständnissen und Misserfolgen auf. Fortschritte sind hart erkämpft, werden häufig hinterfragt und garantieren keineswegs nachhaltige Erfolge.

1992 bekam der Klimaschutz einen Namen. Geboren war er sicherlich schon vorher: Schon 1979 gab es eine erste Weltklimakonferenz für Wissenschaftler, auf der ein Welt-Klima-Forschungsprogramm beschlossen wurde. 1988 wurde der IPCC, oft umgangssprachlich Weltklimarat genannt, gegründet. Der „Zwischenstaatliche Ausschuss über Klimaveränderung", wie sein offizieller deutscher Name lautet, besteht aus Wissenschaftlern aller Länder, die regelmäßig über den aktuellen Stand der Klimaforschung Bericht erstatten.

Aber 1992 gestand die Menschheit sich ein, dass sie ihr Verhältnis zur Umwelt ändern muss. Gut 17 000 Staatschefs, Umweltschützer, Entwicklungshelfer und sonstige Experten trafen sich im brasilianischen Rio de Janeiro zur UNO-Konferenz über Umwelt und Entwicklung und stellten fest, dass der Mensch Einfluss auf die globale Umwelt nimmt – und auf das Weltklima.

Der internationale Klimaschutz sollte fortan unter dem Namen Klimarahmenkonvention, United Framework Convention on Climate Change oder kurz UNFCCC, laufen, die die Staatslenker mit ihrer Unterschrift ins Leben riefen. In der Konvention wurde die Erderwärmung zur akuten Bedrohung der Menschheit erklärt. In Artikel zwei verpflichteten sich die Vertragsstaaten, „die Stabilisierung der Treibhausgaskonzentrationen in der Atmosphäre auf einem Niveau zu erreichen, auf dem eine gefährliche anthropogene Störung des Klimasystems verhindert wird".

Industriestaaten übernehmen die „Schuld"

Zur Schuld am Problem bekannten sich die Industriestaaten – mit ihrem damaligen Anteil von 80 Prozent am vom Menschen verursachten Kohlendioxid. Sie würden, so verpflichteten sie sich, selbst Klimaschutz betreiben und die Entwicklungsländer dabei finanziell unterstützen. Noch nicht bekannt war zu dem Zeitpunkt, dass genau diese Zweiteilung und die damit verbundene Schuldfrage in den Folgejahren immer wieder hinterfragt und zu einem Hauptstreitthema der Klimadiplomatie werden würde.

Beobachter kritisierten das Ergebnis des „Erdgipfels" als unkonkret. Die Politiker schufen allerdings einen Rahmen, in dem sich das künftig ändern sollte: die Vertragsstaatenkonferenz, wie sie in Artikel sieben der Konvention zu finden ist. Alle 196 Staaten sollten dort ihre zuständigen Minister hinschicken, um Beschlüsse zu fassen.

Die erste COP – kurz für „Conference of the Parties", also die Vertragsstaatenkonferenz – fand 1995 in Berlin statt. Unter der Leitung von Angela Merkel, damals deutsche Umweltministerin, wurde erst einmal diskutiert, wie die Konferenz überhaupt arbeiten würde. Sollte man mit einer Dreiviertelmehrheit beschlussfähig sein, wie es die kleinen Inselstaaten forderten? Mit den Ölstaaten Saudi-Arabien und Kuwait war das nicht zu machen. Sie wollten beim Konsensprinzip bleiben: Wenn ein Staat nicht zustimmt, platzt jeder Deal. Um voranzukommen, legte Merkel fest, dass der Entwurf für eine Geschäftsordnung nur „angewandt, aber nicht angenommen" werde. Ihr gelang damit ein diplomatischer Coup, der als Ergebnis der Berlin-Konferenz das „Berliner Mandat" ermöglichte: der Auftrag an die Weltgemeinschaft für ein Weltklimaabkommen. Alle Länder stimmten zu.

Pragmatismus mit schweren Folgen

Die Vertagung einer festgestellten Geschäftsordnung war allerdings folgenschwer: Es gibt eine solche nämlich immer noch nicht. Regelmäßig stellt ein Entwicklungsland zu Beginn einer Klimakonferenz den Antrag darauf, die Geschäftsordnung von 1995 doch endlich zu beschließen und damit das Konsensprinzip abzuschaffen – doch es sind längst nicht mehr nur die Ölstaaten, die das mittlerweile ablehnen. Die Entwicklungsländer, von denen sich viele wegen ihrer eigenen Betroffenheit vom Klimawandel einen stärkeren Klimaschutz wünschen als die meisten Industrieländer, wären damit quasi allein beschlussfähig. So bleibt es beim Konsensprinzip, das den Anschub in Berlin ermöglicht hat – seitdem allerdings eine Politik des kleinsten gemeinsamen Nenners bringt.

Einen Meilenstein erreichten die Vertragsstaaten 1997 auf der COP 3: Sie beschlossen das Kyoto-Protokoll. Dieser internationale Vertrag musste dann noch ratifiziert, also in nationales Recht umgesetzt werden – und zwar von mindestens 55 Prozent aller Vertragsstaaten, die mindestens 55 Prozent aller Treibhausgase zu verantworten haben. So dauerte es bis zur COP 11 im Jahr 2005 in Montreal, dass das Kyoto-Protokoll in Kraft treten konnte.

Das Scheitern von Kopenhagen

Bei der COP 13 auf der indonesischen Ferieninsel Bali 2007 beschlossen die Klimadiplomaten ein neues Verhandlungsmandat. Die Ad Hoc Working Group on Long-term Cooperative Action sollte das internationale Klimaregime nach Ende der ersten Verpflichtungsperiode des Kyoto-Protokolls – ab dem Jahr 2013 – regeln. Geplant war, dass die COP 15 in Kopenhagen diesen Anschlussvertrag beschließt. Doch der völlig unzulängliche Copenhagen Accord scheiterte im Dezember 2009.

Er wurde also nicht beschlossen, sondern lediglich „zur Kenntnis genommen". Die Industriestaaten kündigten in dem Accord an, ab 2020 jährlich 100 Milliarden US-Dollar für Klimaanpassung und Klimaschutz in den Entwicklungsländern zu mobilisieren. Ebenfalls zugesagt wurde den Entwicklungsländern eine „fast start finance" – 30 Milliarden US-Dollar Anschubfinanzierung für die kommenden drei Jahre bis 2013. Ohne offiziellen Beschluss blieb das allerdings völkerrechtlich irrelevant.

Immerhin beschlossen die Klimadiplomaten ein Jahr später auf der COP 16 im mexikanischen Cancún, das Zwei-Grad-Ziel zum Leitbild der internationalen Klimapolitik zu machen. Jenseits dieser Schwelle kommt es zu sogenannten Kippelementen im System. Sprich: Der Klimawandel verselbstständigt sich und wird zur unkontrollierbaren Katastrophe.

Der Streit um das halbe Grad

Auf Drängen der kleinen Inselstaaten und vieler afrikanischer Staaten war auf der Klimakonferenz in Cancún 2010 ein Passus in den Beschluss eingefügt worden, dass bei der Klimakonferenz 2015 überprüft werden soll, ob es notwendig ist, die Erderwärmung auf 1,5 Grad statt auf zwei Grad zu begrenzen. Eigentlich war die Debatte alt: Schon fast zwei Jahrzehnte zuvor war es auf dem „Erdgipfel" darum gegangen. Mit neuen wissenschaftlichen Erkenntnissen konnte sie allerdings nicht mehr aufgeschoben werden. Die Klimaforscher sind sich nur zu 70 Prozent sicher, dass bei einem Zwei-Grad-Limit gefährliche Veränderungen im Weltklima ausgeschlossen werden können. Wirkliche Sicherheit gebe es nur bei einem 1,5-Grad-Ziel, argumentierten seine Befürworter.

Nur Tage nach der Vertragsstaatenkonferenz 2011 im südafrikanischen Durban stieg Kanada aus dem Kyoto-Protokoll aus. Beobachter attestierten ihm daraufhin Unwirksamkeit: Wie mächtig konnte schließlich eine Übereinkunft zum Klimaschutz sein, an der die großen Verschmutzer gar nicht teilnehmen? Die USA hatten das Protokoll ohnehin nicht ratifiziert.

Dabei hatten die Diplomaten und Minister in Durban gerade erst ein neues Verhandlungsmandat hervorgebracht: Mit der Ad Hoc Working Group on the Durban Platform for Enhanced Action – kurz ADP – sollte spätestens 2015 ein neuer Weltklimavertrag beschlossen werden.

Der Auftrag für das Paris-Abkommen war damit gegeben. Im Rücken hatten die Diplomaten, Minister, Staatschefs und Nichtregierungsorganisationen aber nach fast 20 Jahren Verhandlungen ein Sammelsurium von möglichen Hemmnissen: die Teilung der Welt in uneinige Entwicklungs- und Industrieländer, die weiterhin fehlende Geschäftsordnung, die Depression nach dem Scheitern in Kopenhagen, die Mängel des Kyoto-Protokolls.

Von Kopenhagen nach Paris

Von Christoph Seidler

Während 2009 der Klimagipfel von Kopenhagen noch krachend scheiterte, gelang es in Paris, ein global getragenes, ehrgeiziges Abkommen zu erreichen. Das hat viel mit den internationalen Entwicklungen zu tun, ebenso mit dem diplomatischen Geschick der französischen Gastgeber. Doch ohne die Verarbeitung der negativen Erfahrungen von Kopenhagen wäre auch Paris nicht so erfolgreich gewesen.

Der 14. Dezember 2009 war kein besonders gemütlicher Tag in Kopenhagen. Die Temperaturen lagen deutlich unter dem Gefrierpunkt. Daran kann man sich besonders gut erinnern, wenn man neun Stunden im Freien verbracht hat, so wie ich es getan habe. Gerade hatte im Bella-Konferenzzentrum am Rand der dänischen Hauptstadt die zweite Woche des Weltklimagipfels begonnen. Oder, um präziser zu sein: die zweite Woche der 15. Konferenz der Vertragsstaaten der Klimarahmenkonvention der Vereinten Nationen, kurz COP 15. Alles fühlte sich sehr kalt an, dabei sollte dieser Montag doch der Auftakt zur sprichwörtlich heißen Phase des Gipfels sein. Überall warben Plakate für einen Erfolg von „Hopenhagen". Angespornt von genau dieser Hoffnung waren um die 30 000 Menschen für die Beratungen nach Dänemark gekommen. Nun harrten Tausende von ihnen in einer Schlange vor dem Konferenzzentrum aus, stundenlang, ohne dass sich irgendetwas tat.

Das Fiasko von Kopenhagen

Die meisten der Wartenden hatten sich bereits Wochen vorher beim Uno-Klimasekretariat für das Treffen angemeldet. Doch irgendetwas hakte nun – und niemand wurde eingelassen. Den ganzen Tag über. Offizielle Informationen gab es nicht, Toiletten oder Sitzgelegenheiten auch nicht. Von heißen Getränken oder Essen ganz zu schweigen. Den Delegierten, NGO-Vertretern und Journalisten blieb also nur eines: Warten. Wie oft ich in der Reihe der Frierenden den seichten Witz gehört habe, dass man ein bisschen Erderwärmung gerade eigentlich ganz gut gebrauchen könnte? Ich weiß es nicht mehr.

Irgendwie und irgendwann gelangte ich am Abend dieses unglückseligen Montags dann doch noch aufs Gipfelgelände. Mit einiger Aggression im Bauch schrieb ich einen Artikel für Spiegel Online, in dem es um die Ereignisse der vergangenen Stunden beim „Chaostag von Kopenhagen" ging. Mein damaliger Chef war luzide genug, mir aus dieser Wutrede die Formulierung herauszuredigieren, selbst „somalische Piraten oder die diktatorische Regierung von Nordkorea" hätten das Treffen „vermutlich besser vorbereitet", auch wenn die Betreffenden „jeweils andere Unzulänglichkeiten" hätten.

Das war ein in vieler Hinsicht dummer Vergleich und unhöflich den Gastgebern gegenüber – aber vermutlich hätte man bereits an diesem Montag klar erkennen können, was am Ende jener Woche im Dezember 2009 offenbar wurde: Dänemark war mit der Aufgabe überfordert, den erhofften Klimavertrag auf den Weg zu bringen. Der Gipfel endete bekanntermaßen mit einem „So-gut-wie-Fiasko", von dem sich der Verhandlungsprozess auf Jahre nicht erholen sollte. „Wir haben zu entscheiden gehabt, ob wir den gesamten Prozess abbrechen oder aber ob wir das, was möglich war, nehmen und in diesem Prozess weiter arbeiten können", erklärte Bundeskanzlerin Angela Merkel im Anschluss einigermaßen konsterniert.

Die deutsche Regierungschefin war selbst nach Kopenhagen gekommen, ebenso wie ihre Amtskollegen aus den USA oder China zum Beispiel. Geholfen hatte es nichts. Erst sechs Jahre später, auf dem Klimagipfel in Paris, der COP 21, ist der Weltklimavertrag nun doch beschlossen worden. Und ein Stück weit ist der Erfolg von Paris auch dadurch zu erklären, dass der Gipfel als eine Art Antithese zum Misserfolg von Kopenhagen inszeniert werden konnte.

Was aber hat nun den Erfolg von Paris möglich gemacht? Was waren die entscheidenden Unterschiede zum Chaos-Gipfel von Kopenhagen, wo es am Ende der Verhandlungen weder für die Delegierten noch die Beobachter, ja noch nicht einmal für die Staatschefs mehr etwas Vernünftiges zu essen gab? Eine halb scherzhafte Antwort vielleicht einmal vorab: An der viel gerühmten französischen Küche lag es jedenfalls nicht. Denn auch in Paris gingen die Lebensmittelvorräte auf dem Gipfelgelände lange vor den entscheidenden Beschlüssen der Konferenz zu Ende.

Verantwortlich für den Erfolg von Paris waren aus meiner Sicht zwei Hauptfaktoren, die ihrerseits zum Teil mehrere Unteraspekte aufweisen: Zum einen waren da die politischen und wirtschaftlichen Rahmenbedingungen, die sich in den Jahren nach Kopenhagen in entscheidenden Punkten verändert haben. Das betrifft neben den massiv gesunkenen Kosten für erneuerbare Energien vor allem die weiter gewachsenen wissenschaftlichen Erkenntnisse zum Klimawandel. Verändert hat sich auch die Architektur der Klimaverhandlungen sowie das Verhältnis wichtiger Player, namentlich der USA und China, untereinander. Außerdem war der Gipfel ein Meisterstück der französischen Diplomatie.

Veränderte Rahmenbedingungen bereiteten den Boden

Auf die verbesserte Marktreife der Erneuerbaren Energien? durch die in den vergangenen Jahren massiv gesunkenen Kosten, will ich aus Platzgründen nicht weiter eingehen. Erlaubt sei nur der Hinweis auf Schätzungen, wonach der Marktpreis für Solarmodule in den sechs Jahren zwischen den beiden Gipfeln um 75 Prozent gefallen ist, der für Windkraftanlagen um 30 Prozent. Analysen von Global Data gehen von einem Wachstum bei Neuinstallation von Photovoltaik, Windenergie, Wasserkraft und Biomasse aus, das bis 2020 bei mehr als 11 Prozent jährlich liegt. Bemerkenswert ist dabei zum einen, dass diese Zahlen in Anbetracht eines historisch niedrigen Ölpreises erreicht werden sollen – und zum anderen, dass der Zuwachs weltweit gesehen in China am größten ausfällt.

Ein nicht zu unterschätzender Punkt seit Kopenhagen war weiterhin, dass die wissenschaftliche Erkenntnisbasis zum Klimawandel noch einmal solider geworden ist. Vor allem hatte der Weltklimarat in den Jahren 2013 und 2014 seinen umfangreichen fünften Sachstandbericht vorgestellt. Wirkliche Neuigkeiten brachte der Bericht zwar vor allem in Detailfragen, doch zeigte er eines noch eindrücklicher als bisher: In den meisten entscheidenden Fragen des Klimawandels herrscht mittlerweile beinahe komplette Einmütigkeit unter den Wissenschaftlern. Der Uno-Klimarat erklärte sich, basierend auf einer Abstimmung unter Fachleuten, daher „zu 95 Prozent sicher", dass Kohlendioxid Schuld an der Erwärmung der Erde trage. Beim vorherigen Bericht hatte die Zahl noch bei 90 Prozent gelegen. Das mag nur ein minimaler Unterschied sein – und doch engt er zumindest in vielen Demokratien wohl den Spielraum für politische Positionen weiter ein, die das Phänomen zu negieren suchen.

Seit Kopenhagen hat sich auch die Architektur der Klimaverhandlungen grundlegend verändert. Ging es bis dahin um einen sogenannten Top-Down-Ansatz, kommt mittlerweile eine Bottom-Up-Lösung zum Tragen. Das bedeutet: Bis einschließlich Kopenhagen sollte Klimaschutz vor allem dadurch erreicht werden, dass den Staaten auf internationaler Ebene Minderungsverpflichtungen auferlegt werden. Zu klären war in solch einem

System allerdings die entscheidende Frage, welche Staaten denn eigentlich Reduktionsverpflichtungen zu übernehmen hätten – und welche nicht. Dadurch ergaben sich immer wieder ermüdende Grabenkämpfe zwischen Industrie- und Entwicklungsländern. Erstere wollten, dass auch Letztere Reduktionsziele aufgebrummt bekommen. Und Letztere erinnerten vor allem an die „historische Verpflichtung" der Ersteren – und lehnten mit Verweis darauf jegliches eigenes Handeln ab.

So zu argumentieren wurde über die Jahre allerdings immer schwieriger, weil sich die Situation beim globalen CO_2-Ausstoß verändert hat: China mag die USA wohl schon kurz vor dem Gipfel von Kopenhagen als wichtigster CO_2-Emittent überholt haben, doch der Abstand hat sich seitdem stetig vergrößert. Mittlerweile stammen nur noch 35 Prozent der Emissionen aus den alten Industrieländern, der Rest aus Schwellen- und Entwicklungsländern. Der Klimagipfel von Cancún im Jahr 2010 brachte eine erste Veränderung, um die althergebrachte Lagerbildung aufzulösen: Bei dem Treffen wurden freiwillige Selbstverpflichtungen der Staaten für den Klimaschutz bis zum Jahr 2020 zum ersten Mal im Uno-Verhandlungsprozess formalisiert. Der Haken an diesem Prinzip des „Alles kann, nichts muss" ist zugleich seine mögliche Stärke: Es gibt keine zentrale Steuerung mehr. Jeder Staat leistet das, was er zu leisten bereit ist.

Schon vor dem Gipfel von Paris sollten die Staaten in einer Art zweiter Runde dieses Systems all das melden, was sie in der Zeit nach 2020 für den Klimaschutz tun wollen. Die Uno rechnete diese sogenannten Intended National Contributions dann zusammen. Das ist nicht ganz einfach, weil sich die Beiträge der Staaten nur schwer untereinander vergleichen lassen. Die Europäer, zum Beispiel, wollen bis zum Jahr 2030 ihre Emissionen um 40 Prozent unter den Stand von 1990 drücken. Die USA wiederum planen bis 2025 eine Verringerung um 26 bis 28 Prozent zu, allerdings verglichen mit 2005. China wiederum hat vor, das Maximum seiner Emissionen bis zum Jahr 2030 zu erreichen. Bis dahin würden die Treibhausgase aus dem Reich der Mitte weiterwachsen – nur eben nicht mehr so schnell. Andere Länder argumentieren ähnlich. Sie versprechen, den CO_2-Ausstoß pro Einheit des Bruttoinlandsprodukts zu senken, auch wenn das häufig eben trotzdem absolut steigende Emissionen bedeutet.

Die Uno hat die Summe all dieser Willensbekundungen bewusst nicht in eine daraus resultierende Temperatur umgerechnet. Diesen Job haben unabhängige Wissenschaftler erledigt – und dabei klargemacht, dass die Welt mit den vorliegenden Zusagen weit davon entfernt ist, das Zwei-Grad-Ziel zu erreichen. Die Experten des „Climate Action Tracker" kommen etwa auf einen durchschnittlichen Wert von 2,7 Grad. Wie das nun freilich zusammenpasst mit dem in Paris vereinbarten Ziel, „deutlich unter" zwei Grad zu bleiben und sogar anderthalb Grad in den Blick zu nehmen, darum soll es in diesem Text nicht gehen. Klar ist aber, dass die Staaten ihre Zusagen in Zukunft noch deutlich nachbessern müssen. Die Einigung auf dem Gipfel gibt ihnen zumindest die Möglichkeit dazu, alle fünf Jahre ihre Ziele nach oben zu korrigieren.

Wichtig für meine Argumentation ist aber vor allem: Weil CO_2-Ziele nicht mehr von oben vorgegeben werden, sondern von jedem Staat selbst gesetzt, konnte ein potenziell schwerwiegendes Verhandlungshemmnis weit vor dem Treffen abgeräumt werden. In Paris musste nicht um CO_2-Minderungsziele gestritten werden, weil jeder Staat für sich diese Frage bereits in den INDCs beantwortet hatte.

Zu diskutieren gab es trotzdem genug. Dass dies in einer konstruktiven Atmosphäre passieren konnte, dafür waren auch ungewöhnliche Bündnisse zwischen verschiedenen Akteuren verantwortlich. Diese waren hauptsächlich vor dem Gipfel geschmiedet worden, wie die Einigung zwischen den USA und China. Sie war im November 2014 bei einem Besuch von US-Präsident Barack Obama in Peking offiziell gemacht worden – und auch gleich als „Meilenstein in den Beziehungen zwischen den USA und China" verkauft worden. Zum ersten Mal zogen damit die beiden wichtigsten CO_2-Emittenten an einem Strang beim Klimaschutz. Die Einigung machte weltweit Schlagzeilen, wurde gar als „wichtigstes bilaterales Klimaabkommen aller Zeiten" gelobt.

Doch auch weniger öffentlichkeitswirksame Allianzen halfen in Paris, die Dinge im entscheidenden Moment voranzubringen – zum Beispiel ein Klimaschutzbündnis, auf das sich Deutschland und Brasilien bei Regierungskonsultationen im August 2015 verständigt hatten. Manche Bündnisse wurden auch erst auf dem Gipfel selbst offenbart. Allen voran die sogenannte „High Ambition Coalition". Die Gruppe war vom kleinen Pazifikstaat der Marshallinseln in Paris vor allem mit Unterstützung der Europäer im Allgemeinen und der Deutschen im Speziellen auf die Beine gestellt worden. Wobei: Auf die Beine gestellt worden war sie eigentlich schon einige Monate zuvor, beim Petersberger Klimadialog im Mai 2015 in Berlin. Nur eben im Geheimen. Zu den Gründungsmitgliedern zählten neben den Marshallinseln und Deutschland auch Angola, Grenada, Peru, Santa Lucia, Großbritannien, Gambia, Kolumbien, Chile, Mexiko und die Schweiz. Noch vor dem Gipfel im November meldeten sich – zur Überraschung der Initiatoren – auch die USA.

Während der zweiten Woche wurde die Liste täglich länger. Als schließlich Brasilien einstieg, womöglich auch aufgrund der früheren Einigung mit den Deutschen, ahnten viele Beobachter: Dieses Bündnis würde die Verhandlungen tatsächlich voranbringen können. Brasilien war traditionell ein starkes Mitglied der Basic-Gruppe gewesen, zu der außerdem noch Indien, Südafrika und China gehörten. Diese Gruppe hatte als selbsternannter Interessenvertreter der Entwicklungsländer stets auf eine Sonderrolle für die Industriestaaten gepocht – und damit aus Sicht dieser Länder manchen Kompromiss torpediert. Das Scheitern des Gipfels von Kopenhagen hatte unter anderem mit der festen Position der Basic-Gruppe zu tun. In Paris war es damit vorbei.

Die Koalition der Hochambitionierten, deren Mitglieder auch demonstrativ gemeinsam zur Abschlusssitzung des Gipfels von Paris liefen, hatte außerdem mindestens zwei weitere besonders bemerkenswerte Mitglieder: Kanada und Australien. Beide waren im Klimaschutz jahrelang als Blockierer und Bremser aufgefallen. Kanada war unter Ministerpräsident Stephen Harper im Dezember 2011 aus dem Kyoto-Protokoll ausgestiegen, das es eigentlich ratifiziert hatte. Australien wiederum hatte unter der Regierung von Premier Tony Abbott ebenfalls wenig Interesse am Schutz des Weltklimas gezeigt. Doch in beiden Ländern waren nur kurze Zeit vor dem Gipfel neue Regierungen gewählt worden – und die ließen in Paris mit ungewöhnlichen Tönen von sich hören, allen voran Kanadas neuer Regierungschef Justin Trudeau. „Die Menschen sollen wissen, dass Kanadas Jahre als völlig lustloser Akteur in Sachen Klimawandel vorbei sind", hatte dieser vor dem Gipfel erklärt. So versprach sein Land, über fünf Jahre rund 2,6 Milliarden Dollar zum Green Climate Fund beizusteuern. Und damit nicht genug: Trudeaus Regierung will außerdem die nationale Klimaschutzpolitik grundlegend nachbessern – und sich mit den USA und Mexiko auf großräumigere Lösungen einigen.

Gastgeber als Meisterdiplomaten halfen beim Durchbruch

Entscheidend für den Gipfelerfolg war neben den im Vergleich zu Kopenhagen deutlich freundlicheren Rahmenbedingungen auch das Auftreten der französischen Gastgeber. Das ist der zweite entscheidende Punkt, wenn es darum geht, das Ergebnis von Paris zu erklären. Nun war es nicht so, dass es die Dänen im Jahr 2009 nicht auch versucht hätten, ein gutes Treffen zu ermöglichen. Doch waren sie womöglich in der hohen Kunst der Diplomatie weniger geübt, auf jeden Fall waren sie glücklos. Zu einem „Greenland

Dialogue" hatten die Organisatoren im Sommer vor dem Kopenhagener Gipfel Minister und Staatssekretäre aus rund 30 Staaten nach Grönland gebeten. Jeder durfte nur einen einzigen Mitarbeiter mitbringen, Krawatten waren unerwünscht. Die Teilnehmer des Treffens sollten in der informellen Atmosphäre des Luxushotels Arctic in Illusissat Kompromisse ausloten – mit Blick auf die riesigen Eisberge in der Diskobucht. Das wohl entscheidende Problem dabei: China hatte seine Delegation in letzter Minute zurückgezogen, offiziell um gegen einen Besuch des Dalai Lama in Dänemark in den Monaten zuvor zu protestieren. Doch ohne China konnte es eben auch keinen Vorab-Kompromiss geben, egal wie nett die Idee von den Vorgesprächen mit Eisbergblick war. Und so fuhren die Delegationen ohne Kompromisslinie zum Gipfel, viele hatten sich sogar in ihren Maximalpositionen eingemauert.

Frankreich dagegen setzte in den Wochen und Monaten vor dem Gipfel auf Pendeldiplomatie. Außenminister Fabius und Klimabotschafterin Laurence Tubiana bereiteten bei zahllosen Treffen in den Hauptstädten der Welt den Boden für einen Kompromiss. Auf Ministerebene wurden wichtige Fragen vorab verhandelt. Fabius habe „die Knackpunkte der Verhandlungen frühzeitig erkannt", lobten Beobachter wie Martin Kaiser von Greenpeace später. Bei der Vorbereitung half auch Frankreichs Staatschef François Hollande. Er hatte sich zum Beispiel in China und Indien selbst für einen Erfolg des Gipfels stark gemacht.

Für Hollande war ein Abkomen in Paris fraglos auch aus innenpolitischen Gründen wichtig. Seinen persönlichen Einsatz und den seiner Top-Diplomaten nur damit zu begründen, tut ihnen aber ausgesprochen unrecht. Tatsächlich bestachen Fabius und Tubiana sowohl vor als auch auf dem Gipfel durch Gespür für das Wesentliche und – eine dezidiert fehlende persönliche Eitelkeit. Noch ein Unterschied zu Kopenhagen. Hier war das Ego-Problem insbesondere offenbar geworden, als Ministerpräsident Lars Løkke Rasmussen in der Mitte der zweiten Gipfelwoche die Verhandlungsleitung von seiner Ministerin Connie Hedegaard übernommen hatte – mit dem politischen Gespür eines Bulldozers. Die Mitarbeiter in Rasmussens Staatskanzlei und die in Hedegaards Ministerium zogen nicht nur nicht an einem Strang, sie waren sich sogar spinnefeind. Nachdem in diesem Arbeitsklima ein internes Verhandlungspapier („Danish text") öffentlich geworden war, durch das sich die Entwicklungsländer bei den Emissionsrechten über den Tisch gezogen sahen, war das Scheitern des Gipfels beinahe unumgänglich. Auch weil sich dann Politiker wie Boliviens Präsident Evo Morales und

Venezuelas Präsident Hugo Chávez als Retter der scheinbar Entrechteten positionieren konnten.

Hedegaard und Rasmussen hatten 2009 nicht begriffen, dass bei einem extrem langen, nicht zwischen den verschiedenen Blöcken abgestimmten Verhandlungstext mit Druck allein kein Erfolg zu holen war. Fabius und Tubiana war das sechs Jahre später dagegen sehr wohl klar. Wenn die Dänen also die Verhandlungsparteien mit einem „take it or leave it" konfrontierten, klang das für viele Staaten arrogant – weil der Text nicht gut vorbereitet war, also Abschnitte enthielt, denen sie unter keinen Umständen zustimmen konnten. Als Fabius und Tubiana genau dasselbe „take it or leave it" vorbrachten, klang das für viele Verhandler überzeugender. Weil die Franzosen dafür gesorgt hatten, dass dort tatsächlich der beste Text auf dem Tisch lag. Einer, der den Beteiligten schmerzhafte Zugeständnisse abforderte. Aber eben auch allen von ihnen zugleich – und das einigermaßen tragbar verteilt.

Wenn von fehlenden persönlichen Eitelkeiten und Sinn für das politisch Machbare die Rede ist, müssen freilich noch einige andere Menschen erwähnt werden. Da ist zum Beispiel Christiana Figueres, Leiterin des Uno-Klimasekretariats in Bonn. Die aus Costa Rica stammende Chef-Klimadiplomatin der Vereinten Nationen stand jahrelang im Herzen des Verhandlungsprozesses. Sie hatte es verstanden, das Thema hoch auf der internationalen Agenda zu halten – und vor dem Gipfel in Paris eine Stimmung der Hoffnung unter Teilnehmern und Beobachtern des Klimaprozesses zu entfachen. Figueres bezeichnete die Französin Tubiana in ihrer Abschlussrede beim Gipfel als „Schwester", so eng habe man zusammengearbeitet. Entscheidend verantwortlich für den Erfolg von Paris waren aber auch der Algerier Ahmed Djoghlaf und der Amerikaner Daniel Reifsnyder. Als Co-Chairs hatten die beiden den Verhandlungsprozess vor dem Gipfel im Rahmen der *Durban Platform for Enhanced Action* vorangetrieben – und so dafür gesorgt, dass die Gipfelpräsidentschaft in Paris überhaupt eine brauchbare Arbeitsgrundlage hatte. „Es ist ein bisschen, als wenn man sich 196 Katzen annimmt und versucht, sie alle in die gleiche Richtung zu bewegen", hat Reifsnyder seinen Job beschrieben. Das scheint ihm und seinem Kollegen in der Vorbereitung trotzdem recht gut gelungen zu sein.

Zum Gipfelstart selbst probierten die Franzosen dann etwas aus, das sich im Nachhinein als eine gute Wahl erwies. Sie ließen die 150 Staats- und Regierungschefs gleich am ersten Tag anreisen – und das nur kurz nach den blutigen Terroranschlägen vom 13. November 2015, bei denen 130 Menschen ihr Leben gelassen hatten. Normalerweise kommen die hohen politischen Würdenträger zum Abschluss eines Treffens. Das bedeutet in den

Verhandlungsrunden vorher aber auch: Die nachgeordneten Emissäre der Staaten können das spätere Auftauchen ihrer Chefin oder ihres Chefs als politisches Werkzeug nutzen. Zugeständnisse werden so lange wie möglich herausgezögert. In Kopenhagen führte das dazu, dass es überhaupt nur eine minimale Einigung gab – und nicht das erhoffte Abkommen. Als die Top-Politiker kamen, waren die Verhandlungen längst so festgefahren, dass sie nicht mehr zu retten waren. In Paris stellten die Franzosen die Reihenfolge nun vom Kopf auf die Füße: Die Politprominenz hielt bereits am ersten Gipfeltag ihre Reden, oft auch mit einem Verweis auf den vermeintlichen Zusammenhang von Klimawandel und Terrorismus. „Milliarden Menschen setzen ihre Hoffnung auf die nächsten Tage in Paris. Lassen Sie uns alles tun, damit wir sie nicht enttäuschen", rief etwa Bundeskanzlerin Angela Merkel den Gipfelteilnehmern zu. „Auf Ihren Schultern ruht die Hoffnung der gesamten Menschheit", beschwor Frankreichs Staatspräsident Hollande seine Zuhörer. US-Präsident Barack Obama erklärte: „Lassen Sie uns an die Arbeit gehen" – und traf sich deswegen gleich mal mit Chinas Staatspräsident Xi Jinping, mit Russlands Präsident Wladimir Putin, mit Frankreichs Staatschef Hollande sowie mit Vertretern kleiner Inselstaaten.

Die Verhandler wussten also, dass ihre politischen Führer ein echtes Interesse an einer Lösung in Paris hatten. Allen voran Obama, der mit einem Erfolg beim Gipfel einen Platz in den Geschichtsbüchern als US-Klimaschutzpräsident anstrebte. Doch das hieß naturgemäß nicht, dass die Verhandlungen einfach waren. Um die Blockaden zu lockern, setzten die Franzosen auf ein Format, das beim Gipfel im Durban im Jahr 2011 zum ersten Mal für die Klimaverhandlungen eingesetzt wurde: die sogenannte Indaba. Sie geht auf die südafrikanischen Völker der Zulu und Xhosa zurück. Dort wird so ein Treffen der wichtigsten Würdenträger genannt, bei dem alle zu Wort kommen. Wer etwas zu sagen hat, muss gehört werden. Es geht um eine produktive Lösung von Konflikten, mit der alle Beteiligten irgendwie leben können. Probleme zweier Parteien lassen sich gegebenenfalls bilateral klären, dann kehren wieder alle in die große Runde zurück. In mehreren Nachtsitzungen ließen Tubiana und Fabius die Verhandler auf diese Weise wichtige Steine aus dem Weg räumen – auch wenn das bedeutete, dass die Diplomaten bereits zum Auftakt der letzten Gipfelwoche nur noch wenige Stunden pro Nacht schlafen konnten.

Frankreich gelang es, dass sich alle Staaten regelmäßig gehört und nicht übergangen fühlten. Die Präsidentschaft verhinderte so, dass – wie in Kopenhagen geschehen – einzelne Player ernsthafte Blockadehaltungen aufbauten, die nur schwer zu lösen gewesen wären. Dabei half übrigens noch ein weiterer Trick: In thematischen Arbeitsgruppen machten Fabius und seine Leute genau die Staaten zu Co-Leitern, die in einer bestimmten Frage hartleibig waren. Selbst in der Verantwortung stehend, konnten diese Länder so dazu bewegt werden, an der Kompromissfindung mitzuarbeiten.

Das diplomatische Meisterstück der Franzosen war dann das Schlussplenum von Paris. Stunde um Stunde hatte sich dessen Start am Samstag, dem 12. Dezember 2015, verschoben. Während vor allem die Nichtregierungsorganisationen schon munter per Mail ihre Einschätzungen zum – noch nicht beschlossenen – Abkommen verschickten, mussten die französischen Gastgeber hinter den Kulissen noch eine Frage klären, die den Erfolg des Gipfels beinahe in letzter Sekunde verhindert hätte: Es ging um Artikel 4.4 des Vertrages, wo die Amerikaner auf den Austausch eines einzigen, aber entscheidenden Wortes drangen. Ein in letzter Minute dort eingefügtes „shall", so forderten sie, müsse unbedingt durch ein „should" ersetzt werden. Das klang nach Haarspalterei. Doch in Wahrheit ging es um eine Passage des Textes, auf die vor allem der Kongress in Washington peinlich genau achtete – weil sich daraus womöglich eine völkerrechtlich bindende Verpflichtung für CO_2-Minderungen hätte ableiten lassen. In diesem Fall hätten die Parlamentarier wohl auf einer Abstimmung zum Vertrag bestehen können. Und genau damit hätten sie ihn zu Fall gebracht. Also wurde hinter den Kulissen verhandelt – und die Lösung ersonnen, das Ganze als Schreibfehler zu titulieren und diesen noch vor der Verabschiedung durch den Gipfel aus dem Text tilgen zu lassen.

Für diese kecke Idee sammelten die Franzosen im Verborgenen die Zustimmung wichtiger Delegationen, unter anderem der Chinesen. Als Fabius dann das Schlussplenum doch noch eröffnete, ging es also nicht sofort ans Abstimmen. Stattdessen ließ er zunächst die Diplomaten Jimena Nieto Carrasco aus Kolumbien und Peter Horne aus Australien anscheinend langweilige Details aus der Arbeit des Ausschusses zu linguistischen und juristischen Fragen berichten. Während Beobachter in der ganzen Welt der Abstimmung über den Text entgegenfieberten, referierten die Experten knochentrocken zu Detailkorrekturen am Text. Unter anderem ging es um die Kursivschreibung des Begriffs mutatis mutandis, der ungefähr so viel bedeutet wie „unter Berücksichtigung der notwenigen Änderungen", und andere offenbar belanglose Dinge. Solcherart sediert, fiel den meisten Delegierten dann auch kaum auf, dass ein Schreibfehler in Artikel 4.4 getilgt werden musste, der eigentlich viel mehr war als ein Schreibfehler.

Der letzte Hinderungsgrund für die Verabschiedung des Abkommens war verschwunden – und Fabius konnte zur Abstimmung schreiten. Und hier griff er gleich zu seinem nächsten Trick. Die Beschlüsse des Klimagipfels müssen mit Einstimmigkeit getroffen werden. Diese festzustellen, obliegt dem Tagungsleiter. Und obwohl Brillenträger, konnte sich der Gipfelpräsident an dieser Stelle offenbar auf ein exzellentes Sehvermögen verlassen. Zwar hob er, TV-Aufzeichnungen haben das Bild für die Ewigkeit gebannt, tatsächlich kurz seine Augen, um in den Plenarraum „Seine" zu schauen. Doch länger als eine Sekunde dauerte das keinesfalls. Dann verkündete Fabius mit einem kleinen Hämmerchen offiziell die Annahme des Vertrags. Die Sache war gelaufen, ehe man so richtig begriffen hatte, dass sie überhaupt begonnen hatte.

Hätte Fabius länger ins Plenum der 195 Staaten gesehen, wäre ihm vermutlich der Widerspruch des nicaraguanischen Vertreters Paul Oquist aufgefallen. Dieser beschwerte sich im Anschluss, sein Land sei nicht gehört worden. An dieser Stelle nun griff Fabius zu seinem letzten Trick des Abends. Er erklärte der versammelten Weltöffentlichkeit, die Bedenken Nicaraguas nehme man natürlich sehr ernst. Das bedeute, man werde sie in den Protokollen des Gipfels erwähnen. Und weiter im Text. Oquists Widerstand war gebrochen – auch, so erzählten Insider später, weil Stunden zuvor der Papst auf Initiative der französischen Regierung höchstselbst bei Nicaraguas Präsidenten angerufen hatte, um ihn zur Zustimmung zu überreden.

Der Rest ist bekannt. „Ein Tag für die Geschichtsbücher", „Meilenstein", „historisches Ereignis" – so wurde der Vertrag von Paris nach seiner Verabschiedung gelobt. Und das auch zu recht. In einem Kommentar habe ich unter dem Titel „Freut Euch – aber nicht zu früh" darüber geschrieben, dass die Erderwärmung mit dem Abkommen natürlich nicht aufhört. Was so banal klingt, musste bei all dem Pathos und Jubel zumindest auch einmal klar ausgesprochen werden: Derzeit ist die Welt noch weit entfernt davon, auf einen Kurs einzuschwenken, der das Zwei-Grad-Ziel bei der Temperatur tatsächlich erreicht. Von 1,5 Grad ganz zu schweigen. Und selbst ein Plus von zwei Grad wird die Welt, wie wir sie kennen, massiv und auf kaum vorstellbar lange Zeit verändern. Viele Korallenriffe in den wärmer und saurer werdenden Ozeanen werden verschwinden, das sommerliche Meereis in der Arktis auch. Der Meeresspiegelanstieg durch tauende Gletscher und Eisschelfe wird auf lange Sicht weitergehen. Die Staaten der Welt müssen in den kommenden Jahren zeigen, was sie für den Klimaschutz zu tun bereit sind, jeder für sich selbst auf nationaler Ebene und alle gemeinsam auf internationaler Ebene. Das Abkommen von Paris liefert ihnen zumindest eine brauchbare Grundlage dafür – weil sich die politischen und wirtschaftlichen Rahmenbedingungen seit Kopenhagen entscheidend geändert haben.

Teil 2: Wissenschaft

Das Paradoxon von Paris

Hans Diefenbacher

Die Medienberichterstattung über den Weltklimavertrag suggeriert, damit sei etwas erreicht worden, das nun sozusagen selbstläufig zum Ziel führen könnte. Aber genau das ist nicht der Fall. Dem internationalen Klimaschutz muss weiter kontinuierlich höchste Priorität zuteil werden, wenn die optimistischen Beurteilungen der Pariser Konferenz sich nicht als krasse Fehleinschätzungen erweisen sollen.

Die Ergebnisse von Paris bietet ein paradoxes Bild: Sie erscheinen als großer Erfolg, da man nach der Katastrophe von Kopenhagen kaum mehr mit einem Ergebnis zu rechnen wagte, das in der Tat sich als Einigung aller Konferenzteilnehmer präsentieren kann und das – zumindest auf der Ebene der Deklaration – weit anspruchsvoller ist als die Resultate, mit denen vorher gerechnet wurde. COP 21 erscheint aber gleichzeitig als unzureichend, wenn man das Ziel vor Augen hat, nämlich die schnelle Umsetzung anspruchsvoller Klimaschutzziele weltweit.

Wenn man in den letzten Jahren insgesamt von der Hypothese ausgehen kann, dass ein ganz weitgehender Konsens darüber besteht, dass die Treibhausgasemissionen abgesenkt werden müssen, dann stellt sich als nächstes die Frage nach dem notwendigen *Ausmaß* der Reduktion im Zeitablauf der kommenden Jahrzehnte. Dieser Reduktionspfad kann aber nur dann bestimmt werden, wenn die *Ziele*, die umweltpolitisch erreicht werden sollen, schon bestimmt worden sind. Hier hat sich nun seit 1992 – genauer gesagt: seit den Beschlüssen der United Nations Conference on Environment and Development (UNCED) – vor allem aufgrund neuerer und immer weiter fortgeschriebener naturwissenschaftlicher Erkenntnisse, die im International Panel on Climate Change (IPCC) zusammengetragen und bewertet werden, ein dramatischer Wandel vollzogen. Zu Beginn der 1990er Jahre lautete die Konsens-Formel: Der anthropogen verursachte Klimawandel soll möglichst verhindert werden. Die Konsens-Formel lautete vor Paris im Grunde: Der anthropogen verursachte Klimawandel soll – möglichst – auf einen Anstieg der durchschnittlichen Jahresmitteltemperatur von unter 2 Grad Celsius begrenzt werden. Erst in Paris wurde wieder diskutierbar, dass das 2-Grad-Ziel vielleicht doch nicht nur erreicht, sondern übererfüllt werden könnte – und dass die Staatengemeinschaft sich daher anspruchsvollere Ziele setzen könnte (IPCC 2014).

Wie aber war dieses Ziel von 2 Grad Celsius zustande gekommen? Warum waren es nicht 3 Grad, 7 Grad oder nur 0,5 Grad? Die Antwort auf diese entscheidende Frage zeigt, dass bereits Zielfindungsdiskussionen im Bereich der Klimaschutzpolitik ohne expliziten oder impliziten Rekurs auf Kriterien für internationale Gerechtigkeit nicht denkbar sind.

Zunächst einmal war durch neue Erkenntnisse der Klimaforschung um die Jahrtausendwende deutlich geworden, dass eine komplette Verhinderung des anthropogen verursachten Klimawandels aller Voraussicht nach nicht mehr möglich ist. Dabei gab es keine Einigung unter den Wissenschaftlern, ob dieses Ziel deswegen nicht (mehr) erreichbar ist, weil in den 15 Jahren seit UNCED viel zu wenig getan wurde, oder ob dies auch schon Anfang der 1990er Jahre nicht mehr möglich gewesen wäre und zu dieser Erkenntnis der damalige Wissensstand einfach nicht ausgereicht hat. Dies bedeutet nach heutigem Wissensstand: Ein anthropogen verursachter Klimawandel findet statt und wird in denn nächsten Jahren auch weiter stattfinden. Klimaschutzmaßnahmen sind aber unverzichtbar, da die Folgen eines ungebremsten Klimawandels unabsehbar sind. Bei einer Begrenzung des Klimawandels auf 2 Grad erschienen jedoch erstens die negativen Folgen – so die damals überwiegende Meinung der Klimaforscher – voraussichtlich noch einigermaßen beherrschbar, und zweitens: Die Kosten, die für die Emissionsreduktionen zur Erreichung dieses „Zwei-Grad-Ziels" aufgewendet werden müssen, würden, wiederum voraussichtlich, ohne dramatische ökonomische Einbrüche bewältigt werden können (Stern 2006).

Ziel dieses Konsenses war daher, als *politisches* Klima einen pragmatischen Optimismus aufrecht zu erhalten. Man versuchte zum einen, keine unrealistischen Ziele zu setzen, zum anderen versuchte man die Botschaft zu verbreiten, dass ein intelligenter Klimaschutz, wenn er nur rechtzeitig beginnen würde, gar nicht exorbitant teuer sein werde. Strategisch wurde – und wird! – dieser Ansatz offenbar als der erfolgversprechendste Weg gesehen, Klimaschutzmaßnahmen überhaupt global durchzusetzen. Aber die Abkehr von Ziel der Verhinderung des Klimawandels zu dessen Begrenzung hat Fragen der internationalen Gerechtigkeit in die Klimaschutzproblematik hinein implantiert. Denn bekannterweise treten die negativen Folgen des Klimawandels in der Regel nicht dort und nicht zu der Zeit auf, in der die Treibhausgasemissionen verursacht werden – das klassische Problem der Umweltökonomie, das nur durch eine vollständige Vermeidung oder durch vollständige Internalisierung der externen Effekte gelöst werden könnte. Wäre dieser Idealfall gegeben, würde das Verursacherprinzip als Norm für internationale Gerechtigkeit gelten können.

Die Konferenz von Paris hat mit der Diskussion um ein 1,5-Grad-Ziel diese Debatte neu eröffnet. Aber die Summe der freiwillig deklarierten Absichtserklärungen der Länder über ihre geplanten Emissionsreduktionen reicht bei weitem nicht aus, um die Erderwärmung „weit unter 2 Grad" zu halten. Der internationale Flugverkehr und die Schifffahrt werden in der Erklärung von Paris gar nicht angesprochen – das war offenkundig jetzt noch zu heikel. Aber in weiteren Schritten der Umsetzung der Pariser Beschlüsse muss dies geschehen, sonst könnten die Beschlüsse tatsächlich faktisch zur Makulatur werden.

Viele ungeklärte Fragen

Auch ist die Finanzierung von Klimaschutzmaßnahmen in den ärmeren Ländern im Detail noch überhaupt nicht geklärt. Es wäre aber eine Illusion zu glauben, dass globaler Klimaschutz ohne langfristig verlässliche Finanzierungsinstrumente erreichbar wäre. Vermutlich lässt sich eine solche Finanzierung nicht über Geberkonferenzen erreichen, deren pressewirksam verkündeten Zusagen sich dann auf mysteriöse Weise doch nicht realisieren. Auch bilaterale Neuorientierungen der Entwicklungszusammenarbeit können der Größe des Problems insgesamt wohl nicht gerecht werden. Eine weltweite Abgabe oder Steuer auf die Emission von Treibhausgasen hat es nicht wirklich auf die Agenda von Paris geschafft. Wenn aber der Methodenkonvention des Umweltbundesamtes eindeutig zu entnehmen ist, dass die Emission einer Tonne Kohlendioxid Schadenskosten von durchschnittlich etwa 80 Euro verursachen (Schwermer, Preiss, Müller 2012), wäre auch nur ein kleinerer Teil dieses Betrages, der einer angemessenen Kompensation der Schadenkosten entspräche, ausreichend, um einen Transfer klimafreundlicher Technologien in die Länder des Südens zu beginnen: James Hansen hat jüngst eine Steuer von 15 US-Dollar pro Tonne Kohlendioxid vorgeschlagen – ein Anfang wäre so gemacht.

Die UN-Vollversammlung hatte im September 2015 mit der Verabschiedung der Sustainable Development Goals der Pariser Konferenz im Grunde den Rahmen vorgegeben. Es gibt 17 SDGs, wovon Ziel 13, Klimaschutz, sicher ein zentrales Element darstellt. Aber Klimaschutz ist eben nur eines der SDG, und erst im Verbund wird das fragile Gleichgewicht deutlich, das auf dem Weg zu einer zukunftsfähigen Entwicklung zwischen diesen Zielen insgesamt eingehalten werden muss. Die Notwendigkeit, das Klimaziel einzubetten in den Gesamtzusammenhang einer großen Transformation des 21. Jahrhunderts, ist bei der COP 21 in Paris vermutlich nicht ausreichend erkennbar geworden.

Ambitionierte Ziele – ohne passende Maßnahmen

In den Wochen nach COP 21 wurde deutlich, dass auch die anspruchsvolle Variante der dort präsentierten Zielsetzung vermutlich noch erreichbar wäre, wenn zumindest die Länder mit hohen Emissionen von Treibhausgasen schnell und sehr entschieden handeln würden. Aber der Monitoring-Prozess würde nach den in Paris verabschiedeten Beschlüssen deutlich zu spät einsetzen, um dies zu gewährleisten. Auch dies scheint ein Paradoxon der Konferenz zu sein: Auf der einen Seite höchst anspruchsvolle Ziele ins Auge zu fassen und gleichzeitig im Grunde zu verhindern, durch einen schnell beginnenden und häufigen Monitoring- und Review-Prozess die Grundlagen für die regelmäßige Anpassung und Justierung der politischen Instrumente zu schaffen, deren Anwendung zur Zielerreichung unverzichtbar sein werden.

Das Abkommen von Paris ließe sich ausgestalten. Ob sich das große Ziel auf dem Weg der kleinen Schritte erreichen lässt, die niemandem wehtun sollen, ist mehr als fraglich. Ob das Wachstumsparadigma auch in den reichen Ländern unverändert beibehalten werden kann, erscheint ausgeschlossen. Wenn die Aufbruchsstimmung von Paris genutzt werden könnte, um die zentralen Fragen zu stellen und auch jenseits aller Tagesaktualität breit in der Öffentlichkeit zu diskutieren, könnte daraus eine politische Dynamik mit einer eigenen Perspektive entstehen.

Literatur

IPCC (Hrsg.) (2014): Der fünfte IPCC-Sachstandsbericht.
Stern, N.: Stern Review on the Economics of Climate Change, Cambridge, 2006.
Schwermer, S., Preiss, P., Müller, W.: Best-Practice-Kostensätze für Luftschadstoffe, Verkehr, Strom- und Wärmeerzeugung. Anhang B der „Methodenkonvention 2.0 zur Schätzung von Umweltkosten", Dessau/Berlin, 2012.

Koordinierte CO_2-Preise: zur Weiterentwicklung des Pariser Abkommens

Ottmar Edenhofer, Christian Flachsland, Ulrike Kornek

Die Bereitschaft zur internationalen Kooperation wird in den nächsten Jahren auf eine harte Probe gestellt: So stellen die bislang mangelhafte Glaubwürdigkeit der freiwilligen nationalen Selbstverpflichtungen, zunehmende Sorgen um die Wettbewerbsfähigkeit und die Renaissance der billigen und reichlich vorhandenen Kohle häufig unterschätzte Herausforderungen dar. Die Koordination nationaler CO_2-Mindestpreise, kombiniert mit einem Klimafinanzausgleich, könnte die fragile internationale Klimaschutzkooperation stabilisieren. Die G20 wären ein sinnvolles Forum für den Beginn solcher Gespräche.

Das Pariser Abkommen ist ein Meilenstein für die internationale Klimadiplomatie, aber noch kein Durchbruch für eine ambitionierte globale Klimapolitik. Die Staatengemeinschaft hat sich nach dem Misserfolg der Klimakonferenz von Kopenhagen im Jahr 2009 nun endlich auf ein globales Klimaschutzziel und den institutionellen Grundriss eines neuen Klimaregimes einigen können. Statt verbindlicher nationalstaatlicher Emissionsziele wie im Kyoto-Protokoll wurde in Paris aber nur ein System aus freiwilligen Selbstverpflichtungen vereinbart, bei dem die mangelhafte Überprüfbarkeit und Glaubwürdigkeit zentrale Probleme sind. In den nächsten Jahren muss die institutionelle Struktur des internationalen Klimaregimes so weiter entwickelt werden, dass die fragile Kooperation zwischen den Staaten schrittweise stabilisiert und ausgeweitet werden kann und dass ambitionierte Emissionsreduktionen tatsächlich umgesetzt werden.

Das Pariser Abkommen ruht auf drei Säulen: der Formulierung eines *Langfristzieles*, *freiwilligen nationalen Selbstverpflichtungen* und der Vereinbarung mehrerer *multilateraler Instrumente*.

1. Zentral ist das ambitionierte Langfristziel, den Anstieg der globalen Mitteltemperatur auf 2 Grad Celsius gegenüber dem vorindustriellen Niveau zu begrenzen. Darüber hinaus wurde versprochen, Anstrengungen zu intensivieren, um ein 1,5-Grad-Ziel zu erreichen.

2. Zweitens verpflichtet das Abkommen – anders als das Kyoto-Protokoll – *alle* Vertragsstaaten dazu, selbstgewählte nationale klimapolitische Pläne vorzulegen („Nationally Determined Contributions", NDCs). Diese Pläne basieren allerdings nicht auf einer gemeinsamen Aufteilung des beim 2-Grad-Ziel zulässigen globalen Kohlenstoffbudgets auf die einzelnen Staaten. Stattdessen legt jedes Land seine eigenen Ziele und Maßnahmen fest und es bleibt unklar, wer zur Verantwortung gezogen werden kann, wenn das globale Ziel nicht erreicht wird. Vor Paris haben die Staaten bereits erste Klimaschutzpläne vorgelegt („Intended Nationally Determined Contributions", INDCs). Es wird in den kommenden Jahren darum gehen, das Ambitionsniveau dieser nationalen Pläne schrittweise zu erhöhen. Grundlage für den anvisierten „ratcheting-up" Mechanismus sind dabei der „global stocktake" sowie die noch festzulegenden Regeln über die Vergleichbarkeit und Überprüfbarkeit der NDCs. Im „global stocktake" werden die geplanten Anstrengungen der NDCs aufaddiert und mit dem globalen Ziel verglichen. Durch transparente Berichterstattung und regelmäßige Überprüfung der Einhaltung der NDCs soll das notwendige zwischenstaatliche Vertrauen aufgebaut werden, das eine langfristige Kooperation für das Erreichen des globalen Ziels ermöglicht. Wenn Länder wenig ambitionierte NDCs vorlegen oder ihre Versprechen nicht umsetzen, verbleibt als einziger Sanktionsmechanismus aber nur informelles „naming & shaming" – formale Sanktionen waren in Paris nicht durchsetzbar.
3. Als dritte Säule wurden in Paris eine Reihe multilateraler klimapolitischer Instrumente vereinbart, die für einen globalen Lastenausgleich genutzt werden könnten: Die Klimafinanzierung von jährlich mindestens 100 Milliarden US-Dollar sowie flexible Mechanismen, etwa ein internationaler Emissionshandel zur Reduktion der Vermeidungskosten, gehören zu den wichtigsten Instrumenten. Ihre genaue Ausgestaltung ist aber noch weitgehend offen.

Dieser Gestaltungsspielraum muss nun genutzt werden, um Paris zu einem Erfolg werden zu lassen. Denn das neue Abkommen bietet zwar einen Grundriss für das neue Klimaregime – eine tragfähige statische Konzeption wurde aber noch nicht vereinbart.

Leider sind die INDCs noch nicht geeignet, die Kooperation zwischen den Staaten aufrechtzuerhalten und zu vertiefen. Es mangelt ihnen aus drei Gründen an Glaubwürdigkeit: Erstens verschieben sie die Hauptlast der für das 2-Grad-Ziel erforderlichen Emissionsreduktionen auf die Zeit nach

2030. Zweitens handelt es sich um Versprechungen auf internationalem Parkett, die sich in den nationalen wirtschaftspolitischen Strategien der Regierungen bisher noch nicht überall wiederfinden. Drittens lassen sich die derzeitigen INDCs noch nicht transparent überprüfen und vergleichen. Wir machen im Folgenden einen Vorschlag, wie das Pariser Klimaregime sinnvoll weiterentwickelt werden könnte.

Die Bedeutung der INDCs für ambitionierten Klimaschutz

Die ambitionierten Temperaturziele im Pariser Abkommen erfordern, dass die Weltwirtschaft bis zum Ende des Jahrhunderts emissionsneutral sein muss. Das bedeutet wiederum, dass negative Emissionen notwendig werden, da etwa der Transportsektor sowie bestimmte industrielle Prozesse nicht vollständig ohne Treibhausgasemissionen auskommen werden (Edenhofer et al. 2014a). Diese negativen Emissionen können durch Aufforstung oder die Nutzung von Bioenergie in Verbindung mit Kohlenstoffabscheidung und -einlagerung erbracht werden. In der wissenschaftlichen Literatur wird intensiv darüber diskutiert, in welchem Umfang dies möglich ist, wenn gleichzeitig andere Nachhaltigkeitsziele erreicht werden sollen (Fuss et al. 2014).

So erlaubt das 2-Grad-Ziel bis zum Jahr 2100 noch kumulativ 630–1180 Gt CO_2 netto in der Atmosphäre zu deponieren (Abbildung 1, Balken 1). Beim 1,5-Grad-Ziel schrumpft dieser kumulative Spielraum auf 90–310 Gt CO_2 zusammen (Abbildung 1, Balken 2) – hier wären massive negative Emissionen erforderlich. Dagegen führt die Summe aller INDCs schon zu ca. 815 Gt CO_2 kumulierten Emissionen bis zum Jahr 2030 (Abbildung 1, Balken 3). Bleiben die INDCs bis 2030 unverändert, werden danach also drastische Emissionsreduktionen und negative Emissionen nötig sein, um das 2-Grad-Ziel noch zu erreichen. Für das 1,5-Grad-Ziel sind die Anforderungen entsprechend verschärft (Minx et al. 2016). Technologisch ist dies prinzipiell möglich. Die ökonomischen Kosten sowie die gesellschaftlichen und politischen Herausforderungen der erforderlichen Emissionsreduktionen lassen aber daran zweifeln, dass künftige Regierungen und Gesellschaften diese Last auch schultern werden.

Derzeit ist aber noch nicht einmal gewährleistet, dass alle Regierungen die vorgelegten INDCs in ihren nationalen Energiepolitiken umsetzen. Nach wie vor setzen sie auf den Ausbau von Kohlekraftwerken in der Stromversorgung (Steckel et al. 2015). Kohle ist reichlich vorhanden und trotz aller klimapolitischen Anstrengungen und Kostensenkungen der Erneuer-

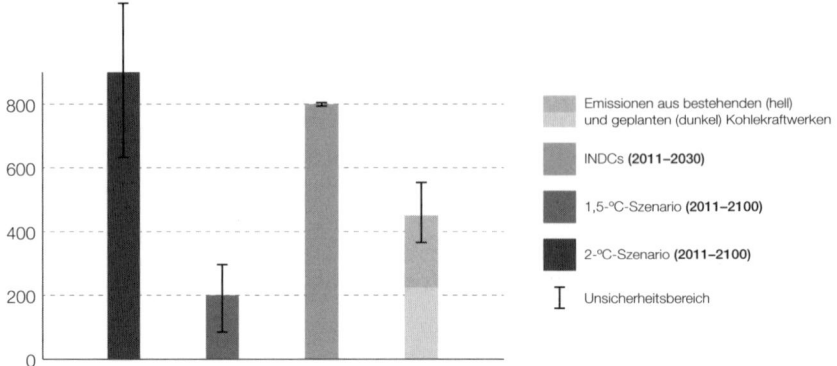

Abb. 1 Bis 2100 erlaubte globale kumulierte CO_2-Emissionen beim 2-Grad- und 1,5-Grad-Ziel (Edenhofer et al. 2014a); kumulierte Emissionen aus den INDCs bis 2030 (Minx et al. 2016); und kumulierte Emissionen aus bereits existierenden (ab 2012, Davis und Socolow 2014) und geplanten Kohlekraftwerken (ab 2015, Global Coal Plant Tracker 2015) über ihre gesamte Laufzeit. Vertikale Achse: Kumulierte CO_2-Emissionen in $GtCO_2$.

baren in den meisten Regionen auf absehbare Zeit die billigste Form der Stromerzeugung. Sie spielt daher in den energiepolitischen Planungen der Wirtschaftsminister eine wichtige Rolle. Allein die im Jahr 2015 weltweit vorhandenen und geplanten Kohlekraftwerke führen zu kumulativ ca. 450 Gt CO_2 – damit wäre bereits etwa die Hälfte des 2-Grad-Budgets verbraucht (Abbildung 1, Balken 4). Dabei ist zu beachten, dass die INDCs (Balken 3) und die Kohleausbaupläne (Balken 4) in Abbildung 1 unterschiedliche Zeiträume betrachten. Erste detailliertere Analysen auf nationaler Ebene zeigen allerdings, dass bei den gegenwärtigen expansiven Kohleausbauplänen in zahlreichen Ländern zur Einhaltung der INDCs erhebliche Vermeidungsanstrengungen außerhalb des Stromsektors erforderlich wären (Edenhofer et al. 2016). Im Transportsektor oder im Gebäudesektor sind aber die Vermeidungskosten deutlich höher als im Stromsektor. Offenbar planen diese Regierungen entweder, ihre Vermeidungsanstrengungen unter hohen Kosten zu erbringen, oder ihre freiwilligen Selbstverpflichtungen sind nicht glaubwürdig. Die INDCs sind daher in vielen Ländern offenbar noch nicht mit den nationalen energiepolitischen Plänen harmonisiert: Die Regierungen haben nicht mehr viel Zeit, ihre Ausbaupläne für die Kohlekraft zu revidieren.

Neben der Konsistenz der NDCs mit dem globalen Temperaturziel und nationaler Energiepolitik ist für eine erfolgreiche internationale Kooperation entscheidend, dass die nationalen Pläne zukünftig vergleichbar und überprüfbar sind. Die Nationalstaaten werden nur dann ambitionierte Politiken vorlegen, wenn sie darauf vertrauen können, dass andere Staaten ebenfalls akzeptable Anstrengungen unternehmen (Aldy et al. 2016). Die derzeitigen INDCs sind allerdings kaum miteinander vergleichbar. China und Indien etwa haben eine Reduktion der CO_2-Intensität ihrer Wirtschaft (CO_2/BIP) versprochen. Ihr absoluter Beitrag zur globalen Emissionsminderung kann daher nur mit Hilfe von unsicheren und umstrittenen Annahmen über das künftige Wachstum ihrer Wirtschaft und Emissionen ermittelt werden. Damit bleibt unklar, was China und Indien tatsächlich zum Erreichen des globalen Ziels beitragen.

Internationale Verhandlungen über CO_2-Preise

Internationale Kooperation erfordert glaubwürdige gegenseitige Verpflichtungen und stabile Anreizstrukturen – und genau daran droht das Pariser System der freiwilligen Selbstverpflichtungen zu scheitern. Beobachten nämlich die Länder, dass ihre eigenen Anstrengungen nicht durch entsprechende Klimapolitik in anderen Ländern erwidert werden, könnte das erhoffte „ratcheting-up" der NDCs sich auch zu einem „ratcheting-down" entwickeln. Einsichten aus der experimentellen Spieltheorie zeigen, dass für ein erfolgreiches ratcheting-up gegenseitige Verpflichtungen mit wirksamen Sanktionen erforderlich sind (Ostrom, Walker 2005).

Ein ausreichend hoher und langfristig steigender nationaler CO_2-Preis ist hier ein sinnvolles klimapolitisches Instrument (McKay et al. 2015): Erstens sind CO_2-Preise einfach miteinander zu vergleichen. Sie zeigen wenigstens näherungsweise das klimapolitische Ambitionsniveau und die Vermeidungskosten der Länder. Die energiepolitische Umsetzung von CO_2-Preisen ist klar: Emissionshandelssysteme, CO_2-Steuern oder fossile Energiesteuern, aber auch Hybridinstrumente, die Elemente der Mengensteuerung mit denen der Preissteuerung verbinden, sind Möglichkeiten der Implementierung.

In bestehenden (Europa) und neuen (China) Emissionshandelssystemen sollte ein steigender Mindestpreis festgelegt werden, um glaubwürdige internationale Versprechen eingehen zu können (Edenhofer und Ockenfels 2015). Im kalifornischen Emissionshandelssystem wurde ein solcher steigender Mindestpreis bereits durch einen Reservepreis in den Zertifikatsauktionen eingeführt. Der seit Jahren geringe Zertifikatspreis des europäischen Emissionshandelssystems EU ETS würde im Zuge einer solchen Reform nach oben korrigiert werden können und müssen. Damit könnte die dynamische Ineffizienz im EU ETS – also der Aufbau einer langlebigen emissionsintensiven Infrastruktur bei den derzeitig niedrigen Zertifikatspreisen – korrigiert werden (Edenhofer et al. 2014b).

Zweitens werden durch einen CO_2-Preis die Kosten für den Ausstoß aller CO_2-Emissionen erhöht und Emittenten zahlen für ihre Verschmutzung. Es werden also insbesondere emissionsintensive Produktionsformen wie die Energiegewinnung aus Kohle verteuert und bei einem ausreichend hohen und steigenden Preis unrentabel. Damit kann der Renaissance der Kohle wirksam entgegengewirkt werden. Mittel- bis langfristig gibt es kein anderes kosteneffizientes Klimaschutzinstrument, das die Kohle weltweit aus dem Markt treiben könnte. Eine Verdrängung der Kohle durch die Subventionierung erneuerbarer Energien, wie sie etwa im deutschen EEG verankert ist, wird sich aufgrund der großen Verfügbarkeit und geringen Kosten der Kohle mittel- bis langfristig als sehr teure Strategie und damit als politisch kaum durchsetzbar erweisen (Kalkuhl et al. 2013). Im Gegensatz dazu wird durch einen CO_2-Preis ein glaubwürdiger und kosteneffizienter Pfad der Dekarbonisierung eingeleitet. Erneuerbare Energien wie Wind- und Solarkraft werden wettbewerbsfähig und Investitionen in Entwicklung und Aufbau emissionsarmer Technologien und Infrastrukturen profitabel. Die historischen und gegenwärtigen Schwankungen des Ölpreises illustrieren eindrucksvoll die transformative Kraft von Energiepreisen.

Angesichts der vielen potenziellen Veto-Spieler (insbesondere Länder mit großen fossilen Ressourcenvorkommen) und dem konsensbasierten Verfahren in der UN-Klimarahmenkonvention stellt sich die Frage, ob es nicht effektivere Foren gibt, um über ambitionierte CO_2-Preise zu verhandeln. Das Abkommen von Paris ermöglicht und ermutigt solche Verhandlungen auch in anderen multilateralen Kontexten, etwa der G20 (Art. 6). Wie könnten diese Verhandlungen aussehen? Einzelne Länder würden sich verpflichten, zunächst nationale CO_2-Preise entweder als Steuer oder als Mindestpreis in Emissionshandelssystemen einzuführen. Die nationalen CO_2-Preise könnten dann konditional formuliert werden: Länder würden nur dann hohe Preise einführen, wenn andere Staaten dies ebenfalls tun. Mit dieser Strategie könnten Befürchtungen über Wettbewerbsnachteile durch CO_2-Bepreisung entkräftet werden. Es wird zudem ein Sanktionsmechanismus etabliert, wenn Länder als Reaktion auf die Senkung von CO_2-Preisen in anderen Regionen ebenfalls ihre Preise senken. Mit Blick auf das Erreichen des 2-Grad-Ziels müssten dann regelmäßig die durch CO_2-Preise erreichten und erwarteten Emissionsreduktionen mit den Anforderungen des Langfristziels verglichen und die Preise entsprechend angepasst werden.

Bei dieser Strategie könnten zunächst die größten Emittenten vorangehen. Die angekündigten nationalen CO_2-Preispfade könnten auch Teil der formalen NDCs im Rahmen der UNFCCC werden. Zusätzliche Länder könnten dann schrittweise einer solchen CO_2-Preiskoalition beitreten. Weitere Forschung sollte die Wirksamkeit und Details der Ausgestaltung dieser Strategie untersuchen.

Strategische Klimafinanzierung

Zu einer weltweiten Koordination und Anhebung der CO_2-Preise wird es angesichts der großen Unterschiede zwischen Ländern jedoch nur dann kommen können, wenn ein Lastenausgleich zwischen Arm und Reich erfolgt. Die Transferzahlungen sollten an ärmere Länder allerdings unter der Bedingung gezahlt werden, dass sie einen Mindestpreis für Emissionen akzeptieren (Cramton et al. 2015). Vorstellbar wäre ein System von zunächst je nach Ländergruppen differenzierten, aber ansteigenden und mittelfristig konvergierenden Mindestpreisen.

Die in Paris vereinbarte Bereitstellung von 100 Milliarden US-Dollar als Klimafinanzierung könnte ein Stützpfeiler dieser Politik werden. Die Höhe der Zahlungen aus einem internationalen Topf wie dem Green Climate Fund (GCF) müsste dann mit dem Ambitionsniveau der nationalen Klimapolitik verknüpft werden (Kornek und Edenhofer 2016). Ein Land mit einem vergleichsweise hohen CO_2-Preisniveau würde für seine höheren Vermeidungskosten kompensiert werden – und hätte somit einen Anreiz, in seinem NDC ambitioniertere Klimapolitik festzulegen. Konditionale Transferzahlungen würden das Anreizproblem der freiwilligen Selbstverpflichtungen teilweise auflösen, weil eine Senkung des Ambitionsniveaus zum Verlust der internationalen Unterstützung führen würde. Die Geberländer, die in den internationalen Fond einzahlen, profitieren ebenfalls vom Bereitstellen der Klimafinanzierung, da die Konditionalität der Zahlungen zu ambitionierteren Emissionsreduktionen in den Empfängerländern führt, wodurch global mehr Klimaschutz erreicht wird. Jedes einzelne Land kann von der Konditionalität profitieren, weil sich damit die Gewissheit erhöht, dass auch andere Länder ambitionierten Klimaschutz unternehmen werden und der eigene Beitrag Teil eines Systems der institutionellen Koordination ambitionierter Klimapolitiken ist.

Ein System der konditionalen Transferzahlungen hat jedoch nur dann eine Chance, wenn die Entwicklungsländer die Kapazität und Expertise zur Einführung von CO_2-Steuern besitzen. Ein Teil der versprochenen 100 Mil-

liarden Dollar kann zunächst dazu genutzt werden, diese Kapazitäten aufzu-
bauen. Sorgen über regressive Wirkungen von CO_2-Steuern ließen sich
durch die Entwicklung sozial verträglicher und länderspezifischer Steuer-
modelle verringern. Der GCF könnte etwa Steuererleichterungen und Kom-
pensationszahlungen für ärmere Bevölkerungsgruppen bei der Einführung
von CO_2-Preisen vorfinanzieren, um regressive Effekte zu vermeiden und
die soziale Akzeptanz zu erhöhen (Steckel et al. 2016).

Die von uns vorgeschlagene strategische Klimafinanzierung wird jedoch
kaum diskutiert. Bislang zielt der GCF auf die Förderung einzelner Projekte
ab. Mit Blick auf das selbstgesteckte Ziel einer Unterstützung der Transformation der Weltwirtschaft greift der projektbasierte Ansatz des GCF allerdings zu kurz. Im Vergleich dazu setzt ein durch Klimafinanzierung unter-
stützter steigender nationaler CO_2-Preis einen strukturellen Anreiz zur
Dekarbonisierung und wird bei entsprechender Höhe auch den Ausbau der
Kohlenutzung begrenzen.

Die zusätzlichen Mittel für die Klimafinanzierung müssen aber auch
bereitgestellt werden. Bisher ist das Volumen der Klimafinanzierung aus
öffentlichen Geldern noch unklar: Für die kommenden Jahre sind nur
10 Milliarden US-Dollar für den GCF zugesagt, 6,8 Milliarden sind bislang
freigegeben. Es besteht zudem die Gefahr, dass die Industrieländer durch
kreative Buchführung ihren zusätzlichen Beitrag zur Klimafinanzierung
sehr viel höher erscheinen lassen, als er ist: Bereits bestehende Verpflichtungen aus der Entwicklungshilfe könnten umetikettiert oder private Investitionen, die ohnehin getätigt würden, als nationale Klimafinanzierung
angerechnet werden.

Fazit

Das Pariser Abkommen bietet einen neuen Grundriss für das internationale
Klimaregime – eine tragfähige institutionelle Statik hat es aber noch nicht.
Die bislang unvermindert anhaltende Renaissance der Kohle lässt nicht
mehr viel Zeit für die Verhandlungen, denn sind die Kohlekraftwerke erst
gebaut, sinken die Chancen auf eine ambitionierte Klimapolitik. In der
Zukunft müssen institutionelle Mechanismen geschaffen werden, mit denen
die Koordination nationaler Klimapolitiken vereinfacht und ambitionierte
nationale NDCs international belohnt werden. Es kommt nun darauf an, die
Diskussion über koordinierte CO_2-Mindestpreise und konditionale Klimafinanzierung so voranzutreiben, dass die Chancen internationaler Koopera-

tion steigen und die NDCs das erforderliche Ambitionsniveau erreichen, um das langfristige Temperaturziel zu erreichen.

Die G20 sind im Hinblick auf diesen Prozess ein vielversprechendes Verhandlungsforum, immerhin repräsentieren sie 76 Prozent der gegenwärtigen globalen Emissionen. Einige G20-Länder haben bereits CO_2-Preise eingeführt oder prüfen Möglichkeiten zu ihrer Einführung. Innerhalb der G20 wurde bereits ein Prozess zur Abschaffung fossiler Subventionen (negativer CO_2-Preise) initiiert. Die kommenden G20-Präsidentschaften von China und Deutschland könnten nun die Verhandlungen über koordinierte CO_2-Preise in Verbindung mit einem globalen Klimafinanzausgleich vorantreiben.

Literatur

Aldy, J., Pizer, W., Akimoto, K.: Comparing emissions mitigation efforts across countries, Climate Policy (online).

Bowen, A.: Carbon pricing: how best to use the revenue? London/Seoul, 2015.

Cramton, P., Ockenfels, A., Stoft, S.: An International Carbon-Price Commitment Promotes Cooperation. In: Economics of Energy & Environmental Policy (2015), Nr. 2, S. 51–64.

Davis, SJ., Socolow, RH.: Commitment accounting of CO_2 emissions, Philadelphia. Environmental Research Letters (2014), Nr. 9.

Edenhofer, O. et al.: Reading the Writing on the Wall: Coal and the Paris Agreement, 2016. Working Paper.

Edenhofer, O. et al.: Technical Summary. In: Climate Change 2014 – Mitigation of Climate Change. Contribution of Working Group III to the Fifth Assessment Report of the Intergovernmental Panel on Climate Change (2014a).

Edenhofer, O., Normark B., Tardieu, B.: Euro-CASE Policy Position Paper. Reform Options for the European Emissions Trading System (EU ETS), Paris, 2014b.

Edenhofer, O., Ockenfels, A.: Ein Ausweg aus der Klima-Sackgasse. In: Frankfurter Allgemeine Zeitung (2015), Nr. 246.

Global Coal Plant Tracker, 2015.

Franks, M., Edenhofer, O., Lessmann, K.: Why Finance Ministers Favor Carbon Taxes, Even if They Do Not Take Climate Change into Account. Environmental and Ressure Economics (online).

Fuss, S. et al.: Betting on negative emissions. In: Nature Climate Change (2014), Nr. 4, S. 850–853.

Jakob, M. et al.: Using carbon pricing revenues to finance infrastructure access. In: World Development /2016), im Erscheinen.

Kalkuhl, M., Edenhofer O., Lessmann, K.: Renewable energy subsidies: Second-best policy or fatal aberration for mitigation? In: Resource and Energy Economics (2013), Nr. 3, S. 217–234.

Kornek, U., Edenhofer, O.: The strategic dimension of financing global public goods, 2016. Working Paper.

McKay, D. et al.: Price carbon — I will if you will. In: Nature (2015), Nr. 7573, S. 315–316.

Minx, J. C., Creutzig, F., Edenhofer, O.: Climate goals require fast learning in negative emission technologies, 2016. Working Paper.

Ostrom, E., Walker, J.: Trust and Reciprocity: Interdisciplinary Lessons for Experimental Research, New York, 2005.

Steckel, J. C., Edenhofer, O., Jakob, M.: Drivers for the renaissance of coal. In: Proceedings of the National Academy of Sciences of the United States of America (2015), Nr. 29, S. 3775–3781.

Steckel, J. C., Jakob, M., Flachsland, C., Kornek, U., Lessmann, K., Edenhofer, O.: Towards Sustainable Development Finance, 2016. Working Paper.

Klimaschutz braucht ein neues Narrativ

Peter Hennicke

Ohne eine massive Steigerung der Energieeffizienz („Effizienzrevolution") sind Ziele des Pariser Weltklimavertrages nicht zu erreichen, von der Vielzahl der entgangenen Co-Benefits ganz zu schweigen.

Wenn die Klimaschutzziele von Paris eine Chance auf Realisierung haben sollen, brauchen wir eine massive Steigerung der Energieeffizienz. Einige fordern gar eine „Effizienzrevolution", andere eine „Effizienzwende" oder erhoffen sich einen „Paradigmenwechsel". Im englischen Sprachraum postulierten früher eine Handvoll Experten „NEGAWatt statt MEGAWatt", heute heißt es beim Mainstream der IEA in Paris offiziell: „Efficiency First Fuel". Sind all diese neuen Begriffen nur Schall und Rauch? Muss zur Umsetzung von Energieeffizienzpolitik eine überzeugendere Geschichte („Narrativ") erzählt werden? Die Antwort lautet: Ja! Eine von der IEA aufgegriffene Analyse zu den „non climate drivers" (IEA 2014) bietet den hier gewählten Ausgangspunkt – global gedacht und lokal als Energiewende umgesetzt.

Energiesparerfolge kann man bekanntlich weder besichtigen (wie einen Windkraftpark) noch einweihen (wie eine Solarsiedlung), sondern letztlich nur messen. Das ist ein Teil des Problems. Eine überzeugende Visualisierung eingesparter Energie und der vielfältigen „Co-Benefits" von Energieeffizienz und Energiesparen wird wahrscheinlich nie gelingen.

Gleichwohl gilt es ein Narrativ zu entwickeln, welches das scheinbare „low interest"-Thema „Energieeffizienz" in den sozioökonomischen und politischen Kontext stellt, wohin es auch hingehört: Richtig verstanden und intelligent angewandt ist Energieeffizienz ein entscheidender Problemlösungsbeitrag für alle Krisen, die direkt oder indirekt mit der Aneignung, der Exploration, der Gewinnung, der Verarbeitung und den Folgen von fossilem und nuklearen Energieeinsatz verbunden sind.

Wo Öl zum Problem wird, trägt Energiesparen zur Lösung bei

2015 war ein besonderes Jahr multipler und sich wechselseitig verschärfender Krisen. Um nur einige zu nennen: Mörderische Stellvertreterkriege im

Nahost, anschwellendes Flüchtlingselend, territoriale Expansion des Terrors, schwelende Finanz- und Eurokrise, zerfallendes Europa, Vertrauensverlust in die Demokratie und wachsender Rechtspopulismus. Die Ungleichverteilung von Lebenschancen hat obszöne Dimensionen erreicht, wenn 62 Milliardäre soviel Vermögen aufhäufen wie 3,6 Milliarden Menschen (Oxfam 2015). Und die mit alledem verschränkten ökologischen Krisen – Klimawandel, Biodiversitätsverlust, Verknappung natürlicher Ressourcen – sind weit von einer Lösung entfernt.

Bei näherer Analyse hängen viele dieser Krisen direkt oder indirekt mit fossil-nuklearem Energieverbrauch und damit auch mit dem Lösungsbeitrag – mit dem Energiesparen – zusammen. Bei ökologischen Krisen wie dem Klimawandel liegt das auf der Hand.

Die Kriege in Nahost sind nicht nur, aber auch Kriege um Öl. Der sogenannte Islamische Staat finanziert den Terror unter anderem aus Ölerlösen. Wirtschafts- und Finanzkrisen werden durch Sprünge des Ölpreises, nach oben oder nach unten, ausgelöst oder verschärft. Märchenhafter Reichtum wurde früher auch durch Öl, Kohle, Gas und Co. aufgehäuft. Heute verabschiedet sich eine wachsende Divestment-Bewegung vom fossilen Zeitalter. Der Rockefeller Brothers Fund, reich geworden durch Big Oil, hat 2014 angekündigt, sich bis 2017 vollständig aus allen fossilen Energien („No more oil, gas, coal or tar sands assets in its $850 million portfolio", CNN Money, 26.10.2015) zurückzuziehen. Die Sorge über ein mögliches Platzen der „Carbon-Bubble", das Missverhältnis vom maßlos überhöhten Börsenwert der Öl- und Kohlekonzerne in Relation zur notwendigen CO_2-Minderung, beschäftigt nicht nur Wissenschaftler (wie Carbon Tracker), sondern auch die Bank of England.

Eine umfassende Analyse von Energieeffizienz und Energiesparen als weitreichender und robuster Lösungsbeitrag für multiple Krisen steht noch aus. Und es wäre vermessen, es hier auf wenigen Seiten zu versuchen. Die IEA hat begonnen, im Zusammenhang mit Klimaschutz das Narrativ zur Energieeffizienz mit den „Non climate drivers" neu zu erzählen (IEA 2014). Dies gilt es näher zu reflektieren.

SDGs und COP 21: durch Ressourceneffizienz die Umsetzung beflügeln

UN Generalsekretär Ban Ki-moon sprach von einer Vision, als er – trotz multipler Krisen – bei Verabschiedung der SDGs in der UN-Vollversammlung im September 2015 formulierte: „2015 ist nicht einfach nur ein Jahr, es bietet die Chance, den Lauf der Geschichte zu ändern." (Ki Moon 2015) Diese positive Bewertung gilt, nach 20 Jahren bleierner Klimadiplomatie, vielleicht noch eindrücklicher für die Verabschiedung des „Paris Agreements" durch die COP 21 im Dezember 2015. Grenzt es nicht an ein Wunder, dass sich die Völkergemeinschaft im Krisenjahr 2015 nahezu einmütig zu diesen Beschlüssen durchringen konnte?

Zweifellos sind die SDGs nicht widerspruchfrei, das mag ihre einmütige Verabschiedung begünstigt haben. Das gilt vor allem für die Frage, ob und inwieweit mehr oder weniger oder anderes („grünes") Wirtschaftswachstum zur Zielerfüllung der SDGs beiträgt. Die hier vertretene These ist: Wie auch immer dieser Widerspruch bewertet wird, die globale Entkopplung von steigender Lebensqualität und weniger Naturverbrauch bleibt die grundlegende und notwendige Voraussetzung für die Realisierung der meisten SDGs. Für die absolute Entkopplung in Industrieländern und die relative Entkopplung in Schwellen- und Entwicklungsländern ist die massive Steigerung der Energie-, Material- und Ressourceneffizienz die wohl wichtigste Bedingung (vgl. IGEG 2015).

Auch an der COP 21 lässt sich kritisieren, dass es beim „Paris Agreement" an Verbindlichkeit und Konkretion mangelt. Illusionär sind aber nicht diejenigen, die trotz alledem neue Hoffnung mit dem „Paris Agreement" verknüpfen (vgl. 2015), sondern diejenigen, die sich von „Weltbeschlüssen" bereits die Lösung der Probleme erhofft haben (Hennicke et al. 2015). Daher geht die Frage „Ist das 1,5- bis 2-Grad-Ziel noch erreichbar?" auch am eigentlichen Problem und an den heute möglichen Antworten vorbei. Erstens, weil selbst das völkerrechtlich verbindlichste und konkreteste Klimaabkommen nicht ausreichen würde, diese Frage zuverlässig mit „Ja" zu beantworten. Und zweitens, weil es sich beim 1,5- bis 2-Grad-Ziel nicht um einen naturwissenschaftlich präzisen Schwellenwert handelt, sondern um eine zeitlich und quantitativ rigoros vereinfachte Zielorientierung. Bei der Umsetzung des „Paris Agreements" und seiner Ziele geht es zukünftig um drei neue globale Prozessdynamiken, nämlich um

- Beschleunigen („Speeding up"),
- Hochskalieren („Scaling up"),
- Ambitionsniveau steigern („Tigthening up")

für eine radikale sozial-ökonomische Transformation der Weltwirtschaft. Diese Dynamiken weltweit zu ermutigen, dafür war COP 21 der Durchbruch. Und Energieeffizienz muss und kann in der Größenordnung von 50 Prozent zur Lösung beitragen (IEA 2015).

Die nun notwendigen strategischen Prozesse sowie die sozialen und technologischen Innovationen bei den Hauptemittenten zu identifizieren und zu ermöglichen, das ist die brennende Aufgabe, vor allem in den nächsten beiden Jahrzehnten. Eine „Punktlandung" – möglichst unter dem 2-Grad-Ziel im 21. Jahrhundert – ist derzeit weder wahrscheinlich noch operationalisierbar. Aber zwei Dinge sind schon heute klar:

1. Jedes Zehntelgrad vermiedenen weiteren Temperaturanstiegs wird Hunderttausende von menschlichen Opfern und zig Milliarden an materiellen Schäden, verursacht durch den Klimawandel, vermeiden.
2. Trotz aller Begeisterung über die sensationelle Kostenreduktion von Photovoltaik (PV) und Windstrom (siehe unten): Priorität für forcierte Energieeffizienzstrategien ist die zentrale Voraussetzung für ausreichenden und akzeptanzfähigen Klimaschutz.

Klimaschutz braucht ein neues Narrativ

Der „Fünfte Sachstandsbericht" des Internationalen Klimarates (IPCC) 2014 ist wissenschaftlich hoch anspruchsvoll, aber in Bezug auf Beratungsqualität politik- und wirtschaftsunverträglich. Welcher Politiker oder Manager liest schon 2000 Seiten? Selbst im Summary wimmelt es von – in der Praxis – entscheidungsuntauglichen Bewertungen wie „äußerst", „sehr" oder nur „wahrscheinlich". Wenn katastrophale Klimaveränderungen „wahrscheinlich" sind, aber in weiter Ferne liegen, warum sollten Länder heute ihre scheinbar abweichenden nationalen Interessen ignorieren, Öl- und Kohlekonzerne ihre (noch) profitablen Geschäftsfelder aufgeben und Bürger ihren Lebensstil ändern?

Offensichtlich hat die Klimapolitik ein Vermittlungsproblem. Wurde über Jahrzehnte eine „unzulängliche Geschichte" zum Klimaschutz erzählt? Das ist leider wahr! Statt den schon vor Jahrzehnten wirtschaftlich attraktivsten Lösungsbeitrag in den Mittelpunkt zu stellen, die kooperative Erschließung des größten weltweiten Leitmarkts „Energieeffizienz" (Roland Berger 2014), wurde ein überdimensioniertes diplomatisches Hauen und Stechen um die Reduktion klimawirksamer Gase in Gang gesetzt, mit vorwiegend negativer Konnotation.

Reduktion und Lastenteilung („burden sharing") heißt der kommunikative Geburtsfehler der globalen Klimaschutzpolitik. In einer auf Wachstum fixierten Gesellschaft verbinden sich damit die Bilder von Verzicht und Opferbereitschaft.

Notwendig für die Prozessdynamiken nach COP 21 ist ein radikal neues und ein visionär positives Narrativ. Nur scheinbar paradox könnte es etwa so lauten: Selbst wenn es das Klimaproblem nicht gäbe, wäre eine Transformationsstrategie durch Effizienz und Erneuerbare sowie der dadurch mögliche Ausstieg aus Kohle, Öl, Erdgas und Uran zur Risikominimierung notwendig und wirtschaftlich sinnvoll. Klima- und Ressourcenschutz – vorrangig durch Energieeffizienz und erst dann zur Deckung des Restenergiebedarfs durch erneuerbare Energien – sind die kostengünstigsten Bedingungen für eine Große Transformation mit attraktiven Zielen wie Versorgungssicherheit, höhere Wettbewerbsfähigkeit, neue Geschäftsfelder und mehr Jobs durch Energie- und Materialeffizienz, erneuerbare Energien und nachhaltige Mobilität. Man erkennt: Dieses Narrativ kann sich vor allem auch auf die „Non Climate Drivers" beziehen.

Sind das Wunschträume? Wer das behauptet, nimmt nicht zur Kenntnis, dass sich Deutschland mit der Energiewende längst auf den Weg begeben hat. Mitte des 21. Jahrhunderts soll nach den Zielen einer konservativen Regierung (September 2010) Deutschland nahezu frei von fossilen Energien und weitgehend auf energieeffiziente Prozesse, Gebäude, Fahrzeuge, Geräte sowie auf fast 100 Prozent erneuerbare Energien umgestellt werden. Dieser Strukturwandel forciert grüne Wachstumsfelder und ersetzt schrittweise fossil-nukleare Risikosektoren. Der Innovationsmotor (realisiert durch Erhöhung der volkswirtschaftlichen Investitionsquote) kann wieder anspringen. Bis zu 38 Milliarden Euro müssen für die Energiewende pro Jahr bis 2020 für die ökologische Modernisierung des Gebäudebestandes und die grüne Restrukturierung des Stromsystems (vor-)finanziert werden – mit „eindeutig positiven gesamtwirtschaftlichen Wirkungen" wie das Deutsche Institut für Wirtschaftsforschung errechnet hat (DIW 2015).

Insofern basiert eine Energiewende auf einem Generationenvertrag. Die heutige Generation gestaltet und finanziert einen ökologischen Umbau, um Kinder und Enkel vor gewaltigen Lebensrisiken zu schützen: Vor den Kosten eines fossil nuklearen Energiesystems, den Risiken des nuklearen Brennstoffzyklus und des Klimawandels sowie vor Energieimportabhängigkeit, Preisschocks und weltweiten Ressourcenkriegen. Zeigt die deutsche Energiewende die Machbarkeit dieses Transformationsprozesses, dann könnte dies – vermittelt über den globalen Wettbewerb – zur Startrampe für den weltweiten Aufbruch zu nachhaltiger Energie sowie ambitionierterem

Klima- und Ressourcenschutz werden; das wäre – bei Erfolg der Energiewende – zweifellos ein faszinierendes Narrativ!

Energieeffizienz: die robuste Basisstrategie für alle Länder

Die Berücksichtigung des ökologischen Strukturwandels bringt die globale Analyse zurück auf die Mikroebene realer Triebkräfte, Trends, konkreter Interessen sowie spezifischer technologischer und sozialer Innovationen für den Klima- und Ressourcenschutz.

Lassen sich auf nationaler Ebene für repräsentative Länder generalisierbare Basisstrategien erkennen, auf denen ein positives nationales und dezentrales Narrativ zum Klimaschutz aufgebaut werden kann? Und trifft dies zu, trotz der möglichen negativen Folgen des ökologischen Strukturwandels und trotz der Tatsache, dass das Klimaproblem nur global lösbar ist?

Das „Deep Decarbonisation Pathways Project (DDPP)" gibt eine erste Antwort auf diese Fragen. DDPP entwickelt mit einem regionalisierten Analyse- und Szenarienansatz die globalen Klimaschutzszenarien weiter. Trotz der enormen Unterschiede der untersuchten 16 Länder (zum Beispiel Brasilien, China, Indien, USA, Japan oder auch Deutschland und Großbritannien) wurde durch die strukturierte Auswahl ein hohes Maß globaler Repräsentativität erreicht. Interessanterweise können für alle 16 Länder drei übereinstimmende Langfriststrategien für forcierten Klimaschutz identifiziert werden:

1. Energieeffizienz,
2. Dekarbonisierung von Elektrizität und
3. Substitution von fossiler Endenergie durch grünen Strom.

Die Energieeffizienz ist dabei eine robuste und attraktive Basisstrategie für alle Länder. Zum Beispiel im Hinblick auf Beschäftigungseffekte. Die Nettobeschäftigung nimmt bei der Substitution von Energie durch Effizienz in der Regel deutlich zu. Wird dagegen beim Energieangebot fossile durch erneuerbare Energie ersetzt, dann ist der Nettoeffekt nicht so eindeutig. Er hängt vor allem ab von den relativen Kosten.

Und hier gibt es auch für die Strategien 2. und 3. gute Nachrichten: Strom aus Wind und PV ist bereits heute – auch in mitteleuropäischen Breiten – billiger, als neue Atom- oder Stromkraftwerke zu bauen (Agora 2015). Bis 2030 wird in sonnenreichen Regionen mit einer Kostensenkung bei PV-Strom auf 1,5–4,8 Cent/kWh gerechnet (Agora/ISE 2015).

Dennoch spricht beim Vergleich der drei Basisstrategien heute noch viel für den Vorrang der Energieeffizienz: Der Natur- und Ressourcenverbrauch einer vorrangigen Klimaschutzstrategie durch erneuerbare Energien wäre zum Beispiel gewaltig und aus Gründen des Klimaschutzes unnötig. Ohne eine gleichzeitige Effizienzrevolution stiegen der Landschafts-, Flächen- und Ressourcenverbrauch (zum Beispiel bei kritischen Metallen oder bei Biomasse) in nicht vertretbarem Umfang. Das gilt auch für die Kosten. Denn die durch Effizienztechnik vermiedene Kilowattstunde Strom ("NEGA-Watt") ist heute – auch ohne die Berücksichtigung der externen Kosten des Energieangebots – deutlich billiger und in Bezug auf die Umweltauswirkung grundsätzlich vorteilhafter.

Deutschland: Wer trägt die Prozessverantwortung für die Energiesparziele?

Es ist unstrittig (BMWi, Monitoringbericht 2015), dass mit dem gegenwärtigen politischen Instrumentarium die Ziele sowohl der Bundesregierung (vgl. Energiekonzept von 2010) als auch der EU (vgl. Energieeffizienzrichtlinie [EED] von 2012) zur Energieeinsparung deutlich verfehlt werden ("Einsparlücke"). Das gilt erst recht für den langfristigen Energiesparpfad der Energiewende bis 2050.

Die Einsparlücke im Strom- und Wärmemarkt kann verkleinert werden:

1. durch eine erhebliche Aufstockung der heutigen Förderung der Gebäudesanierung und mit zusätzlichen Programmen für Haushalte und Industrie, auch zur Stromeinsparung (zum Beispiel bei Klimatisierung, Beleuchtung, elektrischen Antrieben, Umwälzpumpen);
2. durch die Einführung neuer Instrumente wie die Ausschreibung von Stromsparprogrammen.

Allein für die geplante Verdoppelung der Modernisierungsrate im Gebäudebestand auf 2 Prozent pro Jahr müssen die Ausgaben für Förder- und Beratungsangebote auf 4–6 Milliarden Euro pro Jahr (WI 2013; Prognose 2014; DGB 2014) erhöht werden.

Doch eine massive Erhöhung der Fördermittel schafft noch keine Prozess- und Steuerungsverantwortlichkeit für die effiziente Umsetzung und für die Einhaltung der Energiesparziele. Die Bündelung, die Koordinierung, die Anreizdosierung, die Evaluierung und das Monitoring der heute bereits an die hundert Energiesparprogramme und Instrumente im Rahmen einer neuen Governance der Effizienzpolitik ist mindestens so wichtig wie die Aufstockung finanzieller Ressourcen.

Vorgeschlagen wird vom Wuppertal Institut (2013) die Neugründung einer Bundesagentur für Energieeffizienz und Energiesparfonds (BAEff), die mit einem erweiterten Mandat die notwendigen Kompetenzen von nationalen Energiesparakteuren bündelt, personell verstärkt und mit der Vielzahl regionaler Effizienzakteure vernetzt. Der BAEff wird auf gesetzlicher Grundlage die Prozessverantwortung für das Erreichen der Energiesparziele der EED sowie des langfristigen Energiekonzepts der Bundesregierung übertragen (vgl. WI 2013). Bisher hat die deutsche Politik diese oder ähnliche Vorschläge (BUND/IFEU 2013; DENEFF/COfirm 2012) nicht aufgegriffen.

Während mit dem Management und der Regulierung der Angebotsseite des Energiemarkts Tausende von Experten in Ministerien, staatlichen Agenturen und Planungsabteilungen der Energiewirtschaft befasst sind, tut sich die Politik noch immer schwer, auch nur einen Bruchteil dieser Ressourcen zur Koordinierung und Förderung der Energiesparpolitik einzusetzen. So bleibt das „Level playing field" angebotszentriert. Zweifel sind angebracht, ob damit die offensichtliche Umsetzungslücke bei den Energiesparzielen der Energiewende jemals geschlossen werden kann.

Für eine integrierte Effizienz- und Suffizienzpolitik

Dieses Plädoyer für forciertes Energiesparen erntet von zwei Seiten Widerspruch:

Traditionelle Energieanbieter interessieren sich verständlicherweise mehr für den Verkauf von Energie. Befürchtet wird: Energiesparen schmälert den Absatz und damit die Rendite. Dass die Verlängerung der Wertschöpfungskette bis zur Energiedienstleistung neue Geschäftsfelder eröffnen kann und Energiedienstleistungsunternehmen durch Erschließen von Einsparpotenzialen (zum Beispiel durch Einsparcontracting) bei ihren Kunden mitverdienen können, wird heute zwar anerkannt, gilt aber als aufwendig und setzt – in Bezug auf das Massengeschäft – förderliche Rahmenbedingungen voraus. Zweifellos war die in Zeiten des Gebietsmonopols praktizierte Arbeitsteilung bequemer, wenn die „Energieversorger" am Energieabsatz verdienen und für das Einsparen die Kunden verantwortlich sind. Es liegt jedoch auf der Hand, dass dies kein universelles Geschäftsmodell mehr sein kann, wenn sich Politik, Wirtschaft und Gesellschaft auf den Weg der Energiewende machen und bis zum Jahr 2050 50 Prozent Primärenergie eingespart werden soll. Wenn darüber hinaus verbindliche Energiesparziele zur Regel werden sollten, dann müssen spätestens Formen der Anreizregulierung eingeführt werden, die es bisherigen Energieanbietern erlauben, an der Entwicklung des Marktes für Energiedienstleistungen mitzuverdienen. Das beschleunigt die beabsichtige Reduktion des Energieverbrauchs und begünstigt eine sozial- und wirtschaftsverträgliche Markttransformation.

Außerdem hat sich eine weltanschauliche Kritik entwickelt, die generell Energieeffizienz als Ursache für Energiemehrverbrauch betrachtet. Dabei wird angenommen, dass energieeffizientere Geräte, Fahrzeuge, Gebäude etc. dazu führen, dass die realisierte Energieeinsparung viel geringer als geplant ausfällt oder sogar durch Mehrverbrauch (sogenanntes „Back firing") überkompensiert wird. Beliebte Beispiele sind der Kauf eines spritsparenden Autos, mit dem dann mehr gefahren wird, oder der Urlaubsflug, finanziert aus der Energiekosteneinsparung eines Passivhauses.

Dabei wird jedoch der zweifellos mögliche „Rebound-Effekt" so verallgemeinert, dass die Energieeffizienz fälschlicherweise auch dann zur generellen Ursache für Energiemehrverbrauch erklärt wird, wenn völlig andere Treiber – zum Beispiel Änderung des Lebensstils, wachsende Komfortansprüche, höheres Einkommen und verstärkte materielle Konsumorientierung – am Werk sind (vgl. Hennicke/Thomas). Die umgekehrte Perspektive ist dagegen: Ohne Steigerung der Energieeffizienz wäre der Energieverbrauchdurch solche Treiber noch höher und die erwähnten positiven Co-Benefits von Energieeffizienz könnten nicht realisiert werden.

Als Faustregel für die Größenordnung energiebedingter Rebound-Effekte kann gelten, dass im Durchschnitt etwa 20 Prozent der erwarteten Effizienzsteigerung durch energiebezogene gegenläufige Effekte (zum Beispiel alternative Verwendung eingesparter Energiekosten) nicht realisiert wird. Mehrverbrauch von Energie allein bedingt durch Effizienzsteigerung (sogenanntes „Back-Firing") ist selten (Hennicke/Thomas).

Das Auftreten von Rebound-Effekten ist daher kein Argument gegen eine forcierte Effizienzpolitik, sondern für eine intelligentere Kombination von Energiespar- und Suffizienzpolitik.

Schlussbemerkung

Im Ergebnis lässt sich festhalten: Ohne eine massive Steigerung der Energieeffizienz („Effizienzrevolution") sind Ziele wie ausreichender Klima- und Ressourcenschutz nicht zu erreichen, von der Vielzahl der entgangenen Co-Benefits ganz zu schweigen.

Energieeffizienz ist trotz der Existenz von Rebound-Effekten die schnellste, größte und wirtschaftlichste Option für Klimaschutz, Versorgungssicherheit und grüne Wirtschaft. Zweifellos können Rebound-Effekte den Erfolg der Effizienzpolitik schmälern. Im Rahmen einer neuen polyzentrischen Governance der Effizienzpolitik sollte daher angestrebt werden, unerwünschte Rebound-Effekte soweit wie möglich durch integrierte Energiespar- und Suffizienzpolitik zu mindern.

Individuelle Verhaltensänderungen in Richtung Genügsamkeit sind ehrenwert und können zur Nachahmung anregen. Für eine generelle Transformation zu nachhaltigeren Produktions- und Konsummustern sind sie aber aus strukturellen Gründen bei weitem nicht hinreichend. Das gilt vor allem für Industrie-, zunehmend aber auch für die neuen Konsumentenklassen in den Schwellen-und Entwicklungsländern.

Das „rechte Maß" für nachhaltigeres Konsumieren und Produzieren und deren Ermutigung durch integrierte Effizienz- und Suffizienzpolitik ist eine längerfristige gesellschaftspolitische Aufgabe. Eine undifferenzierte Wachstums- und Effizienzkritik, gestützt auf eine Fehleinschätzung von Rebound-Effekten, vernebelt eher die Probleme, als sie zu lösen.

Literatur

Agora: Berlin, 2015.
BMWI: Monitoringbericht, Berlin, 2015.
DDPP: Pathways to deep decarbonization 2015 report, Paris, 2015.
DGB: Berlin, 2015.
DIW: Berlin, 2015.
Hennicke, P. et al.: COP 21 can become a turning print tourards sustainable energy system. Paper on behalf of the Club of Rome preparing for COP 21. Wuppertal, 2015.
IEA: Paris, 2014.
IGEG: Reston, 2015.
IPCC: Der Fünfte Sachstandsbericht, Genf, 2014.
Ki Moon, B.: UN-Vollversammlung, New York, 2015.
Long, H.: Dumping fossil fuels was great move for Rockefeller Brothers Fund. In: CNN Money (2015).
Lovins, A.: Soft Energy Paths: Towards a Durable Peace, London, 1977.
Oxfam: Oxford, 2015.
Santarius, T.: Der Rebound Effekt: Über die unerwünschten Folgen der erwünschten Energieeffizienz. In: Impulse zur WachstumsWende (2012), Nr. 5.
WI: Wuppertal, 2014.

Karbonisierung der Weltumweltpolitik oder ökosystembasierte Nachhaltigkeit?

Pierre L. Ibisch

Die Bekämpfung des Klimawandels darf nicht dazu führen, dass wir durch gut gemeinten, aber schlecht durchdachten Klimaschutz zu andersartiger Gefährdung der Funktionstüchtigkeit unseres globalen Ökosystems beitragen. Es bedarf einer Weltumweltpolitik, die einem radikalen Ökosystemansatz folgt.

Endlich wächst die Einsicht, dass der Klimawandel zu einer der größten Bedrohungen für die uns vertrauten sozialen und ökologischen Gefüge wird. Das Pariser Abkommen ist vor allem auch dadurch gelungen, dass komplizierte Sachverhalte vereinfacht wurden. Das Verhalten von Gasmolekülen und der Energiehaushalt der Erde, moderiert von astronomischen und irdischen Prozessen, maßgeblich beeinflusst von uns Menschen ... – alles dies wurde auf einen Buchstaben und eine Zahl gebracht: C für Kohlenstoff und 2 für die Gradzahl der maximal hinnehmbaren Temperaturerhöhung seit Beginn der Industrialisierung.

Der Untertitel des fulminanten Buches *Selbstverbrennung* von Hans Joachim Schellnhuber lautet „Die fatale Dreiecksbeziehung zwischen Klima, Mensch und Kohlenstoff" (Schellnhuber 2015). Aber haben wir nicht ein noch fundamentaleres Beziehungsproblem? Macht uns nicht ein gestörtes Verhältnis zu dem uns tragenden und erhaltenden Ökosystem zu schaffen, in dem nicht einzig der Kohlenstoffhaushalt von Relevanz ist? Gab es da nicht noch weitere Probleme im Umgang mit der uns nährenden ‚Mutter Erde', *Pachamama* oder *Gaia*? Stellt der Klimawandel diese anderen Probleme derartig in den Schatten, dass wir uns nur um den Kohlenstoff in der Atmosphäre sorgen müssen?

Letztlich gibt es neben der UN-Klimarahmenkonvention auch die Abkommen, die sich um Beispiel mit der biologischen Vielfalt oder der Desertifikation (Bodendegradation und Wüstenbildung) beschäftigen. Sie sind nur weitaus weniger schlagkräftig als die Klimakonvention. Und die Weltumweltpolitik (vgl. Simonis et al. 2015) krankt seit ihrer Genese auf dem Weltumweltgipfel 1992 in Rio de Janeiro daran, Dinge nicht zusam-

menzudenken und zusammenzuführen, die unauflösbar zusammen gehören. Eigentlich ist klar: Wir müssen danach trachten, unser gesamtes
„gemeinsames Haus" (vgl. *Laudato si'* von Papst Franziskus, 2015) zu
bedenken und den kompletten dazugehörigen Haushalt. Dies ist das grundsätzliche Anliegen der Ökologen, der ‚Haushaltswissenschaftler' im weitesten Sinne des Wortes. In der Weltumweltpolitik geht es um nicht mehr und
nicht weniger als einen ‚Welthaushalt'.

Aus ganzheitlich ökologischer Sicht müssen nach Paris Fragen aufgewor-
fen und beantwortet werden, die nicht alle neu sind, aber angesichts der
klimapolitischen Willensbekundung zum Umsteuern an Brisanz gewinnen:
Wird das ‚welt-ökologische' Anliegen mit dem Pariser Klimaabkommen
weiter vorangebracht oder könnte das, was jetzt als historischer Erfolg
gefeiert wird, bestehende Missverständnisse und unterkomplexe Vorstellungen zur Ökologie unseres Planeten fortschreiben? Sind das Abkommen
und seine Umsetzung gar geeignet, neue irreversible Probleme entstehen zu
lassen? Was, wenn die nunmehr scharf gestellte Klimabrille fatale blinde
Flecken verstärkt und uns schneller in die falsche Richtung laufen lässt?
Während wir uns diesen Fragen nähern, sei zunächst dargestellt, worum es
beim Welthaushalt geht.

Unser Haus und Heim, unsere Mutter, unser alles – nur ein Film?

Ein kleines Kind nimmt in der Regel als unveränderliche Gegebenheit hin,
dass es von der Mutter umsorgt und ernährt wird. Es fragt sich auch nicht,
welche Energie die Mutter braucht, um zu funktionieren, und wo diese her-
kommt. So ist es wohl auch mit den Menschenkindern und ihrem Verhältnis zur Mutter Erde. Sorgen machen sich die Menschen erst dann, wenn die
Mutter erkrankt und die Dienste einstellt. Man könnte verblüfft, vielleicht
sogar erschreckt sein, dass im 21. Jahrhundert nur ein kleiner Anteil der
Weltbevölkerung auch nur annähernd ahnt, wie das globale Ökosystem
wirklich funktioniert. Das Bild der nährenden Mutter ist nicht schlecht, aber
nicht gut genug – denn wer würde uns adoptieren, wenn *Pachamama*
stürbe? Auch das Bild unseres *gemeinsamen Hauses* vermag uns zu inspirieren, aber es kann nicht wirklich vermitteln, was das Ökosystem für uns darstellt. Es ist nicht tote und starre Infrastruktur, die wir bauen, einrichten und
reparieren. Angemessener wäre es, sähen wir uns als Zelle in einem Organismus – welcher seinerseits leben und haushalten muss, sich dynamisch entwickelt und reift sowie die unersetzliche Lebensgrundlage seiner zum größe-

ren Teil ohne weiteres austauschbaren Komponenten darstellt. In diese Richtung weist der auf Systemtheorie beruhende Lovelock'sche Gaia-Ansatz. Dieser beflügelte eine neue Erdwahrnehmung, wurde aber auch häufig missverstanden, gar animistisch oder esoterisch interpretiert und entsprechend in Misskredit gebracht. Dabei müssen wir das globale Ökosystem nicht als ,beseelten' Superorganismus begreifen, um seine systemische Funktionsweise und die Position der menschlichen Spezies zu verstehen.

Rein naturwissenschaftlich kann das globale Ökosystem als dynamisches Gefüge von Teilsystemen verstanden werden, die miteinander interagieren, sich stofflich und vor allem energetisch austauschen und dabei oft überraschende emergente Eigenschaften erzeugen. Dabei wird die Lebensfähigkeit und Funktionstüchtigkeit tendenziell immerzu vergrößert. Die Macht des Lebendigen sollte nicht als zu selbstverständlich hingenommen werden. Es hilft, sich die erschreckend beschränkten Dimensionen der belebten Systeme vor Augen zu führen. Das erste Bild des Erdaufgangs zeigte uns 1968, wie allein wir auf einer blauen Murmel in der unendlichen Weite des Alls existieren. Unsere im Durchmesser ca. 12 700 km ,dicke' Erdkugel besteht aus toter und überwiegend lebensfeindlicher Substanz. Diese Kugel wird auf zwei Drittel der Oberfläche von einer dünnen Wasserhaut umspült, die maximal kaum dicker als 10 km ist (mittlere Meerestiefe: nur 3,8 km; 0,003 Prozent des Erddurchmessers). Dieses Wasserreservoir wiederum ist überwiegend lebensleer; in geringer Konzentration flottieren in ihm Lebewesen – nur bis in Tiefen von ca. 200 m ist diese ,lebende' Oberhaut des Ozeans nennenswert bioproduktiv.

Vor über 4 Milliarden Jahren hat sich in diesem Ozean das Leben gebildet, welches zunächst einmal nichts anderes darstellt als eine Menge von kleinen miteinander in Wechselwirkung stehenden Bioreaktoren. Diese sind von Membranen abgegrenzte wässrige Lösungen von Molekülen, die externe Energiequellen nutzen, um gemeinsam in komplexen Gefügen energetisch und stofflich zu haushalten und sich zu vermehren. Vermutlich erst vor etwas mehr als 1 Milliarde Jahren schafften es solche Bioreaktoren, einzellige Organismen, die Kontinente zu besiedeln. Im Laufe der Zeit bildeten sie eine Art makroskopischen Biofilm, der sich über große Teile der festen Erdoberfläche schob, sich selbst organisierte und wuchs sowie begann, mit dem Untergrund und der Atmosphäre in chemische und physikalische Wechselwirkung zu treten. Der Begriff Biofilm wird hier bewusst benutzt – er bezieht sich normalerweise allein auf mikrobielle Filme auf unterschiedliche Oberflächen. Der bioreaktive Film auf der Erdoberfläche bindet Wasser – die Grundbedingung allen Lebens – und stellt die Energie für seine eigene

Existenz zur Verfügung; er ist ein sich selbst verstärkendes System. Er ist lückig und in vielen Regionen, nach wie vor von Mikroben gebildet, nur wenige Millimeter dick. Selbst in den Bereichen der mächtigsten Wälder entspricht die Vegetationshöhe weniger als 0,0005 Prozent des Erddurchmessers. Dieser fragmentierte und zarte Film fängt einen kleinen Teil der Sonnenenergie ein, die auf die Erde trifft, wandelt sie in chemische Energie um, die direkt für Aktivität und Arbeit verwendet oder aber abgespeichert wird. Er beeinflusst auch maßgeblich die Zusammensetzung der Atmosphäre und den sogenannten Treibhauseffekt. Er ist unsere Heimat, Quell unserer Nahrung und Existenz – unser alles.

Ca. 60 Prozent der Biomasse auf der Erde wird heutzutage oberflächennah – dank Photosynthese der Pflanzen – mit Sonnenenergie betrieben (ca. 40 Prozent mit der Zersetzung von auf der Erde vorhandenen chemischen Verbindungen) (Lineweaver & Chopra 2012). Im Grunde handelt es sich bei der Entstehung von Leben um einen gut erklärbaren Prozess, der mehr oder weniger naheliegt, sobald auf einem Planeten wässrige Lösungen existieren können, welche das unverzichtbare Medium für die ‚Chemie des Lebens‘ darstellen. Inzwischen wurden von Astrobiologen modelliert, dass durchschnittlich jede Sonne mindestens von einem Planeten in der sogenannten Goldilock-Zone umkreist wird, in der die Existenz von flüssigem Wasser möglich ist (Lineweaver & Chopra 2012). Die Forscher folgern, dass die Schwierigkeit nicht darin zu bestehen scheint, dass Lebensvoraussetzungen auf Planeten existieren – vielmehr dürfte die Herausforderung sein, es langfristig zu erhalten.

Begriffen wir unsere Heimat nicht als mächtige Kugel, sondern als dünnen Film aus überaus verwundbaren Bioreaktoren, die nur in einem schmalen Spektrum von bestimmten Strahlungs-, Temperatur- und Wasserverhältnissen funktionieren können, würden wir dieselbe vielleicht pfleglicher behandeln.

Tatsächlich sind mehr oder weniger dramatische Rückschläge in der Entwicklung des globalen Biofilms auf der Erdoberfläche bekannt. Astronomische und irdische Ereignisse – zum Beispiel Gammablitze, Vulkanausbrüche, giftige Gase, Klimawandel, Meteoriteneinschläge – werden als Ursachen der sogenannten Masseaussterbeereignisse diskutiert. Der systemische Charakter der komplex miteinander wechselwirkenden Bioreaktoren auf der Erde bedingt zwar zum einen eine bedeutsame Fähigkeit zur Erholung, Reparatur und erneuter Selbstorganisation, zum anderen bewirkt er in der Regel rückkoppelnd eine Beschleunigung oder Eskalation von Veränderungen, sobald kritische Schwellenwerte überschritten sind.

Die (untere) Atmosphäre wird energetisch und stofflich direkt von der Arbeit der Organismen auf der Erdoberfläche beeinflusst – sie ist damit genauso Teil des globalen Ökosystems wie die Lithosphäre, der Boden. Ohne die Existenz der Atmosphäre und vor allem der Treibhausgase in ihr könnte der dünnhäutige Bioreaktor nicht funktionieren, da sie den hinlänglichen Schutz gegen kosmische Strahlung und die unverzichtbare Temperaturregulation bereitstellen. Aber auch der wichtigste ‚Nährstoff‘ für das Wachstum der Sonnenenergie einfangenden Pflanzen stammt aus der Atmosphäre: der Kohlenstoff. Das Leben in unserem irdischen Ökosystem basiert überwiegend auf ‚Kohlenstoffchemie‘.

Und wir haben uns angewöhnt, im Rahmen der Betrachtung des ‚Welt(klima)haushalts‘ vor allem den Kohlenstoff zu sehen und zu messen. Die Existenz von Kohlenstofflagern und -senken spielt offenkundig eine zentrale Rolle in der Regulation des globalen Klimas. Es war bislang von zentraler Bedeutung, dass ein gewisser Anteil der von den Pflanzen eingefangenen Sonnenenergie sowie des atmosphärischen Kohlenstoffs regelrecht ‚weggesperrt‘ und der Verwendung durch Organismen entzogen wurde. Ebenso ist festzustellen, dass das Klima sehr stark von der Beschaffenheit und Funktion der bioreaktiven Erdoberfläche abhängt.

Oftmals gerät in der karbonisierten Klimaschutzdebatte aus dem Blick, dass die Biomasse in den Ökosystemen nicht eine schnöde Ansammlung von gebundenem Kohlenstoff darstellt. Die in Biomasse festgelegte chemische Energie auf der Erdoberfläche hat vielerlei Eigenschaften, die die Funktionstüchtigkeit des globalen Bioreaktors rückverstärken. Die pflanzliche Substanz selbst bildet Strukturen und Lebensraum für weitere funktionelle Typen von Organismen, was unter anderem zu einer geradezu fraktal wachsenden Vergrößerung der bioaktiven Oberfläche führt. Im Regenwald ist dies besonders gut zu beobachten, wo auf Bäumen nicht nur Tiere, sondern auch *epiphytische* Aufsitzerpflanzen leben können, auf deren Blättern wiederum *epiphylle* Moose siedeln, die selbst von Mikroorganismen bewachsen sind.

Üppig gedeihender Wald beschattet nicht nur die Erdoberfläche, sondern lässt auch einen Boden entstehen, der dank absterbenden Pflanzenmaterials und eingelagerter organischer Substanzen und von Organismen geschaffenen Poren und Hohlräumen geradezu schwammartig Nährstoffe und Wasser zurückhält, welche ansonsten bei Niederschlag abgeflossen wären. Auch in der lebenden Biomasse wird in erheblichem Umfang Wasser eingelagert, welches zusammen mit den gespeicherten Energievorräten Grundlage für weitere Lebensprozesse darstellt. Zudem wird eine wasserhaltige thermische

Masse geschaffen, die sich verzögert erwärmt und abkühlt, was zur klimatischen Pufferung von Extremen führt.

Je älter, biomasse- und artenreicher, desto leistungsfähiger ist es. Die Artenvielfalt selbst ist nicht als ‚Luxus‘ eines spielerisch evolvierenden Systems zu sehen, sondern als Beitrag zur Funktionstüchtigkeit – gerade auch in Zeiten des Klimawandels (Isbell et al. 2015). Ein wesentlicher Effekt von arten- und biomassereichen Ökosystemen ist, dass mehr Energie ‚eingefangen‘ und in längeren und komplexeren Nahrungsketten langsamer ‚entwertet‘ wird und mehr wundersame Arbeit verrichtet. Die thermodynamische Effizienz dürfte einen treibenden Faktor der Evolution des globalen Ökosystems und seiner Teilsysteme darstellen (Hobson, Ibisch 2010).

Der Mensch war für sämtliche Aktivitäten vollständig vom Stoffwechsel des Biofilms der Erdoberfläche abhängig, ehe es ihm gelang, fossile Reserven anzuzapfen. Nach wie vor bleibt aber eine fundamentale Abhängigkeit erhalten, da für die Ernährung keine Alternative zur Bereitstellung von Lebensmitteln durch pflanzliche Photosynthese und tierische Veredelung existiert. Zudem ist dem Menschen in den letzten Jahrzehnten deutlich geworden, wie sehr die regulierenden Ökosystemfunktionen für das menschliche Wohlergehen benötigt werden – dazu gehören Wasserreinigung, Erosions- und Überflutungsschutz ebenso wie natürlich die Stabilisierung des Klimas. Derzeitig wird diesbezüglich viel von Ökosystem(*dienst*)*leistungen* und auch von *Grüner Infrastruktur* gesprochen. Diese Konzepte führen durch ein scheinbares Käuflichmachen des uns tragenden ‚Ein und alles‘ ebenso zu einem irreführenden Bild von der Natur wie jenes von ‚unserem Haus‘ (vgl. Ibisch & Hobson 2010). Das Ökosystem ist genauso wenig ein dienstleistender Automat, wie wir Menschen nicht gezwungen sind, uns zahnradgleich immerfort in die gleiche Richtung zu bewegen.

Selbstbeschädigung

Es handelt sich um eine Zeitenwende, allemal in der Wissenschaft, da die Erkenntnis wächst, wie sehr der Mensch die Funktionstüchtigkeit des globalen Ökosystems prägt bzw. beeinträchtigt – und zwar in einem Ausmaß, wie man es aus der Erdgeschichte nur von astronomischen, klimatischen oder geologischen Kräften kannte. Der Anthropozän-Diskurs löst – je nach Sozialisierung – ein breites Spektrum von Reaktionen aus, die sich von Ohnmachtsgefühlen bis hin zu Kontrollfantasien erstrecken (Jahn et al. 2015). Rein naturwissenschaftlich-systemtheoretisch ist festzustellen: Das vom Menschen mit gesteuerte globale Ökosystem ist in eine neue Ära der Selbstreferentialität eingetreten. Das System bringt eine Komponente hervor, die sich gegen die Prinzipien der bisherigen Evolution zu richten scheint. Es werden nicht nur die über Jahrmillionen akkumulierte Biomasse- bzw. Energievorräte signifikant reduziert, sondern zudem auch die Diversität und Komplexität der Komponenten und Prozesse des globalen Betriebssystems. Es handelt sich momentan um die Selbstbeschädigung eines sich ergebnisoffen wandelnden Systems. Sehr langfristig und neutral betrachtet ist dies vielleicht nicht mehr als ein beschleunigter Strukturwandel, der das System eine neue Richtung einschlagen lässt – so wie es nach jedem Rückschlag und Massenaussterben in der Erdgeschichte umso kräftiger wieder Fahrt aufnahm. Der Gipfel der Selbstreferentialität wird dadurch erreicht, dass sich die wandelauslösende Systemkomponente ,Mensch' ihrer eigenen Wirkung bewusst wird. Nunmehr setzt ein Wettlauf von kollektiver Intelligenz der Menschheit mit den Konsequenzen der von ihr selbst entfesselten Degradationsprozesse ein. Vertrackt wird die Lage dadurch, dass diese Prozesse in unserem komplex verschachtelten Erdsystem nicht unabhängig voneinander ablaufen und dass somit eine systemische Eskalation droht.

In einem menschlichen Organismus, der von einer Vireninfektion befallen ist, kann systemisches Unheil stufenweise seinen Lauf nehmen: Der Krankheitserreger raubt Energie und Nährstoffe, oft werden toxische Stoffe ausgeschüttet, die systemische Gegenreaktionen wie die Vermehrung bestimmter Zellen und Fieber auslösen; dies führt zur Schwächung des gesamten Körpers und des Immunsystems; es folgt eine bakterielle Superinfektion, was zur weiteren Schwächung, vielleicht auch starkem Schwitzen und Erbrechen, dadurch zu Elektrolyt- sowie starkem Wasserverlust und schließlich zu multiplem Organversagen führen kann. Ein Vielfalt von physiologischen Stressen, einschließlich an sich harmloser Krankheitssymptome, kann ein System unter ungünstigen Umständen zum ,Umkippen' bringen. Je mehr Systemkomponenten beteiligt sind, je besser die Energievorräte und je mehr Redundanz im System vorhanden ist (zum Beispiel sind zwei Nieren besser als eine!), desto länger wird es dauern, dass es durch die Kombination von externen und internen Störungen zum Kollaps getrieben wird. Der Umkehrpunkt, ab dem eine Genesung schwierig wird, ist selten zu erkennen. Und die Vulnerabilität eines Organismus ergibt sich nicht allein durch die Zahl der erkrankten Organe, sondern eben auch aus deren Zusammenspiel.

In ähnlicher Weise müssen wir uns die Situation des gestressten globalen Ökosystems vorstellen. Tatsächlich gibt es seit längerem den Ansatz der Ökosystem-Gesundheit, die als Maß für die Resilienz, Organisation und

Vitalität eines Systems vorgeschlagen wurde (vgl. zum Beispiel Kolasa & Pickett 1992; Costanza & Mageau 1999). Stress bedeutet im Ökosystem, dass wesentliche funktionelle Komponenten beeinträchtigt sind. Nach der modernen Ökosystemtheorie gibt es drei übergeordnete Schlüsselattribute: Biomasse, Information und Netzwerk (Joergensen2009), also Abundanz, Diversität und Komplexität der Systemkomponenten sowie ihrer Wechselwirkungen.

Die direkte Umwandlung von produktiven Ökosystemen wie etwa durch Rodung von Wäldern für die Einrichtung landwirtschaftlicher Flächen oder gar Städte ist auf den Kontinenten einer der schwersten Eingriffe, die nicht nur wegen des Verlusts von Kohlenstoffsenken und – speichern zu erheblichem Funktionsverlust führen. Es kommt zu ‚offene Wunden' im globalen Bioreaktor, die unter anderem durch Erosion zu beschleunigten Stoff- und Wasserverlusten und im schlimmsten Falle zu Desertifikation führen können. Die Extraktion einzelner Systemkomponenten (um Beispiel forstliche Nutzung einzelner Baumarten, Befischung/Bejagung von Tieren) kann Produktivitätseinbußen oder die Störung regulierender Netzwerke zur Folge haben. Die Reduktion der Biodiversität auf allen Ebenen der lebenden Systeme (Artenvielfalt, genetische Vielfalt) bedingt unter anderem eine erhöhte Verwundbarkeit bei Umweltveränderungen. Lineare Infrastruktur, vor allem Straßen, führen zu einer erheblichen Beeinträchtigung des Netzwerks (unter anderem durch Unterbinden von Ausbreitung, genetischem Austausch, Fortpflanzung). Die Freisetzung ökosystemfremder Stoffe (industriellen Abfällen, Kunststoffen, Pestiziden) bedingt subtile Funktionsänderungen (zum Beispiel durch Beeinträchtigung von Fertilität, Vitalität von Organismen). Die Belege der multiplen (Zer-)Störung des bioreaktiven Films auf der Erdoberfläche und in den Meeren betreffen alle Biome, sind umfassend und erdrückend (UNEP 2012; CBD). Die ökosystemaren Stresse sind hinsichtlich ihrer funktionalen Relevanz nur teilweise verstanden; völlig ungenügend ist die menschliche Kenntnis ihrer systemischen Wechselwirkungen (durch Rückkopplungseffekte oder Synergien).

Ein Wissenschaftlerteam hat mit den ‚planetaren Grenzen' (*planetary boundaries*) ein Konzept geschaffen, welches auf systemischen Konzepten beruht und der Gesellschaft vor Augen führen soll, bezüglich welcher Dimensionen des Erdsystems die menschliche Entwicklung ‚überdreht' und ab wann sie den *sicheren Handlungsraum* verlässt (Rockström et al. 2009, Steffen et al. 2015).

Eine griffige und überaus bekannt gewordene strahlenförmige Grafik der Studie zeigt, ob neun zentrale Umweltprobleme mit größerer Sicherheit

Abb. 1 Ökologische Belastungsgrenzen (nach Rockström et al. 2009).

noch in einem beherrschbaren Bereich liegen (gemäß 2015-Studie unter anderem stratosphärischer Ozonverlust, Ozeanversauerung, Süßwassernutzung) oder mit gewisser oder starker Unsicherheit sich schon im Risikobereich befinden (hohes Risiko: Integrität der Biosphäre, Nutzung bzw. Freisetzung von Stickstoff und Phosphor; steigendes Risiko: Klimawandel, Landsystemwandel). Jede Umweltkrise wird für sich und mit Bezug auf die Gefahr analysiert, dass Ökosysteme regelrecht über Kipppunkte getrieben werden. Leider tritt durch die Grafik und zu einem Gutteil auch durch die gesamte Studie die Tatsache in den Hintergrund, wie sehr das globale Ökosystem, unser filmartiger Bioreaktor, simultan an nahezu allen – insgesamt stark verflochtenen – funktionalen Systemkomponenten angegriffen wird, was zu wechselwirkenden Krisen führt. Die Wirrungen und Verstrickungen im komplexen Ökosystem sind schier endlos. Es lässt sich kaum verständlich darüber berichten: Landnutzungsveränderungen treiben durch Emissionen den Klimawandel und bewirken einen direkten Verlust der biologischen Vielfalt. Eine reduzierte biologische Vielfalt bedeutet wiederum eine erhöhte Vulnerabilität gegenüber dem Klimawandel und eine verringerte Produktivität … und damit auch einen Rückgang der erneuten Festlegung von Kohlenstoff in Biomasse; dieses Problem wird durch Klimawandel weiter rückverstärkt. So wird durch den Klimawandel jahre- oder jahrzehntealter Kohlenstoff schneller aus Waldböden freigesetzt (Hopkins et al. 2012).

Es fragt sich, inwiefern dies auch zur Beeinträchtigung von Bodenorganismen und der Ökosystemfunktionalität beiträgt. Tatsächlich wurde jüngst bekannt, dass pflanzenartenreiche Wälder mehr Kohlenstoff speichern, weil sie im Boden eine verstärkte mikrobielle Aktivität aufweisen (Lange et al. 2015).

In einem komplexen System ergibt sich aus wenigen scheinbar unabhängigen Problemen sehr schnell eine vielfach potenzierte Herausforderung. Da die entsprechenden systemischen Kombinationseffekte unberechenbar sind, ist es eigentlich nicht seriös, für einzelne Umweltprobleme einen sicheren Handlungsraum anzugeben und in einer Grafik darzustellen, die diese nicht in Verbindung setzt. Dabei konnten wir in den vergangenen Jahrzehnten regelmäßig lernen, wie Modellierungsergebnisse von der Realität übertroffen wurden und dass wichtige Probleme zunächst übersehen wurden: Beispiele sind das beschleunigte Abschmelzen des arktischen Meereises oder die Versauerung der Meere, die trotz des beobachteten Anstiegs der atmosphärischen Kohlendioxidkonzentration nicht vorhergesagt wurde. Die Studie zu den *Grenzen des Wachstums* für den *Club of Rome* ‚übersah‘ auf dem damaligen Stand der Wissenschaft den Klimawandel.

Die Aussagen zu den *planetaren Grenzen* gaukeln genauso wie das 2-Grad-Ziel der Klimapolitik eine Berechenbarkeit und Steuerbarkeit des Erdsystems vor, die nicht gegeben ist. Dies kann zukünftig durchaus noch gesellschaftspolitische Probleme mit sich bringen. In verschiedenen Teilen des globalen Ökosystems spitzen sich auch ökosystemare Krisen zu. Selbst ohne Klimawandel führt das menschliche Wirtschaften sichtlich zur kritischen Beschädigung der lebenserhaltenden Systeme der Erde. Wir müssen über die Prioritäten reden. Unsere wichtigste Aufgabe ist die Bewahrung der Funktionstüchtigkeit des bioreaktiven Films auf der Erdoberfläche, *in dem* und *von dem* wir leben. Die Verhinderung eines gefährlichen Klimawandels ist dabei vielleicht die größte Aufgabe – aber wir werden sie nicht meistern, wenn wir andere Erdsystemkrisen im Namen des ‚Klimaschutzes‘ zunächst hintan stellen oder sie sogar verschärfen.

Druck auf Ökosysteme im Namen des Klimaschutzes

Im Namen des Klimaschutzes und einer vermeintlich ‚grünen Ökonomie‘ werden zusehends die Fläche, die Funktionalität und damit auch die Produktivität der ökosystemaren Bioreaktoren reduziert. Dies kann nicht der richtige Weg sein. In einem Zeitalter kritischer Verknappung von bioproduktivem Land und des Rückgangs der regulierenden Kapazität der Ökosysteme ist jeder Quadratmeter Solarpanel auf ehemaligem Ackerland oder Wald zu hinterfragen. In einer zunehmenden Zahl von Schriften wird davor gewarnt, dass die Abkehr von fossilen Brennstoffen den Druck auf Ökosysteme merklich erhöht. Betroffen sind zum Beispiel Waldökosysteme durch energetische Holznutzung.

Die Nutzung naturnaher Ökosysteme ist aus ökonomischer Sicht praktisch immer ineffizient. Zukünftig wird die Nachfrage nach Biomasse geradezu ins Unermessliche wachsen, wenn sie nämlich nennenswerte Anteile der bislang fossil bereitgestellten Energieträger für Mobilität, Heizung und Stromgewinnung ersetzen soll. Insofern überrascht es nicht, dass derzeit eine massive Expansion von großflächigen Monokulturen einiger weniger ‚Energie-Pflanzen‘ erfolgt. Vielfach ist bereits diskutiert worden, wie die europäische Umweltpolitik zur Förderung der erneuerbaren Energien eine ökosystemunfreundliche Landwirtschaft befördert hat (zum Beispiel Ausweitung von Maismonokulturen für die Biogasgewinnung). Zur Gewinnung industriell und energetisch verwendbarer Biorohstoffe wie etwa Palmöl werden weltweit großflächig die wertvollsten Waldökosysteme geopfert. Die im Sinne ihres Energieumsatzes hochgradig effizienten und schnellwüchsigen Nutzpflanzen wie die Ölpalme verdrängen agrarische Vielfalt und sind direkte oder indirekte Ursache für weitere Entwaldung. Der Klimatologe Schellnhuber ist von Zuckerrohr und Elefantengras beeindruckt: „Auf dem Weg zu klimafreundlicher Produktion von Biosprit wird wohl niemand an diesen Kraftpaketen vorbeikommen" (Schellnhuber 2015). Wie *klimafreundlich* die Produktion dieser Pflanzen wirklich ist, sei dahingestellt, da es in einer Welt mit expandierenden Agrarflächen und schrumpfender natürlicher Vegetation nicht einfach ist, eine Gesamtökobilanz von Landnutzungssystemen zu erstellen. Es sind dafür nicht nur der Einsatz von energieintensiven Produktionsmitteln, Rohstofftransporte und industrielle Verarbeitung zu berücksichtigen, sondern auch Bodendegradation und Verluste ökosystemarer Regulation von Landschaftsklima und Wasserhaushalt, steigende Vegetationsvulnerabilität sowie komplexe Verdrängungseffekte. Vor allem aber sei gefragt: Was nützt uns eine Weltumweltpolitik, wenn sie nur *klimafreundlich*, nicht aber *ökosystemfreundlich* ist?

Zu kurz gedachter und zu schnell eingeführter Klimaschutz kann uns neue ökologische Probleme bescheren. Derzeitig propagieren Vertreter der Bundesregierung das Elektroauto und stellen konkrete finanzielle Anreize für die Konsumenten in Aussicht. Leider ist überhaupt noch nicht sichergestellt, dass Deutschland sich auf eine klima- und ökosystemfreundliche Stromversorgung verlassen kann. Nicht nur Biomasseverstromung, sondern auch die Nutzung anderer regenerativer Energiequellen geht mit erheblichen Umweltkosten einher. Das Gebot der Stunde ist eigentlich, die Energiewende zu nutzen, um Schritte in Richtung einer echten ökologischen Transformation zu gehen. Dabei muss sicherlich nicht nur der automobile Individualverkehr auf den Prüfstand. Die Expansion des Straßennetzes ist weltweit zu einer der größten Bedrohungen für die Funktionstüchtigkeit von Ökosystemen geworden. Selbst ohne Emissionen von Treibhausgasen richtet der Automobilverkehr mit seinen Neben- und Folgewirkungen schwere ökologische Schäden an. Die Entwicklung einer ökosystem- und klimafreundlichen Mobilität ist eine große Aufgabe.

Simplizistische Lösungen verbieten sich – nicht allein die gefährlichen technologischen Ansätze wie Geoengineering bzw. Klimamanipulation (UBA 2011) können uns unübersehbare Umweltkosten bescheren, die zukünftige Generationen werden bezahlen müssen. Gefährlich ist auch, wenn sich angesichts der nicht zu leugnenden gigantischen Bedrohung durch den Klimawandel die Ökosystemvergessenheit unserer Gesellschaften verstärkt. Schellnhubers sieben „*Kardinalinnovationen*" für die Neuerfindung der Moderne sind: 1. Integration erneuerbarer Energiequellen, 2. Häuser zu Kraftwerken, 3. Neue Mobilität, 4. Mehrfachnutzung und Wiederverwendung, 5. Nachhaltiges Siedlungswesen, 6. Aktives Kohlenstoffmanagement, 7. Regenerative Wasserwirtschaft. – Der achtsame Umgang mit unserem Heimatökosystem kommt vor, ist hier aber unter dem *Kohlenstoffmanagement* subsummiert (Schellnhuber 2015). Man sollte sich nicht leichtfertig dieser karbonisierten Sicht auf den ‚Welthaushalt' anschließen. Bei der Funktionalität der lebenserhaltenen Systeme geht es nicht lediglich um Kohlenstoff. Und es fehlt noch eine entscheidende *Supra-Kardinalinnovation*: Die Erfindung der Postwachstums-Wirtschaft für unsere globale Gesellschaft. Ohne ein sehr starkes Abbremsen des globalen Bevölkerungs- und Konsumwachstums werden alle anderen Innovationen Kosmetik sein – oder schlicht unmöglich.

Wie ökologisch ist das Pariser Abkommen? Was ist empfehlenswert?

Schließlich der Blick auf das Weltklimaabkommen selbst. Die schlechte Nachricht gleich zu Beginn: Von einem neuen ökonomischen Betriebssystem ist nicht die Rede. Bevölkerungswachstum wird nicht erwähnt. Aber von Innovationen wird gesprochen, und diese sollen – *all inclusive* – Klimaschutz, Wirtschaftswachstum und nachhaltige Entwicklung gleichermaßen liefer (Art. 10, Abs. 5.). Eine weiche Formulierung zu Lebensstilen findet sich in der Präambel, das ist alles. Die gute Nachricht: Nach Hungerbekämpfung, der Schaffung von Arbeitsplätzen und anderen Aufgaben gibt es auch ein Bekenntnis zur Relevanz intakter Ökosysteme: *„Noting the importance of ensuring the integrity of all ecosystems, including oceans, and the protection of biodiversity, recognized by some cultures as Mother Earth".* Der Auftrag, Kohlenstoffsenken und -reservoire zu schützen, ist wie viele andere sehr weich formuliert: *„sollte* gemacht werden, sofern angemessen ..." (Art. 5, Abs. 1: *„Parties should take action to conserve and enhance, as appropriate, sinks and reservoirs of greenhouse gases").* Die Vertragsstaaten werden lediglich *ermutigt,* Walderhaltung zu betreiben und Entwaldung zu verhindern (Art. 5, Abs. 2). Aufschlussreich ist eine Formulierung zur Anpassung: *„Parties recognize that adaptation [...] makes a contribution to the long-term global response to climate change to protect people, livelihoods and ecosystems."* (Art. 7, Abs. 2) Dies ist ein Satz, der die konzeptionelle Entkopplung der Menschen und ihrer Lebensgrundlagen von den Ökosystemen zu belegen scheint. Die einzige fundamentale Lebensgrundlage, die wir haben, sind doch die Ökosysteme, von denen wir ein Teil sind. Weitere Formulierungen unter anderem zur Resilienz sind ähnlich formuliert.

Natürlich überrascht es nicht, dass das Pariser Abkommen nicht im Geiste des *Ökosystemansatzes* verfasst wurde. Dieser wurde im Rahmen des Übereinkommens über die biologische Vielfalt (CBD) entwickelt. Das Pariser Abkommen greift allerdings noch nicht einmal die vielfach im Kontext der Klimarahmenkonvention diskutierte Idee der *ökosystembasierten* Anpassung auf.

Der im Jahr 2000 vorgeschlagene Ökosystemansatz ist nach der Annahme durch die Vertragsstaaten leider kaum richtig durchdrungen und umgesetzt worden (Fee et al. 2009). Ein Grund ist vermutlich die Komplexität der Materie. Aber immer noch böte der Ökosystemansatz den idealen Rahmen für integrierte Vorhaben und Programme zur Erhaltung der Biodiversität und der Förderung nachhaltiger, klimafreundlicher Entwicklung in einer sich rasch wandelnden Welt (Bridgewater et al. 2015). Die Botschaften eines *radikalen* Ökosystemansatzes (Ibisch et al. 2010) sind eigentlich leicht zu erfassen: Wir sind Teil des globalen Ökosystems, auch für uns gelten die physikalischen Grundgesetze, wir dürfen das ‚Welthaushalts'-Konto nicht überziehen – dies gilt nicht allein für das Klimahaushalts-Konto. Unser Nichtwissen über die funktionalen Zusammenhänge des Erdsystems ist beträchtlich, wir haben gelernt, dass wir zu gefährlichen blinden Flecken neigen. Also hüten wir uns besser vor einfachen Analysen und Lösungen.

Mit adaptivem Management sollten wir uns behutsam in die Zukunft vortasten und systematischer aus unseren Fehlern lernen als bislang.

Die Ökosysteme selbst halten Lektionen parat, wie komplexe Systeme Störungen und Wandel überstehen, und sie lehren uns, wie in Systemen die Funktionstüchtigkeit auch ohne Massewachstum ansteigt. Vielleicht wäre dies die größte Innovation überhaupt: menschliche Hybris und Ökosystemvergessenheit überwinden, *ökonisch* von Ökosystemen für Nachhaltigkeit der sozialen Systeme lernen. Damit wir von den Ökosystemen leben und lernen können, müssen wir ihre Funktionstüchtigkeit bewahren und unterstützen.

Literatur

Bridgewater, P., Régnier, M., Cruz García, R.: Implementing SDG 15: Can large-scale public programs help deliver biodiversity conservation, restoration and management, while assisting human development? In: Natural Resources Forum (2015), Nr. 3–4, S. 214–223.

CBD: Verschiedene Ausgaben des Global Biodiversity Outlook, Convention on Biological Diversity, Montreal.

Costanza, R., Mageau, M.: What is a healthy ecosystem? In: Aquatic Ecology (1999), Nr. 1, S. 105–115.

Fee, E. et al.: Stuck in the clouds: Bringing the CBD's Ecosystem Approach for conservation management down to Earth in Canada and Germany. In: Journal for Nature Conservation (2009), Nr. 4, S. 212–227.

FNR: Biomassepotenzial von Rest- und Abfallstoffen. Status quo in Deutschland. In: Schriftenreihe Nachwachsende Rohstoffe (2015), Nr. 36.

Hobson, P., Ibisch, P. L.: An alternative conceptual framework for sustainability: systemics and thermodynamics. In: Ibisch, P. L., Vega, A., Herrmann, T. M.: Interdependence of biodiversity and development under global change, 1. Auflage, Montreal, 2010, S. 126–147.

Hopkins, F. M., Tornc, M. S., Trumbore, S. E.: Warming accelerates decomposition of decades-old carbon in forest soils. In: Proceedings of the National Academy of Sciences of the United States (2012), Nr. 26, S. 1753–1761.

Isbell, F. et al.: Biodiversity increases the resistance of ecosystem productivity to climate extremes. In: Nature (2015), Nr. 526, S. 574–577.

Ibisch, P. L., Hobson, P.: The integrated anthroposystem: globalizing human evolution and development within the global ecosystem. In: Ibisch, P. L., Vega, A., Herrmann, T. M.: Interdependence of biodiversity and development under global change, 1. Auflage, Montreal, 2010, S. 148–182.

Ibisch, P. L., Hobson, P., Vega, A.: Mutual mainstreaming of biodiversity conservation and human development: towards a more radical Ecosystem Approach. In:

Ibisch, P. L., Vega, A., Herrmann, T. M.: Interdependence of biodiversity and development under global change, 1. Auflage, Montreal, 2010, S. 15–34.

Jahn, T., Hummel, D., Schramm, E.: Nachhaltige Wissenschaft im Anthropozän, In: GAIA (2015), Nr. 24, S. 92–95.

Jørgensen, S. E.: Ecosystem Ecology. Dordrecht, 2009.

Lineweaver, C. H., Chopra, A.: The Habitability of Our Earth and Other Earths: Astrophysical, Geochemical, Geophysical, and Biological Limits on Planet Habitability, In: Annual Review of Earth and Planetary Sciences (2012), Nr. 40, S. 597–623.

Lange, M. et al.: Plant diversity increases soil microbial activity and soil carbon storage. In: Nature Communications (2015), Nr. 6.

Papst Franziskus: Enzyklika Laudato siʻ, Über die Sorge für das gemeinsame Haus, Vatikan, 2015.

Rockström, J. et al.: A safe operating space for humanity. Nature: 461 (2009), S. 472–475.

Röder, M., Whittaker C., Thornley, P.: How certain are greenhouse gas reductions from bioenergy? Life cycle assessment and uncertainty analysis of wood pellet-to-electricity supply chains from forest residues. In: Biomass and Bioenergy (2015), Nr. 79, S. 50–63.

Kluge, T., Schramm, E.: Das Anthropozän: Umweltpolitische Herausforderungen einer neuen Ära. In: Leitschuh, H., Michelsen, G., Simonis, U. E., Sommer, J., von Weizsäcker, E. U.: Jahrbuch Ökologie – Gesucht: Weltumweltpolitik, 1. Auflage, Stuttgart, 2016, S. 55–62.

Schellnhuber, H. J.: Selbstverbrennung: Die fatale Dreiecksbeziehung zwischen Klima, Mensch und Kohlenstoff, München, 2015.

Steffen, W. et al.: Planetary boundaries: guiding human development on a changing planet. In: Science (2015), Nr. 6223.

UBA: Geo-Engineering: wirksamer Klimaschutz oder Größenwahn? Methoden – Rechtliche Rahmenbedingungen – Umweltpolitische Forderungen, Dessau, 2015.

UNEP: Global Environment Outlook – 5, Malta, 2015.

Paris als Vertrag zwischen den Welten

Hartmut Ihne

Der Weltklimavertrag versucht, sowohl auf das Umsteuern bei klimaschädlichem Wirtschaften in den Industrieländern (und einigen Schwellenländern) als auch auf das Vermeiden von klimaschädlicher Ausgestaltung des Wirtschaftens in den Schwellen- und Entwicklungsländern eine Antwort zu geben. Doch noch ist diese Antwort zu abstrakt.

Die negativen Auswirkungen des Klimawandels auf die Menschen, ihre sozialen Strukturen und die natürlichen Lebensgrundlagen gehören zu den globalen Baustellen, die die Individuen, die Gesellschaften und die Staaten, vor allem aber die Weltgemeinschaft insgesamt herausfordern. Die meisten Studien zum Klimawandel geben ungünstige Prognosen. Das im Weltklimavertrags angestrebte 2,0/1,5-Grad-Ziel zusätzlicher, noch „akzeptabler" Erwärmung, ist aus Sicht von Skeptikern eigentlich nur eine Notlösung. Die Idealzahl läge bei Null Grad. Und selbst dann würden die menschengemachten Emissionen der Industrialisierung in den kommenden Jahrzehnten negativ nachwirken. Noch idealer wäre, wenn wir bestimmte Fehler des auf der Verbrennung fossiler Materialien basierenden Prozesses der Industrialisierung nicht gemacht hätten.

Es ist historisch müßig darüber zu lamentieren, denn die Fehler sind gemacht worden; aber wir lernen daraus zwei grundlegende Lektionen: Zum einen kann sich die „klassische" industrialisierte Welt (die OECD-Welt) bei ihrer weiteren wirtschaftlichen Entwicklung nicht erlauben, diese Fehler von nicht nachhaltiger Produktion und nicht nachhaltigem Konsum zu verlängern. Zum anderen dürfen sich diese Fehler in den Schwellen- und Entwicklungsländern in Form sogenannter „nachholender Entwicklung" nicht wiederholen. Beides sind gewaltige Herausforderungen. Wir wissen, wie schwer sich die „klassische" Industriewelt tut, bei der Erzeugung und dem Verbrauch von Energie, beim Verkehr, bei Produktion und Konsum umzulenken und zu nachhaltigeren Formen zu kommen. Das sind, trotz einiger Erfolge, Langfristprozesse.

Längst sind auch Schwellenländer wie China, Indien, Brasilien und andere dabei, dieselben ökologischen Fehler „nachholender Entwicklung" zu machen – mit dem Argument der Chancengleichheit. Deshalb wird eines der wichtigsten Ziele der Entwicklungspolitik sein, Beiträge dazu zu leisten, dass die Schwellen- und Entwicklungsländer ihre eigene wirtschaftliche und soziale Entwicklung nicht durch „nachholende Entwicklung" gefährden, sondern ihre infrastrukturelle Entwicklung klimaverträglich (Mitigation) und klimaerträglich (Adaptation) gestalten.

Die Antwort von Paris ist noch abstrakt

Auf beides, ein Umsteuern bei klimaschädlichem Wirtschaften in den Industrieländern (und einigen Schwellenländern) sowie das Vermeiden von klimaschädlicher Ausgestaltung des Wirtschaftens in den Schwellen- und Entwicklungsländern, versucht der Weltklimavertrag eine, wenn auch noch sehr abstrakte, Antwort zu geben. Diese Antwort besteht in einem völkerrechtlich bis zu einem gewissen Grade verbindlichen und politisch neuen regulativen Umgang mit Emissionen, insbesondere Emissionen, die aus der Verbrennung von fossilen Energieträgern entstehen. Dabei steht vor allem das Stichwort der Dekarbonisierung im Zentrum. Bis 2050 strebt der Vertrag den weltweiten Verzicht auf CO_2-Emissionen sowie die Reduktion anderer klimaschädlicher Emissionen an. Das heißt, der Handlungsbedarf ist gewaltig.

Grundsätzlich bleiben mit Blick auf die Wirksamkeit des Vertrags Unsicherheiten, sowohl politische als auch naturhafte: Erstens wissen wir nicht, ob wir im nun anstehenden Umsetzungsprozess der Vertragsziele einen funktionierenden politischen Konsens werden herstellen können, um sie auch wirklich zu erreichen. Und zweitens wissen wir auch nicht, ob die Vertragsziele überhaupt für die Abwendung des zu Vermeidenden ausreichen, ob der Zug nicht schon längst abgefahren ist und wir nur noch unsere Widerstandskraft stärken (Stichwort „resilience"), um den Untergang besser ertragen zu können.

Notwendig ist nun, zielführende und breit getragene Aktivitäten von Politik, Wirtschaft und Zivilgesellschaften zu entwickeln, um aus der CO_2-Falle herauszukommen. Das wird, wenn der Vertrag mehr als Papier sein soll, tief in das tradierte Produktions- und Konsumgefüge der Weltgesellschaften und ihrer Politiken eingreifen. Es ist zu hoffen, dass die diversen „Mechanismen" von Transparenz, Inventur, Technologie, Finanzierung, die zur Steuerung der Prozesse der Umsetzung der Emissionsziele vorgesehen sind, robust etabliert werden können. Denn klar ist, dass die bereits im Vorfeld sichtbaren Widerstände noch längst nicht überwunden sind. Die Hauptarbeit kommt erst jetzt.

Fairness bei den Chancen auf Entwicklung?

Einer der großen Dissense zwischen reichen und armen Staaten, wie in Paris wieder sichtbar wurde, ist mit dem Recht auf Entwicklung, oder genauer, mit dem Recht auf Gleichbehandlung bei der Entwicklung verbunden. Diese Diskussion ist durch den Vertrag längst nicht befriedigend gelöst. Schwellen- und Entwicklungsländer reklamieren für ihre eigene ökonomische Entwicklung dieselben transitorischen Verschmutzungsrechte, wie sie die Industrieländer über lange Jahrzehnte für ihre wirtschaftliche Entwicklung in Anspruch genommen haben. Das heißt im Umkehrschluss, dass die ökonomisch sich entwickelnden Länder nicht bereit und auch nicht in der Lage sind, Umweltstandards, wie sie die OECD-Welt formuliert, kurzfristig umzusetzen.

Diese Frontstellung zeigt, wie hilflos und beinahe dilemmatisch die Situation immer noch ist. Der Vertrag sieht trotz dieses Gerechtigkeitsproblems keine unterschiedlichen Geschwindigkeiten der Staaten bei der Umsetzung des CO_2-Ziels vor – zumindest keine verpflichtenden unterschiedlichen Zeitvorgaben. Jedoch benennt er die freiwillige Möglichkeit, schneller zu sein als andere. Hier bricht sich vermutlich die Hoffnung Bahn, dass gute Vorbilder zur Nachahmung führen könnten. Um den Zielerreichungsprozess aber dennoch in einem gewissem Grade fair und machbar zu gestalten, wird ein kompensatorisches Element eingeführt. Es wird ein Paket von Unterstützungsmaßnahmen geschnürt, das das von den Schwellen- und Entwicklungsländern gespürte Gerechtigkeitsdefizit ein Stück weit kompensieren und die eigene ökonomische Entwicklung unter Wahrung von Klimaschutzaspekten fördern soll.

Ich will das rechtliche Grundproblem, in dem sich die Weltgemeinschaft bei der Setzung gemeinsamer ökologischer Standards befindet, noch einmal anders formulieren: Von besonderer Relevanz für Entwicklungsländer ist angesichts unterschiedlicher Ausgangsbedingungen der Mitgliedsstaaten das Problem der Rechtsgleichheit als Vertragspartner. Der Klimavertrag verpflichtet, wenn er alle national notwendigen politischen Zeichnungsvorgänge durchlaufen hat, im Idealfall die 195 Mitgliedsstaaten der UN in gleicher Weise. Diese sind hinsichtlich ihrer ökonomischen, sozialen und politischen Leistungsfähigkeit allerdings sehr unterschiedlich. Rechtsgleichheit würde aber bedeuten, dass die Länder nicht nur gleich, sondern auch als Gleiche behandelt werden. In der ersten Bedeutung sind sie gleich hinsichtlich ihres formalen Rechtssubjektseins, in der zweiten hinsichtlich ihres faktischen Zustands. Nun sind sie aber im zweiten Sinne nicht gleich. Um sie jedoch als Gleiche behandeln zu können, glaubt man über eine Reihe von Sonderregelungen die faktische Ungleichheit kompensieren zu können. Diese bündeln sich in einem Solidaritätspaket. Damit sollen besondere Arten der Betroffenheit (arme Küsten und Inselstaaten) und ungleiche Möglichkeiten, auf die Folgen des Klimawandels zu reagieren, zumindest finanziell abgefedert werden.

Die Schwellen- und Entwicklungsländer haben das kompensatorische Verfahren offensichtlich akzeptiert, obwohl es die Ungleichheit der Vertragspartner nicht beseitigt. Inwieweit die Kompensation dazu beitragen kann und wird, eine nachhaltige ökonomische und soziale Entwicklung auch im globalen Süden zu ermöglichen, hängt von der Bereitstellung ausreichender Unterstützungsressourcen, von der Klugheit ihrer Nutzung und von förderlichen Rahmenbedingungen ab.

Der Weltklimavertrag ist ethisch notwendig

Zunächst, davon ist auszugehen, müssen wir uns alle im Prozess der Vertragsumsetzung auf großen Veränderungen in der Art und Weise einstellen, wie wir unseren Energieverbrauch gestalten, unsere Ökonomien organisieren und unsere individuellen Lebensstile ausrichten. Ethisch heißt das, dass auch alle Individuen in geeigneter Weise und gemäß ihren Möglichkeiten zur Vermeidung weiterer Risiken, deren Abschwächung (Mitigation) und der Entwicklung von Anpassungsstrategien und -technologien (Adaptation) beitragen müssen. Denn die Herausforderungen des Klimawandels als eines globalen Phänomens können nur von allen Beteiligten, das heißt allen Verursachern und Betroffenen sowie allen potenziellen Verursachern und potenziellen Betroffenen in gemeinsamer Politik und in gemeinsamem Handeln bewältigt werden. Aus dieser Perspektive sind globale Abkommen, wie es der Weltklimavertrag eines ist, nicht nur politisch, sondern auch ethisch zwingend notwendig.

Politisch kommt der Vertrag, wenn man ihn konsequent zu Ende denkt, einer Revolution gleich. Denn die uns bislang bekannte industrialisierte Produktion und der mit ihr einhergehende Massenkonsum basierten und basieren seit ihrem Beginn auf der Verbrennung fossiler Energieträger. Kohle, Öl und Gas haben die Industrialisierung und den Massenkonsum erst möglich gemacht. Insofern beinhaltet der Vertrag mit seinem Ausstiegskonzept aus der bisherigen Welt fossiler Energien die positive Utopie einer Welt, die ihren Energieverbrauch völlig aus erneuerbaren Energien bezieht und damit in der Lage wäre, einem der Megaschrecknisse der Gegenwart, dem Klimawandel, an seiner ursächlichen Quelle zu begegnen.

Da die Vertragsinhalte sehr allgemein gehalten sind, gilt: Die Ziele müssen konkretisiert, unterstützende Maßnahmen definiert und politische Umsetzungsprozesse initiiert werden. Zudem müssen Akteure, also Staaten, Unternehmen, Gesellschaften, benannt und verpflichtet werden. Es bedarf jetzt bei allen Beteiligten auch einer Art Vertragsmoral (vergleichbar der Rechtsmoral), das heißt, der Bereitschaft und Verlässlichkeit, die vereinbarten Inhalte zum einen auch wirklich zu wollen und zum anderen in wirksamen rechtlich-politischen Regularien in und zwischen den Staaten zu verankern. Die Umsetzung funktioniert nur dann, wenn sich alle Parteien vertragstreu, kooperativ und fair verhalten. Hier werden Information, Wissen, Erziehung, Diskurs und Marketing sowie das Entstehen vieler Best Practices als inspirierende Nachahmungsbeispiele wichtige Rollen übernehmen.

Die Zeitenwende bringt Widerstände hervor

Der politische Realismus sagt uns aber, dass wir, wenn wir die Vereinbarungen von Paris ernst nehmen, an einer Zeitenwende stehen und in eine erweiterte Phase des Entstehens und Überwindens massiver Widerstände zwischen zwei Systemen eintreten. Nämlich des alten Systems der fossil basierten Verschmutzungsökonomien in das neue System von intelligenten, saubereren Energietechnologien. Entscheidend wird sein, inwiefern es gelingt, für das neue System Akteure zu finden, die es konzipieren, etablieren und weiterentwickeln. Entscheidend wird aber auch sein, inwiefern es den Staaten, der Wirtschaft und den Gesellschaften gelingt, die auch ökonomisch und technologisch interessanten, mit großartigen Innovationen verbundenen ökonomisch-technologischen, aber auch gesellschaftspolitischen Perspektiven von Null-Emissions-Politiken zu entdecken und im Sinne des Aufbaus von intelligenten, nachhaltigen Ökonomien zu nutzen. Paris bietet die Chance zu zeigen, dass Markt und Ökologie keine Gegensätze sind.

Die Folgen des Klimawandels sind eines neben vielen anderen Problemen in der Entwicklungspolitik

Entwicklungspolitik ist ein komplizierter, vielschichtiger Politikbereich. Das zentrale Thema der Entwicklungspolitik ist nicht die Klimafrage, sondern die Armutsfrage. Wichtigstes Ziel von Entwicklungspolitik ist es, Armut zu bekämpfen und nachhaltig zu überwinden. Dabei werden international (Weltbank) absolute Armut (weniger als 1,25 US-Dollar stehen einem Individuum pro Tag zur Verfügung) und relative Armut (weniger als 2,50 USD) unterschieden. Etwa die Hälfte der Menschheit gilt als relativ arm, etwa 1,3 Milliarden als absolut arm. Neben der Armutsfrage setzt sich die Entwicklungspolitik mit vielen anderen entwicklungsrelevanten Baustellen auseinander wie Gesundheitsversorgung, Zugang zu Bildung, Förderung von Demokratie, Menschenrechten und Rechtssicherheit, Vermeidung von Krieg und Konflikten sowie deren Bewältigung, Umwelt- und Ressourcenschutz, Ernährungssicherung, infrastruktureller und wirtschaftlicher Entwicklung, sozialen Sicherungssystemen etc. Entwicklungspolitik spiegelt das gesamte Spektrum von Politik wieder. Das macht sie als Politikfeld komplex und in der Regel schwer verständlich.

Forschungen und Entwicklungen der letzten Jahrzehnte zeigen, wie Armut und Umweltzerstörungen sich gegenseitig beeinflussen. Etwa wenn Böden für die Landwirtschaft und Ernährungssicherung verloren gehen, Trinkwasser nicht in ausreichendem Maß zur Verfügung steht, tierische und pflanzliche Arten wegwandern oder ganz verschwinden und Konflikte um Ressourcen entstehen, so dass die Menschen umweltbedingt ihre Heimat verlassen müssen. Der Klimawandel ist neben dem Raubbau an der Natur, also nicht nachhaltiger Nutzung von Ressourcen, nur einer der Auslöser solcher Veränderungen. Klar ist: Die Lösung der Weltklimafrage führt nicht zur Lösung der Armutsfrage.

Wichtig ist, dass der Weltklimavertrag das Entwicklungsthema über die direkte, ressourcenverpflichtende Adressierung der Entwicklungsländer und ihrer besonderen Situation überhaupt aufgreift. Das war in der Vergangenheit bei internationalen Regimen nicht immer so. Er ermöglicht, und das ist der entwicklungspolitisch zentrale Aspekt, für die umweltbezogene Dimension der Entwicklungspolitik und der Entwicklungszusammenarbeit neue, übergreifende, global und lokal wirksame Formen der Zusammenarbeit in Umweltfragen, denn er erschließt unter anderem wichtige neue Finanzquellen für die Entwicklungsländer.

Das Abkommen versucht, die besonderen Belange von verletzlichen Staaten und Entwicklungsländern zu berücksichtigen und umfasst eine Reihe von Anregungen und Verpflichtungen, die entwicklungspolitisch relevant sind. Zwei Elemente stehen dabei im Vordergrund: zum einen die Verpflichtung zur Entwicklung überprüfbarer nationaler Klimastrategien, zum anderen ein Finanzierungspaket der Industriestaaten für vulnerable Staaten und Entwicklungsländer.

Nationale Klimastrategien als entwicklungspolitisches Instrument

Ein zentrales Instrument des Vertrags dafür sind nationale Klimaschutzstrategien. Jedes Mitgliedsland verpflichtet sich, eine nationale Klimastrategie als Beitrag zur Erreichung des globalen Temperaturanstiegslimits von 2 Grad Celsius (mit der angestrebten Option, unter 1,5 Grad Anstieg zu bleiben) zu entwickeln. Die nationalen Strategien werden in regelmäßigen Abständen von zwei Jahren in internationalen Diskussionsrunden präsentiert und diskutiert.

Entwicklungspolitisch wichtig wäre nun, dass Industrieländer in ihre nationalen Klimaschutzstrategien je auch ein Kapitel zu ihren bi- und multilateralen Entwicklungspolitiken integrierten. Zwar erscheinen nationale Klimaschutzstrategien zunächst auf innerstaatliche Prozesse bezogen zu sein (Energie, Verkehr, öffentliche Infrastrukturen, Bauen etc.), sie müssen aber auch die Frage beantworten, wie im zwischenstaatlichen Bereich mit transnationalen Prozessen und Effekten von Klimaschutz umgegangen werden soll. So müssen etwa die EU-Mitgliedsstaaten ihre nationalen Strategien untereinander synchronisieren und kompatibel gestalten. Gleiches gilt für die anderen internationalen Beziehungen eines Landes, sofern man überhaupt eine Politik der internationalen Zusammenarbeit (insbesondere bezogen auf die Außen-, Entwicklungs- und Wirtschaftspolitik) aus einem Guss anstrebt.

Ein eigenes, gut integriertes Entwicklungspolitikkapitel in der jeweiligen nationalen Strategie würde drei Signale senden:

- erstens an die Entwicklungsländer: Die nationale Klimaschutzstrategie (und deren relevante Handlungsfelder) konterkariert nicht entwicklungspolitische Bemühungen und könnte sogar Schnittstelle zu Klimaschutzstrategien der Entwicklungsländer selber sein; damit ließe sich Kohärenz politischen Handelns abbilden.

- zweitens an die entwicklungspolitische Community: Es werden verbindliche Eckpunkte klimaschutzbezogener Entwicklungspolitik formuliert, die in der Entwicklungszusammenarbeit selber konkreter ausformuliert und weiterentwickelt werden könnten.
- drittens an die Bürger eines Landes: Ernst genommener Klimaschutz ist keine bloß nationale Angelegenheit, sondern eine kooperative und solidarische Leistung.

Ein frühzeitiges Integrieren entwicklungspolitischer Ziele in die nationalen Klimastrategien würde schon von Beginn an eine kohärente Vernetzung bi- und multilateraler Entwicklungspolitiken bezogen auf die Erreichung der Vertragsziele herstellen. Eine solches von Anfang an bestehende System vernetzter entwicklungspolitischer Klimaaspekte in den nationalen Strategien würde die im Vertrag festgeschriebenen regelmäßigen Follow-up-Prozesse und Assessments (Mechanismen) vorbereiten und deutlich vereinfachen.

Entscheidend wird jetzt sein, wie die Potenziale des Vertrags entwicklungspolitisch gedeutet und in wirkungsvollen Maßnahmen konkretisiert werden. Dazu gehört vor allem die entwicklungsförderliche Verzahnung mit bestehenden nationalen, internationalen und globalen Ansätzen der Entwicklungs- und Umweltpolitik. So ist in Bezug auf die jüngst von den UN beschlossenen Agenda 2030 mit den Sustainable Development Goals (SDG) von großer Bedeutung, wie die im Weltklimavertrag vereinbarten Reglements, Mechanismen und Ressourcen mit der SDG-Umsetzungsmatrix synchronisiert bzw. in sie integriert werden können. Es muss gerade im sogenannten multilateralen System gelingen, eine hohe Kohärenz, eine funktionierende Konvergenz und effektive Kooperation der Ziele und Maßnahmen zu erreichen. Globale Regime dürfen nicht nebeneinander stehen, sondern müssen synchronisiert werden. Dann lassen sich Synergien nicht nur besser erkennen, sondern auch nutzen und die Effizienz und Effektivität der Maßnahmen für die Zielerreichung steigern.

Zur Finanzierung von Maßnahmen gegen weitere Klimaverschlechterung (Prevention und Mitigation) und zur Entwicklung von Anpassungsstrategien und -technologien an negative Effekte (Adaption) in den Entwicklungsländern und insbesondere auch den sogenannten vulnerablen Staaten (Inselstaaten, Deltagebiete) verpflichtet der Weltklimavertrag die Industrieländer zu besonderen Leistungen. Es wurde ein Solidaritätspaket geschnürt, dessen Umsetzung sehr ambitioniert ist. Ab 2020 (zunächst bis 2025) sollen Finanzierungsphasen beginnen, in denen die Industrieländer jährlich mindestens 100 Milliarden US-Dollar pro Jahr (mit geplant jährlich steigender Höhe) für klimafolgenbezogene Prozesse in den Ländern des Südens zur Verfügung stellen. Der Vertrag beschreibt aber keinen Mechanismus, wie das Geld und in welchen Anteilen generiert und verteilt werden soll. Unklar ist auch, inwieweit Schwellenländer in die Finanzierung mit einbezogen werden sollen.

Sichergestellt werden muss, dass die im Finanzpaket ab 2020 mindestens zugesagten 100 Milliarden US-Dollar zusätzlich zur bestehenden ODA (Official Development Assistance der OECD, das heißt der öffentlichen Entwicklungshilfe) gezahlt und nicht verrechnet werden. Würden die Geberstaaten mit Finanzierungtricks ihren Entwicklungsbudgets das Klimageld entziehen bzw. dort gegenrechnen, würde das zu unabsehbaren Schäden in der Entwicklungszusammenarbeit und zu erheblichem Vertrauensverlust führen. Insofern wird es auch darauf ankommen, im Sinne von Kohärenz und Synchronisierung der multilateralen Entwicklungs- und Umweltagenda Synergien zu erzeugen, die zu einem effizienteren und effektiveren Einsatz von Finanzmitteln führen.

Hochschulen als Kommunikatoren und Innovatoren

Der Weltklimavertrag wendet sich an vielen Stellen – wegen der hohen Komplexität des Themas – sehr deutlich an die Wissenschaften bei der Ausgestaltung der Prozesse zum Umbau der Weltgesellschaft in eine karbonfreie und emissionsarme Gesellschaft. Hier wird es darauf ankommen, inwieweit die Wissenschaften, insbesondere die Hochschulen, in die Gestaltungsprozesse tatsächlich eingebunden und gefördert werden. Drei Bereiche müssen hier besonders beachtet werden: (1) die angewandte umwelt- und entwicklungsbezogene Forschung einschließlich relevanter Nachbardisziplinen, (2) die gezielte akademische Ausbildung von Studierenden zu agents of change und (3) die wissenschaftsbasierte Entscheidungsträgerberatung.

Wichtig wird sein, die Entwicklungsländer viel stärker als bisher dabei zu unterstützen, ihre eigenen Expertinnen und Experten beim Umgang mit Ursachen und Folgen von Umweltschäden auszubilden und Adaptionsstrategien zu entwickeln. Hier sollten neue und intensivere Kooperationsformate zwischen Hochschulen in Entwicklungsländern, Schwellenländern und Industrieländern sowie zwischen Entwicklungsländern selbst mit neuen, finanziell umfangreicheren Programmen gefördert werden. Hochschulen können in anderer Weise als Staaten auf Augenhöhe problembezogen miteinander kommunizieren und kooperieren. Den Verteidigern des sogenannten Grundbedürfnisatzes in der Entwicklungspolitik muss

deutlich gemacht werden, dass die Förderung von Hochschulen gleichermaßen wichtig ist wie das Fördern von Lesen und Schreiben. Die Länder des
globalen Südens brauchen ihre eigenen Expertinnen und Experten in ausreichender Zahl, um selbst über komplexe Fragen der eigenen Entwicklung zu
entscheiden. Beim Capacity Building im Bereich komplexer wissenschaft-
lich-technologischer Fragestellungen zur Adaption an die Folgen des
Klimawandels herrscht zur Zeit, insbesondere mit Blick auf die Entwicklungszusammenarbeit mit Staaten Subsahara-Afrikas, noch ein erheblicher
Nachholbedarf. Ein Teil der im Solidaritätspaket zukünftig zur Verfügung
stehenden Finanzen muss deshalb zwingend auch in die anwendungsorien-
tierte, auf den Klimawandel bezogene Lehre und Forschung an den Hochschulen gehen. Es sollte sich darüber hinaus jeder Studierende in den Unter-
zeichnerstaaten im Laufe seines Studiums mit den Grundproblemen von
Nachhaltigkeit auseinandersetzen, da der Wandel in den Köpfen der Funktionseliten beginnen muss.

Die deutsche Entwicklungspolitik muss einen integrierten Beitrag leisten

Deutschland muss jetzt beginnen, die rechtlichen und moralischen Verpflichtungen des Klimavertrags in einer Klimaschutzstrategie aufzuschrei-
ben und umzusetzen. Dabei lässt sich eine grobe innere Gliederung denken,
die zwei Basiskapitel hat: eines für die nach innen zu beantwortenden Herausforderungen an die nationale Politik, ein zweites für die nach außen
gerichteten Fragen der internationalen, bi- und multilateralen Zusammenarbeit. Entwicklungspolitik gehört ins zweite Kapitel. Die deutsche staatliche Entwicklungspolitik muss jetzt bereits beginnen, ihr eigenes Kapitel für
den internationalen Teil der deutschen Klimaschutzstrategie zu schreiben.
Es sollte vermieden werden – das gilt im Übrigen auch für die SDG-Agenda
2030 –, dass die Klimafrage nur als eine Frage neben den anderen Fragen der
Entwicklungspolitik betrachtet wird. Eine bloße Addition der Problemfelder wird der Verwobenheit der Klimafrage mit Problemen der sozialen und
ökonomischen Entwicklung nicht gerecht. Um die der Entwicklungspolitik
gestellten Hausaufgaben von Paris 2015 wirkungsvoll zu machen, sollte von
vornherein ein integrativer Ansatz der Ziele, Maßnahmen und Akteure (!)
gewählt werden. Zu lange schon haben wir in Deutschland im Bereich von
Umwelt und Entwicklung auf staatlicher Ebene kräftezehrende und zum
Teil umsetzungshinderliche Aufteilungen von Zuständigkeiten auf verschiedene Ressorts. Der Weltklimavertrag ruft auch dazu auf, die Formen,

wie Politik sich organisiert, zu überdenken und zu verändern. Deshalb ist in Deutschland dringend ein koordinierendes Bundesministerium für globale Strukturpolitik nötig.

Der Weltklimavertrag ist ein vielversprechendes, mit hohen Potenzialen verbundenes Element globaler Strukturpolitik. In Paris haben die Staaten einen gemeinsamen Willen gezeigt und formuliert. Es kommt jetzt darauf an, dass dieser gemeinsame Wille sich auch in den einzelnen Staaten und den politischen Einheiten des multilateralen Systems beweist, insbesondere auch in der Politik der Europäischen Union. Der Weltklimavertrag ruft die Richtigkeit von Willy Brandts Forderung nach einer Weltinnenpolitik in Erinnerung, denn der Klimavertrag ist bei Lichte betrachtete nichts anderes als eine innere Angelegenheit der gesamten Menschheit. Insellösungen werden nicht helfen.

Literatur:

Bals, C., Kreft, S., Weischer, L.: Wendepunkt auf dem Weg in eine neue Epoche der globalen Klima- und Energiepolitik. Die Ergebnisse der Pariser Klimagipfels COP 21, Bonn, 2016.

Burck, J., Marten, F., Bals, C.: Der Klimaschutz-Index. Die wichtigsten Ergebnisse 2016, Bonn, 2015.

Bauer, S. et al.: Climate Change: the European Union towards COP 21 and beyond, 2015.

Bauer, S., Brandi, C., Chan, S.: Klimagipfel: Die To-Do-Liste von Paris. In: ZEIT online (2015).

Epo: COP 21 in Paris: Staaten einigen sich auf neues Klima-Abkommen, Berlin, 2015.

UN: Adoption of the Parties Agreement, Paris, 2015.

UNFCCC: Finale COP 21, Bonn, 2015.

WBGU: Klimaschutz als Weltbürgerbewegung, Berlin, 2014.

Neue politische und wirtschaftliche Chancen

Claudia Kemfert

Das Paris-Abkommen ist der Start vom Ausstieg aus den fossilen Energien. Die deutsche Energiewende ist dabei ein wichtiges Vorbild. Dank der Investitionen aus Deutschland, der steigenden Nachfrage und der damit verbundenen Skalierungseffekte sind die Kosten erneuerbarer Energien weltweit massiv gesunken. Zum ersten Mal fließen global mehr Investitionen in erneuerbare als in fossile Energien. Klimaschutz schafft wirtschaftliche Chancen.

In Paris wurde gerade der ultimative Startschuss im Wettrennen um die Zukunft abgefeuert. Knapp 25 Jahre nach der legendären Rio-Konferenz, auf der die Weltstaaten erstmalig künftige Klimaschutzmaßnahmen vereinbarten, wurde nun ein Klimaabkommen erzielt, das diesen Namen wirklich verdient. Nach zwei Jahrzehnten nahezu gescheiterter Klimaverhandlungen ist es in Paris gelungen, ein weltweites Abkommen für den globalen Klimaschutz zu erwirken, dem alle Staaten zugestimmt haben. Klimapolitisch ein kleines, diplomatisch ein großes Meisterwerk.

Besonders wichtig und richtig war der bewusste „Bottom-up"-Ansatz, der jedes Land einzeln aufforderte, per Selbstverpflichtungen zu benennen, welchen Beitrag es zum Klimaschutz leisten will und kann. Dieser Ansatz bewahrte davor, unrealistische Ziele festzuschreiben, die im Nachhinein wieder verworfen werden müssen. Klimaschutz wird „von unten" gemacht. Er muss aus den Staaten selbst kommen, die Menschen müssen ihn unterstützen. Wer mitreden darf, übernimmt Verantwortung. Statt Einwände gibt es so Ideen und konkrete Maßnahmenpläne. Klein, aber realistisch. Fein, aber machbar. So bringt man Klimaschutz auf die Erfolgsspur.

Erstmals haben dank des Pariser „Bottom-up"-Prozesses auch die USA und China konkrete Vorschläge für mehr Klimaschutz unterbreitet. In Fünf-Jahres-Schritten wird nun überprüft, wie weit der Fortschritt ist. Statt Ausreden werden wir ganz sicher vor allem Erfolgsstorys hören. Denn das neue Verfahren braucht keine Sanktionen. Schließlich verliert man jede Glaubwürdigkeit, wenn man nicht einmal die selbstgesetzten Ziele erreicht.

Der soziale Druck, sich beim nächsten Treffen mit schwachen Ergebnissen zu blamieren, ist ungleich größer als beim Schwarze-Peter-Spiel der Vergangenheit. Wer versagt, versagt offensichtlich. Das tut niemand gern.

Klimaschutz schafft wirtschaftliche Chancen

Das Pariser-Abkommen ist deswegen mehr als ein Papier. Es ist wichtiger Meilenstein für den weltweiten Klimaschutz. Das Datum „12.12.15" wird sich hoffentlich als positive Zahl ins Gedächtnis der Menschheit einprägen. Denn mit diesem Tag beginnt ein Klimaschutz-Zeitalter voll großer wirtschaftlicher Chancen. Nun öffnen sich riesige globale Märkte für Innovationen und Zukunftstechnologien, Räume für Kreativität und Wettbewerb sowie erhebliche wirtschaftliche Vorteile durchs Energiesparen. Investitionen in Wachstumsmärkte schaffen Wertschöpfung und neue Arbeitsplätze.

Die „Dekarbonisierung der Wirtschaft", das heißt die Senkung der Treibhausgase um 80–90 Prozent bis zur Mitte des Jahrhunderts, hat zur Folge, dass das gesamte Energie- und Mobilitätssystem umgestellt werden muss. Der Stromsektor wird in erster Linie auf erneuerbaren Energien basieren und die Mobilität auf Nachhaltigkeit umgestellt werden müssen.

Die Finanzmärkte antizipieren diese Entwicklung schon heute und sprechen von einer „Carbon Bubble", einer deutlichen Überbewertung der Unternehmen der fossilen Energien. Immer mehr Investoren suchen nachhaltige Kapitalanlagen, die auf zukunftsweisende Märkte setzen. Berühmte Investoren wie Rockefeller oder Warren Buffett ziehen ihr Geld aus fossilen Energien ab und investieren es in erneuerbare Energien und nachhaltige Technologien. Auch der Gouverneur der britischen Notenbank, Mark Carney, hat darauf hingewiesen, dass sich Vermögenswerte fossiler Energien in den kommenden Jahrzehnten deutlich vermindern können und so die Finanzmarktstabilität gefährden könnten (Bank of England 2015).

Die wirtschaftliche Stabilität kann somit in Gefahr geraten, wenn nicht rechtzeitig Klimaschutzmaßnahmen umgesetzt werden, die Unternehmen in die zukunftsweisenden Märkte investieren. Die Konflikte verlagern sich somit: Die Gefechte um verbleibende Ressourcen werden ergänzt von wirtschaftlichen Machtkämpfen um den Einsatz nachhaltiger Technologien. Sehr deutlich wird dies beim Thema Klimaschutz.

Behindert wird eben dieser Umstieg vor allem noch immer durch gezielte Subventionierung fossiler Energien. Der IWF hat jüngst veröffentlicht, dass global 5,3 Billionen Dollar allein für die Subventionierung fossiler Energien ausgegeben werden, um die Preise für Kohle, Öl und Gas billig zu halten.

„Schockierend" bezeichnet der IWF das Ergebnis, da sich die Subventionen in fossile Energien auf 6,5 Prozent des globalen Bruttosozialprodukts summiert. Würde man diese Gelder in nachhaltige, zukunftsweisende Technologien investieren, könnte sowohl das Ressourcenproblem gelöst als auch der Klimawandel gebremst werden. Die lokalen Schäden durch die Subventionierung der Brennstoffkosten schätzt der IWF auf 2,7 Billionen Dollar, die Kosten des Klimawandels auf 1,3 Billionen Dollar (IMF 2015). Die Internationale Energieagentur schätzt die jährlichen Subventionen fossiler Energien auf 523 Milliarden Dollar (IEA 2014). Daher sollten Subventionen in fossile Energien global abgeschafft werden, um die richtigen Weichenstellungen für eine nachhaltige Energieversorgung und Mobilität zu setzen.

Deutschland und Europa haben es in den vergangenen Jahren geschafft, das Wirtschaftswachstum von Energieverbrauch und Emissionen zu entkoppeln, auch die USA und China zeigen erste Ansätze (Kemfert et al. 2015). Allerdings zeigt sich ebenso, dass stark wachsende Volkswirtschaften vor allem in Asien einen weiterhin stark ansteigenden Energiehunger aufweisen werden.

Zwar haben sich die G7-Staaten für mehr Klimaschutz ausgesprochen, auch die USA und China senden Signale für mehr Klimaschutz. Wie wenig man jedoch in den letzten Jahren bei der Umsetzung konkreter Klimaschutzmaßnahmen und somit realer Emissionssenkung vorangekommen ist, ist ein Zeichen, wie stark geopolitische und wirtschaftliche Interessen insbesondere im Bereich der fossilen Energien dominieren. Ein konsequenter Klimaschutz würde bedeuten, dass drei Viertel der fossilen Energien im Boden bleiben und nicht verbrannt werden würde. Eine „Dekarbonisierung" der gesamten Wirtschaft, wie die G7-Staaten es gefordert haben, würde bedeuten, dass vor allem der Anteil von Öl und Kohle an der Energieerzeugung massiv zurückgehen müsste.

Die ölexportierenden Staaten haben somit ein Interesse, möglichst lang alles verfügbare Öl zu verkaufen. Die jetzige Situation niedriger Ölpreise verleitet in der Tat zu Verschwendung fossiler Energien und behindert den Umbau hin zu einer nachhaltigen Energieversorgung. Auch Staaten mit einem hohen Kohleanteil tun sich schwer, den Umbau effektiv zu begleiten, wie man derzeit beispielsweise in Australien oder letztlich auch in Deutschland beobachten kann.

Das Paris-Abkommen ist der Start vom Ausstieg aus der fossilen Energien. Der Ausverkauf hat begonnen. Öl wird so billig und so viel noch nie angeboten. Die aktuellen Schleuder-Preise mögen verlockend sein, aber wer klug ist, verplempert keine Zeit mit der Ramschware der Vergangenheit, sondern investiert in die Wachstumsmärkte der Zukunft. Es wird Zeit, die Augen zu öffnen. Die Märkte gehören denen, die sie sehen.

Zur Blaupause für die globale Energiewende dürfte die deutsche Energiewende werden. Dank der deutschen Energiewende sind bereits jetzt weltweit die Kosten erneuerbarer Energien massiv gesunken und hierzulande knapp 400 000 neue Arbeitsplätze entstanden. Zwar wurde in den vergangenen Jahren die Energiewende in Deutschland nach einem guten Start politisch ausgebremst und der Strukturwandel massiv behindert, doch das Signal aus Paris ist eindeutig und verweist die Lobbyisten der Vergangenheit klar vom Platz. Ihre rhetorischen Nebelkerzen hatten beim Verhandlungsmarathon diesmal keine Wirkung. Deutschland kann der Welt jetzt glaubwürdig den Weg in die Zukunft weisen, denn es hat einen Wissensvorsprung im Umgang mit erneuerbaren Energien und Energieeffizienz. Wir sollten ihn nicht verspielen.

Wer morgen in der globalen Wirtschaft noch mitspielen will, muss die Herausforderung zielgerichtet annehmen: Kohleausstieg, konsequentes Energiesparen und nachhaltige Mobilität. Schritt für Schritt, aber besser im schnellen Galopp als im sanften Trab. Denn nunmehr steht die Welt im Klima-Wettbewerb. Auch wenn die hiesige Industrie-Lobby schon wieder jammert, steht die deutsche Wirtschaft in Wahrheit ganz gut da. Wer frühzeitig aus der staatlich gut gepolsterten Sofaecke der fossilen Welt in die Startblöcke der Klimaschutz-Wirtschaft wechselt, wird bald die Nase wieder vorn haben – ohne gezinkte Karten und langen Ausreden. Gerade die Autobranche hat enorme wirtschaftliche Chancen, wenn sie nun endlich den letzten Weckruf erhört und auf alternative Antriebstechnologien und -stoffe umstellt.

Energiewende ist Blaupause für globale Transformation

Deutschland könnte in diesem Prozess zur Lokomotive werden. Wie „Fahrvergnuegen" und „Leitkultur" ist das deutsche Wort „Energiewende" schon im internationalen Sprachgebrauch etabliert: Die Industrie-Musternation Deutschland stellt mittelfristig den Atomstrom ab und die Energieversorgung auf erneuerbare Energien um. Dabei wird das gesamte Energiesystem umgebaut, das Stromsystem dezentraler, intelligenter und flexibler, die Mobilität nachhaltiger und das Energiesparen immer wichtiger. Derlei macht Eindruck in der Welt. Klimaschutz made in Germany könnte der nächste Verkaufsschlager des Exportweltmeisters werden.

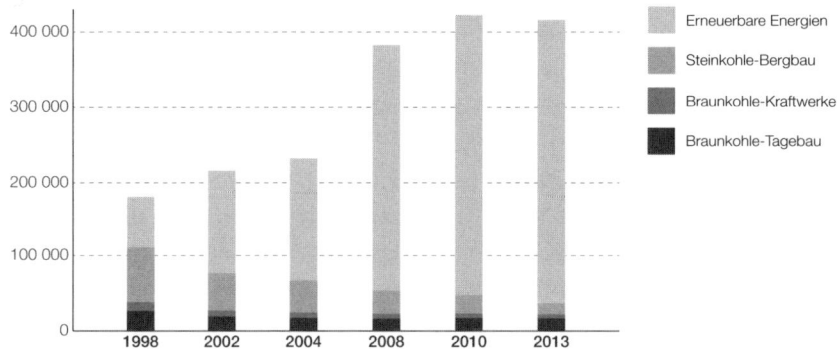

Abb. 1 Beschäftigte im Bereich fossiler und erneuerbarer Energien (Ulrich & Lehr 2015). Y-Achse: Anzahl der Beschäftigten.

Die Energiewende hat zum Ziel, den Anteil erneuerbarer Energien an der Stromerzeugung von heute etwa 28 Prozent bis zum Jahre 2050 auf 80 Prozent zu erhöhen. Bis zum Jahre 2022 werden die restlichen Atomkraftwerke, die vor allem im Süden Deutschlands im Einsatz sind, abgeschaltet. Außerdem geht es darum, sowohl die Energieeffizienz im Gebäudeenergiebereich zu verbessern als auch die Mobilität auf Nachhaltigkeit umzustellen. Die Energiewende soll somit zu einer dauerhaft nachhaltigen Energieversorgung führen. Dies senkt die Abhängigkeit vom Import fossiler Energien und trägt zum Klimaschutz bei. Somit ist die Energiewende in Deutschland ein Mittel zur Krisenprävention.

Die Stromerzeugungsstrukturen werden sich im Zuge der Energiewende in Deutschland stark verändern, hin zu mehr dezentralen Energieversorgungsstrukturen, in denen erneuerbare Energien, Kraft-Wärme-Kopplungs-Anlagen und intelligente Verteilernetze sowie Speicherlösungen ineinander verzahnt werden. Dazu bedarf es auch eines effektiven Lastmanagements, welches Angebot und Nachfrage gut aufeinander abstimmt.

Dabei sind die Investitionen in Zukunftsmärkte aus ökologischen wie ökonomischen Gründen lohnend: Durch die entscheidenden Investitionen in Wachstumsmärkte werden Arbeitsplätze und Wohlstand gesichert. Deutschland kann diese Techniken erforschen und der Welt anbieten. Der Klimaschutz ist die Lösung und der Weg aus dem Problem, denn Klimaschutz schafft Wachstum und Arbeitsplätze. Schon heute arbeiten im Bereich der erneuerbaren Energien fünfmal so viel Beschäftigte wie in der Kohleindustrie.

Allein in Deutschland können hunderttausende zusätzliche Arbeitsplätze entstehen, wenn Unternehmen in die entscheidenden Zukunftsmärkte investieren. Ein Ranking von 500 global agierenden Konzernen hat offenbart, dass all jene Konzerne für Kapitalanleger besonders attraktiv sind, die sich der Herausforderung nachhaltiger Energieversorgung und Mobilität erfolgreich stellen (CDP 2014).

Zunächst international belacht, scherzen jedoch immer weniger Länder über Deutschlands Energiepläne. Die Energiewende bringt enorme wirtschaftliche Chancen, schafft Innovationen und stärkt die Wettbewerbsfähigkeit. Durch diese Investitionen entstehen Wertschöpfung und Arbeitsplätze. Das konsequente Energiesparen führt zu einer massiven Verbesserung der volkswirtschaftlichen Wettbewerbsfähigkeit. Die Kosten für Solar- und Windstrom sinken, die Atomkosten steigen. Spätestens seit in Texas mehr in Solar als in Öl investiert wird, verstummen die Kritiker.

Dabei sind die Investitionen in Zukunftsmärkte aus ökologischen wie ökonomischen Gründen vor allem aus Sicht der Importländer fossiler Energien lohnend: Ob im Bereich der nachhaltigen Mobilität, erneuerbarer Energien, klimaschonender Antriebstechniken, Ressourcen und Materialeffizienz, Abfallverwertung oder intelligenter Infrastruktur – in keinen Markt werden in den kommenden Jahrzehnten mehr Investitionen fließen als in die zukunftsweisenden Energie- und Mobilitätsmärkte. Anbieterländer für fossile Energien haben hingehen wenig Interesse, eine Abkehr von fossilen Energien zu fördern. Aus diesem Grund bieten sie verstärkt fossile Energien auch zu sehr niedrigen Preisen an.

Paris ist Startbahnhof für eine bessere Klimazukunft

Natürlich sind auch in der deutschen Energiewende noch nicht alle Weichen auf schnelle Fahrt zum wahrscheinlich inzwischen utopischen, aber immer noch wichtigen Zwei-Grad-Ziel gestellt. So wird das Klima-„Musterländle" die selbst gesteckten Klimaziele einer 40-Prozent-Minderung bis 2020 nicht erreichen. Es fehlt ein verbindlicher klimapolitischer Katalog. Der Emissionshandel ist aufgrund des niedrigen CO_2-Preises derzeit wirkungslos. Von strukturiertem Kohleausstieg kann nicht die Rede sein. Wegen lautstarker Lobby-Proteste wagt man nicht einmal simple, aber wirkungsvolle Maßnahmen wie eine Kohlesteuer. Das sonst so innovative Autoland Deutschland hat in der Paradedisziplin nachhaltige Mobilität erstaunlich wenig Erfolge vorzuweisen. Im Gegenteil: Der VW-Abgasskandal schadet dem Ansehen deutscher Umweltpolitik weltweit. So ist die Bun-

desregierung mehr denn je gefordert, gegen alle widerläufigen Wirtschafts-
interessen Klimaschutzmaßnahmen durchzusetzen.

Die deutsche Energiewende bleibt dennoch wichtiges Vorbild: Dank der
Investitionen aus Deutschland, der steigenden Nachfrage und der damit
verbundenen Skalierungseffekte sind die Kosten erneuerbarer Energien
weltweit massiv gesunken. Zum ersten Mal fließen global mehr Investitionen in erneuerbare als in fossile Energien.

So werden immer mehr Länder unserem guten Beispiel folgen und statt
in Atom- oder fossile lieber in erneuerbare Energie investieren: Mehr Chancen, weniger Risiken! Bei anderen Aspekten nachhaltiger Energie, etwa
beim Kohleausstieg oder beim Messen echter Abgaswerte, kann Deutschland dagegen von den USA lernen. So steigt die weltweite Lernkurve und der
Zug zum Klimaschutz kommt langsam, aber hoffentlich gewaltig ins Rollen.
So gesehen ist Paris nicht Ziel-, sondern Startbahnhof in eine bessere Klima-
zukunft!

Literatur

Bank of England: Breaking the tragedy of the horizon – climate change and financial
    stability – speech by Mark Carney, London, 2015.
Blazejczak, J. et al.: Energy Transition Calls for High Investment. In: DIW Economic
    Bulletin (2013), Nr. 9, S. 3–14.
CDP: CDP Leaders and Data, London, 2014.
IEA: Energy Subsidies, Paris, 2014.
IEA: World Energy Outlook, Paris, 2015.
IPCC: Climate Chance 2014, Synthesis Report, Fifth Assessment Report, Genf, 2014.
IMF: Counting the Costs of Energy Subsidies, IMF Survey, Washington, 2015.
Kemfert, C.: Kampf um Strom: Mythen, Macht und Monopole, Hamburg, 2013.
Kemfert, C.: Ökonomische Folgen des Atomausstiegs in Deutschland: Lehren aus der
    Krise: So kann der Umbau der Energiewirtschaft gelingen. In: Wirtschaftsdienst
    (2011), Nr. 5, S. 295–313.
Kemfert, C., Opitz, P., Traber, T., Handrich, L.: Deep Decarbonization in Germany A
    Macro-Analysis of Economic and Political Challenges of the, Energiewende‘
    (Energy Transition), Berlin, 2015.
Ulrich, P., Lehr, U.: Erneuerbar beschäftigt in den Bundesländern, Köln, 2015.

Vom Umgang mit der Unsicherheit

Mojib Latif

Eine Begrenzung der Erderwärmung auf deutlich unter 2 Grad Celsius soll unumkehrbare Prozesse vermeiden, etwa das unwiderrufliche Abschmelzen des grönländischen Eisschilds. Es gibt allerdings bezogen auf die Lage der Schwellenwerte, bei deren Überschreitung derartige Änderungen einsetzen, eine große Unsicherheit in der Forschung: Möglicherweise liegen die Schwellenwerte höher als es die Wissenschaft gegenwärtig annimmt, vielleicht haben wir einige dieser Werte bereits überschritten.

Die Übereinkunft von Paris kommt sehr spät. Wir haben kostbare Zeit verstreichen lassen. Jahrzehntelang hat es keinen internationalen Klimaschutz gegeben, obwohl die Klimaproblematik bekannt gewesen war. An vollmundigen Ankündigungen seitens der Weltpolitik hat es nicht gemangelt, es hat einen „gefühlten" Klimaschutz gegeben. Jetzt muss die Zeit des Handelns beginnen. Lippenbekenntnisse haben keinen Platz mehr, die schnelle Umsetzung der Ziele von Paris ist gefragt. Erinnern wir uns: Bereits 1992 hat sich die Staatengemeinschaft in Rio de Janeiro in der Klimarahmenkonvention der Vereinten Nationen verpflichtet, eine „gefährliche anthropogene Störung des Klimasystems" zu verhindern (BMUB 2015). Übersetzt heißt dies, die Erderwärmung auf deutlich unter 2 Grad Celsius zu begrenzen. Ein Vierteljahrhundert später feiert man einen Vertrag, der genau das festschreibt. Die Treibhausgasemissionen sind seit der Klimarahmenkonvention von Rio förmlich explodiert. Deswegen darf der Klimaschutz jetzt nicht mehr auf die lange Bank geschoben werden, der globale Treibhausgasausstoß muss rasch sinken.

Der Vertrag von Paris beruht auf Selbstverpflichtungen der einzelnen Länder, nur deswegen haben ihm alle Staaten zugestimmt. Die Selbstverpflichtungen sind jedoch nicht ambitioniert genug, „natürlich nicht" ist man geneigt hinzuzufügen. Sie würden bei selbst optimistischer Extrapolation der nationalen Politiken bis zum Ende des Jahrhunderts dazu führen, dass sich die Erde um knapp 3 Grad Celsius erwärmt. Die Risiken infolge dieser für die Menschheit in Ausmaß und Geschwindigkeit einmaligen

Erderwärmung wären unkalkulierbar. Es bleibt also noch viel auf der weltpolitischen Ebene zu tun. Der Vertrag von Paris kann nur der Anfang eines politischen Prozesses sein. Nach der Konferenz ist vor der Konferenz!

Die Ursache des Klimawandels

Die Hauptursache des Klimaproblems liegt im Ausstoß von Treibhausgasen durch den Menschen, allen voran Kohlendioxid (CO_2). Das CO_2 entsteht in erster Linie durch die Verfeuerung der fossilen Brennstoffe Kohle, Öl und Gas zur Energiegewinnung. Wirksamer Klimaschutz beginnt demnach mit dem Umbau der weltweiten Energiesysteme und der Entwicklung alternativer Mobilitätskonzepte. Große Mengen von Treibhausgasen entstehen außerdem in der Landwirtschaft und durch Landnutzungsänderungen wie die Brandrodungen der tropischen Regenwälder oder die Trockenlegung von Mooren. Das Verbrennen der tropischen Regenwälder zum Beispiel kann man einfach nur als ökologischen Wahnsinn bezeichnen, aber es könnte innerhalb weniger Jahre gestoppt werden. Wiederaufforstung wie auch die Renaturierung von Mooren wären Möglichkeiten, der Atmosphäre CO_2 zu entziehen. Bei den Landnutzungsänderungen wären also signifikante CO_2-Einsparungen schnell möglich. Allein der politische Wille fehlt.

Schauen wir uns das Schicksal des vom Menschen im Zeitraum 2005–2014 ausgestoßenen CO_2 etwas genauer an. Knapp die Hälfte (44 Prozent) verblieb in der Atmosphäre und ließ den CO_2-Gehalt der Luft weiter steigen. Und der ist heute schon so hoch wie seit mindestens 800 000 Jahren nicht mehr, was man aus Eisbohrungen in der Antarktis weiß. Lag der vorindustrielle Wert noch bei 280 ppm (ppm: Teile pro einer Million), so hat die CO_2-Konzentration inzwischen die Marke von 400 ppm überschritten (Abb. 1). Das ist ein Zuwachs von ca. 40 Prozent. Die CO_2-Konzentration ist heute so hoch wie noch nie seit es Menschen auf der Erde gibt. Das verdeutlicht, wie außergewöhnlich der derzeitige CO_2-Anstieg in der Atmosphäre ist.

Das Land nahm in der Dekade 2005–2014 30 Prozent des ausgestoßenen CO_2 auf, 26 Prozent nahmen die Meere auf. Die CO_2-Aufnahme durch die Ozeane bedeutet neben der Meereserwärmung selbst eine weitere, in der Öffentlichkeit bisher kaum bekannte Gefahr: Die Ozeane werden saurer, weil sich CO_2 im Meerwasser löst. Außerdem verringert sich das Karbonatangebot. Beide Effekte durch die maritime CO_2-Aufnahme bedrohen die Lebenswelt in den Ozeanen, zum Beispiel kalkbildende Mikroorganismen, die oftmals am Beginn der Nahrungskette stehen. Damit ist auch eine unserer zentralen Ernährungsgrundlagen gefährdet. Die Ozeanversauerung ist

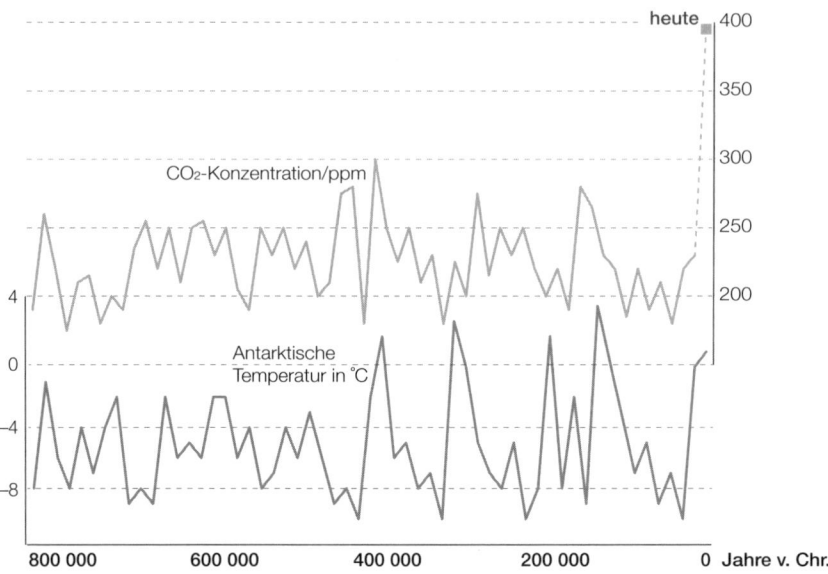

Abb. 1 Die CO_2-Konzentration der Luft (ppm) und die Temperatur in der Antarktis während der letzten 800 000 Jahre, rekonstruiert mittels Eisbohrungen (U.S. National Academy of Sciences).

ein reines CO_2-Problem, es wird so lange fortbestehen, wie die Menschen CO_2 in großen Mengen in die Luft blasen. Sie betrifft auch die tropischen Korallenriffe, die zudem unter der Meereserwärmung leiden und schon in einigen Jahrzehnten irreparable Schäden erleiden könnten. Es steht außerdem zu befürchten, dass sowohl die terrestrische wie auch die marine CO_2-Senke an Effizienz verlieren werden, wodurch sich der in der Atmosphäre verbleibende Anteil der CO_2-Emissionen erhöhen würde, was die globale Erwärmung beschleunigen würde.

Klimaänderungen seit Beginn der Industrialisierung

Das Weltklima ändert sich rasant infolge der steigenden atmosphärischen Treibhausgasemissionen. Der Weltklimarat, der IPCC, sagt in seinem letzten, fünften Sachstandsbericht der Arbeitsgruppe I kurz und knapp: „Der menschliche Einfluss auf das Klima ist klar." (IPCC) So neu ist diese Erkenntnis nicht, die Hunderte von Wissenschaftlern aus den verschiedensten Ländern zu Papier gebracht haben. In allen bisherigen Berichten des IPCC – der erste erschien 1990 – findet man klare Hinweise auf die Beein-

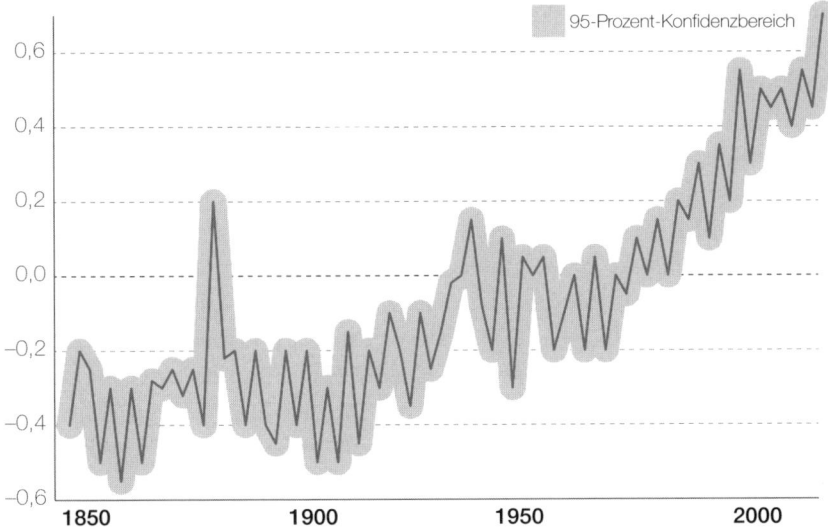

0,6
0,4
0,2
0,0
−0,2
−0,4
−0,6

95-Prozent-Konfidenzbereich

1850   1900   1950   2000

Abb. 2 Die Entwicklung der jährlichen Abweichungen der globalen Durchschnitts-temperatur seit 1850 gegenüber den Temperaturen im Zeitraum 1961–1990. Der schattierte Bereich gibt den Unsicherheitsbereich an (95-Prozent-Konfidenzbereich). Y-Achse: Abweichung in Grad vom Durchschnitt der Jahre 1961–1990 (UK's National Weather Service).

flussung des Klimas durch den Menschen. Es ist überdies schon seit weit über 100 Jahren bekannt, dass „Spurengase" wie CO_2 die Erdoberfläche und die unteren Luftschichten erwärmen. Der schwedische Chemie-Nobelpreis-träger Svante Arrhenius hat 1896 die ersten quantitativen Berechnungen zum Einfluss des CO_2 publiziert und gezeigt, dass sich die Erde als Folge eines starken atmosphärischen CO_2-Anstiegs erheblich erwärmen würde (Arrhenius 1896). Genau das ist geschehen. Die mittlere Erdoberflächen-temperatur ist seit Beginn des 20. Jahrhunderts allmählich gestiegen (Abb. 2). Dabei hat der Mensch mindestens die Hälfte der Erderwärmung seit Mitte des 20. Jahrhunderts zu verantworten.

Seit Beginn der Industrialisierung ist die globale Durchschnittstemperatur der Erde um etwa ein Grad Celsius angestiegen. Das klingt nach wenig, ja geradezu nach lächerlich wenig. Wenn man aber bedenkt, dass der globale Temperaturanstieg vom Höhepunkt der letzten Eiszeit vor etwa 20 000 Jahren bis zum Beginn der gegenwärtigen Warmzeit vor etwa 10 000 Jahren ca. 5 Grad Celsius betragen hat, erscheint das eine Grad Erderwärmung schon in einem ganz anderen Licht. Für Deutschland liegt der Temperaturanstieg etwas höher, bei etwa 1,3 Grad. Die Arktis ist die Region auf der Welt, die sich am schnellsten erwärmt. Vierzehn der fünfzehn global wärmsten Jahre seit Beginn der flächendeckenden instrumentellen Messungen liegen in diesem Jahrhundert. 2015 war das bislang wärmste Jahr. Selbstverständlich gibt es natürliche Schwankungen, der langfristige Trend weist jedoch klar nach oben.

Wir Menschen sind die Hauptverantwortlichen für die Erwärmung des Planeten – und der damit angestoßene Klimawandel birgt große, schwer abschätzbare Risiken. Weltweit erhöht sich die Zahl extremer Hitzetage, auch in Deutschland. Betrachtet man alle Landregionen zusammen, ergeben sich weitere Trends. Starkniederschläge, Hochwasser und Dürren häufen sich. Die Eispanzer Grönlands und der Westantarktis und fast alle Gebirgsgletscher schmelzen und lassen die Meeresspiegel immer schneller steigen. Der Meeresspiegel stieg seit Beginn des 20. Jahrhunderts im weltweiten Durchschnitt um ca. 20 cm, wobei es jedoch große regionale Unterschiede gibt. Der Wert liegt derzeit global gemittelt bei etwas über 3 mm/Jahr, den schnellsten Anstieg während der letzten Jahre mit etwa 1 cm/Jahr finden wir im westlichen tropischen Pazifik. Die Ozeane erwärmen sich bis in große Tiefen, auch dadurch steigt der Meeresspiegel, weil sich das erwärmte Wasser ausdehnt. Die Meere haben allein in den letzten 40 Jahren über 90 Prozent der Wärme aufgenommen, die durch den Anstieg der Treibhausgase in der Atmosphäre zurückgehalten worden ist.

Wie realistisch ist es, die Erderwärmung auf „deutlich unter 2 Grad Celsius" zu begrenzen?

Wie weit ist der Klimawandel schon fortgeschritten? Auf welches Maß können wir die Erderwärmung noch begrenzen? Und wie sehen mögliche Zukunftsszenarien aus? Eines ist so gut wie sicher: Eine Begrenzung der Erderwärmung auf 1,5 Grad Celsius, so wie es im Klimavertrag von Paris als Option steht, ist schon so gut wie ausgeschlossen! Wenn zum Beispiel der CO_2-Gehalt der Luft nicht weiter steigen und auf dem heutigen Stand „eingefroren" werden soll, müssten die weltweiten CO_2-Emissionen sofort um ca. 60–70 Prozent sinken und sich mit der Zeit noch weiter verringern. Selbst in diesem Fall würde die Durchschnittstemperatur der Erde immer noch um ein paar Zehntel Grade Celsius während der kommenden Jahrzehnte steigen. Nur wenn die weltweiten Treibhausemissionen sofort auf nahezu Null sinken würden, könnte man das Ziel erreichen, die Erderwärmung auf höchstens 1,5 Grad zu begrenzen. Diese Betrachtungen verdeutlichen, dass selbst die Begrenzung der Erderwärmung auf „deutlich unter 2 °C" immer noch eine wahre Herkulesaufgabe darstellt.

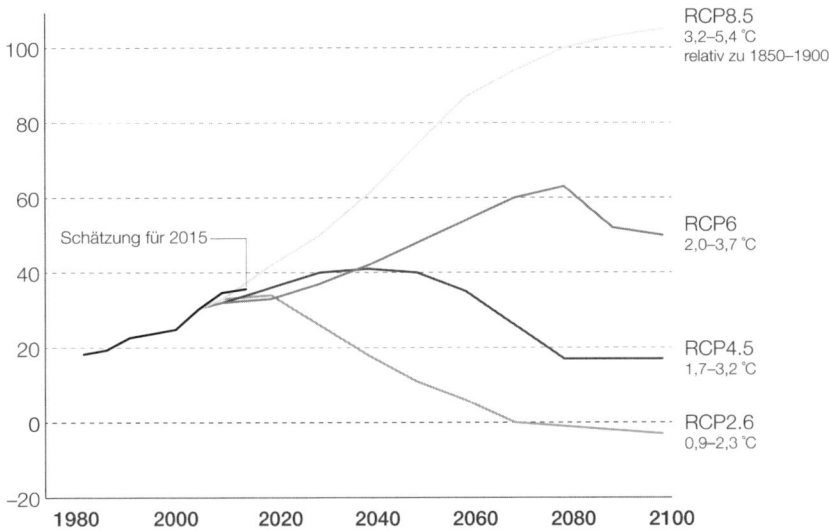

Abb. 3 Historische CO_2-Emissonen (Gt C/Jahr) seit 1980 und Emissionsszenarien (umgerechnet in CO_2-Konzentration) bis 2100. Negative Emissionen bedeuten, dass man mehr CO_2 aus der Atmosphäre entfernt als man dorthin emittiert (Global Carbon Project 2015).

Nach einer schnellen Reduzierung der globalen Treibhausgasemissionen sieht es derzeit überhaupt nicht aus. In der Tat ist die bisherige Bilanz der internationalen Klimaschutzpolitik ernüchternd: Allein die weltweiten CO_2-Emissionen sind seit 1990 um rund 60 Prozent gestiegen (Abb. 3). Anspruch und Wirklichkeit könnten nicht weiter auseinander liegen als beim Klimaschutz. Bei Zugrundelegung realistischer Szenarien für die zukünftige Entwicklung der globalen Treibhausemissionen (Abb. 3) kommt Skepsis auf, ob die Weltgemeinschaft das Ziel von Paris erreichen kann. Das optimistischste Szenario geht davon aus, dass sich die Emissionen in den kommenden Jahren stabilisieren werden, sich danach deutlich verringern, aber erst während der zweiten Hälfte des Jahrhunderts auf Null sinken und für den Rest des Jahrhunderts negativ sind. Nur dann würde man mit hoher Wahrscheinlichkeit die Erderwärmung auf unter 2 Grad Celsius begrenzen können. Das scheint aus heutiger Sicht geradezu utopisch sein. Möglich wäre es allemal! Dazu müsste es aber den Willen aller Länder geben, das Klimaproblem auf nachhaltige Weise zu lösen, wie auch eine große Solidarität zwischen den Ländern, insbesondere zwischen den Industrienationen und den Entwicklungs- und Schwellenländern.

Dennoch gibt es begründete Hoffnung, dass sich die Dinge in den kommenden Jahren zum Besseren wenden werden. Inzwischen haben sich die

Bedingungen geändert, unter denen die internationalen Verhandlungen zum Klimaschutz stattfinden. Die Diskussion darüber, ob es einen anthropogenen Klimawandel gibt, gehört der Vergangenheit an. Die Schäden durch den Klimawandel manifestieren sich immer deutlicher in vielen Regionen der Welt. Die erneuerbaren Energien sind auf dem Vormarsch. So lag ihr Anteil an der Stromversorgung 2015 weltweit schon bei etwa 25 Prozent und in Deutschland sogar über 30 Prozent, mit steigender Tendenz. Darüber hinaus sinkt die Energie- und Kohlenstoffintensität der Weltwirtschaft. Zudem wurden schon 2013 und 2014 weltweit mehr Kapazitäten im Erneuerbare-Energien-Bereich installiert als in den fossilen und nuklearen Energiesektoren zusammen. Papst Franziskus hat 2015 in seiner Umweltenzyklika die Ergebnisse der Klimawissenschaft aufgegriffen und politische Konsequenzen angemahnt. Und schließlich haben sich 2015 die Regierungschefs auf dem G7-Gipfel im bayerischen Elmau zur Dekarbonisierung bekannt, also zu einer Weltwirtschaft ohne fossile Brennstoffe.

Leider konnte man sich in Paris nicht darauf einigen, das Wort Dekarbonisierung in den Vertragstext aufzunehmen. Man spricht nur noch davon, in der zweiten Hälfte des Jahrhunderts einen Ausgleich zu schaffen zwischen dem anthropogenen Ausstoß von Treibhausgasen und den Senken. Damit hat man sich eine Hintertür offen gehalten: Die Länder müssen streng genommen gar nicht aus den fossilen Brennstoffen aussteigen. Technische Lösungen sind nach wie vor möglich, zum Beispiel das Abscheiden von CO_2 aus Kohlekraftwerken und seine Verbringung unter die Erde oder in den Meeresgrund, wenn man diese als CCS (Carbon Dioxide Capture and Storage) bezeichnete Methode als Senke definiert. Zudem sind viele Formulierungen des Pariser Vertrages sehr schwammig. So möchte man den Höhepunkt der globalen Treibhausgasemissionen „so schnell wie möglich" erreichen, was immer das heißen mag.

Das Vorsorgeprinzip muss Vorrang haben

Wir stehen heute vor ganz neuen Herausforderungen. Beim Klimawandel handelt es sich um ein sogenanntes systemisches Risiko. Wir leben in einer Zeit beschleunigter technologischer und gesellschaftlicher Entwicklung sowie einer zunehmenden globalen Vernetzung in Wirtschaft, Kommunikation, Politik und Kultur. Einfache Ursache-Wirkungs-Prinzipien gelten nicht mehr. Ein als harmlos eingeschätztes Ereignis kann selbst über große Entfernungen oder nach einer langen Zeit ungeahnte Folgen haben, die die Funktionsfähigkeit der Staatengemeinschaft gefährden. Die Schäden infolge eines ungebremsten Klimawandels werden nicht nur die Umwelt betreffen, sondern können auch ökonomischer Natur sein oder die Sicherheitsarchitektur auf der Erde betreffen: Eine weltweite Rezession wäre wahrscheinlich und weiter zunehmende Flüchtlingsströme eine mögliche weitere Folge.

Ein Beispiel, das die komplexen Zusammenhänge in der heutigen Welt verdeutlicht, ist die letzte große Finanzkrise, die, ausgelöst durch die Immobilienblase in den USA, zu einer weltweiten Rezession geführt hat. Vorherzusehen war die Weltwirtschaftskrise nicht so ohne weiteres. Genauso wenig, wie die Wissenschaft die Folgen eines ungebremsten Klimawandels genau genug berechnen kann. Denn systemische Risiken sind durch ein hohes Maß an Komplexität, Ungewissheit und Ambiguität gekennzeichnet. Im Umgang mit systemischen Risiken kommt dem Vorsorgeprinzip eine große Bedeutung zu: Wenn wir die Auswirkungen unseren Handels auf das Klima nicht genau genug berechnen können, dann sollten wir die menschliche Störung so gering wie möglich halten.

Das Erdsystem ist komplex, Überraschungen sind programmiert. Erinnern wir uns an das Ozonloch über dem Südpol, das man Anfang der achtziger Jahre entdeckte. Kein Wissenschaftler hatte es vorhergesagt, obwohl die Ozon zerstörende Wirkung der FCKWs (Fluorchlorkohlenwasserstoffe) damals schon lange bekannt gewesen war. Erst nach der Entdeckung des Ozonlochs einigte man sich 1987 auf ein internationales Abkommen zum Schutz der Ozonschicht, das Montrealer Protokoll. Das zunächst wenig zielführende Abkommen wurde in den darauf folgenden Jahren immer weiter verschärft. Noch existiert das Ozonloch, auch wenn es aus den Schlagzeilen verschwunden ist. Es hat 2015 die zweitgrößte Ausdehnung seit Messbeginn erreicht. Die Größe des Ozonlochs ist immens. Mit einer Fläche von ca. 26 Millionen Quadratkilometern ist es größer als Nordamerika. Die Wissenschaftler hoffen jedoch, dass es sich in den kommenden Jahrzehnten deutlich verkleinern wird. Sicher kann man sich nicht sein, zumal der Klimawandel zu einer Abkühlung der Stratosphäre führt. Kältere Temperaturen begünstigen die Ozonzerstörung und könnten die Erholung der Ozonschicht erheblich verlangsamen.

Die beste Strategie zur Lösung des Klimaproblems besteht darin, das Übel an der Wurzel zu packen: Wenn wir ein Problem mit dem CO_2 haben, und darüber besteht überhaupt kein Zweifel mehr, sollten wir es gar nicht erst entstehen lassen. Das gilt auch für die anderen Treibhausgase wie Methan oder Lachgas. Wir sollten uns nicht auf unsichere Pfade begeben. Ingenieurslösungen zur Bewältigung des Klimaproblems sind keine Option. Derartige Climate-Engineering-Methoden scheinen vordergründig attraktiv zu sein, würden sie doch ein „weiter so wie bisher" erlauben; wir könnten auch zukünftig die fossilen Brennstoffe zur Energiegewinnung nutzen. Die vorgeschlagenen technischen Lösungen bergen jedoch enorme ökologische Risiken und erfordern darüber hinaus einen gewaltigen finanziellen Aufwand. Derartige Maßnahmen müssten unter Umständen über Jahrhunderte, vielleicht sogar Jahrtausende, fortgesetzt werden, um eine spontane Wiedererwärmung der Erde zu verhindern. Ein Beispiel in diesem Zusammenhang wäre das Einbringen von Schwefelsubstanzen in die Atmosphäre zur Kühlung des Planeten. Mit dem Stopp der Maßnahme würde sich die Erde erneut erwärmen, weil die Treibhausgase immer noch in der Luft vorhanden wären. CCS (Carbon Capture and Storage) ist ebenfalls kaum erforscht, und auch dieser Vorschlag birgt enorme ökologische Risiken. Außerdem würde der Wirkungsgrad der Kraftwerke wegen des hohen zusätzlichen Energiebedarfs für die CO_2-Abscheidung deutlich sinken. Und außerdem müsste man für den Transport und die Lagerung des abgeschiedenen CO_2 eine ganz neue energie- und kostenintensive Industrie aufbauen.

Noch einmal: Wir verstehen die komplexen Vorgänge im Klimasystem nicht gut genug, um unausgegorenen Vorschlägen zu folgen und mit der Erde herumzuexperimentieren. Dabei geht es auch um die Frage nach der Generationengerechtigkeit, nicht nur beim Klimawandel selbst, dessen Auswirkungen erst in den kommenden Jahrzehnten überdeutlich zu Tage treten werden. Denn die nachfolgenden Generationen können naturgemäß heute nicht gefragt werden, ob sie mit Climate Engineering oder CCS einverstanden sind. Nachhaltige Lösungen zur Bewältigung des Klimaproblems existieren. Sonnen- und Windenergie, Wasserkraft, Erdwärme und andere alternative Energiequellen wie etwa Gezeiten- oder Wellenenergie stehen uns zur Verfügung, und das in der Summe an jedem Ort praktisch unbegrenzt. Das Instrumentarium zu deren Nutzung existiert und die Techniken können systematisch weiterentwickelt werden. Dazu gehören auch neue Netzstrukturen, die die dezentrale Energieversorgung stärken, denn nur dann können die erneuerbaren Energien ihre Vorteile voll ausspielen. Der Umbau der Weltwirtschaft kann allmählich über einige Jahrzehnte erfolgen. Die volkswirtschaftlichen Kosten wären in so einem Szenario nicht relevant. Im Gegenteil, auf lange Sicht würde ein Land wie Deutschland davon profitieren. Die Frage ist nicht, was es uns kosten wird diesen Weg zu beschreiten, sondern was es uns kosten würde, wenn wir diesen Weg nicht gehen und einen ungebremsten Klimawandel zulassen würden.

Weil CO_2 sehr lange, das heißt viele Jahrzehnte, in der Atmosphäre verbleibt, ist es unerheblich, wo genau das Gas dorthin gelangt. Es zählt nur der weltweite Treibhausgasausstoß für die zu erwartende globale Klimaänderung, und die wird alle Länder betreffen. Alle Staaten sitzen deswegen im selben Boot. Noch haben wir es in der Hand, die Erderwärmung auf „deutlich unter 2 Grad Celsius zu begrenzen", wie im Pariser Abkommen vereinbart. Selbst dann würde vermutlich eine Reihe von Inselstaaten untergehen und die meisten tropischen Korallen wären dem Tod geweiht. Couragiertes und schnelles Handeln ist nun geboten, national und international. Der Vertrag von Paris ist ein wichtiges politisches Signal. Alle Delegationen haben ihn unterzeichnet. Damit hat man Einigkeit demonstriert. Alle Staaten müssen jetzt über ihren eigenen Schatten springen und noch erheblich mehr leisten als das, was sie in Paris versprochen haben. Die Hauptverursacher des Klimaproblems sind die Industrienationen, denn sie haben über viele Jahrzehnte große Mengen Treibhausgase ausgestoßen. Das gilt insbesondere für die USA und Europa. Sie und auch Länder wie Kanada oder Australien müssen vorangehen; sie müssen zeigen, dass Wohlstand und Umweltschutz zusammengehören. Die Schwellenländer wie China, Brasilien oder Indien werden nur dann folgen.

Schauen wir aber optimistisch in die Zukunft. Vielleicht ist der Peak der globalen Treibhausgasemissionen schon erreicht, auch ohne dass man sich in Paris auf ein konkretes Datum für dessen Erreichen geeinigt hat. Die vorläufigen Zahlen lassen in der Tat Hoffnung aufkommen. 2015 könnte der weltweite CO_2-Ausstoß sogar leicht gesunken sein (Abb. 3). Zum heutigen Zeitpunkt ist es jedoch schwer zu beurteilen, ob es tatsächlich eine Trendwende gibt, die nächsten Jahre werden es erst zeigen. Die Zeit für Tricksereien und Wortakrobatik jedenfalls ist abgelaufen. Es zählen jetzt nur noch Taten, und die müssen schnell erfolgen. Sonst ist der Klimavertrag von Paris nichts wert.

Literatur

Arrhenius, S.: On the Influence of Carbonic Acid in the Air upon the Temperature of the Groun. In: Philosophical Magazine and Journal of Science (1896), Nr. 5, S. 237–276.

BMUB: Klimarahmenkonvention, Berlin, 2015.

Global Carbon Project, Canberra, 2015.

IPCC, Genf.

Lüthi, D. et al.: High-resolution carbon dioxide concentration record 650,000–800,000 years before present. In: Nature (2008), Nr. 453, S. 379–382.

UK's National Weather Service, Exeter.

U.S. National Academy of Sciences, Washington.

Die Reise ins Anthropozän

Reinhold Leinfelder, Rüdiger Haum

Anstelle von Kleinteiligkeit und gegenseitigem Aufrechnen von Problemkreisen scheint die Metapher des Anthropozäns ein geeignetes Leitbild zur Integration auch ganz unterschiedlicher Anstrengungen im Klimaschutz zu bieten. Die Ausrichtung des Handelns an der symbiontischen Einbindung der Menschheit in nur ein Erdsystem böte nicht nur vielfältige Ansätze zur dauerhaften Sicherung der menschlichen Lebensgrundlagen, sondern würde unter der Prämisse der gleichen Teilhabe an Ressourcen und öffentlichen Gütern eine auf sozialer Gerechtigkeit und Funktionsfähigkeit des Erdsystems basierende Gestaltung der Zukunft ermöglichen.

Betrachtet man den Weltklimavertrag von Paris im Lichte von über zwanzig Jahren internationaler Klimapolitik, ist er ein historischer Erfolg. Legt man das prognostizierte Ausmaß und die erwarteten Folgen des Klimawandels als Maßstab an, muss er eher als Neustart in die richtige Richtung gesehen werden. Die verankerte Zielvorgabe ist zwar sehr ambitioniert, doch die vereinbarten freiwilligen Pläne sind nicht unbedingt das effektivste Instrument zu seiner Erfüllung.

Aus dem Imperativ der staatlichen Selbstverpflichtung ergibt sich aus unserer Perspektive zwangsläufig auch ein Imperativ zur Selbstverpflichtung aller emissionsrelevanten Akteure von Unternehmen über die organisierte Zivilgesellschaft bis hin zu jedem Einzelnen. Wird er angenommen, könnte er eine große Chance zur Erreichung der als notwendig erkannten Ziele sein. Hierzu müssten allerdings auch neue Wege zur Einbindung aller Gesellschaften dieser Welt gefunden werden.

Die Umsetzung des Pariser Vertrags durch die Vertragsstaaten ist eine enorme Herausforderung. Der Budget- und der Anthropozän-Ansatz machen deutlich, dass der Weg zur Umsetzung äußerst anspruchsvoll ist, ganz neue Mittel verlangt, aber – geschickt gestaltet – Synergien und völlig neue Perspektiven auf Zukunft erlaubt.

Der Budget-Ansatz

Soll das 2-Grad-Celsius-Ziel mit einer Wahrscheinlichkeit von 66 Prozent erreicht werden, so dürfen noch etwa 765 Gt Kohlendioxid aus fossilen Energieträgen Industrieprozessen in die Atmosphäre gelangen (Peters et al. 2015). Wenn das Ziel mit einer Wahrscheinlichkeit von 75 Prozent erreicht werden soll, dürfen etwa 600 Gt emittiert werden (WBGU 2009). Wann das Budget aufgebraucht ist, hängt, ganz vereinfacht gesagt, davon ab, wie schnell die globalen Kohlendioxid-Emissionen sinken. Je weniger Emissionen pro Jahr in die Atmosphäre gelangen, desto mehr Zeit bleibt. Langfristig müssen sie bei fast netto Null liegen, denn auch geringe Emissionen führen über einen entsprechend langen Zeitraum zum Erreichen der 765 GT bzw. 600 Gt CO_2 (WBGU 2009).

Alles hängt mit allem zusammen – hilft der Anthropozän-Ansatz?

Das Anthropozän-Konzept (Crutzen & Stoermer 2000) basiert auf einer zentralen Erkenntnis der Erdsystemwissenschaften. Die Eingriffe des Menschen in das Erdsystem durch den Verbrauch von Ressourcen, Landnutzungsänderungen und Emissionen von Stoffen können in ihrem Zusammenwirken gefährliche, möglicherweise extrem rasch und chaotisch ablaufende, umfassende Veränderungen der relativen holozänen Umweltstabilität seit Ende der letzten Eiszeiten bewirken. Die den Veränderungen zugrundeliegenden Prozesse beschleunigen sich seit den 1950er Jahren exponentiell (Steffen et al. 2015).

Insbesondere die Industrialisierung führte zur starken Beschleunigung der Nutzung fossiler Energien sowie von Landnutzungsänderungen, den Hauptursachen der aktuellen Klimaproblematik.

Allerdings umfasst das Anthropozän-Konzept mehr als nur das Klima und den atmosphärischen Kohlendioxid-Überschuss. Es verdeutlicht die systemischen Zusammenhänge und Querverbindungen zwischen verschiedenen durch menschliches Handeln beeinflussten Umweltparametern wie Meeresversauerung, Landnutzungsänderungen, Nitrat- und Phosphatkreislauf, atmosphärisches Ozon, atmosphärische Verschmutzungen, biologische Vielfalt und Ökosystemfunktionen.

Diese Problemkreise werden oft sektoral, einzeln betrachtet, um sie handhabbar zu machen und mit Leitplanken (sensu WBGU 1993) bzw. planetaren Grenzen (sensu Rockström et al. 2009) versehen zu können. De facto stehen sie miteinander in Beziehung, indem sie einander häufig verstärken, selten auch neutralisieren (Leinfelder 2013a; Schellnhuber 2009). Hieraus ergeben sich drei Chancen zum Handeln.

Eine erste Chance besteht darin, dass viele dieser Herausforderungen deutlich sichtbarer sind als das Treibhausgasproblem. Wenn man sich bewusst macht, dass das Klimageschehen durch die mit der Landnutzung, dem Wohnen, der Nahrungsmittelproduktion etc. anfallenden Treibhausgase bedingt ist, dass fossile Energieträger der Rohstoff für die heute fast unverzichtbaren Kunststoffe sind, ist das Anthropozän-Konzept möglicherweise ein geeigneter Augenöffner, um eine Neupositionierung hinsichtlich unseres Umgangs mit dem Erdsystem zu erreichen (Leinfelder 2013, 2015).

Eine notwendige Einbeziehung des Einzelnen, aber auch die Erfahrung persönlicher Selbst- bzw. Handlungswirksamkeit, ist im Hinblick auf die Ernährungsgewohnheiten und allgemeines Konsumverhalten möglicherweise leichter erreichbar als bei einer Fokussierung auf den Ersatz fossiler durch erneuerbare Energiequellen.

Die zweite Chance stellt das Erzielen von Synergieffekten dar. Statt viele, mithin zu viele, Umweltprobleme getrennt anzupacken, bietet die systemische Betrachtung einer anthropozänen Erde die Möglichkeit, sich auf ein Problem zu konzentrieren und weitere Probleme zu lösen. Letztlich ergäbe das Erreichen nur eines Ziels, nämlich der symbiontischen (oder zumindest verträglichen) Einbindung der Menschheit mit all ihrem Tun in das eine Erdsystem, die Lösung aller Umweltprobleme – die Umwelt würde zur „Unswelt" (Leinfelder 2015).

Die dritte Chance besteht darin, von der Erdsystemperspektive zu einer Kreislaufperspektive als Leitfaden für unser Handeln zu gelangen. Sie basiert auf der Erkenntnis, dass alles, was wir produzieren, benutzen, womit wir uns kleiden, was wir trinken und essen, woran wir uns erfreuen, letztlich die auf Energie basierende Rekombination biologischer und nicht biologischer Ressourcen darstellt. Nach Nutzung kann all das durch (energieaufwändige) Rekombination weitergenutzt oder dem System etwa als wertvoller Kompost zurückgegeben (Braungart & McDonough 2005) werden.

Als Leitbild könnte der natürliche Kreislauf die Organisation der Wirtschaftsprozesse in viel stärkerem Masse inspirieren. Voraussetzung für eine Kreislaufwirtschaft wäre allerdings die weltweite energetische Nutzung von Sonne, Wind, Wellen und Gefällen. Damit entfiele der Energiebedarf als limitierender Faktor.

So könnte das Anthropozän-Konzept zum stärksten Leitbild auch für die große Transformation in eine erdsystemverträgliche Zukunft, in ein funktionsfähiges Anthropozän werden (Leinfelder 2015). Die Transformation zu einem von der Verwendung fossiler Energieträger befreiten System würde auch die Transformation zu einer insgesamt nachhaltigen Welt wesentlich vorantreiben. Selbst wenn der Weg dahin noch weit ist, kommt es darauf an, die Aufbruchsstimmung von Paris mit dem Gedanken an ein wissensbasiertes, grundsätzlich gestaltbares Anthropozän zusammenzuführen. Ziel ist die Vermeidung großer Veränderungen des Erdsystems, die zwar die Spezies *Homo sapiens* nicht notwendigerweise zum Erlöschen brächten, auf alle Fälle aber die Möglichkeit der proaktiven (nicht nur reaktiven) humanen Weiterentwicklung unserer gesellschaftlichen Systeme zum Wohle der gesamten Menschheit ganz wesentlich einschränken würden.

Der Klimapolitik kommt eine essenzielle Rolle zu. Deren Umsetzung bedeutet konkret Folgendes:

1. Jede Maßnahme im Klimaschutz ist wichtig. Sinken die Emissionen, verlängert sich der Zeitraum, in dem das Budget noch nicht ausgeschöpft ist.
2. Langfristig muss die gesamte Weltwirtschaft in Richtung CO_2-Freiheit transformiert werden.
3. Auf dem Weg zur Dekarbonisierung ergeben sich zahlreiche Ansatzpunkte in Form von neuen Bildern, Verknüpfungen und Selbstwirksamkeitserfahrungen, die das Klimaproblem plastischer und handhabbarer machen können.
4. Bei einer geeigneten Wahl der Mittel scheinen viele Synergien möglich. So ist der Klimaschutzgedanke mit vielen Alltagsthemen wie Ernährung, Gesundheit oder Kunststoffe verbindbar.
5. Das Leitbild eines funktionalen Anthropozäns und der Kreislaufgedanke sollten neben dem Klimaschutz handlungsleitend sein.

Der WBGU hat die Dekarbonisierung vom Ausmaß mit der neolithischen und der industriellen Revolution in eine Reihe gestellt und als „Große Transformation" bezeichnet (WBGU 2011). Große Transformationen sind langfristige, dauerhafte und umgreifende Veränderungen, die praktisch jeden Aspekt von der ökonomischen Produktion bis zum alltäglichen Leben eines Einzelnen betreffen. Sie beinhalten den Einsatz zum Teil radikal neuer Technologien und umfassende Veränderungen in der Art und Weise, wie Gesellschaft organisiert wird, sowie in der Art und Weise, wie Einzelne denken, urteilen und handeln. Nur wenn sich derart tiefgreifende Änderungen durchsetzen, kann die Produktionsbasis weltweit dekarbonisiert werden.

Politik, Gesellschaft und Klimawandel

Politikphilosophisch gesprochen ist ein neuer Gesellschaftsvertrag (WBGU 2011) vonnöten. Gesellschaftsverträge sind virtuelle, gedachte, historisch gewachsene Übereinkünfte zwischen den Mitgliedern einer Gesellschaft, die als Teil des normativen Fundaments politisches Handeln zum Erhalt des Gemeinwesens im weitesten Sinne mit bedingen.

In einem Gesellschaftsvertrag für den Klimawandel verpflichten sich alle gesellschaftlichen Gruppen und Einzelakteure, Verantwortung für zukünftige Generationen und die Erhaltung der natürlichen Lebensgrundlagen zu übernehmen. In diesem Sinne müsste Politik „von oben" mutige aktive Klimapolitik sein, gleichzeitig Gesellschaft „von unten" auch ohne Signal der Politik vorausschauend handeln und Lösungen zum Klimaschutz entwickeln. „Side by side" wäre es dann möglich, eine Transformation erfolgreich voranzutreiben (Leinfelder 2016).

Change Agents für das Klima

Politikwissenschaftliche Forschung betont zu Recht, dass ambitionierte nationale Klimapolitik, gerade wenn es um den Einsatz klimafreundlicher Technologien geht, den Weg zu einer dekarbonisierten Gesellschaft weisen und vor allem regulieren muss. Es ist aber eine offene Frage, ob das Abkommen von Paris genug Impetus zur Überwindung einer feststellbaren Müdigkeit in der nationalen Klimapolitik schaffen kann, deren Erfolge angesichts der global steigenden Treibhausgasemissionen zudem recht differenziert betrachtet werden müssen. Die deutsche Energiewende und Chinas rasanter Ausbau der erneuerbaren Energien mögen hier rühmliche Ausnahmen sein (Burck et al. 2014).

Vor diesem Hintergrund nimmt die Bedeutung der Zivilgesellschaft beim Klimaschutz zu. Bürgerinnen und Bürger können Politik aktiv auffordern, beim Klimaschutz anspruchsvoller als die zum Weltklimavertrag gemeldeten Beiträge zu werden. Sie können es auch besser machen als Regierungen. Einzelne und Gruppen können mit ihrem Handeln weiter als die Politik gehen, neue Handlungsformen explorieren, Möglichkeitsräume aufzeigen, durch beispielhafte Praxis Zeichen setzen und vor allem Entschuldigungs-Diskurse aller Art ad absurdum führen. So tragen sie nicht nur aktiv zum Klimaschutz bei, sondern geben ihm gesamtgesellschaftlich größere Bedeutung und bieten entsprechender Politik – so zumindest die theoretische Hoffnung – gesellschaftlichen Rückhalt. Paris ist, so gesehen, auch ein

Appell an die Gesellschaft, Klimaschutz nicht alleine der Politik zu überlassen.

Agenten des Wandels (Change Agents) – strategische Akteure, die (oft unbewusst) als Pioniere sozialen Wandels agieren – spielen bei der Verbreitung von neuen Ideen und Technologien oft eine Schlüsselrolle. Sie haben neben einer neuen Idee auch einen ersten Plan für deren Umsetzung. Sie sind Teil von Netzwerken und versuchen weitere Mitstreiter für ihre Idee zu finden.

Ihr Handeln ist zum Teil experimentell; die gewonnenen Lerneffekte sind zentral für die weitere Entwicklung von Alternativen. Change Agents können Einzelpersonen sein, die beispielsweise trotz widriger Verkehrspolitik durch Lastenräder motorisierte Transportfahrzeuge ersetzen. Change Agents können aber auch mächtige Firmen wie Versicherungen sein, die als erste nicht mehr in klimaschädliche Industrien investieren. Die Signalwirkung an das gesamte Wirtschaftssystem, ist nicht zu unterschätzen.

Trotz unzähliger Beispiele von klimaschützendem Handeln durch Nischenakteure ist das „Mitnehmen" der breiten Bevölkerung auch in Ländern mit großen Klimaschutzambitionen bislang nicht gelungen. Umso bedeutender sind Change Agents, da sie auch Selbstentschuldigungsmechanismen wie „es ist sowieso nichts zu ändern", „ich kann nichts machen", „wir müssen auf den großen technologischen Wurf warten" entkräften.

Die Erprobung der Zukunft

Im Klimaschutz muss und kann gehandelt werden. Für kurzfristige Maßnahmen liegen ausreichend erprobte Optionen wie die Windenergie oder die Reduktion des Rindfleischkonsums auf dem Tisch.

Sofern die Zukunft im Sinne eines gesellschaftlichen Suchprozesses zu sehen ist, muss nicht nur langfristiger und umgreifender geplant werden, sondern auch Zeit zur Reflexion und Diskussion vorhanden sein. Besonders wichtig wird es sein, nicht eine mögliche Zukunft darzustellen, sondern potenzielle „Zukünfte" als Visionen zu verdeutlichen und zu diskutieren (Leinfelder 2016)

Unter „Zukünften" verstehen wir idealtypische Zukunftspfade, anhand derer verschiedene Entwicklungsmöglichkeiten durchgespielt werden können: Was passiert, wenn wir – als Verbindungen von Möglichkeiten – dies oder das tun, wenn wir nichts tun? Was wünschen wir uns? Haben wir die technischen Voraussetzungen für dies oder jenes?

Nach unserer Ansicht könnten folgende idealisierte Zukunftspfade zur Diskussion von Wünschbarkeiten, Machbarkeiten und Herausforderungen hilfreich sein:

1. Reaktiver Pfad, bei dem wir abwarten und Probleme erst lösen, wenn sie auftreten, dann allerdings konsequent;
2. Suffizienz-Pfad, bei dem wir davon ausgehen, dass wir mit weniger auskommen können und ein geringerer Verbrauch durchaus einen Zugewinn, zum Beispiel an Qualität, bewirken kann;
3. Konsistenz-Pfad oder bioadaptiver Pfad, bei dem wir unser Handeln und Wirtschaften nach dem Vorbild der Natur anlegen; damit bevorzugen wir etwa Wiederverwendung, also Kreislaufwirtschaft, und können so durchaus auch zukünftig einen Wachstumspfad beschreiten;
4. Hightech-Pfad, bei dem wir bewusst eine starke Trennung zwischen Natur und Gesellschaft wählen und damit die Natur entlasten, sei es durch umfassende Effizienzerhöhung der Ressourcenverwendung oder durch die Verwendung völlig neuartiger Materialien.

Zur Darstellung idealtypischer Zukünfte, auch unter Berücksichtigung komplexer Wechselwirkungen, eignen sich insbesondere nichtlineare und visualisierungsmächtige Medien („slow media"), wie Wissens-Comics, Ausstellungen, Spiele oder Veranstaltungen mit vielerlei Optionen zur Partizipation – oder auch Reallabore. All dies bietet Platz für komplexe Darstellungen, etwa Gegenüberstellung verschiedener Zukunftsentwürfe samt möglicher Folgen; eröffnet werden emotionale Zugänge in individuellen, kulturellen und gesellschaftlichen Kontexten, die den Nutzer (Leser, Ausstellungsbesucher, Spieleteilnehmer etc.) auffordern, sich persönlich zu positionieren und einzubringen.

Fazit

Der Weltklimavertrag von Paris könnte ein großer Erfolg werden. Erstmalig wurde völkerrechtsverbindlich das Ziel der Beschränkung der Erderwärmung auf deutlich unter 2 Grad Celsius formuliert. Da sich zudem nun nicht nur die Industriestaaten, sondern die gesamte Staatengemeinschaft Ziele gesetzt haben, um klimaverträglich umzusteuern, bedeutet das Pariser Abkommen tatsächlich den Einstieg in eine nun auch weltweite Dekarbonisierung. Dies ist ein immenser, von vielen so nicht erwarteter Fortschritt.

Allerdings sind die bislang gemeldeten nationalen Selbstverpflichtungsbeiträge aus der Perspektive des vereinbarten Ziels nicht ausreichend ambitioniert. Daher ist zu begrüßen, dass „im Kleingedruckten" des Abkommens auch ein Monitoring-Mechanismus sowie ein monetärer Unterstützungsfonds beschlossen wurden und die Notwendigkeit der Erhöhung der Selbstverpflichtungen im Fünf-Jahre-Rhythmus ebenfalls angelegt ist.

Man mag bedauern, dass sich die vielen wissenschaftlichen Empfehlungen und gesellschaftlichen Forderungen zu anspruchsvollen und verbindlichen Regelungen in der internationalen Klimapolitik, etwa eines globalen Kohlendioxid-Handels im Sinne des Budgetansatzes, bislang nicht haben realisieren lassen. Die bisherige Geschichte der internationalen Klimaverhandlungen zeigt allerdings, dass die im Pariser Abkommen angelegte Verknüpfung von Pragmatismus (nationale Selbstverpflichtungen), Kontrolle (Monitoring der Umsetzung) und völkerrechtlichem Rahmen (Unter-2-Grad-Ziel) realpolitisch der einzig mögliche Weg zu sein scheint.

Zur Umsetzung sind sowohl ein gesellschaftlich verknüpfender Handlungsrahmen als auch eine große Vision zur Integration menschlichen Handelns in den Rahmen des Erdsystems vonnöten. Ersteres könnte der Gesellschaftsvertrag für die Transformation, Letzteres das Bild eines funktionsfähigen Anthropozäns sein.

Im Kontext des Pariser Weltklimavertrags wird die Bedeutung von Change Agents gleichsam verdoppelt: Es bedarf erstens zivilgesellschaftlicher Einforderungen nach Erhöhung der bislang zu niedrigen nationalen Beiträge. Zweitens sind für die Einhaltung des Unter-2-Grad-Ziels weiterhin umfassende technische und soziale Innovationen notwendig, so dass wir die Vorreiterrolle vieler weiterer dezidierter Behörden, Kommunen, Firmen und gesellschaftlicher Initiativen mehr denn je brauchen.

Gerade Paris zeigt, dass die Energiewende als große Chance, nicht als Last gesehen werden müsste. Die Chance besteht gerade auch in der Offenheit der Zukunft und der damit verbundenen Optionen. Die notwendige Energiewende kann und sollte mit neuen Vorstellungsbildern und den sich daraus ergebenden Möglichkeiten verknüpft werden. Aus der großen Transformation zur Klimaverträglichkeit ergeben sich hiermit viele, demokratisch verhandelbare, kreative Wege in ein zukunftsfähiges Anthropozän.

Den Weg dorthin kann ein virtueller, auf der Vorstellung eines funktionierenden Gesamtsystems basierender Gesellschaftsvertrag erleichtern, da er die Bedeutung der verschiedenen Akteure, also auch jedes Einzelnen klarstellt. Ja, es liegt auch in der Verantwortung „der" Politik, „der" Wissen schaft", „der" Wirtschaft, oder „der" Gesellschaft, die große Transformation anzugehen, jedoch nicht in Alleingängen, sondern in einem Miteinander.

Sollte durch den Pariser Weltklimavertrag ein solcher gesellschaftlicher Transformationsprozess befördert werden, würden nachfolgende Generationen tatsächlich mit Fug und Recht von der historischen Bedeutung von Paris 2015 sprechen können.

Literatur

Braungart, M., McDonough, W.: Einfach intelligent produzieren. Cradle to Cradle: die Natur zeigt, wie wir die Dinge besser machen können, Berlin, 2005.

Burck, J., Marten, F., Bals, C.: The Climate Change Performance Index Results, Bonn, 2014.

Crutzen, P. J., Stoermer, E. F.: The „Anthropocene". In: Global Change Newsletter (2000), Nr. 41, S. 17–18.

Kristof, K.: Wege zum Wandel. Wie wir gesellschaftliche Veränderungen erfolgreich gestalten können, München, 2010.

Leinfelder, R.: Assuming Responsibility for the Anthropocene: Challenges and Opportunities. In: RCC-Perspectives (2013), Nr. 3, S. 9–28.

Leinfelder, R.: ‚Faktor Mensch'. In: Fundiert (2015), Nr. 2.

Leinfelder, R.: Das Haus der Zukunft (Berlin) als Ort der Partizipation, Beiträge zur sozialwissenschaftlichen Nachhaltigkeitsforschung, 5, Münster, 2016.

Peters, G. et al.: Measuring a fair and ambitious climate agreement using cumulative emissions. In: Environmental Research Letter (2015), Nr. 10.

Rockström, J. et al: A safe operating space for humanity. In: Nature (2009), Nr. 461, S. 427–475.

Schellnhuber, H. J.: Tipping Elements in Earth Systems Special Feature. In: Proceedings of the National Academy of Sciences of the United States of Amerika (2009), Nr. 3., S. 20561–20563.

Steffen, W. et al.: The trajectory of the Anthropocene: The Great Acceleration. In: The Anthropocene Review (2015), Nr. 1, S. 81–98.

WBGU: Welt im Wandel. Grundstruktur Globaler Mensch-Umwelt-Beziehungen, Bonn, 1993.

WBGU: Kassensturz für den Weltklimavertrag – Der Budgetansatz, Berlin, 2009.

WBGU: Welt im Wandel. Gesellschaftsvertrag für eine große Transformation, Berlin, 2011.

Wir brauchen eine „Erdsystem-Betrachtung"

Volker Mosbrugger

Das Paris-Abkommen ist ein wichtiger Schritt zur Bewältigung der enormen Herausforderungen des anthropogenen Klimawandels, aber wenig mehr als ein „Memorandum of Understanding". Entscheidend ist es nun, daraus einen globalen „evolutionären Prozess" zu gestalten, sich neben der Mitigation verstärkt auch der Adaptation zu widmen und dafür die verlässlichen wissenschaftlichen Grundlagen zu schaffen.

Nach dem Debakel der Klimakonferenz in Kopenhagen 2009 und dem weitgehenden Stillstand der Folgekonferenzen ist die Freude über das Ende des letzten Jahres verabschiedete „Paris-Abkommen" groß, und das durchaus zu Recht. Paris war in der Tat ein beachtlicher Fortschritt, aber reicht das aus, um den Herausforderungen des anthropogenen Klimawandels zu begegnen? Die Antwort ist ein klares „Nein" und darin besteht auch allgemeiner Konsens. Aus meiner Sicht müssen im Wesentlichen fünf Herausforderungen ernsthaft aufgegriffen werden.

Vom „Memorandum of Understanding" zu einem verlässlichen „evolutionären Prozess"

Genau genommen ist das „Paris-Abkommen" eher ein „Memorandum of Understanding" als ein handfester Vertrag. Die CO_2-Reduktionsziele sind Selbstverpflichtungen der Länder, die aber völkerrechtlich nicht verbindlich sind. Zudem reichen sie bei weitem nicht aus, die „angestrebte" (und nicht verpflichtende) Limitierung des Temperaturanstieges zu erreichen. Ähnliches gilt für das ehrgeizige Ziel, bereits in der zweiten Hälfte dieses Jahrhunderts zu einer „Netto-Null-Emission" mit ausgeglichenen Quellen und Senken der Treibhausgase zu kommen. Hier muss dringend und schnell nachgebessert werden, damit der tatsächlich realisierbare Emissions-Reduktions-Pfad und die erwartete Klimaveränderung möglichst bald und verlässlich berechnet und kommuniziert werden können.

Diese Verlässlichkeit und Planbarkeit ist essenziell wichtig. Wie bei jeder globalen Veränderung wird der globale Klimawandel zu – relativen und absoluten – Gewinnern und Verlierern führen. Auch wenn bisher nicht wirklich klar ist, welche globalen Temperaturveränderungen wir bis zum Jahre 2100 erreichen werden (die Erwartungen schwanken zwischen 2 und 4 Grad Celsius im globalen Mittel, der „likely range" der verschiedenen Szenarien reicht von 0,3–4,8 Grad Celsius), ist doch schon jetzt absehbar, wo die stärksten Veränderungen auftreten werden. Dies sind zum einen die hohen Breiten (zum Beispiel Arktis, Permafrostregionen) und die Gebirgs- und Gletscherregionen, die deutlich extremer auf globale Klimaveränderungen reagieren als etwa die mittleren und niederen Breiten sowie die Flachlandregionen. Besonders stark werden ferner die Küstenregionen betroffen sein, und zwar insbesondere aufgrund des ansteigenden Meeresspiegels. Unklar ist dagegen, wie die semiariden und ariden Gebiete (zum Beispiel Sahelzone) auf den Klimawandel reagieren werden, ob sie insgesamt trockener oder feuchter werden.

Im Vergleich dazu werden die mittleren Breiten und damit auch Deutschland vergleichsweise geringfügige Veränderungen erfahren, die aber gleichwohl substanziell und bereits heute mit ihren negativen und positiven Effekten erkennbar sind. So verändern sich schon jetzt europaweit die Häufigkeiten von Extrem-Wetterereignissen sowie die Möglichkeiten und Grenzen der Land- und Forstwirtschaft, des Weinbaus und des Ski- und Winterbetriebes.

Eine Verlässlichkeit der Zukunftsprojektionen und damit Planbarkeit der optimalen Reaktionspfade für die einzelnen Akteure kann jedoch nur erreicht werden, wenn alle, insbesondere aber die großen Akteure (USA-Kanada, Europa, China, Indien) klare und belastbare Aussagen zu ihren Planungen machen – und dies ist bisher eben leider noch nicht der Fall.

Positiv zu sehen ist, wenn im Pariser Abkommen anerkannt wird, dass es vielschichtiger Prozesse bedarf, um der Herausforderung des anthropogenen Klimawandels begegnen zu können. Die Reduktion der Emissionen ist dabei nur eine Komponente, die Extraktion von Treibhausgasen durch technische oder biologische Prozesse sollte dabei aber ebenfalls eine wichtige Rolle spielen. Damit wird implizit und absolut zu Recht auch der Ansatz des „Geo-" oder „Climate Engineering" befürwortet, das durch gezielte Eingriffe in das Erdsystem die Auswirkungen der Treibhausgasemissionen zu kompensieren sucht. Dies setzt allerdings ein umfassendes Verständnis des Erdsystems voraus, wenn verhindert werden soll, dass der Schaden des Geoengineering kleiner bleibt als der Nutzen. Erfreulicherweise wird darüber hinaus an mehreren Stellen des Pariser Abkommens das Prinzip der „globalen Solidargemeinschaft" unterstrichen, obgleich die Aussagen hier noch besonders vage bleiben.

Aus dieser Sicht ist das Pariser Abkommen also eher ein Optimismus streuender Auftrag, der noch umgesetzt werden muss, als ein verbindliches Klimaabkommen – und viel mehr durfte man realistischer Weise auch nicht erwarten. Denn tatsächlich ist der anthropogene Klimawandel mit all seinen ökonomischen, ökologischen und gesellschaftlich-politischen Implikationen ein ungeheuer komplexer Prozess, der nicht mit einem einzigen „Masterplan" beherrscht werden kann. Erkenntnisse aus der Wirtschafts- und Gesellschaftsgeschichte, aber auch aus der Naturgeschichte zeigen, dass hochkomplexe Prozesse mit permanent sich verändernden Randbedingungen nicht mit einem deterministischen Masterplan und Modell kontrolliert und gesteuert werden können; sie erfordern vielmehr einen evolutionären Steuerungsprozess, der jederzeit flexibel, im Rahmen des Machbaren und auf unterschiedlichen Größen- und Zeitskalen, auf aktuelle Veränderungen so reagiert, dass ein bestimmtes Ziel erreicht werden kann. Das Pariser Abkommen hat in diesem Sinne die Ziele und auch einige (wohlgemerkt: nur einige) der Instrumente genannt, mit denen diese Ziele erreicht werden sollen. Daraus nun einen verlässlichen evolutionären Prozess zu machen, ist die große Herausforderung, die sich nicht durch globale Konferenzen und einen Weltklimavertrag allein bewältigen lässt, sondern alle Akteure auf allen Raumskalen fordert.

Von der „Mitigation" zur „Mitigation UND regionalen Adaptation"

Seit 1990, also seit seinem ersten „Assessment Report" und damit seit über 25 Jahren, sind die Kernaussagen des IPCC unverändert: es gibt einen aktuellen anthropogenen Klimawandel, dessen Konsequenzen globaler Natur sind und weitreichende ökologische, ökonomische und gesellschaftliche Umwälzungen nach sich ziehen werden. Allzu lange ist diese wissenschaftliche Erkenntnis ignoriert worden. Erst die Veröffentlichung des *Stern Review on the Economics of Climate Change* im Jahre 2006 hat diese globale Herausforderung auf die politische Agenda wichtiger politischer Akteure gebracht, weil damit gerechnet werden muss, dass aufgrund des Klimawandel Schäden in Höhe von 5 bis 20 Prozent des globalen Bruttoinlandsproduktes entstehen werden – der Umfang der Auswirkungen bekam so eine messbare Größe, auch wenn die Zahlen aus wissenschaftlicher Sicht umstritten sind.

In der Folge nahm die Ernsthaftigkeit der nationalen und internationalen Bemühungen um eine deutliche Reduktion der Treibhausgasemissionen erheblich zu.

Gleichwohl sind die bisherigen Ergebnisse eher mager. Ohne Zweifel sind in vielen Bereichen große Fortschritte bei der Energieeinsparung und der Produktion alternativer Energien gemacht worden; sie wurden aber durch vermehrte Energiebedarfe mehr als ausgeglichen. Diesen „Rebound-Effekt" kennt jeder „Haushälter": Einsparungen an der einen Seite werden durch Mehraufwendungen an anderer Stelle mehr als kompensiert – und nichts deutet darauf hin, dass wir diesen Effekt innerhalb der nächsten Jahre werden stoppen können. Und so wachsen die Treibhausgas-Konzentrationen seit Jahrzehnten unverändert weiter an (vgl. Abb. 1); sie liegen für CO_2 heute bei etwas über 400 ppm mit jährlichen Anstiegen von 2 ppm.

Ist die Situation also hoffnungslos? Keineswegs! Denn ein Aspekt wird in der Regel allzu sehr vernachlässigt: Die eigentliche Gefahr des Klimawandels ist nicht der erwartete Endzustand, sondern der Übergang zu diesem neuen Zustand. Es besteht kein Zweifel, dass die Biosphäre und damit auch die Menschheit auf einem 5 Grad Celsius wärmeren (aber auch auf einem 5 Grad kälteren) Planeten Erde sehr wohl überleben könnte. Der anthropogene Klimawandel ist also keine „Bedrohung des Lebens auf der Erde" (wie etwa in *Wikipedia* unter dem Stichwort „Stern-Report" zu finden); und die *Selbstverbrennung* (so ein Buchtitel von Joachim Schellnhuber) gefährdet nicht die Menschheit als biologische Art, wohl aber die Lebensperspektiven von über 7 Milliarden Menschen. Erdgeschichtlich betrachtet ist die heutige Klimasituation mit einer globalen Jahresmitteltemperatur von rund 15 Grad Celsius und polaren Eiskappen eher die Ausnahme und die globalen Warmphasen ohne polare Vereisung dominieren! Ein schönes Beispiel dafür liefert die Grube Messel bei Darmstadt, die einen Erdsystemzustand vor 47 Millionen Jahren dokumentiert mit atmosphärischen CO_2-Konzentrationen von 1500–2000 ppm und einer reichen, fast tropischen Flora und Fauna, einschließlich der frühen Vorfahren der Pferde und des Menschen. Zu dieser Zeit lebten in der eisfreien Arktis Krokodile auf 80° nördlicher Breite.

In dem bei einer Erwärmung von 4 bis 5 Grad Celsius erwarteten Endzustand eines anthropogenen Klimawandels könnte also die Menschheit ohne weiteres und nach allem was wir heute wissen sogar sehr komfortabel leben. Tatsächlich würde wohl nirgends auf dieser möglichen künftigen Treibhauserde ein Zustand entstehen, der bezogen auf Temperatur und Niederschlag nicht schon heute in grundsätzlich ähnlicher Weise irgendwo auf der Erde realisiert ist. Allerdings wären die heutigen Küstenregionen bei einem Meeresspiegelanstieg von über 3 Meter, wie er nach jüngsten Modellierungen bei einer möglichen Destabilisierung des Westantarktischen Eisschildes eintreten könnte, vollständig überflutet, die Arktis und gegebenenfalls auch die Antarktis intensiver bewohn- und nutzbar und die Wüstenzonen erheblich kleiner. Der Übergang zu diesem „Treibhaus-Zustand" wäre jedoch ohne Zweifel dramatisch ...

Vor diesem Hintergrund, dass wir einerseits noch keinen großen Erfolg der Mitigationsbemühungen, also Bemühungen zur Reduktion von Treibhausgasen, sehen und andererseits in einer wärmeren Welt gut (über-)leben könnten, wird offenkundig: Wir brauchen nicht nur große Anstrengungen zur Reduktion der Treibhausgasemissionen, sondern ebenso große Anstrengungen zur Adaptation an den Klimawandel. Und zwar selbst dann, wenn die Erwärmung auf 2 Grad Celsius oder weniger begrenzt werden kann. Wir können es uns nicht leisten, nur den Plan A (Reduktion der Treibhausgas-Emissionen) zu verfolgen und zu kommunizieren und den Plan B (Adaptation) erst dann zu verfolgen, wenn Plan A gescheitert ist. Schon jetzt haben wir viel zu viel Zeit verloren, um uns ernsthaft mit dem Problem der Adaptation auseinanderzusetzen.

Adaptation muss jedoch immer auf regionaler Skala erfolgen. Und sie setzt eine hohe Zuverlässigkeit der Zukunftsprojektionen voraus. Genau hier greift die dritte große Herausforderung.

Von „verlässlichen globalen" zu „verlässlichen regionalen Klimaprojektionen"

Bei der Bewältigung der komplexen Probleme, vor die uns der anthropogene Klimawandel stellt, spielt die Wissenschaft eine zentrale Rolle, und zwar sowohl bei der Mitigation als auch bei der Adaptation. So muss die Wissenschaft zuverlässig berechnen können, welche Mitigationsmaßnahme welche klimatischen Effekte generiert. Bei aller Perfektion und Komplexität der Klimamodelle bestehen hier leider noch immer große Unsicherheiten. So ist etwa die realistische „Klimasensitivität" der Klimamodelle nach wie vor strittig: Bis heute wissen wir nicht verlässlich, um wie viel Grad sich die globalen Temperaturen bei einer Verdopplung der CO_2-Konzentrationen von 280 ppm (vorindustrieller Wert) auf 560 ppm erhöhen wird. Und so gibt es noch viele weitere Unsicherheiten, die etwa die Niederschläge, die Rolle der Wolken, der Vegetation, des Bodens oder der Gashydrate betreffen.

Besonders ausgeprägt sind diese Unsicherheiten auf regionaler Skala: Zukunftsprojektionen mögen bei globaler Betrachtung und im globalen Mittel durchaus zutreffend sein, auf regionaler Skala aber völlig falsche Aussagen treffen. Genau auf regionaler Skala ist aber die Anforderung an Verlässlichkeit besonders hoch, denn hier fallen die politischen Entscheidungen und werden konkrete Investitionen für Mitigation und insbesondere auch Adaptation getätigt.

Die Wissenschaft muss sich also intensiv um die Verbesserung der Zuverlässigkeit ihrer Modellierungen auf kleineren Raumskalen bemühen. Andererseits ist offensichtlich, dass die Verlässlichkeit der Klimaprojektionen auf regionaler Skala immer kleiner sein wird als die auf globaler Skala. Anders als verschiedentlich von Politikern behauptet, hat die Wissenschaft also noch längst nicht ihre Hausaufgaben gemacht!

Vom „embedded scientist" zum „honest broker"

Eine weitere Unsicherheit entsteht durch die Wissenschaftler selbst und ihre eigene politische und weltanschauliche Grundeinstellung. Der anthropogene Klimawandel ist zu einer hochpolitischen, ja weltanschaulichen Thematik geworden, die alle Menschen unmittelbar berührt und zu der sie entsprechend eine wesentlich politisch-weltanschaulich beeinflusste Position beziehen. Dies gilt ebenso für die Wissenschaftler.

Natürlich erwartet man, dass Wissenschaftler so neutral, objektiv und wahrheitsgetreu wie nur irgend möglich ihre Wissenschaft betreiben, und in der Regel funktioniert dies auch sehr gut. Allerdings eben nicht immer bei hochpolitischen, weltanschaulich geprägten Themen, wie es der Klimawandel inzwischen geworden ist. Hier wird auch Wissenschaft allzu leicht einseitig, tendenziös und entwickelt „blinde Flecken": Die Wissenschaftler werden zu „embedded scientists", die sich – ähnlich wie die „embedded journalists" der Kriegsberichterstattung – durch unmittelbare Einbindung in die Politik allzu sehr einseitig-politisch vereinnahmen lassen. Diese Entwicklung ist erkennbar und – bei allen positiven Effekten – durchaus nicht ungefährlich. Dies sei am Beispiel der Geschichte des „2-Grad-Zieles", das ja auch im Pariser Abkommen eine zentrale Rolle spielt, kurz erläutert.

Vor 40 Jahren vermutete der amerikanische Ökonom William Nordhaus, dass eine globale Erwärmung um mehr als 2 Grad Celsius die Welt in einen Zustand versetzen würde, wie er schon seit mehreren hunderttausend Jahren nicht mehr existiert hat. Im Jahr 1992 empfahl das Stockholm Environment Institute, dass die Politik möglichst eine Erwärmung von mehr als

2 Grad Celsius gegenüber dem präindustriellen Niveau verhindern sollte; diese Erklärung wurde 1996 von der EU und Angela Merkel bekräftigt. Und 2010, ein Jahr nach der Kopenhagen-Konferenz, einigte sich die Folge-Konferenz in Cancún, Mexiko, darauf, dass alles versucht werden muss, die globale Erwärmung unter 2 Grad im Vergleich zum vorindustriellen Niveau zu halten.

Seit dieser Zeit mehren sich nun Veröffentlichungen und Aussagen von Wissenschaftlern, die dieses Ziel bekräftigen. So hatte etwa Hans-Joachim Schellnhuber, Chef des Potsdam Institut für Klimafolgenforschung und Vorsitzender des Wissenschaftlichen Beirates der Bundesregierung für Globale Umweltfragen (WBGU), am 10.6.2015 in der *Frankfurter Rundschau* festgestellt: „Es gibt ein klares Bekenntnis, die Erderwärmung auf zwei Grad Celsius zu begrenzen – denn wir haben errechnet, dass jenseits davon unbeherrschbare Risiken lauern."

Tatsächlich finden sich dafür aber in der Wissenschaft, abgesehen von solchen allgemeinen Aussagen, kaum konkrete und belastbare Hinweise. Darauf weist unter anderem auch eine im Dezember 2015 in *Nature Geoscience* erschienene Arbeit von Reto Knutti und Kollegen von der ETH Zürich hin. Schon die oben skizzierte Entstehungsgeschichte legt den Schluss nahe, dass die 2-Grad-Grenze eine politische, in gewisser Weise willkürlich gegriffene Grenze darstellt. So schreibt denn auch der Klimawissenschaftler Hans von Storch vom Helmholtz-Zentrum Geesthacht in einem Interview (Helmholtz Perspektiven, 05/2015): „Dass die Grenze gerade zwei Grad sein soll? Das hat mit Wissenschaft wenig zu tun." Zwar gibt der WBGU in seinen Sondergutachten 2009 und 2014 eine Reihe möglicher Risiken bei Verfehlen des 2-Grad-Ziels an, zum Beispiel erhöhtes Risiko eines beschleunigten Artensterbens und eines Abschmelzen des Grönlandeises; letztlich bleiben es aber eben doch sehr vage Plausibilitätsbetrachtungen, die für eine größere Erwärmung mit größeren negativen Effekten rechnen.

Auf recht spekulativen Überlegungen basieren auch die Vorstellungen von „Kipp-Elementen" („tipping elements") im Erdsystem, deren Aktivierung zu ökologischen „Großunfällen" führen könnten, wie Timothy Lenton und Kollegen 2008 in einer einflussreichen Veröffentlichung in den *Proceedings of the National Academy of Sciences* postulierten. Ähnliches gilt für die von Johan Rockstroem, Will Steffen und Koautoren vertretenen Konzepte der „planetary boundary conditions" und des „safe operating space for humanity", die nicht überschritten werden dürften. Das Bild eines „sicheren Betriebszustandes für die Menschheit" ist intuitiv sicherlich sehr eingängig und politisch wirkmächtig, entbehrt aber – nicht zuletzt angesichts einer extrem variablen Erdgeschichte und von aktuellen Planungen für eine Besiedlung von Mond und Mars – einer belastbaren wissenschaftlichen Basis.

Damit ergibt sich folgendes Bild: Das 2-Grad-Ziel wurde auf scheinbar wissenschaftlicher Basis politisch propagiert und schließlich akzeptiert, die harten wissenschaftlichen Belege für die Sinnhaftigkeit dieses konkreten Zieles fehlen jedoch. Offensichtlich hat sich die Wissenschaft von der „guten Sache" vereinnahmen, ja instrumentalisieren lassen: Sie hat gezielt versucht, eine als richtig erkannte Politik mit spekulativen wissenschaftlichen Konzepten und Daten zu stützen. Und die Politik greift diese willkommene Hilfestellung dankbar auf.

Aus meiner persönlichen Sicht hat sich die Klimaforschung so vom „ehrlichen Makler des Wissens" mehr und mehr zu einem politischen Akteur mit eigener Agenda entwickelt – nicht zuletzt befördert durch die Struktur des Intergovernmental Panel on Climate Change (IPCC), des „Weltklimarates", der eine Plattform für den Dialog von Politik und Wissenschaft darstellt. Mit der Entwicklung der „embedded scientists" und somit durch die Entwicklung einer politischen Agenda für die Wissenschaft besteht aber die Gefahr, dass die Wissenschaft ihr größtes Gut, ihre Glaubwürdigkeit, verliert. Der schon zitierte Hans von Storch formuliert das drastisch so: „Das Zwei-Grad-Ziel hat uns in eine Sackgasse geführt: Die Wissenschaft verdaddelt ihr Kapital der gesellschaftlichen Anerkennung, und die Politik hat sich in die Zwei-Grad-Ecke gemalt und weiß nicht, wie sie da wieder herauskommen soll."

Die Wissenschaft ist also gefordert, künftig verstärkt auch auf ihre Glaubwürdigkeit und Unabhängigkeit zu achten und sicherzustellen, dass für die erforderlichen Maßnahmen der Mitigation und (regionalen) Adaptation möglichst verlässliche Informationen als „ehrbarer Makler" und nicht als politischer Akteur zur Verfügung gestellt werden. Vertrauen ist für Wissenschaft wie Politik essenziell. Politische Ziele müssen als politische Ziele erkennbar sein, wissenschaftliche Ergebnisse müssen belastbar und überprüfbar sein, Vermutungen und Spekulationen müssen als solche gekennzeichnet werden.

Von der „Klima-" zur „Erdsystem-"Betrachtung

Abschließend sei noch auf eine Herausforderung der besonderen Art hingewiesen. Tatsächlich ist der anthropogene Klimawandel nicht die einzige und auch nicht die größte Bedrohung für die Menschheit. Nach Auffassung vieler Wissenschaftlerinnen und Wissenschaftler – und auch ich selbst vertrete diese Sichtweise – ist der Verlust der biologischen Vielfalt ein erheblich größeres Zukunftsproblem. Als Folge der Zerstörung und Übernutzung von Ökosystemen und verschiedener anderer Faktoren (darunter auch Klimawandel und invasive Arten) sind rund 40 Prozent aller untersuchten Arten in irgendeiner Form vom Aussterben bedroht, verlieren wir täglich rund 100 Arten und Ökosystemdienstleistungen im Wert von mindestens 4 Billionen US-Dollar pro Jahr. Andere Bedrohungen für Natur und Mensch entstehen etwa durch unsere Eingriffe in biogeochemische Stoffkreisläufe (Stickstoff- und Phosphor-Eintrag) oder durch die Versauerung und Überfischung der Meere.

Nicht überraschenderweise sind alle diese Probleme, Klimawandel, Biodiversitätsverlust, Veränderung der Stoffkreisläufe etc. untereinander eng gekoppelt und haben letztlich eine Ursache: Wir übernutzen die Natur. Selbst wenn wir diesen Raubbau an der Natur sofort stoppen würden, wäre der ökologische Fußabdruck der anthropogenen Eingriffe in die Biosphäre noch in 1–5 Millionen Jahren erkennbar.

Das Ziel ist damit klar gesetzt: Wir müssen also nicht nur den anthropogenen Klimawandel bewältigen, sondern auf globaler Skala zu einer nachhaltigen Nutzung der Natur kommen. Dies setzt bei Politik, Gesellschaft und Wissenschaft ein neues Denken, eine „Erdsystem-Betrachtung" voraus: die Problemfelder sind vernetzt und müssen entsprechend vernetzt betrachtet und gelöst werden. So sind rund 20 Prozent der Treibhausgasemissionen auf veränderte Landnutzung und Verbrennen der Biosphäre zurückzuführen – und sind so zugleich der wichtigste Treiber des Artensterbens.

Diese Erdsystem-Betrachtung ist allerdings leichter gefordert als umgesetzt, denn schon die Betrachtung der Klimaproblematik allein ist komplex genug. Ein wichtiger Schritt in diese Richtung sollte eine engere Interaktion des „Intergovernmental Panel on Climate Change" (IPCC) mit der 2012 gegründeten, in Bonn ansässigen „Intergovernmental Platform for Biodiversity and Ecosystem Services" (IPBES) sein.

Vorreiterkoalitionen zum Klimaschutz gesucht

Hermann E. Ott

Der Weltklimavertrag markiert nicht das Ende, sondern den Anfang echter globaler Kooperation zum Klimaschutz. Nun muss das Erreichte gesichert und weiterentwickelt werden. Dies kann in der erforderlichen Schnelligkeit nicht im permanenten Konsens aller Staaten gelingen. Dafür braucht es eine Allianz der Pioniere, die auf eine frühe Ratifikation drängen – und auf eine schnelle Verstärkung der nationalen Beiträge zum Klimaschutz. Zu diesem Zweck sollte die Europäische Union die in Paris sehr erfolgreiche ‚High Ambition Coalition' weiterführen und ausbauen.

Als am Abend des 12. Dezember 2015 der französische Außenminister Laurent Fabius ein letztes Mal den kleinen grünen Hammer schwang und das Pariser Abkommen in die Existenz hämmerte, da brach in der Messehalle auf dem früheren Flughafen Orly die Hölle los: Tausende jubelten und kreischten, lagen sich in den Armen und tanzten – der Beifall und die Begeisterung wollten schier kein Ende nehmen. Durch diesen Ausbruch wurden mögliche Proteste einzelner Staaten elegant unterbunden – eine auf internationalen Konferenzen bewährte Methode der „Annahme durch Beifall" (adoption by acclamation) eines Vertrages.

Primär jedoch war diese Euphorie die persönlich und beruflich empfundene kollektive Erleichterung über den doch noch erfolgreichen Abschluss der Konferenz. Persönlich deshalb, weil für viele tausend Diplomaten und gesellschaftlich Aktive einige Jahre sehr harter Arbeit zu Ende gegangen waren, mit vielen anstrengenden Reisen, endlosen Sitzungen in neonerleuchteten, schlecht belüfteten Konferenzsälen und langen Abwesenheiten von Familien und Freunden. Und beruflich, weil nach dem Scheitern der Konferenz in Kopenhagen 2009 dies die vermutlich unwiderruflich letzte Chance für die globale Kooperation zum Klimaschutz gewesen war – und diese Chance tatsächlich genutzt wurde.

Auch der Autor dieser Zeilen hat ähnliches empfunden – eine ganz unwissenschaftliche, Tränen in die Augen treibende und eigentlich nicht rational begründbare Freude über diese Wendung der Dinge. Dass mehr als zwei Jahrzehnte Arbeit in der Wissenschaft, in der Politik und auf zivilgesellschaftlicher Ebene vielleicht nicht ganz umsonst waren, dass die Bücher, die Projektberichte und die vielen Artikel nicht nur für den Papierkorb geschrieben worden waren. Sondern dass mit dem Paris Agreement die Chance auf echte globale Kooperation erhalten worden ist. Nicht mehr – aber auch nicht weniger. Die (verpassten und genutzten) Chancen dieser Vereinbarung sollen im Folgenden kurz erläutert werden – mit Augenmerk auf den Aufgaben der Zukunft.

Denn der Pariser Weltklimavertrag kann die Grundlage für einen sozialen und ökologischen Umbau unserer Wirtschafts- und Lebensweise sein – wenn es gelingt, diese einmalige Dynamik von Paris in eine starke politische Kraft umzuwandeln. Und wenn sich die Vorreiter des Klimaschutzes endlich dauerhaft zusammentun.

Was in Paris erreicht wurde – eine Momentaufnahme

Sofort nach der Annahme des Paris Agreement begann der Kampf um die Deutungshoheit, die Auseinandersetzung darüber, wie dieses Ergebnis zu interpretieren sei. Die Einschätzungen reichten in einer breiten Spanne von „völlig unzureichend" bis zu „Meilenstein der Umweltpolitik". Ausgehend von der oben skizzierten Ausgangslage liegt das Ergebnis tatsächlich im oberen Bereich dessen, was in globalen Verhandlungen erwartet werden konnte. Stärkere Verpflichtungen können nur in einem kleineren Rahmen mit Vorreitern erzielt werden – und die Bildung und Verstetigung von Pionierallianzen ist denn auch eine Hauptaufgabe in den nächsten Jahren.

Das Paris Agreement ist allerdings in gegenwärtiger Form zu schwach, um den Klimawandel effektiv zu bekämpfen. Deshalb muss die Dynamik von Paris unbedingt genutzt werden, um die nationalen Beiträge zum Klimaschutz sehr schnell zu verschärfen. Hilfreich dafür sind die Bildung von Vorreiter-Koalitionen aus Staaten und nicht-staatlichen Akteuren, um den Zwang zum Konsens zu umgehen und die Weiterentwicklung der Klimapolitik zu beschleunigen.

Rückkehr des Multilateralismus

Das Paris Agreement kann vorsichtig als eine Rückkehr zum Multilateralismus gewertet werden – nicht nur in einer eher unverbindlichen, politischen Form der Kooperation, sondern sogar in einer rechtlich verbindlichen Form der Zusammenarbeit. Das Ergebnis von Paris sind im Wesentlichen zwei Instrumente: der Text des Paris Agreement und ein Beschluss, in dem viele Ausführungsbestimmungen stehen, aber auch Materien, die bewusst nicht im Vertrag geregelt werden sollten (Paris Agreement 2015). Nach dem Minamata-Abkommen über Quecksilber von 2013 ist dies ein weiterer völkerrechtlicher Meilenstein der letzten Jahre, der von den USA mit auf den Weg gebracht worden ist. Und wie bei der Minamata-Konvention wird das Inkrafttreten über ein Schlupfloch im Verfassungsrecht der USA ermöglicht.

Das Paris Agreement – ein völkerrechtlicher Vertrag?

Sofort nach Konferenzende kamen aus den USA die ersten Mails, das Paris Agreement dürfe nicht „Vertrag" genannt werden, weil es dann vom Senat ratifiziert werden müsse und keine Chance habe. Amerikanische Gegner eines effektiven Klimaschutzes argumentierten demgegenüber, das Paris Agreement sei ohne Zweifel ein „Vertrag" und müsse deshalb dem Senat vorgelegt werden. Die Antwort ist scheinbar ein Paradoxon: Völkerrechtlich ist das Paris Agreement ohne Zweifel ein Vertrag im Sinne des Artikels 2.1 der Wiener Konvention über das Recht der Verträge (1969), im nationalen Recht der USA dagegen nicht.

Aus dem Blickwinkel des US-Verfassungsrechts, interpretiert durch das Foreign Affairs Manual des US State Department, ist das Paris Agreement eine „internationale Vereinbarung, die kein Vertrag ist" (international agreement other than a treaty). Dies liegt daran, dass es im Rahmen eines vom Senat autorisierten Vertrages abgeschlossen ist und sich im Rahmen der bestehenden Gesetzeslage in den USA hält, also keine neuen Verpflichtungen auferlegt (ausführlich in Obergassel et al. 2016). Aufgrund der innenpolitischen und verfassungsmäßigen Besonderheiten der USA kommt es also zu der etwas paradoxen Situation, dass das Paris Agreement international als „Vertrag" gilt, während es national kein Vertrag ist, sondern eine „internationale Vereinbarung, die kein Vertrag ist". Doch hat es dadurch eine reale Chance, von den USA ratifiziert zu werden und das Schicksal des Kyoto-Protokolls zu vermeiden.

Klimaschutz als echte globale Gemeinschaftsaufgabe

Zum ersten Mal ist der Kampf gegen den Klimawandel als Aufgabe aller Staaten der Erde verankert worden, anstatt wie bisher hauptsächlich als vorrangige Angelegenheit der Industriestaaten angesehen zu werden. Die Überwindung der sogenannten „Brandmauer" (firewall) zwischen Industriestaaten und Entwicklungsländern ist eine historische Errungenschaft – auch wenn in einigen Klauseln weiterhin nach Ländergruppen unterschieden wird. Doch hatte dieser Antagonismus über Jahrzehnte zu einer Lähmung der Klimapolitik geführt, die jetzt hoffentlich überwunden ist. Noch zu Beginn des 21. Jahrhunderts hatte der chinesische Delegationsleiter Prof. Zhongin einer Klimakonferenz erregt gerufen: „China will always be a developing country!" Damit meinte er nicht den faktischen Entwicklungsstand, sondern einen Status, der es der Volksrepublik erlauben sollte, die Entwicklung der Wirtschaft auf ewig vorrangig zu betreiben, während die alten Industriestaaten zum Klimaschutz verpflichtet seien. Diese Position ist mit dem Abschluss des Paris Agreement ad acta gelegt worden.

Das Ende des fossilen Zeitalters

Den vom Anstieg des Meeresspiegels bedrohten kleinen Inselstaaten ist es gelungen, eine Konkretisierung, Verschärfung und rechtliche Verstärkung des letztendlichen Ziels des Klimaregimes durchzusetzen. Die Klimarahmenkonvention (1992) definiert in Artikel 2 als ‚Endziel' „die Stabilisierung der Treibhausgaskonzentrationen in der Atmosphäre auf einem Niveau zu erreichen, auf dem eine gefährliche anthropogene Störung des Klimasystems verhindert wird". Eine Konkretisierung dieses Ziels wurde auch durch das Kyoto-Protokoll (1997) nicht vorgenommen – wobei dieser Vertrag allerdings von seinem ganzen Wesen her eine Konkretisierung dieses Ziels war.

Erst 2010, auf der 16. Konferenz der Vertragsparteien in Cancún, Mexiko, wurde das Ziel dahingehend konkretisiert, dass der Anstieg der globalen Mitteltemperatur nicht mehr als 2 Grad Celsius betragen solle, bezogen auf das vorindustrielle Niveau. Diese Formulierung fand sich allerdings lediglich in einem rechtlich nicht verbindlichen Beschluss der Konferenz.

Neuere wissenschaftliche Erkenntnisse ließen ferner den Schluss zu, dass eine Begrenzung des Temperaturanstiegs auf 2 Grad nicht ausreichen würde um eine „gefährliche anthropogene Störung des Klimasystems" zu vermeiden. Deshalb forderten die kleinen Inselstaaten (AOSIS) und die ärmsten Entwicklungsländer (LDCs), dass eine Erwärmung von höchstens 1,5 Grad als Obergrenze definiert werden sollte. Dies wurde zunächst von der EU und schließlich auch von den USA in einer sogenannten ‚High Ambition Coalition' unterstützt. Dieser Forderung stellten sich vor allem einige Schwellenländer entgegen – ein Schritt, der sie innerhalb der Gruppe der Entwicklungsländer isolierte.

Im Paris Agreement findet sich schließlich die Formulierung, dass der Temperaturanstieg „beträchtlich unter 2 °C gegenüber dem vorindustriellen Niveau" gehalten werden soll und dass „Anstrengungen verfolgt werden sollen, den Temperaturanstieg auf unter 1,5 °C über dem vorindustriellen Stand zu begrenzen" (... well below 2 °C above pre-industrial levels and to pursue efforts to limit the temperature increase to 1.5 °C above pre-industrial levels – Paris Agreement 2015). Das ist ein Erfolg im Kampf für eine effektive internationale Antwort gegen den Klimawandel – auch im Angesicht von Kritik, die darauf abhebt, dies seien unverbindliche politische Ziele und nicht einmal zu erreichen (Geden 2015). Diese Kritik vergisst, dass man beides braucht, visionäre Ziele und konkrete Maßnahmen. Auch der Kampf für den Weltfrieden wird nicht dadurch obsolet, dass der Endzustand vermutlich nie erreicht werden wird. Richtig ist allerdings, dass es nicht bei dem Pathos bleiben darf, sondern dass konkrete Maßnahmen zur Umsetzung ergriffen werden müssen.

... aber unzureichende Klimaschutzbeiträge

Gemessen daran sind die im Paris Agreement verankerten Pflichten jedoch durchaus kritikwürdig. Denn die innenpolitischen Erfordernisse der USA waren nicht nur für die Form des Paris Agreement, sondern auch für die Inhalte maßgeblich: Um eine Pflicht zur Zustimmung des US-Senats abzuwehren, durfte das Abkommen keinerlei Pflichten enthalten, die nicht bereits Teil des amerikanischen Rechtskorpus waren. Deshalb wurden brisante Inhalte (zum Beispiel zu Minderungs- oder Finanzierungsbeiträgen) aus dem Vertragstext in den begleitenden Beschluss verbannt, denn dieser ist nach allgemeiner Auffassung im Rahmen des Klimaregimes nicht rechtlich verbindlich.

Die Klimaschutzbeiträge der Staaten sollen aufgrund der verfassungsrechtlichen Besonderheiten der USA nicht mehr „top down" erfolgen, also wie im Kyoto-Protokoll in verbindlicher Form von den Staaten beschlossen, sondern „bottom up": Ähnlich wie im Konzept des „pledge and review" aus den 90er Jahren sollen die Staaten selbst definierte, freiwillige Beiträge an das Klimasekretariat in Bonn melden. Diese Strategie der USA kam den Interessen anderer Staaten wie der Volksrepublik China sehr entgegen – schon ein Jahr vor COP 21 hatten die Präsidenten beider Staaten in einem Aufsehen erregenden Treffen eine Vereinbarung über ihre jeweiligen Beiträge zum Klimaschutz getroffen. Der Hauptstreit in den Verhandlungen der letzten Jahre drehte sich auch nicht mehr um die Art der Klimaschutzbeiträge, sondern darum, ob und in welcher Form die Umsetzung dieser Versprechungen überprüft werden sollte und wie sie verstärkt werden könnte.

Soweit es den Umfang der Beteiligung betrifft, war die Strategie der „beabsichtigten national bestimmten Beiträge" (intended nationally determined contributions, INDCs) sehr erfolgreich: Bis zum Herbst 2015 hatten ca. 150 Staaten ihre beabsichtigten Beiträge kommuniziert, im Dezember waren es mit über 180 sogar fast alle Staaten. Das Paris Agreement ist also dem Anspruch gerecht geworden, einen Vertrag für alle Staaten zu entwerfen.

Inhaltlich jedoch lassen diese Beiträge einiges zu wünschen übrig: Sie enthalten zum Teil keinerlei Vorhaben für die Treibhausgasminderung, teilweise sind Minderungsbeiträge unter den Vorbehalt der Finanzierung gestellt, und da es kein einheitliches Format gab, beziehen sich viele Beiträge auf unterschiedliche Basis- und Zieljahre. Schon vor Beginn der Pariser Klimakonferenz war klar, dass diese freiwilligen Beiträge nicht genügen würden: Eine Reihe von Berechnungen hatte ergeben, dass selbst bei Umsetzung aller versprochenen Maßnahmen eine Temperaturerhöhung von 2,7–3,5 Grad Celsius gegenüber dem vorindustriellen Stand zu erwarten sei (Levin, Fransen 2015). Dies liegt weit jenseits des zivilisatorisch Verträglichen.

Der begleitende Beschluss notiert denn auch mit Besorgnis, dass die bisherigen „national bestimmten Beiträge" nicht ausreichend sind, um unter der 2-Grad-Grenze zu bleiben. Die Wirksamkeit des Paris Agreement hängt deshalb vor allem davon ab, dass diese nationalen Beiträge möglichst schnell verschärft werden. Das Instrument für eine solche Verschärfung ist ein innovativer „Ratschen-Mechanismus", der die Vertragsstaaten dazu zwingt, alle fünf Jahre ihre geplanten Beiträge zu melden, wobei die Planung nicht hinter den vorigen Beitrag zurückfallen darf. Erste Analysen unmittelbar nach der Annahme des Paris Agreement deuten darauf hin, dass 2-Grad- oder sogar 1,5-Grad-Szenarien möglich sind, wenn schon ab 2018 verstärkte Emissionsziele für 2030 gemeldet werden. Dazu bedarf es jedoch des Einsatzes von „negativen CO_2-Technologien", also solchen, die Kohlenstoff aus der Atmosphäre filtern.

Was jetzt zu tun ist – Koalitionsbildung für Klimaschutz

Die relativ positive Bewertung zu Beginn dieses Artikels lässt sich also nur dann aufrechterhalten, wenn die Dynamik anhält, das Paris Agreement sehr schnell, möglichst schon 2017, in Kraft gesetzt wird und die Beiträge sehr schnell, möglichst schon ab 2018, verschärft werden. Das ist sozusagen der Preis für den ‚Top-down'-Ansatz: Anders als bei der Vereinbarung rechtlich verbindlicher Pflichten muss der Druck bei freiwilligen Beiträgen konstant aufrechterhalten werden. Dies ist eine große und dauerhafte Aufgabe für die an klimapolitischem Fortschritt interessierten Staaten und für die entsprechenden Kräfte in Zivilgesellschaft und Wirtschaft.

Dem wäre es vermutlich am Besten gedient, wenn die Koalition erhalten bliebe, zumindest im Kern, die den Erfolg in Paris möglich gemacht hat: die High Ambition Coalition. Diese „Koalition der hohen Ansprüche" war im Sommer 2015 auf Initiative des charismatischen Außenministers der Marshallinseln, Tony de Brum, gegründet worden, der auch (wegen seiner internationalen Klagen gegen die Atommächte) für den Friedensnobelpreis nominiert ist. In geheim gehaltenen Gesprächen zwischen der EU und einer knapp 80 Staaten umfassenden Gruppe von Entwicklungsländern aus Afrika, der Karibik und dem Pazifik wurde die Pariser Klimakonferenz vorbereitet. Schon zu Beginn der Konferenz erklärten die USA ihre Unterstützung und durchbrachen so das früher vorherrschende Muster „EU plus Entwicklungsländer gegen USA". Nachdem auch Brasilien gegen Ende der Konferenz seine Zustimmung signalisiert hatte, war klar, dass diese Koalition nur um den Preis der politischen Isolation zu stoppen war.

Die Gründe, die diese Gruppe zusammen gebracht hatten, existieren nach wie vor: Auf dem Zwang zum Konsens basierende Beschlussverfahren, die den zahlreich vorhandenen Bremsern im System die Obstruktion leicht machen und eine schnelle Entwicklung des Systems verhindern (vgl. Ott et al. 2014, S. 235 ff.). Auch die angespannte Weltlage mit ihren Krisensymptomen in der Ukraine oder dem Nahen Osten und den daraus resultierenden Flüchtlingsströmen sowie der Krise der EU-Institutionen wird wenig Raum und Aufmerksamkeit lassen für eine auf Langfristigkeit angelegte Klima- und Nachhaltigkeitspolitik. Es gibt deshalb einen großen Bedarf an einer Vorreiterkoalition, die das Thema auf der Tagesordnung hält, die für eine schnelle Ratifikation, für eine Vertiefung der nationalen Beiträge und für die Entwicklung von Transparenzregeln streitet.

Dabei sollte ein Fehler vermieden werden, wie er nach 1995 in Berlin, nach 2001 in Bonn/Marrakesch oder2007 auf Bali gemacht wurde: Auf den

Konferenzen hatte die Koalition (damals noch unter dem Namen „Green Group" aus EG bzw. EU und Entwicklungsländern) jeweils in den Verhandlungen große Erfolge erzielt – war jedoch danach wieder zerfallen. Es wird vor allem an der Europäischen Union liegen, ob diese Koalition aufrechterhalten werden kann oder ob die alten Gegensätze zwischen Arm und Reich, zwischen Gebern und Nehmern wieder aufleben. Die Koalition könnte versuchen, im Paris Agreement die Möglichkeit einer stärkeren Dynamik zu schaffen und eine Regelung für Mehrheitsbeschlüsse herbeizuführen: Artikel 16.5 des Vertrages bestimmt, dass die Geschäftsordnung der Klimarahmenkonvention auch für das Agreement gelten soll – sofern es von der ersten Konferenz der Vertragspartien nicht anders entschieden wird. Allerdings müssen aufgrund der Bedingungen für das Inkrafttreten (55 Staaten, die 55 Prozent der Emissionen repräsentieren) neben der EU auch die USA oder China ratifizieren, die beide nicht als Befürworter von Mehrheitsentscheidungen bekannt sind. Aber einen Versuch ist es wert.

Aus der Geschichte der Klimadiplomatie und den Umständen der Klimapolitik im zweiten Jahrzehnt des 21. Jahrhunderts wird erkennbar, warum die Annahme des Paris Agreement nur mit einer geänderten Strategie möglich war. Vermutlich ist eine globale Vereinbarung zum Klimaschutz aufgrund der immensen (realen und imaginären) ökonomischen Bedeutung nur als konsensuales Projekt möglich (Hermwille et al. 2015). Dies sollte jedoch die an einer Bekämpfung des Klimawandels interessierten Staaten nicht davon abhalten, einzeln oder in einer Allianz schneller voranzugehen. Gerade im Verbund mit sogenannten „subnationalen Akteuren" wie den Städten und Regionen, mit der Wirtschaft und zivilgesellschaftlichen Gruppen liegt eine große Chance. Der Beschluss zum Paris Agreement erleichtert die Verzahnung von Politik und Gesellschaft durch die Einrichtung eines „ermöglichenden Dialogs" (facilitative dialogue), der die Impulse der Lima Paris Action Agenda aufnimmt und von 2016 bis 2020 jährlich im Zusammenhang mit der Konferenzen der Vertragspartien abgehalten werden soll.

Die Zeit drängt. Nach der Euphorie von Paris ist in den Hauptstädten wieder der Alltag eingekehrt. Der relative Erfolg in Paris kann wie ein Sedativum wirken, wenn die Spannung nicht aufrechterhalten wird. Bei einem Scheitern der Verhandlungen wäre man um eine neue diplomatische Initiative außerhalb des Klimaregimes vermutlich nicht herumgekommen (Ott et al. 2014), doch ist das im Moment nicht akut. Eine solche Initiative kann allerdings wieder aktuell werden, wenn das Paris Agreement nicht „liefert", also nicht in Kraft tritt bzw. die nationalen Beiträge nicht schnell verschärft werden. Das Konzept völkerrechtlich verbindlicher Reduktionspflichten sollte nicht für alle Zeiten ad acta gelegt werden – es ist immer noch das sicherste Instrument zur internationalen Koordinierung schwieriger Materien. Auch dies ist ein weiterer Grund, die ‚High Ambition Coalition' bzw. eine ähnliche Pionierallianz weiterzuführen. Das Paris Agreement bietet eine neue, globale Plattform für den gemeinsamen Kampf gegen den Klimawandel – jetzt muss sie von den Vorreitern genutzt und bespielt werden.

Dieser Beitrag profitiert von meiner Arbeit mit den Kolleginnen und Kollegen am Wuppertal Institut, sowohl auf der Pariser Konferenz als auch beim Abfassen unserer Analyse des Paris Agreement: Phoenix from the Ashes. An analysis of the Paris Agreement to the United Nations Framework Convention on climate change. By Wolfgang Obergassel (né Sterk), Christof Arens, Lukas Hermwille, Nico Kreibich, Florian Mersmann, Hermann E. Ott and Hanna Wang-Helmreich. Wuppertal, 22. Januar 2016.

Literatur

Geden, O.: Paris Climate Deal – the Trouble with Targetism. In: Guardian online (2015).

Hermwille, L., Obergassel, W., Ott, H. E., Beuermann, C.: UNFCCC before and after Paris – what's necessary for an effective climate regime? In: Climate Policy (2015), S. 1–21.

IISD Reporting Services: Summary of the Paris Climate Change Conference: 29 November – 13 December 2015, New York, 2015.

Levin, K., Fransen, T.: INSIDER: Why Are INDC Studies Reaching Different Temperature Estimates?, Washington, 2015.

Obergassel, W., Arens, C., Hermwille, L., Kreibich, N., Mersmann, F., Ott, H. E., Wang-Helmreich, H.: Phoenix from the Ashes – An Analysis of the Paris Agreement to the United Nations Framework Convention on Climate Change, Wuppertal, 2016.

Oberthür, S., Ott, H. E.: Das Kyoto Protocol. Internationale Klimapolitik für das 21. Jahrhundert, Opladen, 2000.

Ott, H. E., Arens, C. Hermwille, L., Mersmann, F., Obergassel, W., Wang-Helmreich, H.: Climate Policy: Road Work and New Horizons – An Assessment of the UNFCCC Process from Lima to Paris and beyond. In: Environmental Liability – Law, Policy and Practice (2014), S. 223–238.

Paris Agreement: Decision 1/CP.21, Paris, 2015.

Es braucht ein Bündnis der Zukunftsfähigen

Holger Rogall

Wer glaubt, dass nach Paris das Fenster zu einem konsequenten Klimaschutz offen steht, versteht die Interessenlage vieler globaler Player nicht, deren Kurzfristinteressen sich wirkungsmächtiger zeigen als der Überlebenswille der Mehrheit. Ohne die Übernahme einer Vorreiterrolle, die anderen Ländern zeigt, dass eine 100-Prozent-Versorgung mit erneuerbaren Energien (EE) möglich und wirtschaftlich darstellbar ist, aber auch massiven Druck und erheblichen Zugeständnissen der reichen Industriestaaten können die Klimaschutzziele nicht erreicht werden.

Das Ergebnis von Paris ist nicht vergleichbar mit der Verhandlungskatastrophe von Kopenhagen 2009. Damals konnte das Fazit nur lauten: „die Menschheit hat sich aufgegeben", während Paris immerhin ein Schritt in die richtige Richtung ist – nicht mehr, aber auch nicht weniger. Eine Verhandlungslösung mit dem Zwang zum Konsens war kein realistisches Ziel, weil die Kurzfristinteressen einzelner Staaten einfach zu groß sind. Aus diesem Grund standen in Paris Selbstverpflichtungen der Staaten – die ja keinen Verhandlungskonsens benötigen – im Mittelpunkt. Alle Fachleute wissen hierbei, dass fast alle Länder mit den vorgelegten Zahlen tricksen und sich eigene Basisjahre wählen. Diese lassen zwar ihre Selbstverpflichtungen gut aussehen, werden aber in Wirklichkeit nicht ausreichen, um das 2-Grad-Ziel, geschweige denn das 1,5-Grad-Ziel zu erreichen. Auf lange Sicht sind die Ergebnisse von Paris also ungenügend. Nach den Kriterien des nachhaltigen Wirtschaftens (Rogall 2012, Kap. 8; Rogall 2014, Kap. 2) kann nur eine 100-Prozent-Versorgung mit EE als nachhaltige Energiepolitik bezeichnet werden. Hierzu gehören ein Kohleausstiegsgesetz bis 2030/40 (Klinski 2015/03) und eine erneute Novellierung des EEG, das einen schnellen Ausbau der EE sicherstellt (Leprich & Rogall 2014: 28). Diese Eckpfeiler der Energiewende genießen eine hohe Akzeptanz, so fordern 84 Prozent aller Deutschen eine schnellstmögliche 100-Prozent-Versorgung mit EE (Emnid 2013/10). Alle bisher in die öffentliche Diskussion gebrachten alternativen

Techniken (zum Beispiel Atomenergie, Kernfusion, CCS, Geo-Engineering) können den Kriterien des nachhaltigen Wirtschaftens nicht gerecht werden (Rogall 2014, Kap. 2.5). Für das 100-Prozent-Ziel haben wir für die OECD-Länder das einprägsame Zieljahr 2050 formuliert. Alle anderen Staaten sollten bis dahin einen großen Teil des Weges zurückgelegt haben.

Entwicklungstrends

Auf der globalen Ebene existieren nur wenige Trends, die Anlass zur Hoffnung geben:

Der globale Primärenergieverbrauch (PEV) wächst fast ungebremst. In den 1990er Jahren stieg er von 367 Exajoule (EJ) auf 421 EJ (2000), in den 2000er Jahren auf 535 EJ (2010) und 566 EJ (2013) (BMWi 2016). Hierbei stammte 2012 der allergrößte Anteil des Endenergieverbrauchs immer noch aus fossilen (80,5 Prozent) und atomaren (2,4 Prozent) Energieträgern, nur 17,1 Prozent stammen aus EE (BMWi 2015).

Die energiebedingten CO_2-Emissionen haben sich hierzu parallel entwickelt: von 22 699 Mt CO_2 (1990) auf 25 501 Mt CO_2 (2010) und 35 499 Mt CO_2 (2014) (BMWi 2016/01, Tab. 31). Was viele Menschen – auch Politiker und Manager – noch nicht verstanden haben ist die Tatsache, dass aufgrund der sehr langen Verweildauer einiger THG (Treibhausgase) die Folgen der Klimaerwärmung die Menschheit noch viele Jahrhunderte beschäftigen werden und jede weitere Gigatonne (Gt) THG die Klimaerwärmung für Jahrhunderte weiter verstärkt (WBGU 2009).

- Obgleich alle seriösen Klimaschutzwissenschaftler und Politiker wissen, dass die Klimaschutzziele nur noch zu erreichen sind, wenn der vollständige Kohleausstieg in den Industrieländern zwischen 2030 und 2040 abgeschlossen werden kann und der nachhaltige Umbau auf eine Energieversorgung mit 100 Prozent erneuerbaren Energien (EE) bis 2050 gelingt, nimmt der Anteil der EE viel zu langsam zu.
- Im Stromsektor liegt der EE-Anteil mit 20 Prozent geringfügig höher (2014: 4750 TWh EE des globalen Stromverbrauchs von insgesamt 22 670 TWh). Den höchsten Anteil erbringen die Wasserkraftwerke (ca. 16 Prozent), mit weitem Abstand gefolgt von Windenergie (ca. 2 Prozent) und Biomasse (unter 1 Prozent) (BMWi 2015/08: 55).

Offensichtlich ist die Weltgemeinschaft weit von einer positiven Entwicklung entfernt, ganz zu schweigen von einer 100-Prozent-Versorgung mit EE.

Interessenlagen

Die fossile und atomare Energiewirtschaft (mit allen von ihr abhängigen und ihr zuarbeitenden Sektoren) tätigt jährlich Umsätze von mehreren Billionen US-Dollar und beschäftigt mehrere Millionen Menschen. Ohne ihre Arbeit könnte heute kein Industrie- und Schwellenland der Welt wirtschaften. Es ist aber auch sicher, dass die Menschheit nur noch etwa ein Drittel der heute bekannten fossilen Energieträger verbrennen darf. Will die Menschheit eine dramatische Klimakatastrophe verhindern, muss sie einen großen Teil der bekannten Energieträger ungenutzt lassen und stattdessen so schnell wie möglich mit dem Transformationsprozess zu einer 100-Prozent-Versorgung mit EE beginnen. Diese Erkenntnis hat schwerwiegende Folgen für alle Staaten, die über namhafte fossile und atomare Energiereserven verfügen: Sie sollen auf riesige Steuereinnahmen und Beschäftigung vieler Menschen verzichten. Dazu kommt der ungeheure Druck der fossilen und atomaren Energiewirtschaft, die alle Instrumente der Manipulation und des öffentlichen Drucks sowie der Bestechung einsetzt, um den Transformationsprozess zu verlangsamen. Viele Wirtschaftsakteure wollen der notwendigen Transformation zur 100-Prozent-Versorgung mit EE nicht folgen, da sie in ihren Planungen den Faktoren des Markt- und Politikversagens unterliegen (sozial-ökonomische Faktoren wie die externen Kosten, Diskontierung künftiger Schäden und vieles andere): Sie sehen die betriebswirtschaftlichen, nicht die volkswirtschaftlichen Kosten der konventionellen Energien. Sie bewerten den gegenwärtigen Konsum höher als den künftigen Nutzen des Klimaschutzes (Rogall 2014):

- Die Vertreter der Entwicklungsländer möchten erst einmal alle Menschen mit Strom versorgen, bevor sie sich mit anderen Problemen beschäftigen (der Klimaerwärmung).
- Die Vertreter der Schwellenländer wollen den Aufholprozess zu den Industrieländern nicht verlangsamen.
- Die Industrieländer wollen die Wettbewerbsnachteile zu den Schwellenländern nicht vergrößern.

Damit scheint sehr wahrscheinlich, dass die Weltgemeinschaft sich ohne Vorbilder, die ihnen zeigen, dass der Transformationsprozess auf lange Sicht Vorteile bringt, erst zu spät (weil die Treibhausgase zum Teil sehr lange in der Atmosphäre verweilen) zum Umbau entscheidet. Derzeit sehen viele Autoren eigentlich nur zwei Alternativen, die doch noch zum Erfolg führen könnten:

1. Die „Hoffnung" auf Katastrophen: Auch wenn sich das nahezu zynisch anhört, aber auf absehbare Zeit rechnen viele Autoren nur dann mit global ernstzunehmenden Maßnahmen zur Absenkung der absoluten THG-Emissionen und einem Umbau zur 100-Prozent-Versorgung mit EE, wenn es zu unübersehbaren Katastrophen kommt, zum Beispiel dem Untergang mehrerer Metropolen oder Staaten wie Bangladesch und Vietnam aufgrund des steigenden Meeresspiegels.
2. Der erfolgreichere Weg der EE: Hermann Scheer – einer der wichtigsten Wegbereiter einer 100-Prozent-Versorgung mit EE – hielt den gesamten globalen Verhandlungsansatz für verfehlt. Er sah das Konsensprinzip, das derartigen Weltabkommen innewohnt, als völlig untauglich für die notwendigen Reduktionsziele an (Scheer 2012: 74). Er forderte, wie wir, eine Strategie zur Umsetzung der 100-Prozent-Versorgung mit EE in Deutschland und Europa, die anderen Ländern die Hoffnung gibt, diesem Weg zu folgen.

Ein Zeichen dafür, dass die Konzentration auf einen eigenen Weg zur 100-Prozent-Versorgung – ohne Warten auf die Weltgemeinschaft – der richtige Pfad ist, zeigt ein internationaler Vergleich: Neben der EU investieren auch andere Staaten wie die USA, China und Japan in EE und Energieeffizienz. Weiterhin beginnen einige Staaten, politisch-rechtliche Instrumente einzuführen, die den Transformationsprozess zur 100-Prozent-Versorgung mit EE beschleunigen sollen. Dabei wirkt unterstützend, dass eine derartige Energiepolitik nicht zu Lasten der Wettbewerbsfähigkeit dieser Länder geht (Neuhoff et al. 2014). Vielmehr bedeutet eine nachhaltige Energiepolitik zugleich eine Steigerung der Innovationskraft dieser Länder.

Was müssen die Vorreiter tun?

Will die Menschheit eine dramatische Klimakatastrophe verhindern, darf sie die vorhandenen fossilen Energiereserven nicht mehr aufbrauchen. Um dies zu gewährleisten, müssen die Industrie- und Schwellenländer bis 2050 einen Transformationsprozess durchführen, der am Ende ein treibhausgasneutrales Leben und Wirtschaften ermöglicht (von uns auch nachhaltiger Umbau der Volkswirtschaften genannt). Hierzu müssen zum Beispiel die deutschen Pro-Kopf-Emissionen von heute 11 Tonnen/Einwohner auf eine

Tonne reduziert werden, was einer 90-Prozent-Reduzierung (gegenüber 1990) entspricht. Diese Ziele sind nur zu erreichen, wenn alle drei Strategiepfade des nachhaltigen Wirtschaftens konsequent umgesetzt werden (Rogall 2014; s. a. Müller & Niebert 2009):

1. Effizienzstrategie: Die Effizienzstrategie ist unverzichtbar, da mit ihrer Hilfe die Energieverbräuche halbiert werden können. Durch die konsequente Umsetzung der Effizienzpotenziale kann ein deutlicher Beitrag für die ökologischen Ziele einer nachhaltigen Energiepolitik sowie für die Modernisierung der Volkswirtschaft und einer dauerhaft sicheren Versorgung geleistet werden. Es existieren allerdings auch Nachteile bzw. Grenzen dieses Strategiepfades: Alle Effizienzstrategien stoßen an naturgesetzliche Grenzen. Auch ein halbierter oder geviertelter Ressourcenverbrauch fossiler oder nuklearer Ressourcen verdoppelt oder vervierfacht zwar die Verfügbarkeit, beseitigt aber nicht das Problem ihrer Endlichkeit und der THG-Relevanz. Dennoch: Ohne die Ausschöpfung der Effizienzstrategie kann es keine 100-Prozent-Versorgung mit EE geben.
2. Konsistenzstrategie – 100 Prozent Versorgung mit EE: Heute zeigen die seriösen Studien, dass die EE das Potenzial haben, alle Großregionen der Welt dauerhaft und wirtschaftlich realisierbar vollständig mit EE zu versorgen. Das gilt auch für Europa und Deutschland.
3. Suffizienzstrategie: Vertreter der nachhaltigen Ökonomie gehen davon aus, dass die Industriegesellschaft, parallel zur Umsetzung der Effizienz- und Konsistenzstrategie, einen kulturellen Wandel ihrer Ziele und Werte (ihres Entwicklungsmodells) vollziehen muss. Wenn der materielle Güterkonsum immer weiter steigt, werden alle Effizienzgewinne im Laufe der Zeit kompensiert. So sind die notwendigen Reduktionsziele durch die Effizienz- und Konsistenzstrategie allein dauerhaft nicht zu erreichen, wenn gleichzeitig eine hohe stetige Steigerung der materiellen Güterproduktion stattfindet (zum Beispiel jährlich mehr als 2 Prozent bis zum Ende des Jahrhunderts). Daher kommt die Menschheit aus ihrer Sicht mittelfristig nicht an der Suffizienzstrategie vorbei (Fischer & Grießhammer 2013). Mit ihr soll in den nächsten Jahrzehnten erreicht werden, dass die Summe der materiellen Konsumgüter in den Industriestaaten nicht mehr zunimmt. Neue Produkte dienen dann nur noch dem Ersatz alter Produkte, die ressourcenintensiver waren. Eine besondere Rolle spielt hierbei der Strukturwandel vom ressourcenintensiven produzierenden Gewerbe zu den Dienstleistungen, die nur einen Bruchteil des Ressourcenverbrauchs haben (Kronenberg 2012).

Ein wesentliches Problem der 100-Prozent-Versorgung mit EE ist die jederzeitige Sicherstellung der Versorgungssicherheit. Dieses Problem ist durch den gezielten Ausbau einer energetischen Infrastruktur lösbar (Rogall 2014, Kap. 5). Eine 100-Prozent-Energieversorgung mit EE würde also nicht an technischen Problemen scheitern, sondern an den mangelnden ökologischen Leitplanken durch die Politik, die das eklatante Marktversagen ausgleichen müsste.

Bündnis der Zukunftsfähigen

Wer den Klimaschutz wirklich ernst meint, muss sich für den konsequenten Umbau der Energiewirtschaft zu einer 100-Prozent-Versorgung mit erneuerbaren Energien einsetzen. Hierzu müssen die Industriestaaten, wie beschrieben, eine Vorreiterrolle übernehmen, die den anderen Staaten zeigt, dass dieser Entwicklungspfad erfolgversprechend ist. In 35 Jahren darf aber kein Land pro Kopf mehr als eine Tonne CO_2-Äquivalente pro Jahr emittieren. Da diverse Staaten sich diesem Ziel nicht anschließen wollen, muss die „Koalition der Zukunftsfähigen" das Ökodumping der Verweigerer mit Strafzöllen belegen. Die Produkte von Staaten, die sich nicht dieser Energiewende anschließen, sollten dann aufgrund ihres Öko-Dumpings mit Strafzöllen belegt werden. Die Menschheit kann schlicht nicht mehr warten, bis der letzte Staat Vernunft angenommen hat und seine Partikularinteressen überwindet. Weiterhin müssen zum Beispiel durch Energiesteuern die Preise für die Energieimporte steigen, was aber zu neuen Effizienz- und Innovationsschüben in der Wirtschaft führen würde.

Sollte aufgrund einer dramatischen Zuspitzung der Klimafolgen ein globales Klimaschutzregime doch noch umgesetzt werden, müssten die Bestimmungen und die Institutionalisierung mindestens so weitreichend sein wie die der 1994 aus dem früheren GATT-Vertragswerk hervorgegangenen WTO (World Trade Organisation), die über eine eigene Gerichtsbarkeit verfügt und deren Entscheidungen durch Strafzölle sanktioniert werden können. Mittelfristig benötigen wir eine Weltklima- oder Weltnachhaltigkeitsorganisation, die wie die WTO mit Sanktionsmechanismen ausgestattet ist, um die notwendigen Maßnahmen des Klimaschutzes bei allen Staaten durchzusetzen. Was für den Freihandel möglich war, sollte für die Existenzsicherung der Menschheit selbstverständlich sein (Rogall 2015: 544).

Zusammenfassung und Fazit

Die Klimaschutzziele können vielleicht noch erreicht werden, wenn die folgenden Bedingungen in den nächsten Jahrzehnten, zunächst in den Industriestaaten, dann in den Schwellenländern, erfüllt werden (Rogall 2014):

1. Bündnisse der Pro-Akteure: Die schnellen Fortschritte der Energiewende in Deutschland (insbesondere der Anstieg des EE-Stromanteils) wurden durch eine Reihe von Gesetzen ermöglicht, die die Rahmenbedingungen der Energiewirtschaft änderten (vor allem das EEG). Die Errichtung dieser ökologischen Leitplanken konnte durch die Zusammenarbeit verschiedener Pro-Akteursgruppen erreicht werden (besonders Politiker, Verwaltungsmitarbeiter, Wissenschaftler, EE-Wirtschafts- und Umweltverbände sowie engagierte Bürger). Ohne derartige Bündnisse der Pro-Akteure können diese Leitplanken nicht aufrechterhalten und ausgebaut werden.

2. Ökologische Leitplanken: Eine 100-Prozent-Versorgung mit EE kann in der noch zur Verfügung stehenden Zeit nicht über Marktkräfte erfolgen. Vielmehr werden ökologische Leitplanken benötigt (Gesetze und Verordnungen), um die Ziele einer nachhaltigen Energiepolitik bis 2050 zu erreichen. Hierzu existiert eine große Anzahl politisch-rechtlicher Instrumente, die in der Lage wären, die energie- und klimapolitischen Ziele gegen die Marktkräfte durchzusetzen. Bislang wurden diese Ziele aber fast immer nicht konsequent genug eingeführt. Das muss sich ändern, sollen die Ziele (und die dazugehörigen Zwischenziele) noch erreicht werden (zu den Vorschlägen siehe Rogall 2014, Kap. 7).

3. Einhaltung des Nachhaltigkeitsparadigmas: Damit die Grenzen der natürlichen Tragfähigkeit nicht überschritten werden, muss die folgende Formel für nachhaltiges Wirtschaften eingehalten werden: Die Steigerung der Ressourcenproduktivität muss ständig größer als die Steigerung des Bruttoinlandsprodukts sein (Rogall 2004: 44), sodass Jahr für Jahr der absolute Ressourcenverbrauch auch bei wirtschaftlichem Wachstum sinkt (sogenannte absolute Entkoppelung; BUND et al. 2008). Die unbedingte Einhaltung dieser Formel bezeichnen wir als Nachhaltigkeitsparadigma (detaillierte Erläuterung siehe Rogall 2015, Kap. 14). Auf unser Thema angewendet bedeutet dies, dass die Nutzung der fossilen Energieträger Jahr für Jahr absolut zurückgehen muss, bis sie im Energiesektor 2050 ganz eingestellt ist.

4. Ausschöpfung der drei Strategiepfade: Um den Transformationsprozess zu einer 100-Prozent-Versorgung mit EE erfolgreich zu gestalten, reicht keine einzelne Strategie aus. Vielmehr müssen alle drei Strategiepfade des nachhaltigen Wirtschaftens konsequent umgesetzt werden (Effizienz, Konsistenz, Suffizienz).

5. Umbau der Energiewirtschaft: Die heutige (konventionelle) Energiewirtschaft ist in Deutschland von vier großen Energiekonzernen (EVU) geprägt, die über mehr als zwei Drittel aller Stromerzeugungsanlagen (über 80 Prozent aller atomaren und fossilen Kraftwerke) verfügen. Ihre bisherige Geschäftspolitik, Lobbyarbeit und ihr Kraftwerkspark führten dazu, dass sie einer der größten Hemmnisfaktoren der Energiewende wurden. Entweder die Energiekonzerne ändern ihre Ziele von Grund auf oder die Politik muss die Rahmenbedingungen so ändern, dass die Unternehmen der Bürger, der Kommunen und der öffentlichen Hand ihre Aufgaben übernehmen.

Ein immer noch mögliches Scheitern der Energiewende wäre nicht den fehlenden Energietechniken zuzuschreiben, sondern dem Politikversagen von der globalen bis zur Länderebene. Die Faktoren des Politikversagens sind so vielfältig und wirkungsmächtig, dass viele Akteure eine erfolgreiche Transformation zu einer 100-Prozent-Versorgung mit EE für eine Illusion halten. Um zu resignieren sind die Probleme aber zu gefährlich. Auch gelingt es engagierten Politikern in Bündnissen mit der Bürgergesellschaft immer wieder, deutliche Schritte in die richtige Richtung durchzusetzen. Hierbei ist regelmäßig damit zu rechnen, dass die atomare und fossile Energielobby diese Entwicklung zu hemmen versucht. Die großen Energiekonzerne und ihre Verbündeten in den Wirtschaftsverbänden und der Wissenschaft verfügen über ein großes wirkungsmächtiges Bündel an Mitteln zur Interessendurchsetzung. Ihre Macht ist noch nicht gebrochen. Sie zu unterschätzen, wäre grob fahrlässig (immer wieder gelingt es ihnen Rechtsnormen zum Teil zu verwässern oder die Inkraftsetzung zu verschieben). Sich auf Rückschläge einzustellen und den Mitteln der Kontra-Akteure standzuhalten, ist die große Aufgabe der Bürgergesellschaft im 21. Jahrhundert. Hierzu dienen den Pro-Akteuren die verschiedenen Organisationsformen, von den politischen Parteien, Umweltverbänden bis hin zu den Energiegenossenschaften. Viele Kommunen mit ihren engagierten Politikern und Verwaltungsmitarbeitern sind hierbei wichtige Verbündete. Solange die Rahmenbedingungen dies ermöglichen, werden diese Pro-Akteure weiterhin die Energiewende vorantreiben und sich von den Lobbyisten nicht einschüchtern lassen. Dabei gewinnt ihr Engagement durch die zunehmenden Folgen der Klimaerwärmung weiter an Bedeutung. Die Kontra-Akteure haben für die Lösung des Klimaproblems keine einzige erfolgsversprechende Strategie. Daher haben sie in großen Teilen Europas in den letzten 15 Jahren mehr Auseinandersetzungen verloren als gewonnen (Rogall 2014).

Die Alternative „weiter so" existiert nicht, da dies zum Ende der heutigen Zivilisation führen könnte. Derartige Entwicklungen haben in der Vergangenheit schon mehrfach stattgefunden. Bei den untergegangenen Kulturen reichte die Kraft nicht aus, um sich so zu verändern, dass sie den Niedergang aufhalten konnten.

Jedoch schafften es in der Geschichte auch kleine Gruppen, große Veränderungen hervorzubringen (siehe die Anti-Apartheid-, die Indische Unabhängigkeitsbewegung und die Entspannungspolitik der 1970er Jahre). So bleibt uns die Hoffnung, dass in den nächsten Jahrzehnten noch einiges zur Rettung der Zivilisation erreicht werden kann (Rogall 2014).

Literatur

BMWi: Erneuerbare Energien im Jahr 2014, Broschüre Berlin.

BMWi: Energiedaten, Berlin, 2016.

BUND; Brot für die Welt, Evangelischer Entwicklungsdienst: Zukunftsfähiges Deutschland in einer globalisierten Welt. Studie des Wuppertal Institutes für Klima, Umwelt, Energie, Frankfurt a. M., 2008.

Neuhoff, K. et al.: Europäische Energie- und Klimapolitik: Europa ist nicht alleine. In: DIW Wochenbericht (2014), Nr. 6, S. 91–108.

Emnid: Umfrage zur Bürger-Energiewende, Ergebnisse einer repräsentativen Meinungsumfrage des Forschungsinstituts TNS Emnid, im Auftrag der Initiative „Die Wende – Energie in Bürgerhand", 2013.

Fischer, C., Grießhammer, R.: Mehr als nur weniger, Suffizienz: Begriff, Begründung und Potentiale, 2013.

Kofler, B., Netzer, N. (Hrsg.): Voraussetzungen einer globalen Energietransformation, Studie des Wuppertal Institut und Germanwatch, Wuppertal, 2014.

IPCC: 5. Sachstandsbericht des IPCC, Teilbericht 1, Kurzzusammenfassung, herausgegeben vom BMU, Berlin, 2013.

Klinski, St.: Juristische und finanzielle Optionen der vorzeitigen Abschaltung von Kohlekraftwerken, Rechtsgutachten im Unterauftrag des Instituts für Zukunfts-EnergieSysteme (IZES), 2015.

Kronenberg, T.: Selektives Wachstum: der Beitrag der Nachfrageseite. In: Rogall, H. et al.: Jahrbuch Nachhaltige Ökonomie 2013/2014 – Im Brennpunkt: Nachhaltigkeitsmanagement, 1. Auflage, Marburg, 2012, S. 175–192.

Leprich, U., Rogall, H.: Brennpunkt – Die Energiewende als gesellschaftlicher Transformationsprozess: In: Rogall, H. et al.: Jahrbuch Nachhaltige Ökonomie 2014/2015 – Im Brennpunkt: Die Energiewende als gesellschaftlicher Transformationsprozess, Marburg, 2014, S. 15–30.

Matthes, F.: Treibhauseffekt und Klimaschutz. In: Informationen zur politischen Bildung – Energie und Umwelt (2013), Nr. 319, S. 38–44.

Müller, M., Niebert, K.: Epochenwechsel – Plädoyer für einen grünen New Deal, München, 2009.

Rogall, H.: Akteure der Nachhaltigkeit – Warum es so langsam vorangeht, in: Natur und Kultur (2004), Nr. 5, S. 27–44.

Rogall, H.: Nachhaltige Ökonomie, 2. überarbeitete und stark erweiterte Auflage, Marburg, 2012.

Rogall, H.: 100%-Versorgung mit erneuerbaren Energien – Bedingungen für eine globale, nationale und kommunale Umsetzung, Marburg, 2014.

Rogall, H.: Grundlagen einer nachhaltigen Wirtschaftslehre: Volkswirtschaftslehre für Studierende des 21. Jahrhunderts, Marburg, 2015.

Rogall, H. et al.: Jahrbuch Nachhaltige Ökonomie 2014/15, Brennpunkt Energiewende, Marburg, 2014.

Scheer, H.: Der Energetische Imperativ – Wie der vollständige Wechsel zu erneuerbaren Energien zu realisieren ist, München, 2012.

WBGU: Globale Umweltveränderungen: Kassensturz für den Weltklimavertrag – Der Budgetansatz, Sondergutachten, Berlin, 2009.

Der Willensbekundung müssen Taten folgen

Sabine Schlacke

Dass es in Paris zur Verabschiedung eines völkerrechtlichen Vertrags kommen konnte, ist auf eine fundierte klimawissenschaftliche Durchdringung der Entstehung und Folgen des Klimawandels und auf eine – zwar neben Höhen auch Tiefen aufweisende – drei Jahrzehnte während internationale Klimapolitik zurückzuführen. Der Wille, wirksam Klimaschutz zu betreiben, wurde in Paris eindeutig bekundet. Jetzt müssen Taten folgen.

Die Ausgestaltung des Paris-Abkommens als völkerrechtlicher Vertrag ist für sich genommen als Erfolg zu werten und übertrifft viele im Vorfeld geäußerten Vermutungen, dass lediglich eine Soft-law-Vereinbarung getroffen werde, die keine Vertragspartei bindet. Dem Mandat der Vertragsstaatenkonferenz in Durban 2011, ein rechtsverbindliches Instrument („... protocol, another legal instrument or an agreed outcome with legal force under the Convention applicable to all Parties"), nach Auslaufen des Kyoto-Protokolls zu verabschieden, wird insoweit Rechnung getragen. Wie viel rechtliche Wirkung und Pflicht zur Transformation das Pariser Abkommen erzeugt, ist freilich von dem weiteren Ratifikationsprozess abhängig. Das Abkommen tritt in Kraft, wenn 55 Mitglieder der Klimarahmenkonvention, die für 55 Prozent der gesamten globalen Treibhausgasemissionen verantwortlich sind, es akzeptiert haben. Geltung würde das Pariser Abkommen allerdings erst ab 2020 entfalten.

Solide wissenschaftliche Grundlagen

Diese beruhen u. a. auf den sich seit den 1980er Jahren erweiternden und vertiefenden Erkenntnissen der Klimawissenschaft über den anthropogenen Klimawandel. Sie veranlassten unter anderem den Nobelpreisträger Paul Crutzen Anfang der 1980er Jahre, den Beginn eines neuen, vom Menschen gesteuerten Erdzeitalters, des Anthropozäns, zu konstatieren. Außerdem stießen diese Erkenntnisse die Entwicklungen eines neuartigen internationalen Klimaschutzrechts an. Bereits 1992 brachte die Nachhaltigkeitskonferenz der Vereinten Nationen in Rio de Janeiro als ein Ergebnis den Entwurf der Klimarahmenkonvention (UNFCCC) hervor. Sie trat 1994 in Kraft und hat zum Ziel, die Treibhausgaskonzentrationen in der Atmosphäre auf einem Niveau zu stabilisieren, das ungefährlich ist. Ebenfalls statuiert die Klimarahmenkonvention, dass der globale Klimaschutz eine gemeinsame Aufgabe aller Staaten ist, aber unterschiedliche Verantwortlichkeiten und Leistungsfähigkeiten in Bezug auf die Bekämpfung des Klimawandels bestehen.

Diese Vorgabe der gemeinsamen, aber unterschiedlichen Verantwortlichkeiten buchstabierten die Mitgliedstaaten drei Jahre später im sogenannten Kyoto-Protokoll aus, indem sie sich auf Treibhausgas-Reduktionsziele einigten: Die Industrieländer verpflichteten sich zur Minderung ihrer Treibhausgasemissionen um durchschnittlich 5 Prozent gegenüber dem Basisjahr 1990 in den Jahren 2008 bis 2012. Konkretisiert wurde das Kyoto-Protokoll durch die so genannten Marrakesh Accords, die – obwohl als soft law unverbindlich – doch faktisch befolgt wurden. Immerhin hat dieses zweistufige Vorgehen – verpflichtendes Kyoto-Protokoll, konkretisierende unverbindliche Marrakesh Accords – dazu geführt, dass die Industriestaaten statt 5 Prozent insgesamt 20 Prozent ihrer Treibhausgasemissionen im Vergleich zu 1990 reduzierten.

Auch die asymmetrische Pflichtenverteilung zwischen Industrie- und Entwicklungsländern war eine Erfolgsbedingung für die verbindliche Festlegung der Minderungsbeiträge. Mittlerweile wäre eine Reduktionsverpflichtung allein der Industrieländer aufgrund der Emissionen der Schwellenländer, wie China, Brasilien und Indien, nicht mehr ausreichend. Die erste Verpflichtungsperiode für Emissionsreduktionen von 2008 bis 2012 sollte auf der Vertragsstaatenkonferenz in Kopenhagen im Jahr 2009 durch ein weiteres Protokoll in eine zweite Verpflichtungsperiode überführt werden. Ein Ziel war, Reduktionsziele nun auch für Schwellenländer und gegebenenfalls für Entwicklungsländer zu formulieren. Dieser Versuch scheiterte kläglich. Im Folgejahr 2010 konnten die Vertragsstaaten in Cancún immerhin anerkennen, dass die globale Erderwärmung unterhalb von 2 Grad Celsius gehalten werden soll. Erst in Durban 2011 nahm die Vertragsstaatenkonferenz wieder Anlauf für ein verbindliches Klimaabkommen: Es sollte ab 2020 gelten und 2015 in Paris verabschiedet werden. Für die Zwischenphase von 2012 bis 2020 wurde eine 2. Verpflichtungsperiode unter dem Kyoto-Protokoll vereinbart, in der sich einige – zu wenige – Vertragsstaaten auf Reduktionsziele einigten, unter anderem die EU-Mitgliedsstaaten.

WBGU: Klimaschutz als Weltbürgerbewegung

Für das, was in Paris vereinbart werden sollte, lagen zahlreiche Vorschläge auf dem Tisch. Überwiegend bestand Einigkeit, dass die Klimarahmenkonvention als Umbrella-Übereinkommen beibehalten, allerdings gingen die Meinungen auseinander, was geändert werden sollte: Hier reichten die Vorschläge von Änderungen der Konvention selbst über eine Ergänzung durch ein verbindliches Protokoll bis hin zu Entscheidungen, die lediglich als unverbindliches soft law einzustufen waren. Auch der Wissenschaftliche Beirat der Bundesregierung Globale Umweltveränderungen (WBGU) entwickelte in seinem Sondergutachten „Klimaschutz als Weltbürgerbewegung" (2014) einen Vorschlag für das Pariser Abkommen, der Berücksichtigung in der internationalen Debatte fand. In der Rechtsform eines verbindlichen Protokolls schlug der WBGU insbesondere folgende Kernpunkte vor:

- Verpflichtung der Vertragsstaaten zur Einhaltung der 2-Grad-Celsius-Leitplanke und einer Treibhausgasemissionsreduktion auf Null bis zum Jahr 2070 als notwendige Konsequenz aus der 2-Grad-Celsius-Leitplanke,
- die Einbeziehung des Standes der Wissenschaft in alle Entscheidungen der Vertragsstaatenkonferenz,
- Informations-, Beteiligungs- und Kontrollrechte von Nichtregierungsorganisationen an Entscheidungsverfahren, um die Transparenz zu erhöhen.

Ferner enthält der WBGU-Vorschlag zahlreiche flexible Instrumente der Emissionsreduzierung, der Anpassung an den Klimawandel und der Bewältigung von Verlusten und Schäden durch den Klimawandel, die möglichst als verbindliche Maßnahmen verabschiedet werden sollten.

Nicht sämtliche der WBGU-Vorschläge sind durch das Pariser Abkommen aufgegriffen worden. Allerdings ist eine wesentliche Forderung verwirklicht worden: Die 2-Grad- bzw. 1,5-Grad-Celsius-Leitplanke wurde verbindlicher Bestandteil des Vertrags. Verantwortlich für die Nichtüberschreitung derselben sind nunmehr alle Staaten. Schließlich bleibt das an mehreren Stellen in Bezug genommene Prinzip der gemeinsamen, aber unterschiedlichen Verantwortlichkeiten, das die Klimarahmenkonvention statuiert, weiterhin wirksam.

Erfolgsmaßstab ist nicht allein die Verbindlichkeit

Ob es sich bei dem Pariser Abkommen indes um einen historischen Durchbruch handelt, bemisst sich nicht (allein) danach, ob die Handlungsform verbindlich oder unverbindlich ist, sondern auch danach, welche Verpflichtungen die Vertragsstaaten eingegangen sind. Diesbezüglich zeigt sich ein durchwachsenes Bild: Zu kritisieren ist, dass ein globales Langfristziel, das nach Auffassung des WBGU beinhalten sollte, die CO_2-Emissionen aus fossilen Energieträgern bis spätestens 2070 weltweit auf Null abzusenken (Sondergutachten „Klimaschutz als Weltbürgerbewegung", 2014, S. 1 f.), nicht vereinbart wurde. Stattdessen wird für die Erreichung eines „long-term temperature goal" auf die 2-Grad- bzw. 1,5-Grad-Celsius-Leitplanke verwiesen. Lediglich für die zweite Hälfte dieses Jahrhunderts wird eine Balance zwischen Treibhausgasemissionen und Senken angestrebt; mit anderen Worten: Die Reduzierung der Netto-Treibhausgasemissionen in den nächsten Jahrzehnten auf Null ist zwar ein Langfristziel, allerdings ein sehr unbestimmtes. Die Einhaltung der 2-Grad-Celsius-Leitplanke soll gewährleistet werden, indem jede Vertragspartei ab 2020 die Pflicht hat, selbst festgelegte Minderungsbeiträge bzw. -ziele alle 5 Jahre zu melden.

Zwar sind die Vertragsstaaten verpflichtet, so schnell wie möglich den Scheitelpunkt der globalen Emissionen zu erreichen, Reduktionsziele, -fristen oder Kohlenstoffbudgets werden aber nicht festgelegt bzw. verteilt. Industriestaaten soll insoweit eine Führungsrolle bei der Festlegung von Emissionsminderungszielen zukommen; Entwicklungsländer sollen unterstützt werden, damit sie höhere Ambitionsniveaus erreichen, und die am wenigsten entwickelten Länder und die kleinen Inselstaaten werden lediglich verpflichtet, Strategien, Pläne und Aktionen für niedrige Treibhausgasemissionsentwicklungen in Abhängigkeit von ihren speziellen Umständen zu formulieren.

INDCs dokumentieren ernsthafte Beiträge

Sehr wesentlich zu dieser Regelung beigetragen hat der auf der Konferenz von Warschau vereinbarte neue Mechanismus, bereits vor der Pariser Konferenz beabsichtigte national bestimmte Beiträge („intended nationally determined contributions", kurz INDCs) für das neue Klimaschutzabkommen zu melden. Am 1. Oktober 2015 lagen INDCs von immerhin 147 Vertragsparteien vor, zum Ende der Klimakonferenz in Paris die INDCs von 188 Vertragsparteien. Zwar reichen die freiwillig gemeldeten Reduktionsbeiträge wohl nur aus, um die Erderwärmung auf ca. 2,7 Grad Celsius zu mindern, insgesamt zeigte der Prozess aber die Ernsthaftigkeit fast aller Vertragsparteien, sich an der Bekämpfung des globalen Klimawandels zu beteiligen.

Deshalb soll nach den (unverbindlichen) Erwägungen der Präambel schon 2018 eine Art Bilanz im Hinblick auf die gemeldeten Beiträge erfolgen. Ferner müssen die Vertragsstaaten alle fünf Jahre eine Bestandsaufnahme (beginnend in 2023) in Bezug auf die Implementation des Abkommens durchführen, alle zwei Jahre über den Fortschritt berichten und langfristige Treibhausgasemissionsreduzierungsstrategien kommunizieren. Ob die nationalen Minderungsbeiträge die Einhaltung der 2-Grad- oder 1,5-Grad-Celsius-Leitplanken ermöglichen, überprüft und veröffentlicht das Sekretariat der UNFCCC.

Neben dem Klimaschutz spricht das Abkommen Klimaanpassung und klimawandelbedingte Verluste und Schäden an. Eine adäquate Klimaanpassung soll unter anderem erreicht werden, indem jeder Vertragsstaat – ähnlich wie beim Klimaschutz – nationale Anpassungspläne bzw. -prozesse sowie die Implementation von Maßnahmen entwickeln, diese regelmäßig überprüfen und bewerten sowie periodisch kommunizieren und aktualisieren soll. Im Unterschied zur Klimarahmenkonvention werden erstmalig so genannte klimawandelbedingte Verluste und Schäden („loss and damages") anerkannt. Adäquate Maßnahmen, etwa Frühwarn-, Risikobewertungs- und -managementsysteme sowie Versicherungslösungen, sollen unter anderem mit Hilfe des auf der Vertragsstaatenkonferenz in Warschau 2013 etablierten Mechanismus entwickelt werden.

Neuartig sind die vielfältigen Transparenzverpflichtungen. Die Vertragsstaaten sollen die Beteiligung und den Zugang der Öffentlichkeit zu Informationen verbessern und Maßnahmen zur Bildung über den Klimawandel treffen. Außerdem soll ein unabhängiges Organ die Klimaschutzanstrengungen der Staaten anhand des erforderlichen globalen Emissionsziels bewerten und publizieren. In diesem Zusammenhang gehört auch die Verpflichtung zur Errichtung eines Transparenzrahmens, der zwar weiterer Ausgestaltung bedarf, aber bereits die Pflicht zur Veröffentlichung sämtlicher Informationen, Mitteilungen und Berichte beinhaltet, etwa über das nationale Inventar über anthropogene Emissionen und Senken von Treibhausgasen sowie über die erreichten Fortschritte in Bezug auf die nationalen Minderungsbeiträge. Erwähnenswert ist schließlich, dass die Staaten explizit ermutigt werden, insbesondere mit von ihnen anerkannten öffentlichen und privaten Einrichtungen, gemeint sind wohl Städte oder Unternehmen, zusammenzuwirken.

Paris: ein ernsthaftes Signal

Das Pariser Übereinkommen kann als Signal der Staatengemeinschaft an die gegenwärtige und zukünftige Menschheit verstanden werden, sich nunmehr ernsthaft dem Problem des anthropogenen Klimawandels zu widmen. Allerdings wird es – gerade aufgrund des Fehlens von verpflichtenden Reduktionszielen – entscheidend auf die Minderungsanstrengungen der Nationalstaaten ankommen. Ob das Ziel der Klimaneutralität in der zweiten Hälfte dieses Jahrhunderts als Aufbruch zur Dekarbonisierung des weltweiten Energiesystems oder als Freifahrtschein für die Nutzung höchst umstrittener, weil risikobehafteter Maßnahmen wie CO_2-Speicherung oder gar Geoengineering interpretiert wird, bleibt abzuwarten.

Instrumentell ändert das Abkommen wenig an den vorhandenen und bekannten Marktmechanismen. Es fehlt nach wie vor eine Bepreisung von Treibhausgasen und das Problem der gerechten Lastenverteilung wird ebenfalls ausgespart. Neben Maßnahmen zum Klimaschutz werden solche der Klimaanpassung und zum Ausgleich von Verlusten und Schäden angesprochen, bedürfen aber weiterer Konkretisierung und Stärkung. Der Vertrag setzt stattdessen auf eine Prozeduralisierung der 2-Grad-Celsius-Leitplanke: Das Abkommen enthält für die internationale Klimapolitik neuartige, noch näher zu präzisierende Beteiligungs-, Transparenz- und Informationspflichten der Vertragsstaaten. Sie sind sehr vage formuliert und es bedarf der Klärung, wer welche Informations- und Beteiligungsrechte hat.

Hier zeigt sich der Bottom-Up-Ansatz des neuen Klimaabkommens: Nicht die Staaten werden durch einen Top-Down-Mechanismus (wie beispielsweise die Industriestaaten im Kyoto-Protokoll) verpflichtet. Es ist die globale Weltöffentlichkeit, insbesondere in Gestalt von Nichtregierungsorganisationen, die in die Lage versetzt wird, Staaten zu identifizieren, die keine ambitionierten Minderungsbeiträge melden und die die selbstauferlegten Ziele nicht einhalten, sie öffentlich zu benennen und hierdurch politischen Druck auszuüben. Auch die Verpflichtung zur Berücksichtigung des besten verfügbaren Standes von Wissenschaft und Technik und der Auftrag an den IPCC, 2018 einen Sonderbericht zum für das 1,5-Grad-Celsius-Ziel erforderlichen Emissionspfad vorzulegen, dienen der Öffentlichkeitsaufklärung und Kontrolle. Allerdings fehlen weitere Sanktions- und Durchsetzungsmechanismen, die etwa die Aarhus-Konvention mit dem Recht auf

Zugang der Öffentlichkeit zu Rechtsschutz als dritte Säule neben Information und Beteiligung enthält. Für den erfolgreichen Kampf gegen den Klimawandel wird es entscheidend auf Koalitionen zwischen Staaten, zwischen Staaten und Privaten sowie auf alternative Kooperationen (zum Beispiel Städtebündnisse) ankommen.

Es bedarf noch erheblicher Anstrengungen

Trotz des unbestrittenen Erfolgs des internationalen Klimaschutzrechts, das sich an der Verabschiedung nicht zuletzt des Pariser Abkommens zeigt, bedarf es noch erheblicher Anstrengungen, damit der Klimawandel wirksam bekämpft wird. Neben den soeben aufgezeigten ausfüllungsbedürftigen Lücken und dem Fortentwicklungserfordernis des Pariser Abkommens stehen aus einer allgemeineren völkerrechtlichen Perspektive einem langfristigen Erfolg folgende Hemmnisse entgegen:

1. Grundlage des Völkerrechts ist die Anerkennung der Souveränität der Nationalstaaten. Diese sind frei, völkerrechtliche Vereinbarungen einzugehen. Umgemünzt auf die Bekämpfung des Klimawandels bedeutet das, dass noch so ambitionierte Klimaverträge keinen wesentlichen Beitrag zu leisten vermögen, wenn sich die größten Treibhausgasemittenten nicht an einem Abkommen beteiligen. Der Ratifikationsprozess des Pariser Abkommens wird zeigen, ob sich an dieser Situation etwas ändert.
2. Auch das Konsensprinzip, das die Entscheidungsverfahren unter der Klimarahmenkonvention und dem Kyoto-Protokoll sowie nunmehr auch nach dem Pariser Abkommen prägt, bremst die Effektivität der Verträge. Nur wenn überhaupt kein Konsens erreicht werden kann, können ausnahmsweise Änderungen der Konvention, des Protokolls oder die Verabschiedung eines neuen Protokolls mit Zwei-Drittel- oder Drei-Viertel-Mehrheit getroffen werden. Die nicht zustimmenden Staaten werden indes durch das Mehrheitsvotum nicht gebunden. Die erfolgreiche Bekämpfung des Ozonlochs durch das Wiener Übereinkommen und das Montreal-Protokoll hat gezeigt, dass ein anderer Entscheidungsmechanismus, nämlich eine Drei-Viertel-Mehrheit, die auch die Vetostaaten bindet, maßgeblich zur Wirksamkeit des Völkervertragsrechts beitragen kann.
3. Fehlende Kontroll- und Sanktionsmechanismen, etwa Monitoringpflichten, Geldstrafen oder Verletzungsverfahren (zum Beispiel auf EU-Ebene), führen dazu, dass die Befolgungsbereitschaft trotz Ratifizierung oftmals

gemindert ist. Mangelnde Befolgung von Vereinbarungen wird gefördert durch die vorherrschende Intransparenz der Vorbereitungs- und Entscheidungsverfahren. Der im Pariser Abkommen angelegte und konkretisierungsbedürftige Transparenzrahmen erfordert, dass Nichtregierungsorganisationen, die sich für den Klimaschutz einsetzen, durchsetzbare Rechte erhalten, um Transparenz herstellen und Kontrollfunktionen ausüben zu können.

Letztlich hängt die Effektivität des Pariser Abkommens vom Willen der Mitglieder ab. Der Wille, wirksam Klimaschutz zu betreiben, wurde in Paris zumindest bekundet. Jetzt müssen Taten folgen.

Ein neues klimapolitisches Paradigma?

Lukas Hermwille, Uwe Schneidewind

Die Wahrnehmung des Problems Klimawandel hat sich im Laufe der Zeit stark verändert. Zunächst war Klimawandel ein recht eng umrissenes Umweltproblem. Je deutlicher die Konfliktlinien zwischen Industrie- und Entwicklungsländern hervortraten, desto klarer wurde, dass Klimawandel über den Umweltbereich hinaus eine größere Tragweite hat. Klimawandel wurde zu einer Entwicklungsfrage. Inzwischen wird deutlich, dass das Problem noch tiefer liegt. Klimawandel wird zur Transformationsherausforderung aller Wirtschafts- und Gesellschaftssysteme.

Ursprünglich wurde Klimawandel als ein klar umrissenes Umweltschutzproblem erkannt. Entsprechend wurden zur Lösung insbesondere Instrumente der klassischen Umweltpolitik diskutiert (Jänicke et al. 1999). Regulatorische Maßnahmen lassen sich im Konzert souveräner Nationalstaaten nur sehr schwierig etablieren. Stattdessen setzte die Klimarahmenkonvention auf Informationsinstrumente – ein System von Treibhausgasinventaren. Außerdem spielten planerische Maßnahmen eine wichtige Rolle, die die Entwicklung von Klimaschutzprogrammen einforderten, sowie der Aufbau von Kapazitäten und Technologietransfers auf zwischenstaatlicher Ebene.

Mit dem Kyoto-Protokoll erhielten ökonomische Instrumente Einzug, beispielsweise der Emissionshandel und der projektbasierte Mechanismus für nachhaltige Entwicklung (CDM). Das Kyoto-Protokoll versprach eine ökonomisch effiziente Lösung zur Regulierung eines klar identifizierten Umweltschadstoffs und markierte so einen Höhepunkt dieses Paradigmas.

Klimawandel als Entwicklungsfrage

Der Klimawandel hat zweifelsohne Auswirkungen, die über den engen Umweltbereich weit hinaus reichen. Kritiker haben argumentiert, dass der enge Fokus auf Emissionen nur die Symptome, nicht aber die Ursachen des Problems bekämpft. Klimawandel sei in erster Linie eine Entwicklungsfrage, und solange die Klimapolitik dieses Paradigma nicht vollständig erfasse, seien alle internationalen Anstrengungen zum Scheitern verurteilt (Moomaw & Papa 2012). Vor dem Klimagipfel von Kopenhagen lag der Fokus der Verhandlungen stark auf rechtlich verbindlichen Emissionsobergrenzen. Dies hätte dazu geführt, die verbleibenden Kohlenstoffbudgets zu einem knappen Gut werden zu lassen, was wiederum unweigerlich zu Verteilungskonflikten geführt hätte. Dieser Ansatz hatte die bisher frei verfügbare CO_2-Aufnahmekapazität der Atmosphäre in eine gemanagte Ressource verwandelt (Hermwille et al. 2015). Weil aber Wirtschaftswachstum historisch eng mit dem Verbrennen von Kohle, Öl und Gas verknüpft ist, wurde eine Emissionsobergrenze von vielen Entwicklungsländern als eine inakzeptable Begrenzung ihrer Entwicklungsmöglichkeiten begriffen.

Klimawandel als Transformationsherausforderung

Seit einigen Jahren tritt ein drittes Paradigma immer deutlicher zu Tage. Dieses Paradigma begreift Klimawandel noch tiefgreifender als soziale, politische und kulturelle Herausforderung auf allen Ebenen.

Dieses umfassende Paradigma wurde zunächst in der Wissenschaft geprägt, insbesondere durch den Begriff des „Anthropozän", der Idee, dass die Welt in ein neues geologisches Zeitalter eingetreten ist, in dem der Mensch der wichtigste geologische Faktor geworden ist (Crutzen 2006). Johan Rockström und Kollegen (2009) trugen die Idee mit dem Konzept der planetaren Grenzen, innerhalb derer sichere menschliche Entwicklung möglich ist, einen wichtigen Schritt weiter. Sie zeigten außerdem, dass im Fall des Klimawandels diese Grenze bereits überschritten ist. Ebenso fand das Paradigma Einzug in die Sozialwissenschaften. Stellvertretend hierfür steht das Konzept der „Earth System Governance", das das gesamte Erdsystem zum Objekt politischer Bemühungen macht (Heinrichs & Biermann 2016).

Erst seit kurzer Zeit scheint dieser Ruf auch im politischen Mainstream Widerhall zu finden. Das prominenteste Beispiel hierfür ist sicher, dass die Regierungschefs der G7 in ihrer letztjährigen Erklärung anerkennen, dass eine Dekarbonisierung der Weltwirtschaft im Laufe dieses Jahrhunderts unausweichlich ist. Die päpstliche Enzyklika *Laudato si* und ähnliche Botschaften von Religionsführern aller Glaubensrichtungen verdeutlichen außerdem, dass moralische Fragen, fundamentale Werte und Überzeugungen ein integraler Teil der Klimadebatte geworden sind. Diese Entwicklungen zeigen, dass ein neues Paradigma beginnt, Erwartungen über die Zukunft zu verändern. Eine Zukunft ohne Kohle, Öl und Gas wird denkbar.

Transformation: Kooperation oder Katastrophe?

Der Klimawandel wird die Wirtschafts- und Gesellschaftssysteme der Welt zweifelsohne transformieren. Die Frage ist, ob diese Transformation das Resultat eines moderierten, kooperativen und reflexiven Prozesses ist oder ob die Transformation aufgrund von Chaos und Katastrophen als Folge ungebremsten Klimawandels über uns kommt.

Die physikalischen Auswirkungen des Klimawandels sind relativ klar (IPCC 2014). Um nur die Wichtigsten zu nennen: Niederschlags- und Temperaturmuster werden sich stark verändern, die Eintrittswahrscheinlichkeit und die Intensität extremer Wetterereignisse werden zunehmen und der Meeresspiegel wird ansteigen. Diese physikalischen Auswirkungen lassen natürlich Gesellschaftssysteme nicht unberührt. Sie üben Stress aus auf die Strukturen, die das menschliche Sozialgefüge stabilisieren.

Unglücklicherweise gibt es bisher keine vollständige Vision einer wirklich nachhaltigen und klimafreundlichen Gesellschaft in all ihrer Komplexität. Viele der einzelnen Komponenten sind aus der Nachhaltigkeitsforschung bekannt. Wie sich diese Puzzleteile allerdings zu einem kohärenten und insbesondere funktionierenden Ganzen zusammenfügen lassen, bleibt eine gewaltige Herausforderung. Die Transformationsherausforderung besteht darin, eine nachhaltige Vision zu erfinden und gleichzeitig zu realisieren.

Für diese Herausforderung ist internationale Governance notwendig, um normative Konzepte zu entwickeln, zu verbreiten und zu legitimieren, wie Umweltaspekte mit weiteren sozialen und wirtschaftlichen Herausforderungen zusammengebracht werden können. Internationale Governance wird außerdem gebraucht, um sicherzustellen, dass alle, auch die Verletzlichsten, die dem Klimawandel schutzlos ausgesetzt sind, weiter am Transformationsprozess teilhaben.

Was kann das Pariser Abkommen leisten?

Kann das neue Klimaabkommen einen Beitrag dazu leisten, die Große Transformation innerhalb der Weltgemeinschaft positiv zu gestalten? Folgende Elemente sind hierfür essenziell: (1) eine Arena, in der die Beteiligten im gegenseitigen Vertrauen und im Geiste der Kooperation zusammenarbeiten können; (2) eine gemeinsame Vision, nicht notwendigerweise als klare Zielvorstellung, aber als grobe Zielrichtung; (3) ein Prozess mit gemeinsamer Agenda und klarem Fahrplan. Die nachfolgende Diskussion basiert auf der Auswertung des Pariser Klimagipfels durch das Wuppertal Institut (Obergassel et al. 2016).

Das Comeback des Multilateralismus im Kampf gegen den Klimawandel

Das desaströse Scheitern der Klimaverhandlungen in Kopenhagen im Jahr 2009 hat das Vertrauen in den internationalen Verhandlungsprozess nachhaltig getrübt. Der französische Außenminister und Präsident der Pariser Klimakonferenz, Laurent Fabius, hat es folgendermaßen auf den Punkt gebracht: „[I]f, today, we were so misfortunate as to fail, how could we rebuild hope? Confidence in the very ability of the concert of nations to make progress on climate issues would be forever shaken." (Fabius 2015)

Drei Elemente haben es ermöglicht, den vollkommenen Vertrauensverlust in den Verhandlungsprozess abzuwenden und das verlorene Vertrauen ein Stück weit wieder herzustellen:

1. Die französische Verhandlungspräsidentschaft hat gemeinsam mit dem UN-Klimasekretariat bei der Vorbereitung der Konferenz ganze Arbeit geleistet und in herausragender Art und Weise durch die Verhandlungen geleitet.
2. Die „High Ambition Coalition", eine neue Koalition von kleinen Inselstaaten (Tony de Brum, Außenminister der Marschallinseln, hatte die Koalition maßgeblich vorangetrieben), den am wenigsten entwickelten Ländern, der EU und Ländern wie Japan, den Vereinigten Staaten und Brasilien, hat entscheidend dazu beigetragen, dass sich die Staaten in Paris nicht, wie sonst üblich, mit dem kleinsten gemeinsamen Nenner zufriedengaben.
3. Den Vertragsstaaten ist es gelungen, ein Abkommen zu verabschieden, das erstmals Klimaschutz von allen Nationen fordert. Auf diese Weise gelang es, die tiefe Kluft zwischen Industrie- und Entwicklungsländern zu überbrücken, die die Klimaverhandlungen in den vergangenen Jahren getrübt hat.

Die normative Vision: das Langfristziel der Klimapolitik

Die Vertragsstaaten des Pariser Abkommend haben sich dazu verpflichtet, eine „Balance zwischen anthropogenen Treibhausgasemissionen und der Aufnahme von Treibhausgasen durch Senken in der zweiten Hälfte des

Jahrhunderts zu erreichen (UNFCCC 2015, Paris Agreement, Art. 4). Es hätte vermutlich andere Formulierungen gegeben, die noch stärker als handlungsleitende Norm von Staaten, aber auch privaten Unternehmen hätten wirken können. Zwischenzeitlich war beispielsweise diskutiert worden, eine vollständige Dekarbonisierung in einem bestimmten Jahr zu erreichen. Dies hätte in seiner Klarheit vermutlich als Norm besser funktioniert. Allerdings geht die nun gewählte Formulierung vom naturwissenschaftlichen Standpunkt sogar noch weiter, denn sie umfasst nicht nur CO_2, sondern auch andere Treibhausgase und außerdem insbesondere den Landnutzungsbereich. Paris sendet deshalb eine eindeutige Botschaft: Das Zeitalter von Kohle, Öl und Gas ist vorbei!

Aufbruch in ein neues klimapolitisches Paradigma?

Zu Recht wird das Pariser Abkommen auch kritisiert. Denn es löst Klimawandel als Umweltproblem nicht. Die Klimaschutzziele, die bisher von den Staaten kommuniziert worden sind, reichen nicht aus, die Welt auf einen Entwicklungspfad zu setzen, der mit der Begrenzung der globalen Erwärmung auf deutlich unter 2 Grad Celsius, geschweige denn 1,5 Grad Celsius kompatibel wäre. Selbst wenn die bisherigen unverbindlichen Versprechen vollständig umgesetzt würden, würde dies vermutlich noch zu einer Erwärmung von 2,7 bis 3,5 Grad Celsius führen. Kritiker haben mit Sorge auf die wachsende Inkonsistenz zwischen dem kollektiven Ziel und den individuellen nationalen Zielen hingewiesen (Geden 2015). Bemerkenswert ist jedoch, dass diese Inkonsistenz auch von den Vertragsstaaten in den begleitenden COP-Entscheidungen explizit hervorgehoben wird (UNFCCC 2015, Abs. 17).

Ebenso wenig bietet das Pariser Abkommen endgültige Antworten auf den Klimawandel als Entwicklungsfrage. Das Abkommen umgeht die Frage historischer Verantwortung und des Rechts zu nachholender Entwicklung, indem es die Formulierung der nationalen Klimaschutzziele den Vertragsstaaten in Eigenverantwortung überlässt. Sunita Narain geht so weit, dass sie den Mangel an verbindlichen Verpflichtungen und die nicht vorhandene Operationalisierung der Gerechtigkeitsfrage als eine „Förderung der Klimaapartheid" bezeichnet (CSE 2015).

In der Sache sind diese Kritikpunkte berechtigt, allerdings scheinen sie den jeweiligen Paradigmen „Klimawandel als Umweltproblem" und „Klimawandel als Entwicklungsfrage" zu entspringen. Angemessener erscheint uns, Klimawandel als Transformationsherausforderung zu begreifen. Innerhalb dieses Paradigmas muss man das Pariser Abkommen als großen Erfolg anerkennen. Die Frage ist, ob das Abkommen eine solide Grundlage für den internationalen Governance-Prozess zur großen Transformation schafft. Ist es geeignet den bisher vorherrschenden Konfrontationskurs zu überwinden und stattdessen echte Klimakooperation zu ermöglichen? Wird es langfristig die Erkenntnis fixieren, dass die große Transformation politisch von der Weltgemeinschaft gestaltet werden muss? Und wird es schlussendlich die Politik unterstützen, auf allen Ebenen die richtigen Entscheidungen zu treffen, um Utopia möglich zu machen?

Natürlich ist es noch zu früh, diese Fragen abschließend zu beantworten. Aber wir sind voller Hoffnung, dass das Pariser Abkommen eine gute Grundlage für echte Klimakooperation ist. Allerdings ist Paris nicht das Ende, sondern der Startpunkt eines langen Weges. Das Pariser Abkommen liefert keine genaue Wegbeschreibung, wie ein Navigationssystem, sondern weist lediglich die Richtung, wie ein Kompass. Wir sind nicht davor gefeit, falsche Abzweigungen zu nehmen auf dem vor uns liegenden Transformationspfad, aber das Pariser Abkommen sollte es uns ermöglichen, gemeinschaftlich den eingeschlagenen Pfad zu reflektieren und so teure und potenziell katastrophale Umwege oder Sackgassen auf dem Weg in Richtung Nachhaltigkeit zu vermeiden.

Die Analyse des Pariser Abkommens baut stark auf Diskussionen mit Kollegen am Wuppertal Institut auf. Der Text beinhaltet Beiträge von Wolfgang Obergassel, Christof Arens, Nicolas Kreibich, Florian Mersmann, Hermann E. Ott und Hanna Wang-Helmreich.

Literatur

Crutzen, P. J.: The ‚Anthropocene‘. In: Royal Swedish Academy of Science (2006), Nr. 8, S. 614–621.

CSE: Climate deal signed in Paris is weak and unambitious, Neu-Delhi, 2015.

Fabius, L.: COP 21 – Plenary session for the submission of the final draft text, Paris, 2015.

Geden, O.: Paris Climate Deal: The Trouble with Targetism. In: The Guardian online (2015).

Heinrichs, H., Biermann, F.: Sustainability: Politics and Governance, Dordrecht, 2016.

Hermwille, L. et al: UNFCCC before and after Paris – What's Necessary for an Effective Climate Regime? In: Climate Policy (2015), S. 1–21.

IPCC: Climate Change 2014: Impacts, Adaptation, and Vulnerability, New York/ Cambridge, 2014.

Moomaw, W., Papa, M.: Creating a mutual gains climate regime through universal clean energy services. In: Climate Policy (2012), Nr. 4, S. 505–520.

Obergassel, W. et al: Phoenix from the Ashes — An Analysis of the Paris Agreement to the United Nations Framework Convention on Climate Change, Wuppertal, 2016.

Rockström, J. et al: A safe operating space for humanity. In: Nature (2009), Nr. 461, S. 472–475.

UNFCCC: Decision -/CP.21, Adoption of the Paris Agreement, 2015.

Triumph der Nationalstaaten

Frank Uekötter

Was Paris für die Begrenzung der globalen Erwärmung bedeutet, wird man erst in ein paar Jahren wissen. Das Bild wird jedoch klarer, wenn man das Spektrum der Akteure in den Blick nimmt. Da gibt es einen eindeutigen Gewinner: die Nationalstaaten dieser Welt. Eine globale Klimapolitik wird es auf absehbare Zeit nur noch als Gesprächs- und Verhandlungsnetzwerk autonomer Nationalstaaten geben.

2015 war das Jahr der großen diplomatischen Erfolge, denen niemand so richtig trauen will. Im Februar unternahm ein Gipfeltreffen in Minsk einen neuen Anlauf zur Befriedung der Ostukraine. Im Juli folgten das Atomabkommen mit dem Iran und das Hilfsprogramm der Europäischen Union, welches die Griechen bis auf Weiteres in der Euro-Zone hält. Im Herbst gab es eine Übereinkunft zwischen EU und Türkei über die Bewältigung der Flüchtlingskrise und im Dezember parallel zum Klimagipfel noch einen Friedensplan für Syrien. Wenn man dann noch bedenkt, dass im vergangenen Jahr auch das 200-jährige Jubiläum des Wiener Kongresses abgefeiert wurde, kann man leicht nostalgisch werden. Irgendwie ist uns das Vertrauen in die großen, die Weltläufe ordnenden Übereinkommen der Staatenlenker abhanden gekommen.

Zu allem Überfluss bekam der Kraftakt der Diplomaten auch noch Konkurrenz durch die unsichtbare Hand des Marktes. Der Verfall des Ölpreises könnte sich in seinem Einfluss auf künftige Klimabilanzen als durchaus ebenbürtig erweisen. Sprechen wir es offen aus: Was Paris für die Begrenzung der globalen Erwärmung bedeutet, wird man erst in ein paar Jahren wissen. Das Bild wird jedoch klarer, wenn man das Spektrum der Akteure in den Blick nimmt. Da gibt es einen eindeutigen Gewinner: die Nationalstaaten dieser Welt.

Natürlich schwebt über allen Verabredungen das große Ziel, die globale Erwärmung auf 2 oder besser noch 1,5 Grad zu begrenzen. Aber sobald es konkret wird, sind die nationalen Regierungen die entscheidenden Instanzen. Sie legen ihre freiwilligen Klimaziele fest und schreiben die Bilanzberichte, mit denen die Umsetzung überprüft werden soll. Sie konzipieren und finanzieren die Projekte, die künftig im Dienste der Anpassung an sich verändernde Umweltbedingungen stehen sollen. Prioritäten, Instrumente, Tempo, Budgets – all dies ist fortan fest in der Hand der nationalen Regierungen. Eine globale Klimapolitik wird es auf absehbare Zeit nur noch als Gesprächs- und Verhandlungsnetzwerk autonomer Nationalstaaten geben.

Man muss ein Vierteljahrhundert zurückblättern, um die Bedeutung dieser Entscheidung zu verstehen. Wer etwa das 1989 erstmals erschienene Buch *Erdpolitik* von Ernst Ulrich von Weizsäcker zur Hand nimmt, der trifft auf eine Weltsicht, in der alles auf globale Lösungen für globale Probleme hinausläuft. Das war auch die vorherrschende Stimmung auf dem Erdgipfel von Rio de Janeiro, wo mit der Klimarahmenkonvention das Fundament gelegt wurde, auf dem die globale Klimadiplomatie seither ruht. Es gab die Hoffnung, dass sich nun die Staaten der Welt am Ende des Kalten Kriegs endlich – spät, aber hoffentlich nicht zu spät – zum gemeinsamen Handeln aufraffen würden.

Es war ein schöner Traum, der gerade in der Bundesrepublik gerne geträumt wurde. Das hatte wohl weniger mit sentimentalen Regungen aus dem Urgrund der deutschen Seele zu tun als mit den strukturellen Bedingungen einer Mittelmacht, die schon aus Rücksicht auf die Exportwirtschaft an einem friedlichen Miteinander in der Staatenwelt interessiert sein musste. Außerdem gab es im Unterschied zu anderen westlichen Ländern keine imperialen oder post-imperialen Ideologeme, die Visionen einer „Erdpolitik" entgegenstanden. Und überhaupt: Globale Probleme erforderten nun einmal globale Lösungen. Nur ist der Traum, jedenfalls soweit er das Weltklima betrifft, seit Paris ausgeträumt.

Man tut gut daran, bei dieser Diagnose jegliche Häme zu vermeiden. Es gab um 1990 fürwahr schlechtere politische Visionen als die einer supranationalen Umweltpolitik. Globale Lösungen brauchen nun einmal Zeit, und niemand kann behaupten, dass die globale Klimapolitik an der mangelnden Geduld der Staatenlenker gescheitert sei. Es war vielmehr so, dass die Vision langsam aber unerbittlich erodierte, allen lebenserhaltenden Maßnahmen zum Trotz, mit denen sich speziell die Europäische Union seit der Jahrtausendwende hervortat. Was als langfristiger Prozess hin zu einer supranationalen Regulierung gedacht war, entpuppt sich im Rückblick als stetige Verwässerung, bei der der „Global Deal" am Ende fast schon zum Selbstzweck geriet. Es gibt gewiss Parteien, die hier mehr Verantwortung tragen als andere: von den Verhandlungsführern von Kopenhagen bis zu den Republikanern in den USA, die gerade ihren ganz eigenen Kampf mit der Wirklichkeit ausfechten. Man hüte sich freilich vor Dolchstoß-Legenden. Letztlich war es ein Fall kumulativer Kausalität, bei dem der „Global Deal" viele kleine Tode starb. Diese Welt ist nicht gut genug für eine globale Klimapolitik, die mehr ist als eine Addition nationaler Einzelpolitiken.

Man mag sich damit trösten, dass Erdpolitik bei anderen Problemen durchaus funktioniert. Das Montreal-Protokoll zum Schutz der Ozonschicht bleibt ein erfreuliches Beispiel für die Möglichkeiten, die sich aus einem Zusammenspiel von Wissenschaft, internationaler Politik und verantwortlichem Unternehmergeist entwickeln können – ein Präzedenzfall, von dem die Klimapolitik lange gezehrt hat. Weiterhin spricht nichts gegen globale Lösungsansätze, nur sollten sie mehr sein als eine bloße Hoffnung. Paris markiert einen Sieg der umweltpolitischen Pragmatik über die ökologische Romantik. Die Globalisierung der Umweltpolitik ist offenkundig weder irreversibel noch von der Sache her zwingend.

All dies sagt über die Qualität der künftigen Klimapolitik erst einmal nichts aus. Nachrichten vom Tod des Nationalstaats haben sich noch stets als verfrüht herausgestellt. Im Gegenteil: Der Nationalstaat ist weiterhin eines der effektivsten Instrumente zur Generierung und Durchsetzung politischer Entscheidungen, und deshalb gibt es keinen logischen Grund, warum ökologische Politik nicht auch im nationalen Rahmen erfolgreich sein kann. Das war zum Beispiel in den siebziger und achtziger Jahren der Fall, als in vielen westlichen Ländern die Grundlagen der heutigen Umweltpolitik gelegt wurden. Natürlich waren die damaligen Probleme im Vergleich mit der globalen Erwärmung relativ einfach zu lösen, zumeist standen Verschmutzungsprobleme im Zentrum, für die es technische Lösungen gab. Dennoch lohnt der Vergleich, um die Voraussetzungen für erfolgreiche nationalstaatliche Lösungswege auszuloten.

Ein zählebiger Mythos suggeriert, die damalige Umweltpolitik sei letztlich nur dem energischen Protest besorgter Bürger zu verdanken. Aber solche Protestromantik verdeckt, dass Regierungen und Spitzenpolitiker hier auch ihre eigenen Interessen verfolgten. Das konnte kurzlebiger Natur sein wie etwa beim US-Präsidenten Richard Nixon, der mit einer energischen Umweltgesetzgebung vom Debakel in Vietnam ablenken und außerdem einem möglichen Gegenkandidaten bei der Präsidentschaftswahl 1972 das Wasser abgraben konnte. Eines der Ergebnisse war der Clean Air Act von 1970, auf dem die heutige Klimapolitik der USA beruht. In der Bundesrepublik bemerkten ambitionierte Politiker, dass Umweltprobleme nach der Planungseuphorie der sechziger Jahre einer der wenigen verbliebenen Bereiche war, in denen sich noch eine massive Ausweitung von Kompetenzen, Budgets und Stellenplänen legitimieren ließ. Alle großen Parteien haben Politiker vorzuweisen, die durch entsprechende Initiativen die bundesdeutsche Umweltpolitik wie auch die eigenen Karrieren voranbrachten: Hans-Dietrich Genscher, Max Streibl, Jo Leinen, Klaus Matthiesen, Joschka Fischer, Monika Griefahn, Jochen Flasbarth, Fritz Vahrenholt, Klaus Töpfer.

Vor diesem Hintergrund stellt sich die Frage, ob eine ähnliche Interessenkonvergenz auch die Klimapolitik im nationalstaatlichen Rahmen vorantreiben könnte. Gibt es machtvolle Anreize, die Politiker und Verwaltungschefs zu aggressiven Maßnahmen motivieren könnten? Gewiss gibt es einschlägige Interessenten in der Geschäftswelt: Versicherungen, Energiekonzerne sowie Infrastrukturkonzerne, die sicherlich auch schon ein Auge auf kommende Großprojekte der Klimaadaption richten. Nur sind solche Interessen in der Umweltpolitik keine einfachen Partner, denn die Währung der Politik ist doch letztlich eine andere als die der Wirtschaft oder sollte es jedenfalls sein. Schließlich sieht bei wirtschaftlichen Interessen jeder: Die wollen nicht die Eisbären retten. Die wollen Geld.

Karrierechancen bietet der Klimawandel bislang vor allem in Form von *Medien*karrieren. Al Gore lässt grüßen: Vermutlich werden künftige Umwelthistoriker arg ins Stottern geraten, wenn sie ihren Studenten erklären müssen, wieso ein Dokumentarfilm über eine PowerPoint-Präsentation im Jahre 2006 zu einem globalen Medienereignis ersten Ranges wurde. Auch für ambitionierte Wissenschaftler bietet das Thema Chancen, alternativ auch durch Leugnen des Klimawandels – heute der vielleicht einfachste Weg für schlechte Forscher, ins Rampenlicht der Öffentlichkeit zu kommen. Das Heer der Klimapolitiker ist hingegen eine graue Masse von Menschen, die nur die Insider kennen. Menschen, die wirklich etwas bewegen wollen, sehen in der Klimapolitik vor allem Sitzungsmarathons und dickleibige Berichte. Da kann man es ihnen kaum verdenken, wenn sie sich anderweitig umschauen.

Das Erfolgsmodell der siebziger und achtziger Jahre stößt auch in geografischer Hinsicht an Grenzen. Es war stets ein sehr westliches Erfolgsmodell, das nur bei offenen und relativ korruptionsfreien Staatsapparaten funktionierte. In vielen Ländern der Welt gilt der Staat jedoch nicht als Partner zur Lösung gesellschaftlicher Probleme, sondern als skeptisch beäugte Obrigkeit – und zwar auch dann, wenn Funktionseliten nach demokratischen Spielregeln gewählt werden. Da könnte das Mandat für die Nationalstaaten einen finsteren Zug bekommen: globale Klimapolitik als Lizenz für autoritäre Staaten, die Zügel anzuziehen. Wer glaubt, dass westliche Klimaexperten gegen solche Versuchungen gefeit seien, lese einmal die Ausführungen über die Grüne Revolution im Hauptgutachten *Welt im Wandel* des Wissenschaftlichen Beirats der Bundesregierung Globale Umweltveränderung.

Natürlich kann es auch alles ganz anders kommen. Vielleicht ergibt sich aus den Planungen der Nationalstaaten ja auch ein Wettbewerb um den besten Weg in die Dekarbonisierung. Aber woher sollen Menschen in den endlosen Verhandlungen, die solchen Plänen stets vorausgehen, die Motivation beziehen, tatsächlich in einen solchen Wettbewerb einzutreten? Es wäre naiv zu glauben, dass die Buchstaben eines Vertrags dafür ausreichen.

Auf die Gefahr hin, das Offenkundige auszusprechen: Wer eine effektive Klimapolitik betreiben will, muss es mit Landwirtschaft, Ressourcen und Energie aufnehmen. Das sind drei der härtesten Branchen, die die moderne Wirtschaftsgeschichte zu bieten hat. Da geht es um Globalisierung, um beinharte Konkurrenz, um gnadenlose Externalisierung von Kosten und um Rechtstitel, deren Verteidigung die besten Anwaltskanzleien der Welt in Lohn und Brot hält. Wer da im Stile der Habermas'schen Diskursethik agiert, geht sehr schnell unter.

Apropos Globalisierung: Die Politik der Nationalstaaten steht in einer unverkennbaren Spannung zu einer Welt, in der Menschen, Ressourcen und Produkte scheinbar mühelos den Planeten umkreisen. Die nationale Zurechnung von Emissionen hat im Zeitalter der globalen Arbeitsteilung etwas Archaisches. Es gehört nicht viel Phantasie dazu sich auszumalen, dass die Drohung, Produktion in andere Länder zu verlagern, in den Verhandlungen um künftige Klimapläne regelmäßig zu hören sein werden. Solange Nationalstaaten die Verhandlungen führen, sind solche Drohungen kaum effektiv zu konterkarieren. Das kleine Einmaleins der globalisierten Ökonomie kann inzwischen auch der dümmste Lobbyist im Schlaf aufsagen.

Fürs erste wird die Vereinbarung von Paris vor allem Zahlen bewegen. Das war schon vor Beginn des Gipfels zu sehen, als die Vertragsparteien ihre geplanten Beiträge beim Sekretariat der Klimarahmenkonvention einreichten – intended nationally determined contributions (INDC) heißt das in der Sprache der Klimapolitik. Von einer gründlichen Prüfung auf Plausibilität war bislang nicht viel zu hören, wie sich das Geschäft der Klimazahlen ohnehin zu einem Schattenreich auszuwachsen droht. Manche Tricks sind bereits ans Licht der kritischen Öffentlichkeit gelangt, so etwa die Wahl eines Basisjahrs, das besonders emissionsträchtig war. Da liegt die Vermutung nahe, dass im Kleingedruckten noch viel mehr verborgen liegt. Natürlich enthält die Übereinkunft von Paris auch die Verpflichtung auf methodische Konsistenz. Aber es berührt doch seltsam, dass gleich im nächsten Satz gemahnt wird, nach Möglichkeit alle anthropogenen Emissionsquellen zu berücksichtigen. Die Emissionen eines Kohlekraftwerks kann man ziemlich genau bestimmen, aber bei Müllhalden oder Landnutzungsänderungen sieht das schon anders aus. Und das im Land Voltaires, der einst mahnte, das Bessere sei der Feind des Guten!

Die Umweltpolitik vergangener Jahrzehnte basierte auch auf einer Bereitschaft, bestimmte Verursacher herauszugreifen und besonders intensiv zu bearbeiten. Zum Beispiel beim Waldsterben: Da richtete sich die Wut über die Schwefelemissionen vor allem gegen die Kohlekraftwerke. Das konnte man zwar unter Gerechtigkeitsaspekten kritisieren, aber immerhin ergab sich daraus eine erfreuliche Klarheit über Prioritäten und Konfliktlinien. Inzwischen scheint der Trend eher Richtung Symbolpolitik zu gehen, mustergültig zu besichtigen bei der Keystone-XL-Pipeline, die Obama im Vorfeld des Pariser Gipfels öffentlichkeitswirksam beerdigte. Umgekehrt hört man von Angela Merkel wenig zur Zukunft der Kohleverstromung, obwohl offenkundig ist, dass dies auf lange Sicht eine Schlüsselfrage der bundesdeutschen Klimabilanz sein wird.

Zahlen haben ihre eigene Magie, und schon jetzt ist es üblich, dass Erfolgsmeldungen in der Klimapolitik vor allem in quantitativer Form daherkommen. Dabei wäre es in einer Weltklimapolitik, die als Netzwerk autonomer Nationalstaaten operiert, weitaus lohnender, den Austausch über Steuerungsinstrumente zu forcieren. Welche Maßnahme hat zu welchen Ergebnissen geführt, wie verhielten sich Kosten und Nutzen zueinander, und welche Nebenfolgen zeigten sich in Umwelt und Gesellschaft? Nirgends gibt es bessere Perspektiven für das Lernen aus Erfahrungen als bei der Frage nach den richtigen Steuerungsinstrumenten! Und nicht zu vergessen: Bei vielen Lösungen steckt der Teufel im Detail, und diese Details kennen die Staatsapparate meist ziemlich gut. Nur handelt es sich dabei um Herrschaftswissen, das Institutionen nicht ohne weiteres herausrücken. Umso wichtiger ist es deshalb, sich Gedanken über Orte und Methoden des Erfahrungsaustauschs zu machen.

Das Kyoto-Protokoll war mit Blick auf Steuerungsinstrumente noch entscheidungsfreudiger und postulierte den Handel mit Emissionszertifikaten. Das war eine Idee der neunziger Jahre, als marktförmige Regulierung in der umweltpolitischen Debatte der letzte Schrei war. 19 Jahre nach Kyoto wissen wir zwar immer noch nicht, ob Emissionszertifikate den Klimawandel tatsächlich effektiv bekämpfen, aber über die Attraktivität dieses Regulierungsmodus für allerlei Betrügereien haben wir durchaus einiges gelernt. Nur gibt es da inzwischen eine Menge Menschen, die dem Emissionshandel ihren Job verdanken und deshalb nichts mehr fürchten als eine ehrliche Grundsatzdebatte. Die Legitimation von Klimapolitik im nationalstaatlichen Rahmen hängt auch an der Frage, ob Staatsverwaltungen mit solchen Eigeninteressen kompetent umgehen können.

Ein wichtiges Thema sind dabei auch die Nebenwirkungen, die es in der Klimapolitik nicht weniger gibt als in jeder anderen Politik. Und doch ist Klimapolitik allzu oft „Nur-Klimapolitik", die alle anderen Ziele ausblendet oder für nachrangig erklärt: Im Vertrag von Paris kommt das Wort „side effect" gar nicht erst vor. Nichts wird jedoch für die künftige Legitimation der Klimapolitik wichtiger sein als der Umgang mit Nebenfolgen: Wenn die globale Erwärmung nur noch als Problem für Menschen erscheint, die sonst keine Sorgen haben, dann kann die Klimapolitik endgültig einpacken. Freilich werden sich solche Folgen im Unterschied zu den global zirkulierenden Klimagasen wohl zumeist im regionalen und nationalen Rahmen zeigen, und da könnte die Ägide der Nationalstaaten wertvolle Spielräume für flexible und ausgewogene Antworten eröffnen. Aber dazu muss das Thema Nebenwirkungen erst einmal aus der Schmuddelecke der klimapolitischen Debatte heraus! Die Fixierung auf die Klimabilanz verrät eine Art von geistiger Monomanie, die im krassen Widerspruch zu den besten Traditionen des ökologischen Diskurses steht.

Als nationalstaatliche Politik rückt Klimapolitik näher an die Lebenswelt der Bürger heran, und auch das könnte mancherlei Möglichkeiten eröffnen. Letztlich wurzelt die globale Erwärmung – um noch einmal das Offenkundige auszusprechen – im energie- und ressourcenintensiven Lebensstil westlicher Industriegesellschaften, und längst ist klar, dass sich in der Klimapolitik auch die Frage nach Wohlstandsmodellen stellt. Niemand wünscht sich Nationalstaaten, die Lebensweisen diktieren, aber bei der Gestaltung dieser Lebensweisen reden sie in vielfältiger Form mit: Konsumgesellschaften entstehen nicht einfach, sie werden gemacht. Klimapolitik ist stets auch Gesellschaftspolitik, und eine Gesellschaftspolitik, die nächstens in supranationalen Verhandlungsrunden geboren wird, kann man sich eigentlich nur als Farce vorstellen.

So bedeutet es also durchaus nicht das Scheitern der globalen Klimapolitik, wenn künftig die Nationalstaaten wieder fest im Sattel sitzen. Und doch wäre diese Diskussion unvollständig, wenn sie abschließend nicht auch zwei sehr greifbare Eigeninteressen in den Blick nähme. Denn selbst wenn sich rund um die künftige Bedeutung der Nationalstaaten eine Menge offener Fragen rankt, so gibt es doch zwei Gewissheiten, die man sich wohl derzeit in den einschlägigen Amtsstuben und Ministerbüros der Welt zuflüstert. Erstens: Mit dem Klimavertrag von Paris und den *intended nationally deter-*

mined contributions sind wir auf absehbare Zeit gegen unliebsame Überraschungen gefeit. Zweitens: Niemand weiß, ob wir in fünf Jahren, wenn der erste Bilanzbericht ansteht, noch im Amt sind.

Es wäre nicht verwunderlich, wenn die Delegierten bei der Präsentation der Bilanzberichte in fünf Jahren das große Lamento über die Versäumnisse der Vorgängerregierungen anstimmen würden. Das wird vor allem jenen zahlreichen Regierungen flüssig über die Lippen gehen, deren Länder weniger stark von der Vorstellung autonomer Staatlichkeit geprägt sind als Europa. Danach wird erst wieder Ruhe herrschen bis 2025 und 2030, und dann schaut man mal, was die COP 37 im Jahre des Herrn 2031 beschließt. Die Klimadiplomatie hat Zeit. Beim Weltklima sieht das anders aus.

Womit wir wieder bei der Ukraine, Syrien, Griechenland und all den anderen Krisenherden von 2015 wären. Das Beste, was sich im Moment über die großen Verträge des vergangenen Jahres sagen lässt, ist, dass wir Zeit gewonnen haben. Der Status quo wurde gewissermaßen eingefroren. Darin sind Nationalstaaten seit jeher ganz groß: Zeiträume strukturieren, Ordnung schaffen, Verfahrensweisen und Sprachregelungen definieren. Nur war das einmal gedacht als ein erster Schritt auf dem Weg zu Lösungen. Inzwischen wirkt das Einfrieren eher wie eine Alternative zur Problemlösung, die man den fragilen Nationalstaaten eines globalisierten Zeitalters ohnehin nicht mehr zutraut.

So könnte also der Klimagipfel von Paris in künftigen Geschichtsbüchern als ein Lehrstück über Nationalstaatlichkeit im 21. Jahrhundert stehen: nationale Regierungen als Akteure, denen zwar die Kraft für echte Lösungen fehlt, die aber immer noch stark genug sind, um sich in einem Politikfeld festzuklammern. Wir wissen nicht, ob vernetzte Nationalstaaten eine gute Klimapolitik betreiben werden. Aber wir wissen, dass es Klimapolitik nach Paris nur noch unter der Federführung der Nationalstaaten geben wird.

Teil 3: Staat und Politik

Startschuss für die globale Transformation

Jochen Flasbarth

Paris ist ein historischer Wendepunkt. In einem einzigartigen Prozess multilateraler Zusammenarbeit hat die internationale Gemeinschaft die Architektur für eine globale Transformation hin zu einer treibhausgasneutralen und klimaresilienten Welt errichtet. Erstmals werden in einem universellen und rechtlich verbindlichen Abkommen ehrgeizige Langfristziele für Minderung, Anpassung und Finanzierung festgeschrieben. Paris war der Startschuss für eine globale Transformation. Aber die eigentliche Arbeit beginnt erst jetzt.

Mit einem kleinen grünen Hammer setzte der französische Außenminister Laurent Fabius am 12. Dezember 2015 den Schlusspunkt für jahrelange Verhandlungen und besiegelte die Einigung auf das Übereinkommen von Paris, mit dem Entwicklung in allen Staaten klimaverträglich definiert wird. Auf dem Weltwirtschaftsforum in Davos haben die führenden Wirtschaftsvertreter den Klimawandel jüngst als „das potenziell folgenschwerste globale Risiko" bewertet. Die Antwort aus Paris ist eine weitreichende multilaterale Kooperation und ein umfassendes Paket von Maßnahmen zur Transformation der Gesellschaften mit dem klaren Ziel der Dekarbonisierung der Weltwirtschaft. Auch von Nichtregierungsorganisationen, der Presse und von Teilen der Wirtschaft wird das Übereinkommen von Paris als wichtiger ambitionierter Meilenstein bewertet. Kritik kommt, nicht überraschend, von den Teilen der Wirtschaft, deren Geschäftsmodell bislang nicht mit der Transformation hin zu einer kohlenstofffreien Weltwirtschaft vereinbar ist.

Die Verhandlungen in Paris waren in vielerlei Hinsicht anders als diejenigen vorangegangener Vertragsstaatenkonferenzen (COP). In Paris gelang es, statt wie oft in der Vergangenheit den kleinsten gemeinsamen Nenner, ein für alle Verhandlungsgruppen am oberen Rand der Erwartungen liegendes Ergebnis zu erzielen. Es gehört ebenso zur Wahrheit von Paris, dass das durch die Beiträge der Staaten erreichbare Ambitionsniveau noch nicht ausreicht, den globalen Temperaturanstieg auf 2 Grad oder sogar 1,5 Grad Celsius gegenüber vorindustrieller Zeit zu begrenzen. Aber auf dem in Paris vereinbarten robusten und dynamischen Instrumentarium, welches auf regelmäßige Ambitionssteigerung ausgelegt ist, lässt sich aufbauen. Die eigentliche Arbeit, die Umsetzung der Vereinbarungen, beginnt jetzt in jedem einzelnen Staat, ebenso wie in Europa und international.

Erfolgsfaktoren in Paris

Die Kosten für klimafreundliche Technologien sind in den vergangenen Jahren deutlich gefallen, Klimaschutzpolitiken haben einen erheblichen Zusatznutzen, zum Beispiel für die Gesundheit oder die Energiesicherheit. In gemeinsamen Erklärungen unter anderem der G7 unter deutscher Präsidentschaft, zwischen USA und China sowie zwischen Brasilien und Deutschland wurden wichtige Elemente des Übereinkommens erarbeitet. Die Staaten waren durch den Prozess der Vorbereitung ihrer nationalen Beiträge bereit für ein Abkommen und wollten es.

Die französische Präsidentschaft leistete Außerordentliches sowohl in der Vorbereitung als als auch während der Konferenz. Alle Akteure wurden intensiv konsultiert und in der entscheidenden Phase der Konferenz zur Unterstützung der Präsidentschaft eingebunden, um ihren Beitrag zum Ergebnis zu leisten. Die Choreographie der Verhandlungen tat das ihre. Die Anwesenheit der Staats- und Regierungschefs zu Beginn der Konferenz schaffte Öffentlichkeit und machte es potenziellen Bremsern schwer, die Verhandlungen zu blockieren. Die stets inklusive und klare Verhandlungsführung und die schrittweise Entwicklung des Verhandlungstextes, in dem die zentralen Forderungen der Staaten und Staatengruppen bis zum Ende offen gehalten wurden, trugen ganz maßgeblich zu dem Vertrauen der Delegierten und letztendlich zum guten Ergebnis bei. Auch andere relevante Akteure, zum Beispiel Städte, Nichtregierungsorganisationen und Unternehmen, waren im Rahmen der Lima-Paris-Action-Agenda aktiv in die Verhandlungschoreographie eingebunden. Als am Ende die ausstehenden Fragen auf drei reduziert waren, fand Frankreich die für alle Staaten akzeptable Balance zwischen Differenzierung der Erwartungen und deren Finanzierung.

Die Koalition der hoch ambitionierten Staaten, geführt durch Tony de Brum, Außenminister der Marshallinseln und bestehend aus den kleinen Inselstaaten, den am wenigsten entwickelten Staaten, der EU, anderen besonders vom Klimawandel betroffenen Entwicklungsländern sowie den USA, Brasilien und Kanada, hat die Legitimität für diese strategische Entscheidung Frankreichs geliefert. Sie einte die Überzeugung, dass ein Kompromiss zu Lasten der Ambition im Klimaabkommen nicht akzeptabel sei.

Die EU hat mit kreativen inhaltlichen Vorschlägen und durch die nachdrückliche Forderung allgemein gültiger und klarer Transparenzregeln das Ergebnis deutlich geprägt. Darüber hinaus hat die EU mit dem sogenannten Cartagena-Dialog frühzeitig Kommunikationskanäle aufgebaut, die in Paris geholfen haben, auftretende Hindernisse aus dem Weg zu räumen.

Von zentraler Bedeutung war die glaubwürdige Verankerung der Finanzierungsaspekte im Klimaabkommen. Deutschland hatte als erstes Industrieland eine Verdopplung seiner öffentlichen Klimafinanzierung bis 2020 angekündigt. Viele andere folgten mit Finanzierungszusagen und bildeten damit im Vorfeld von Paris Vertrauen, dass die Entwicklungsländer bei den Herausforderungen durch ambitionierte Klimaschutzpolitik auf Unterstützung rechnen können. Zahlreiche Entwicklungsländer wurden im Vorfeld von Paris auch bei der Entwicklung ihrer nationalen Klimaschutzbeiträge unterstützt. Eine „Minderungs- und Transparenzpartnerschaft" als Plattform für Erfahrungsaustausch hat seit mehreren Jahren viele Staaten beim Aufbau von Berichterstattungssystemen begleitet.

Nicht zuletzt gab der UN-Gipfel auf Staats- und Regierungschefebene im September 2015 mit dem erfolgreichen Abschluss der Arbeiten an den globalen Nachhaltigkeitszielen kräftigen Rückenwind für Paris.

Die Ergebnisse von Paris

In Paris wurde ein rechtlich verbindliches Übereinkommen beschlossen, das in innovativer Weise regelmäßige internationale Konsultationen über den bisher erreichten globalen Klimaschutz mit den nationalen Prozessen zur Planung und Weiterentwicklung von Klimaschutzpolitiken verbindet. Die bisherige Zweiteilung der Welt in Länder mit und solche ohne Klimaschutzverpflichtungen wird abgelöst von einer Welt mit differenzierten Verpflichtungen für alle Staaten, die sowohl die historische Verantwortung als auch die sehr unterschiedlichen Fähigkeiten der Staaten heute berücksichtigt und so dem Prinzip der gemeinsamen, aber unterschiedlichen Verantwortung in einer modernen Weise Rechnung trägt. Diejenigen Entwicklungsländer, die noch nicht ausreichend in der Lage sind, ambitionierten Klimaschutz aus eigener Kraft zu betreiben, bekommen mehr Zeit und werden durch Staaten mit größeren Fähigkeiten unterstützt.

Das Ambitionspaket

Die hohe Ambition des Übereinkommens von Paris manifestiert sich in der Verankerung der 2-Grad-Obergrenze in einem völkerrechtlichen Vertrag und in der Festlegung, darüber hinaus Anstrengungen zu unternehmen, um eine Beschränkung auf 1,5 Grad Celsius zu erreichen. Dazu sollen die globalen Emissionen schnellstmöglich ihren Scheitelpunkt erreichen und dann in Richtung einer Balance zwischen Emissionsquellen und -senken in der zweiten Hälfte des Jahrhunderts reduziert werden. Ziel ist es, damit Treibhausgasneutralität zu erreichen, also die Netto-Treibhausgas-Emissionen in den nächsten Jahrzehnten auf Null zu fahren. Dies beinhaltet eine Dekarbonisierung der Weltwirtschaft und verlangt darüber hinaus, die anderen Treibhausgase auszugleichen. Verankert wurde auch das Ziel, die Finanzströme in Einklang mit den Zielen des Klimaschutzes zu bringen.

Von zentraler Bedeutung im neuen Klimaabkommen sind die nationalen Beiträge der einzelnen Staaten (Nationally Determined Contributions, NDCs). Jede Vertragspartei muss einen Klimaschutzbeitrag vorbereiten, kommunizieren und nationale Maßnahmen zu seiner Umsetzung treffen. Es ist dabei richtig, dass Industriestaaten weiterhin absolute Reduzierungsziele übernehmen, während Entwicklungsländer zunächst auch andere Ziele formulieren können (zum Beispiel Reduzierungen gegenüber einem prognostizierten Emissionstrend), bis sie in der Lage sind, ebenfalls absolute Reduzierungsziele zu übernehmen.

Alle fünf Jahre sind neue Klimaschutzbeiträge vorzulegen, wobei nachfolgende Beiträge jeweils ambitionierter sein sollen. Dies setzt jeweils eine nationale Debatte in Gang.

Alle fünf Jahre wird auf globaler Ebene überprüft („global stocktake"), inwieweit die Staaten in den Bereichen Minderung, Anpassung und Unterstützung gemeinsam auf Kurs sind. Der erste Überprüfungsprozess findet 2023 statt. Noch vor dem erwarteten Inkrafttreten des Übereinkommens wird 2018 ein „Überprüfungsdialog" stattfinden. Die Erkenntnisse der Überprüfung sollen in die Entscheidung der Staaten einfließen, wenn sie ihre jeweils nächsten Beiträge erarbeiten. Dass die letztendliche Entscheidungshoheit im Land verbleibt, ist für viele Staaten Voraussetzung für die Ratifizierung eines Vertrages und wichtig, um die Umsetzung zu garantieren.

Weitere Ambitionssteigerungen sind erreichbar, da Entwicklungsländer unterstützt werden, ihre Emissionen aus Entwaldung und Walddegradierung zu reduzieren sowie durch die Möglichkeit, Kohlenstoffmärkte zu nutzen.

Alle Staaten berichten zweijährig über ihre Emissionen und die Fortschritte bei der Umsetzung ihrer nationalen Minderungsbeiträge. Weiter stellen sie Informationen zu Klimafolgen und Anpassungsmaßnahmen sowie zu gegebener und empfangener finanzieller Unterstützung zur Verfügung. Die Berichte werden zunächst technisch geprüft und anschließend mit allen Staaten diskutiert. Staatengemeinschaft und Zivilgesellschaft können auf fundierter Grundlage auf Nachzügler einwirken. Diese Transparenz hilft ebenfalls, die Ambitionen zu steigern. Ein Mechanismus ist installiert, um die Umsetzung des gesamten Abkommens zu prüfen und zu unterstützen.

Das Fairnesspaket

Die Fairness des Abkommens ergibt sich aus der bereits beschriebenen Flexibilität und aus der breiten Orientierung an der nachhaltigen Entwicklung von Staaten. Erstens verpflichten sich alle Staaten, ihre Entwicklung gegenüber den Auswirkungen des Klimawandels abzusichern. Es wird regelmäßig geprüft, wie weit die Staatengemeinschaft gemeinsam gekommen ist. Erstmals wird völkerrechtlich auch der Umgang mit klimawandelbedingten Verlusten und Schäden geregelt. Die Staaten bauen zum Beispiel ihre Zusammenarbeit bei der Ausgestaltung eines umfassenden Risikomanagements aus, erarbeiten Lösungsvorschläge zur klimawandelbedingten Vertreibung und entwickeln eine Informationsplattform für Klimarisikoversicherungen. In der begleitenden Entscheidung der Pariser Vertragsstaatenkonferenz wird festgehalten, dass hieraus keine Grundlage für Kompensationsforderungen und Haftungsansprüche erwächst.

Im Bereich der Klimafinanzierung wurde vereinbart, Finanzflüsse konsistent mit einem Entwicklungspfad für kohlenstoffarme und klimaresiliente Entwicklung zu machen. Entwicklungsländern wird die notwendige und zunehmende Unterstützung bei Minderung und Anpassung zugesichert. Industrieländer behalten ihre hierzu bestehenden Verpflichtungen unter der Klimarahmenkonvention. Die Mobilisierung von weiteren Mitteln, insbesondere privater Finanzströme, ist nunmehr gemeinschaftliche Aufgabe aller Staaten, bei der den Industrieländern eine führende Rolle zukommt. Industrieländer tragen verpflichtend, Entwicklungsländer freiwillig zur verstärkten Mobilisierung von Klimafinanzierung bei. Die 2009 von den Industrieländern getroffene Zusage, als Ziel bis 2020 jährlich 100 Milliarden US-Dollar für Klimaschutzmaßnahmen in Entwicklungsländern zu mobilisieren, wird bis 2025 fortgeschrieben. Für die Zeit nach 2025 soll ein neues Ziel, ausgehend von 100 Milliarden Dollar als Basis, festgelegt werden, wobei offen ist, ob der Geberkreis erweitert wird. Die Berichtspflichten über die zur Verfügung gestellte und mobilisierte Klimafinanzierung gelten weiterhin nur für Industrieländer. Entwicklungsländer sollen freiwillig berichten. Künftig wird alle zwei Jahre vorausschauend über die Maßnahmen zur Mobilisierung von Klimafinanzierung informiert.

Weiter wird die technische und finanzielle Unterstützung von Entwicklungsländern bei Technologieentwicklung und -transfer für Klimaschutz erweitert und die Berichterstattung in diesem Bereich ausgebaut. Erweiterte Maßnahmen zur Unterstützung des Kapazitätsaufbaus von Entwicklungsländern und erweiterte Kooperation zu Bildung und Ausbildung wurden vereinbart, um die Umsetzung des Pariser Abkommens zu unterstützen.

Das Übereinkommen von Paris wird am 22. April 2016 unterzeichnet. Es tritt in Kraft, wenn mindestens 55 Staaten, die zusammen 55 Prozent der globalen Treibhausgasemissionen abdecken, das Übereinkommen ratifiziert haben. Dies kann auch vor 2020 der Fall sein.

Bis zum Inkrafttreten warten die Staaten mit der Weiterentwicklung ihrer jeweiligen Klimapolitik nicht ab, sondern ergreifen ebenso wie nicht-staatliche Akteure verstärkte Maßnahmen. Die sogenannte Lima-Paris-Action-Agenda (LPAA) umfasst ambitionierte Klimaschutzinitiativen außerhalb von UNFCCC und von nicht-staatlichen Akteuren.

Wirkung von Paris

Das Signal von Paris an den privaten Sektor ist eindeutig: Unternehmen wie Volkswirtschaften, die sich nicht auf die Anforderungen des Klimaschutz ausrichten, werden keine guten Zukunftschancen haben. Die ökonomische Wettbewerbsfähigkeit wird immer stärker davon bestimmt, wie gut und rasch es gelingt, sie auf einen klimaneutralen Pfad zu bringen. Immer mehr Wirtschaftsunternehmen und institutionelle Investoren reagieren auf diese Entwicklung und preisen die Konsequenzen des Klimawandels und einer konsequenten Klimapolitik ein. Die globale Divestment-Bewegung hat in den vergangenen Monaten stark an Zulauf gewonnen. Potenzielle „stranded assets" werden in Risikoanalysen der Unternehmen berücksichtigt, Finanzmittel werden in nachhaltige Investitionen gelenkt.

Auch wenn die Preise für fossile Brennstoffe kurzfristig sinken, sie als tragfähige Grundlage für Entscheidungen von Ländern und privaten Akteuren zu betrachten, greift zu kurz. Trotz historisch niedriger Preisen für Öl, Kohle und Gas entwickelte sich 2015 zu einem Rekordjahr für die erneuerbaren Energien. Mit 329 Milliarden USD wurden weltweit vier Prozent mehr als im Jahr 2014 und drei Prozent mehr als im bisherigen Rekordjahr 2011 investiert. Im Vergleich zu 2014 wurde sogar etwa 30 Prozent mehr Kapazität installiert, ein weiteres Zeichen für die fortschreitenden Kostensenkungen bei den erneuerbaren Energien. Die sinkenden Einnahmen aus dem Erdölhandel veranlassen schon jetzt einige Öl-Staaten, über neue Einnahmequellen nachzudenken.

Staaten sowie Akteure aus der Wirtschaft und der Zivilgesellschaft treiben weltweit den Klimaschutz voran. Unter dem Namen „Mission Innovation" kündigten 20 Länder, die für etwa 75 Prozent der weltweiten Emissionen aus Elektrizitätserzeugung verantwortlich sind, eine Verdoppelung ihrer öffentlichen Finanzierung für Forschung an sauberen Energien an. Unterstützt wurde dies durch eine Vielzahl privater Investoren, die Kapital für frühe Phasen des Innovationszyklus bereitstellen werden.

Die Entwicklungsbanken stärken ihr Klimaengagement. Investitionsströme für die Transformation werden vom braunen in den grünen Bereich umgelenkt. Deutschland wird in seiner G20-Präsidentschaft im kommenden Jahr einen Schwerpunkt – wie China in diesem Jahr – auf „Green Investment" und Klimafinanzierung legen.

Die weltweite Umsetzung der neuen Transformationsagenda für nachhaltige Entwicklung und ihre globalen Nachhaltigkeitsziele (SDG), gerade auch in den Industrieländern, sorgt für den grundlegenden Wandel hin zu tatsächlich nachhaltigen Wirtschafts- und Lebensweisen, die die ökologischen Belastungsgrenzen der Erde einhalten. Die Entkopplung der Inanspruchnahme natürlicher Ressourcen von der wirtschaftlichen Entwicklung, fortlaufende Effizienzsteigerungen und reduzierte Inanspruchnahme natürlicher Ressourcen helfen darüber hinaus, extreme Armut zu beenden, Ungleichheit und Ungerechtigkeit zu mindern, nachhaltige Produktionsweisen und Lebensstile durchzusetzen – und erfolgreich den Klimawandel zu bekämpfen.

Umsetzung des Übereinkommens

Im Rahmen der Verhandlungen werden in den nächsten Jahren Dutzende Arbeitsaufträge zur weiteren detaillierten Ausgestaltung der Vereinbarungen von Paris zu erledigen sein. Ein Beispiel hierfür ist die Ausgestaltung der Regeln für die Berichterstattung aller Staaten. Der Geist von Paris und nicht die Verhandlungslogik vor Paris ist dabei der Schlüssel zum Erfolg.

Auf der nationalen Ebene sind die Beiträge zum Übereinkommen (NDC) umzusetzen und bis 2020 zusätzliche Maßnahmen zur Hebung des Ambitionsniveaus für die nächste Runde der Vorlage von NDC festzulegen. Dies erfordert umfangreiche Entscheidungen und Regelungen auf allen Handlungsebenen. Der Petersberger Klimadialog, eine jährliche Ministerkonferenz, die von Bundeskanzlerin Merkel nach der Klimakonferenz in Kopenhagen ins Leben gerufen wurde und einen wichtigen Beitrag für den Erfolg in Paris geleistet hat, wird sich dieses Jahr den verschiedenen Umsetzungsebenen widmen.

Europäische Klimaschutzpolitik

Die EU will bis zur Mitte des Jahrhunderts eine Reduktion der Treibhausgasemissionen um 80–95 Prozent gegenüber dem Niveau von 1990 erreichen. Die Staats- und Regierungschefs der EU haben 2014 ein verbindliches Ziel von mindestens 40 Prozent Emissionsreduktion innerhalb der EU bis 2030 beschlossen.

Mit dem Pariser Übereinkommen im Rücken sind die klimapolitischen Beschlüsse der EU im Detail nun anspruchsvoll umzusetzen. Die Weltgemeinschaft erwartet, dass Europa zu seinen Zusagen steht, bei positiven Pariser Verhandlungsergebnissen die europäischen Klimaschutzziele weiter zu steigern. Viele Eckpunkte für die Klima- und Energiepolitik der EU bis 2030 sind bereits festgelegt. Die Details müssen nun in verschiedenen Rechtsetzungsprozessen geklärt werden, vor allem die Aufteilung der Beiträge zum Klimaziel zwischen den EU-Mitgliedstaaten und die Ausgestaltung des EU-Emissionshandels ab dem Jahr 2021. Angesichts der Tatsache, dass die Summe der bisherigen nationalen Klimaschutzziele noch nicht ausreicht, um eine Begrenzung der Erwärmung auf 2 Grad oder darüber hinaus auf 1,5 Grad zu erreichen, ist klar: Die EU muss dazu beitragen, dass die internationalen Anstrengungen ehrgeiziger werden. Das Klimaziel der EU für 2030 ist als Mindestziel formuliert und lässt damit ausdrücklich die Möglichkeit offen, mehr zu machen. Im September 2015 haben die EU-Umweltminister bekräftigt, dass die EU-Klima- und Energieziele künftig progressiv fortentwickelt werden und nicht hinter vorherige zurückfallen. Bis 2020 muss die EU ihre nationalen Beiträge neu vorlegen oder aktualisieren. Diesen Prozess müssen wir nutzen und gestalten.

Im Energiebereich gibt es auf europäischer Ebene ebenso noch viel zu tun. Die europäischen Ziele beinhalten schließlich auch die Verpflichtung der EU, bis 2030 einen Anteil von mindestens 27 Prozent erneuerbarer

Energien am Energieverbrauch und eine Verbesserung der Energieeffizienz um mindestens 27 Prozent zu erreichen. Das Effizienzziel ist bis spätestens 2020 zu überprüfen, mit Blick auf eine Anhebung auf 30 Prozent. Dafür hatte sich Deutschland bereits in den Verhandlungen im letzten Jahr eingesetzt.

Andere Staaten und Akteure achten sehr genau darauf, wie Europa seine Ziele mit Substanz füllt. Die Umsetzung des europäischen Beitrags wird daher auch nach Paris noch großen Einfluss auf die internationalen Verhandlungen haben.

Klimaschutzpolitik in Deutschland

Die Ergebnisse der Klimakonferenz in Paris sind der Startpunkt für einen tiefgreifenden globalen Transformationsprozess, den wir in Deutschland bereits begonnen haben. Durch das Übereinkommen wurde dieser Prozess konkretisiert und mit klaren Zielmarken versehen. Konkret bedeutet das Ziel der globalen Treibhausgasneutralität in der zweiten Hälfte des Jahrhunderts, dass Deutschland bis 2050 auf den Einsatz fossiler Brennstoffe weitestgehend verzichten muss. Das deutsche Klimaschutzziel für 2050 orientiert sich bisher daran, bis zur Mitte des Jahrhunderts 80 bis 95 Prozent weniger Treibhausgase gegenüber 1990 auszustoßen. Für Deutschland bedeutete dies ohnehin schon eine Orientierung im oberen Bereich dieses Korridors. Spätestens seit Paris ist allerdings klar, dass Deutschlands Treibhausgasminderung bis 2050 oberhalb von 90 Prozent liegen muss.

Noch in diesem Jahr werden wir deshalb einen Klimaschutzplan 2050 beschließen, der aufzeigen wird, wie wir die in Paris beschlossenen Ziele umsetzen können. Nicht als starrer und bis ins Letzte detaillierter Fahrplan, aber als Wegweiser für die Richtung, die eingeschlagen werden muss. Der Klimaschutzplan soll deshalb für den Zeithorizont bis 2050 zunächst die zentralen Weichenstellungen und robusten Strategien definieren. Dabei werden alle Handlungsfelder beschrieben werden: Energiewirtschaft, Gebäude, Verkehr, Landwirtschaft und -nutzung sowie Industrie, Gewerbe, Handel und Dienstleistungen.

Derzeit liegt der Schwerpunkt beim Klimaschutzplan 2050 auf einem breiten Dialog- und Beteiligungsprozess. Daraus sollen unter anderem Empfehlungen zu Maßnahmen – insbesondere mit Wirkung für den Zeithorizont bis 2030 – resultieren, mit denen die Klimaschutzziele im Klimaschutzplan hinterlegt werden sollen.

Mit der Internationalen Klimaschutzinitiative (IKI) hat Deutschland über die vergangenen Jahre schnell auf neue Themen aus dem UN-Klimaprozess reagiert und wichtige Beiträge für den Erfolg in Paris geleistet. Die IKI war wichtigster Geber in der Unterstützung von mehr als 30 Ländern bei der Erarbeitung ihrer nationalen Klimaschutzbeiträge für das Abkommen, aber auch in der Förderung von nationalen Anpassungsplänen sowie dem Aufbau von Systemen zum Walderhalt. Die IKI unterstützt gezielt die globale Klimaschutzarchitektur. Zugleich dient sie mit der Förderung von Transformationsprozessen in den Partnerländern der notwendigen Beschleunigung greifbarer Emissionsminderungen schon vor 2020. Die IKI ist als internationales Klimafinanzierungsinstrument gut aufgestellt und wird sich zukünftig stark für eine ambitionierte Umsetzung des Paris-Abkommens vor Ort in Entwicklungsländern einsetzen.

Die Beschlüsse von Paris zeigen deutlich, dass ein Nebeneinander der Klima- und Entwicklungsfinanzierung nicht länger möglich ist und dass integriertes Denken mehr als je zuvor gefragt ist. Infrastruktur muss Klima mitdenken, ebenso wie Gesundheit, Bildung, Verkehr und Wasser.

Fazit

Paris war ein großer Erfolg für den Multilateralismus und für den internationalen Klimaschutz, weil alle Staaten anerkannt haben, dass ambitionierter Klimaschutz eingebettet sein muss in eine breitere Entwicklungsagenda, kombiniert mit Elementen der Fairness und der Risikoteilung. Das Ergebnis von Paris ist ganz klar nur ein Zwischenschritt auf dem Weg der Transformation zu einer klimaverträglichen Welt. Mit den jetzt vorgelegten Beiträgen haben wir ohne Frage eine bessere Zukunft, als wir sie mit der düsteren Perspektive auf eine Welt mit einer Erwärmung um 3 oder 4 Grad Celsius hätten erwarten müssen. Die Summe der jetzigen nationalen Klimaschutzverpflichtungen reicht aber noch nicht aus, um eine Begrenzung der Erderwärmung auf 2 Grad oder 1,5 Grad zu erreichen. Damit ist klar: Alle müssen ihre Klimaschutzpolitiken immer weiter verstärken. Ganz konkret bedeutet dies zum Beispiel im Energiesektor eine Abkehr von der Kohle und die vollständige Energieversorgung mit erneuerbaren Energien. Deutschland hat wie einige andere Staaten diesen Weg bereits eingeschlagen. Andere werden folgen – und letztlich werden wir eine Weltwirtschaft erhalten, die nahezu vollständig auf der Basis erneuerbarer Ressourcen basiert.

Die Signale, die die Innovatoren aus Wirtschaft und Finanzsektor in Reaktion auf das Übereinkommen von Paris senden, sind überaus ermutigend. Sie haben die Unumkehrbarkeit des Trends und die daraus erwachsenden Wettbewerbschancen erkannt. Jetzt gilt es diese Erkenntnis in breitere Kreise zu tragen und auch dort umzusetzen. Die Umsetzung des Ziels, die Investitionsströme am Ziel der Dekarbonisierung auszurichten, wird der zentrale Treiber für die Transformation werden.

195 Staaten vereint für den Klimaschutz

Maria Krautzberger

Um die im Abkommen von Paris gesetzten Ziele innerhalb der vereinbarten globalen Leitplanken zu erreichen, muss die internationale Gemeinschaft ambitioniert zusammenarbeiten. Deutschland als Industrienation muss in der Umsetzung der internationalen Ziele als Vorbild vorangehen und die Dekarbonisierung in allen Sektoren gewissenhaft und klug voranbringen.

195 Staaten haben im Konsens das Paris-Abkommen beschlossen. Auf den ersten Blick ist kaum zu erfassen, was sich hinter dieser einfachen Aussage alles verbirgt.

Die Gemeinschaft von 195 Staaten besteht aus sehr unterschiedlichen Nationalstaaten. Jede Nation bringt eigene Hintergründe, Interessen und Einstellungen mit ein. Das neue globale Klimaschutzabkommen vereint zum ersten Mal all diese Länder in dem Bekenntnis zu einem gemeinsamen Klimaschutz – von den kleinen Inselstaaten, wie Nauru, und den am wenigsten entwickelten Ländern, wie Mali, über die großen Schwellenländer, wie Brasilien, Indien und China, bis hin zu den am weitesten entwickelten Industrieländern, wie den USA und Deutschland.

In Zeiten globaler Krisen hat die Weltgemeinschaft damit Geschlossenheit bewiesen und gezeigt, dass multilaterale Prozesse erfolgreich sein können. Das stand im Bereich der internationalen Klimapolitik nach der gescheiterten Konferenz in Kopenhagen im Jahr 2009 durchaus infrage. Dort war das Bestreben noch gescheitert, ein Nachfolgeabkommen für das Kyoto-Protokoll zu verabschieden, das für alle Länder völkerrechtlich verbindliche Beiträge vorsieht.

Zahlreiche intensive Vorbereitungssitzungen und informelle Gespräche der letzten Jahre waren nötig. Dazu gehörten nicht nur die formellen Treffen unter der Klimarahmenkonvention (UNFCCC) und ihren Arbeitsorganen zur Vorbereitung des Pariser Klimagipfels. Auch diverse andere politische Foren der letzten Jahre widmeten sich dem internationalen Klimaschutz. Aber nun ist es geschafft: Alle Staaten haben am 12. Dezember 2015 in Paris einen für sie tragbaren Konsens entwickelt.

Zwei Ereignisse möchte ich herausstellen, denn sie hatten in besonderem Maße Einfluss auf das Ergebnis der Pariser Klimaverhandlungen:

1. Der Sondergipfel der Vereinten Nationen im September 2014, zu dem UN-Generalsekretär Ban Ki-moon nach New York eingeladen hatte. Gut ein Jahr vor der Pariser Klimakonferenz hob dieses Ereignis den internationalen Klimaschutz auf die höchste politische Agenda. Zahlreiche Staats- und Regierungsvertretungen, zum Teil auf höchster politischer Ebene, sprachen sich bereits auf diesem Gipfel für ein ambitioniertes Klimaschutzabkommen aus. In Erinnerung bleibt auch das enorme zivilgesellschaftliche Engagement. Weltweit marschierten die Menschen am 21. September 2014 in verschieden Städten durch die Straßen und protestierten friedlich für einen engagierteren Klimaschutz. In New York nahmen über 300 000 Menschen teil, in Berlin waren es rund 100 000.
2. Der G7-Gipfel im Juni 2015 in Elmau unter deutschem Vorsitz. Die sieben großen Industrienationen (Deutschland, Frankreich, Italien, Japan, Kanada, die USA und das Vereinigte Königreich) sprachen sich in der Abschlusserklärung für die Dekarbonisierung der Weltwirtschaft im Laufe dieses Jahrhunderts aus. Dieses Bekenntnis sendete an die internationale Klimaschutzgemeinschaft im Vorfeld des Paris Gipfels ein wichtiges und sehr deutliches Signal.

Das Paris Abkommen und seine Begleitentscheidung setzen wichtige globale Leitplanken und geben eine klare Richtung für unseren zukünftigen Entwicklungsweg vor, sowohl kurz- als auch langfristig. Selbst wenn das Abkommen erst 2020 in Kraft tritt, kann es bereits heute erhebliche Auswirkungen entfalten.

Der Scheitelpunkt der globalen Treibhausgasemissionen soll so schnell wie möglich erreicht werden. Dafür muss zuerst der Trend der derzeit noch steigenden globalen Treibhausgasemissionen umgekehrt werden. Dies erfordert heute dringend zusätzliche, ambitionierte Klimaschutzmaßnahmen. Ein „Weiter wie bisher" ist keine Option.

Langfristig gilt es eine Balance zwischen Emissionsquellen und -senken zu erreichen. Das bedeutet de facto eine Dekarbonisierung der Weltwirtschaft und damit einen Ausstieg aus fossiler Energie. Das Ziel ist klar: Die globalen Treibhausgasemissionen müssen in der zweiten Hälfte des Jahrhunderts auf Netto-Null gebracht werden.

Handlungsleitend sind die drei Ziele des Paris-Abkommens:

1. Der globale Temperaturanstieg wird auf deutlich unter 2 Grad begrenzt – verglichen mit der Zeit vor der Industrialisierung. Darüber hinaus soll eine Begrenzung auf 1,5 Grad angestrebt werden.
2. Die Anpassungsfähigkeit, Klimaresilienz und Niedrig-Emissions-Entwicklung werden gestärkt.
3. Finanzströme werden entsprechend der vorangestellten Ziele in Einklang gebracht.

Eines wird bei der Betrachtung dieser Ziele mehr als deutlich – um sie zu erreichen, müssen alle Länder gemeinsam an einem Strang ziehen. Es ist daher zu begrüßen, dass das Paris-Abkommen an vielen Stellen die internationale Zusammenarbeit betont. Denn mit dem Inkrafttreten des Abkommens sind alle Staaten mit konkreten Pflichten eingebunden. Diese Pflichten stellen vor allem Entwicklungsländer zum jetzigen Zeitpunkt vor große Herausforderungen. Industrieländern wie Deutschland kommt daher die besondere Aufgabe zu, diese Länder zu unterstützen.

Internationale Zusammenarbeit stärken

Neben der Formulierung des globalen Ziels, die Anpassungsfähigkeit zu stärken, enthält das Abkommen ein festes Versprechen: Entwicklungsländern beim Klimaschutz und der Anpassung an den Klimawandel zu helfen. Neben der notwendigen Unterstützung durch Technologietransfer und Kapazitätsaufbau wird in den begleitenden Entscheidungen festgehalten, dass die Industrieländer ab 2020 jährlich 100 Milliarden Dollar bereitstellen sollen. Auch wird den Entwicklungsländern zugesichert, sie bei der Bewältigung von Schäden und Verlusten durch den Klimawandel zu unterstützen, zum Beispiel durch Klimarisikoversicherungen.

Darüber hinaus benötigen die Entwicklungsländer bei der konkreten Umsetzung der Paris-Entscheidung unsere Unterstützung. So etabliert das Paris-Abkommen ein für alle Staaten verbindliches Transparenzsystem. Dieses beinhaltet zum Beispiel, dass alle Staaten alle zwei Jahre über ihre Treibhausgasinventare berichten. Für Entwicklungsländer wird es Ausnahmeregelungen geben, um mangelnden Kapazitäten in diesen Ländern Rechnung zu tragen. Das Umweltbundesamt berät die Entwicklungsländer beim Aufbau ihrer Kapazitäten und Treibhausgasinventare. Um ein besseres Verständnis für den Aufbau von Treibhausgasinventaren und den notwendigen Institutionen und Datenflüssen zu verschaffen, stellen unsere Expertinnen und Experten das deutsche Inventarsystem in Workshops im Umweltbundesamt oder auch vor Ort im Ausland vor. Zudem unterstützt das Umweltbundesamt die Aktivitäten zum Kapazitätsaufbau im Rahmen der Internationalen Klimaschutzinitiative mit seiner fachlichen Expertise.

Trotz der sehr unterschiedlichen Entwicklungsstände kündigten über 180 Staaten bereits vor dem Beginn der Pariser Klimakonferenz ihre Beiträge zur Minderung der Treibhausgasemissionen nach dem Jahr 2020 an. Die Staatengemeinschaft hatte sich in Vorbereitung auf die Klimakonferenz darauf geeinigt, diese Beiträge in Form von selbstbestimmten, nationalen Beiträgen (*Intended Nationally Determined Contributions* – INDCs) an das Klimasekretariat der Vereinten Nationen zu übermitteln. Die Entwicklung dieser Beiträge ist ein wichtiger Prozess, um in allen Ländern die Auseinandersetzung mit der Frage nationaler Klimaschutzanstrengungen auf institutionell-politischer Ebene fest zu verankern. Zukünftig müssen die bisherigen Klimaschutz-Zusagen dringend weiter verschärft werden. Sie reichen bisher nur für eine Begrenzung der Erderwärmung auf etwa 3 Grad aus.

Alle Staaten sind aufgerufen, alle fünf Jahre neue Länderbeiträge vorzulegen und zu überprüfen. Diese Aufgabe ist durchaus eine Herausforderung, denn einige Staaten hatten sich im Vorfeld der Pariser Klimakonferenz erstmals mit der Entwicklung nationaler Klimaschutzziele auseinandergesetzt. In der ersten Runde der INDC-Entwicklung hat Deutschland im Rahmen der Internationalen Klimaschutzinitiative (IKI) über 30 Entwicklungsländer bei der Erarbeitung ihrer INDCs unterstützt. Diese Unterstützung wird auch in Zukunft benötigt und muss weiter ausgebaut werden.

Deutschland – Vorbild und verlässlicher Partner

Deutschland als eines der weltweit wichtigsten Industrieländer muss im Rahmen der globalen Herausforderungen zum Klimaschutz eine besondere Rolle spielen und Verantwortung übernehmen. Der notwendige und gestaltbare Wandel hin zu einer treibhausgasneutralen und klimaresilienten Gesellschaft ist dabei gekennzeichnet durch die Kombination und das Wechselspiel von Innovationen, Akteuren und politischen Instrumenten. Dabei wandeln sich die Rahmenbedingungen oft schnell. Es ist entscheidend, eine langfristige Planungs- und Entscheidungssicherheit für alle gesellschaftlichen und wirtschaftlichen Akteure zu schaffen. Dafür ist eine verbindliche Zielfestlegung dringend notwendig. Das Umweltbundesamt spricht sich daher für ein ambitioniertes Langfristziel zur Minderung der Treibhausgasemissionen von minus 95 Prozent bis 2050 gegenüber 1990 aus.

Ein Schlüsselsektor für eine langfristige gesamtwirtschaftliche Dekarbonisierungsstrategie in Deutschland ist die Energiewirtschaft, vor allem die fossile Stromproduktion. Mit 358 Millionen Tonnen Kohlendioxid-Äquivalenten verursachte die Energiewirtschaft im Jahr 2014 mit 40 Prozent die meisten Treibhausgasemissionen in Deutschland.

Technisch sind die Möglichkeiten gegeben, die Treibhausgasemissionen in der Energiewirtschaft auf nahezu Null zu senken. Dazu muss vollständig auf erneuerbare Energien umgestellt werden. Gleichzeitig gilt es die vorhandenen Effizienzpotenziale weitestgehend auszuschöpfen. Zentrale Bausteine für eine vollständige regenerative Energieversorgung sind Power-to-X-Techniken über alle Anwendungsbereiche hinweg. Power-to-X umfasst sämtliche technischen Optionen zur stromseitigen Sektorkopplung, das heißt Techniken, welche durch Nutzung von regenerativem Strom den Strommarkt mit dem Brenn-, Kraftstoff- und Rohstoffmarkt über alle Anwendungsbereiche hinweg verbinden, beispielsweise Power to Heat, Power to Gas oder Power to Liquid. Die energetische Nutzung von Anbaubiomasse, Atomenergie und Carbon Capture and Storage (CCS) sind aus Sicht des Umweltbundesamtes keine Elemente eines nachhaltigen Energiesystems.

Auch im fossilen Kraftwerkspark bestehen große und kostengünstige sowie kurzfristig verfügbare Minderungspotenziale. Die Pfadabhängigkeiten des fossilen Kraftwerksparks sind aufgrund sehr langlebiger Kapitalstöcke besonders stark ausgeprägt. Dies ist besonders bei möglichen neuen fossilen Kraftwerkskapazitäten zu beachten. Daher sollte die Dekarbonisierung der Stromproduktion im Vergleich zu anderen Sektoren frühzeitiger und mit stärkeren Minderungsbeiträgen vollzogen werden.

Nicht zuletzt vor dem Hintergrund globaler Wirtschaftsvernetzungen muss eine nationale, treibhausgasneutrale Energieversorgung in eine langfristige internationale Strategie eingebettet sein. Power-to-X-Techniken können dabei eine zentrale Rolle für die regenerative globale Versorgung mit Brenn-, Kraft- und Rohstoffen sowie für einen internationalen, regenerativen Energiemarkt darstellen. Eine wichtige Rolle bei den strategischen Fragen zur treibhausgasneutralen Energieversorgung spielen dabei zum Beispiel Importabhängigkeit, Diversifizierung der Lieferländer und Energiequellen sowie der Ausbau internationaler Infrastrukturen.

Der nationale Straßen-, Schienen- sowie Schiffs- und Luftverkehr hat im Jahr 2014 mit 160 Millionen Tonnen Kohlendioxid-Äquivalenten das Niveau der nationalen Treibhausgasemissionen von 1990 nur leicht unterschritten. Der Anteil an den Gesamtemissionen erhöhte sich damit – aufgrund der Minderungserfolge in den anderen Sektoren – von 13 Prozent auf mittlerweile 18 Prozent.

Um sektorübergreifend eine Treibhausgasminderung von 95 Prozent bis zum Jahr 2050 gegenüber 1990 in Deutschland zu erreichen, muss der Verkehr nahezu treibhausgasneutral sein. Dafür müssen heute weitergehende Maßnahmen zur Senkung des Energiebedarfs im Verkehrssektor ergriffen werden. Das bereits bestehende Endenergieverbrauchsziel für den Verkehr in Deutschland (minus 40 Prozent bis 2050 gegenüber 2005) bedarf einer Verschärfung. Zusätzlich werden ambitionierte Zwischenziele für die Jahre 2030 und 2040 benötigt. Fest steht, dass anspruchsvolle Endenergieverbrauchsziele im Verkehr nicht alleine mit Effizienzsteigerungen bei den Fahrzeugen erreichbar sind. Sie müssen mit Maßnahmen zur Verkehrsvermeidung und -verlagerung kombiniert werden. Zusätzlich muss der Verkehr auf treibhausgasneutrale Energieträger umgestellt werden. Fossile Energieträger wie Benzin, Kerosin und Diesel haben langfristig ausgedient. Die Zukunft liegt in der direkten Nutzung von regenerativem Strom für Elektromobilität. Die Nutzung stromgenerierter Kraftstoffe (Power to Gas und Power to Liquid) ist dort sinnvoll, wo Elektromobilität nicht realisierbar ist. Dies betrifft zum Beispiel den internationalen Luft- und Seeverkehr. Mit stromgenerierten Brenn- und Kraftstoffen müssen wir jedoch sparsam umgehen, denn sie sind nur begrenzt verfügbar und zudem noch sehr teuer.

Erforderlich ist insgesamt ein enges Zusammenspiel zwischen Verkehrsvermeidung und -verlagerung sowie Effizienzsteigerungen und der Energiewende im Verkehr. Nur so können anspruchsvolle Klimaschutzziele auch erreicht werden.

Einen weiteren erheblichen Anteil am gesamten Endenergieverbrauch in Deutschland nimmt der Gebäudebereich ein. Dieser Anteil lag im Jahr 2014 bei 35 Prozent. Der Gebäudebereich ist nach wie vor wegen seiner großen Energieeinsparpotenziale eine wichtige Säule der deutschen Klimaschutzpolitik. Das Ziel ist es, einen nahezu klimaneutralen Gebäudebestand bis zum Jahr 2050 zu erreichen. Langfristig dürfen Gebäude nur noch einen geringen Energiebedarf haben, der überwiegend durch erneuerbare Energien gedeckt wird. Konkret muss eine Senkung des Primärenergiebedarfs des Gebäudebestands um rund 80 Prozent bis 2050 und eine Verdopplung der Sanierungsrate auf 2 Prozent pro Jahr angestrebt werden. Zudem muss der stetige Zuwachs der Gebäude-Nutzflächen gedämpft werden – durch eine effizientere Nutzung im Bestand.

Ausblick

Die Aufgabe der Stunde ist es nun für Deutschland, andere Staaten und Staatenbündnisse die Entscheidungen des Paris-Gipfels auf nationaler Ebene ambitioniert umzusetzen. Die finanziellen Zusagen müssen eingehalten und Technologietransfer sichergestellt werden. Deutschland kommt dabei eine Schlüsselrolle zu. Die deutsche Energiewende wird als wichtiger Transformationsprozess weltweit beobachtet. Die Dekarbonisierung von Wirtschaft und Gesellschaft erfordert über die sektorale Betrachtung hinaus auch querschnitts- und systemorientierte Denkweisen und integrierte Maßnahmen. Eine langfristig orientierte Politik vermeidet Strukturbrüche, um gesellschaftliche Kosten zu begrenzen, insbesondere auch für nachfolgende Generationen. Notwendig sind Lern- und Suchprozesse für Klimaschutzmaßnahmen im Bereich technischer und sozialer Innovationen, für Investitionen in die erforderlichen Infrastrukturen, für Standortentscheidungen der Wirtschaft sowie für Pfadentscheidungen mit Blick auf die individuelle Energienutzung.

Für die konkrete Umsetzung des Klimaschutzes war und ist auch das bürgerschaftliche Engagement essenziell. Zahlreiche Initiativen von Bürgerinnen und Bürgern auf der lokalen Ebene, Aktionen in Kommunen, Städten und Städtebündnisse füllen das Paris-Abkommen bereits heute mit Leben.

Wir brauchen einen transformatorischen Ansatz

Toni Hofreiter

Die Umsetzung des Pariser Abkommens bedeutet im Kern nicht weniger als die nächste industrielle Revolution. Dabei sind viele Teile der Gesellschaft schon viel weiter, als uns die schwierigen politischen Verhandlungen glauben lassen. Hier gilt es anzusetzen und diese Kräfte zu unterstützen.

Die 195 Staaten der Erde haben sich in Paris dazu bekannt, das Ende der fossilen Wirtschaftsära einzuläuten. Vermutlich war vielen Delegierten in Paris die Tragweite ihres Beschlusses am Abend des 12. Dezembers 2015 in der Form gar nicht bewusst. Denn Wirtschaft und Gesellschaft werden sich weitaus stärker verändern müssen, als wir das bisher in der Umweltgeschichte gesehen haben. Die Umsetzung des Abkommens bedeutet im Kern nicht weniger als die nächste industrielle Revolution.

Meine ganz persönliche Erfahrung aus Paris bestärkt mich darin, dass dies auch tatsächlich möglich ist. Denn jenseits der eigentlichen Verhandlungen in den unzähligen Arbeitsgruppen sind Klimakonferenzen vor allem auch große Klimamessen, die zeigen, was sich in der Welt in Sachen Klimaschutz bereits alles bewegt. Beim Gang durch die Messehallen, beim Besuch der zahlreichen Messestände oder eines der unzähligen Side Events wurde auch in Paris offensichtlich, dass viele Teile der Gesellschaft schon viel weiter sind, als uns die schwierigen politischen Verhandlungen glauben lassen. Hier gilt es anzusetzen und diese Kräfte zu unterstützen. Wenn das gelingt, kann das Ergebnis von Paris tatsächlich auch als historisch bewertet werden, so wie es bereits vielfach zu hören und zu lesen war.

Bei der folgenden Analyse zu notwendigen klimapolitischen Konsequenzen werde ich aber nicht meine Eindrücke aus Paris zugrundelegen. Vielmehr will ich anhand der bisherigen Umweltpolitik in Deutschland zeigen, warum die Umgestaltung gelingen kann. Die in Deutschland insbesondere von den GRÜNEN auf den Weg gebrachte Energiewende im Strombereich weist hier den Weg. Auch in anderen Wirtschaftsbereichen sind alternative Technologien und Verfahren bereits vorhanden. Noch fehlt es allerdings an den nötigen Rahmenbedingungen, damit diese die Nische verlassen und die klimaschädlichen Verfahren ablösen können. Das wird ein roter Faden dieses Beitrags sein.

Doch besonders von Seiten derer, deren fossiles und bislang ertragreiches Geschäftsmodell bedroht ist, wird deshalb schon seit geraumer Zeit vor dem Wandel gewarnt. Dazu wird gerne der Teufel an die Wand gemalt und versucht, die notwendige Umgestaltung als Verzicht umzudeuten. Die Geschichte der bisherigen Umweltgesetzgebung zeigt aber, dass das Gegenteil der Fall ist: Die Ökologie treibt eine Modernisierung an, von der am Ende Umwelt und Menschen gleichermaßen profitieren. Auch bei der Umsetzung der Beschlüsse von Paris wird dies so sein, wenn die Weichen richtig gestellt werden. Die Auseinandersetzung mit diesem Zusammenhang soll ein zweiter roter Faden dieses Beitrags sein.

Stand der Umweltpolitik heute

Auch als Umweltschutz, saurer Regen, Feinstaubbelastung oder Treibhausgasemissionen noch keine Themen waren, erkannten Menschen, dass der wirtschaftliche und technische Fortschritt nicht ohne Nebenwirkungen blieb. Man begann deshalb schon zu Anfang des 20. Jahrhunderts in Deutschland, wichtige Naturdenkmäler und Kulturlandschaften zu schützen. Motiviert war dies noch vor allem vom Wunsch nach dem Erhalt von Heimat und der Schönheit der Natur. Nach dem Ende des Zweiten Weltkrieges, dem Ende der Notzeit und vor dem Hintergrund der Gefährdungen begann man auch den Wald zu schützen.

Mit der weiteren wirtschaftlichen Entwicklung nahmen die Belastungen von Mensch und Umwelt weiter zu. Am offensichtlichsten wurde dies an einer steigenden Menge zum Teil giftiger Abfälle, die häufig achtlos in der Landschaft entsorgt wurden, was zur Entstehung wilder Deponien führte. Das Grundwasser ganzer Regionen wurde zusehends belastet oder sogar ungenießbar. Unfälle in Chemieanlagen wie bei Sandoz im Jahr 1986 führten dazu, dass giftiges Löschwasser in den Rhein gelangten und dort zu einem Fischsterben in bis dahin unvorstellbarem Ausmaße führten. Ungereinigte Emissionen aus Kraftwerken und Industrieanlagen führten insbesondere bei so genannten Inverswetterlagen in kühlen Wintermonaten zur Entstehung von Smog, der sich wie ein Schleier über ganze Städte legte und die Atemwege der Bevölkerung belastete.

Mit zunehmender Umweltbelastung entwickelten sich die Umweltwissenschaften zu einem eigenständigen Forschungszweig. Man erkannte den

Zusammenhang von Stick- und Schwefeloxiden aus Auspuffrohren oder Industrieanlagen und dem saurem Regen, der Wälder sterben ließ und Jahrhunderte alte Bauwerke zerstörte. Als Kühlmittel genutzte Fluorchlorkohlenwasserstoffe (FCKW) waren verantwortlich für die Zerstörung der uns vor gefährlicher Strahlung schützenden Ozonschicht. Phosphate in Waschmitteln waren dafür verantwortlich, dass viele Seen und Flüsse umkippten und sich in faulige stinkende Kloaken verwandelten. Die Liste ließe sich beliebig fortführen.

Die sich immer stärker formierende Umweltbewegung und eine sensibilisierte breitere Öffentlichkeit forderten politische Konsequenzen. Die Grünen etablierten sich als dauerhafte politische Kraft in der Bundesrepublik. Und die Bundesregierung wie auch die DDR-Regierung begannen mit Emissionsgrenzwerten und Vorschriften zum Umgang mit Chemikalien und Abfall einen rechtlichen Rahmen zu setzen, innerhalb dessen sich die Wirtschaft bewegen musste. Die Änderung des Stellenwertes der Umweltpolitik zeigt sich unter anderem am 6. Juni 1986 mit der Gründung eines eigenständigen Umweltministeriums in der Bundesrepublik, 15 Jahre zuvor bereits in der DDR.

Rückblickend ist festzustellen, dass die Umweltpolitik in weiten Teilen sehr erfolgreich war, obgleich längst nicht alle Probleme gelöst werden konnten. Im Gegenteil – die Feinstaubproblematik oder die Vermüllung der Ozeane mit Kunststoffen machen uns sogar zunehmend Sorgen. Dennoch, viele Naturschutzgebiete sind ausgewiesen, Luft und Wasser sind spürbar sauberer geworden. Die Lebensqualität, vor allem in Ballungsgebieten, hat sich in den vergangenen Jahrzehnten deutlich verbessert. Ein weiterer Aspekt ist wichtig – die Umweltpolitik hat sich als ein maßgeblicher Innovationtreiber für die Wirtschaft herausgestellt. So wurden wirksame Filter und Katalysatoren gebaut und neue Recycling- oder Verwertungsverfahren für Abfälle überhaupt erst entwickelt, weil gesetzliche Auflagen dies erforderlich machten.

Doch die meisten Wirtschaftsunternehmen waren, übrigens nicht anders als heute beim Klimaschutz, kein aktiver und treibender Part. Im Gegenteil – sie beschworen Nachteile im internationalen Wettbewerb durch deutsche Umweltauflagen. Auch wenn Technologien vorhanden waren, kamen sie zunächst gar nicht oder nur schleppend voran. Das Paradebeispiel dafür ist die unrühmliche Rolle der Automobilindustrie im Zusammenhang mit der Einführung des Katalysators für Pkw. Nicht anders als heute versuchte die Automobilindustrie auch damals die Einführung dieser neuen Technik zu verhindern. Mit Argumenten wie „zu teuer" oder „unwirtschaftlich" wurde die verpflichtende Einführung des Katalysators blockiert und verschleppt. Die Argumente gegen den Umweltschutz von damals unterscheiden sich kaum von denen, die heute gegen den Klimaschutz vorgebracht werden.

Die Befürchtungen der Industrie sind indes nicht eingetreten. Umwelttechnik hat sich heute zu einem bedeutenden Wirtschaftsfaktor in der Bundesrepublik entwickelt. Der zuletzt im Jahr 2011 vom Bundesumweltministerium herausgegebene Umweltwirtschaftsbericht belegt dies mit eindrucksvollen Zahlen. So erreichte im Jahr 2008 die Produktion von Umweltschutzgütern in Deutschland ein Volumen von fast 76 Milliarden Euro. 4,8 Prozent aller Beschäftigten in Deutschland arbeiteten im Umweltschutz; das waren fast zwei Millionen Menschen. Mit einem Welthandelsanteil von 15,4 Prozent war Deutschland auch 2009 Exportweltmeister bei Umweltschutzgütern. Der Bericht bestätigt außerdem die innovationstreibende Wirkung von Umweltpolitik. Demnach gab fast jedes dritte innovative Unternehmen an, dass seine Umweltinnovationstätigkeit auch durch Umweltgesetze und -regulierungen ausgelöst worden sei.

Zeit für ein erstes Fazit: Erstens lehrt uns die Geschichte der Umweltpolitik, dass es einen wirksamen politischen Ordnungsrahmen braucht, damit neue Verfahren und Technologien auf den Markt kommen oder überhaupt erst entwickelt werden. Zweitens lehrt uns die Geschichte, dass der Schutz von Mensch und Umwelt auch wirtschaftlich sehr erfolgreich sein kann und dass sich die Befürchtungen der Industrie vor ruinösen Belastungen im Nachhinein als überzogen herausgestellt haben. Darauf wird an späterer Stelle nochmals zurückzukommen sein.

Transformation statt End of Pipe

So erfolgreich die klassische Umwelttechnik auch bislang war, sie funktionierte bisher meist als „End of Pipe"-Technologie, in der Filter und Katalysatoren oder die Abfallbehandlung die negativen Umweltauswirkungen verringern. Der eigentliche Prozess wird gegebenenfalls auch optimiert, bleibt dabei selbst aber meist grundsätzlich unverändert. Dieser Zusammenhang ist in Abbildung 1 schematisch dargestellt.

Dieser bislang durchaus erfolgreich praktizierte Ansatz wird jedoch nicht ausreichen, um die Klimakrise zu lösen, die Beschlüsse von Paris umzusetzen und zu einer Wirtschaftsweise zu kommen, die auf fossilen Kohlenstoff gänzlich verzichtet. Die Umweltpolitik im weitesten Sinne steht vor einer neuen Herausforderung und muss jetzt die nächste Stufe in Angriff nehmen. Das heißt, zur Lösung der Klimakrise wird es nicht mehr ausreichen, neue

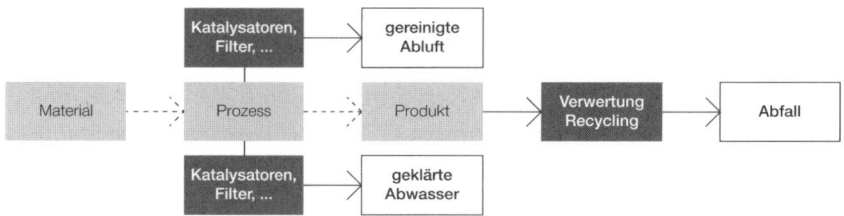

Abb. 1 Schematische Darstellung der Lösungsansätze der klassischen Umwelttechnik, die in der Regel als „End of Pipe"-Ansatz funktionieren.

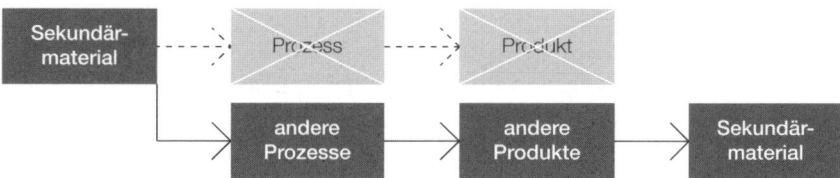

Abb. 2 Neue „transformative" Ansätze sind nötig, das heißt die Entwicklung und Einführung neuer Verfahren und Materialien sowie die Führung von Rohstoffen in geschlossenen Kreisläufen.

Filter und Katalysatoren zu entwickeln. Vielmehr muss die Politik jetzt einen Rahmen setzen, damit neue Prozesse und neue Verfahren entwickelt werden, die die bisherigen – in der Regel auf fossilen Energien und Rohstoffen basierenden – ersetzen. Der „End of Pipe"-Ansatz muss jetzt um einen Transformationsansatz erweitert werden. Der Zusammenhang ist in Abbildung 2 schematisch dargestellt.

Warum ein neuer transformatorischer Ansatz nötig ist, zeigt exemplarisch das von einigen Konzernen verfolgte Verfahren zur Speicherung klimaschädlichen Kohlendioxids im Untergrund, genannt CCS (Carbon Storage and Sequestration). In einem klassischen und ihr wohlvertrauten End-of-Pipe-Ansatz sucht vor allem die Industrie ihren Weg zur Lösung der Klimakrise. Das Ziel ist klar: Es kann eigentlich alles soll so bleiben wie es ist, nur das klimaschädliche CO_2 wird abgefangen und weggesperrt. Doch erste Versuche und seriöse Berechnungen zeigen bereits, dass dies eine Sackgasse ist. Allein das benötigte sichere Speichervolumen für das abgefangene CO_2 wäre gigantisch und vermutlich überhaupt nicht vorhanden. Auch würde die zusätzlich benötigte Energie für das Abfangen und Verpressen des CO_2 den fossilen Energiebedarf weiter steigern und die Energieeffizienz um Jahrzehnte zurückwerfen.

Ein weiteres Beispiel für eine solche „End of Pipe"-Sackgasse ist der in der Vergangenheit schon kontrovers diskutierte Ansatz des „Geoengineering", bei dem versucht wird, über einen globalen ingenieurtechnischen Ansatz die Auswirkungen der Klimakrise zu mindern. Beispielsweise soll die Düngung der Meere das Wachstum von Algen anregen, damit sie klimaschädliches CO_2 aus der Atmosphäre aufnehmen. Die Vorschläge reichen weiter vom Ausbringen kühlender Aerosole in die Atmosphäre bis zu weiß gestrichenen Dächern, die die energiereiche Strahlung der Sonne in den Weltraum zurückwerfen sollen, bevor diese unsere Atmosphäre weiter aufheizen kann. Doch ebenso wie CCS führt Geoengineering nur dazu, dass man mit der vermeintlichen Lösung eines drängenden Problems gleich mehrere neue schafft.

Das heißt jedoch nicht, dass sich Ansatz „End of Pipe" nach Paris erledigt hat. Ganz im Gegenteil: Er muss weiter verfolgt und entwickelt werden. Denn auch bei der energetischen Nutzung von Biomasse entstehen gesundheitsschädliche Feinstäube. Mit erneuerbarem Strom betriebene Schienenfahrzeuge erzeugen Lärm. Photovoltaikmodule müssen am Ende ihres Lebens fachgerecht entsorgt, bzw. recycelt werden. Das sind allesamt Anwendungsbereiche für „End of Pipe"-Technologien.

Die Energiewende gibt den Weg vor

Mit der von uns Grünen auf den Weg gebrachten Energiewende haben wir in Richtung Transformation schon einen großen Schritt gemacht. Neben dem Atomausstieg hatte insbesondere das seinerzeit von Rot-Grün verabschiedete Erneuerbare Energien Gesetz nicht mehr zum Ziel, die weitgehend zentral organisierten Stromerzeugungsanlagen zu optimieren und deren negative Umweltauswirkungen weiter zu vermindern. Stattdessen sollten neue klimafreundliche und dezentrale Anlagen das alte System vollständig ersetzen. Zwar existierten schon länger erfolgversprechende Ansätze, klimafreundlichen Strom aus Wind und Sonne zu gewinnen, doch gegenüber alten abgeschriebenen Großkraftwerken waren diese neuen Anlagen zunächst noch teurer. Investitionen in diese neue Technologie rechneten sich selten.

Vor allem aber passten die erneuerbaren Energien nicht in einen Strommarkt, den wenige Monopolisten unter sich aufgeteilt hatten. RWE & Co. hatten schließlich überhaupt kein Interesse daran, ihr bis dahin so lukratives Geschäftsmodell auf Basis von Atom und Kohle aufzugeben. Mit dem „Erneuerbare Energien Gesetz" (EEG) aber gelang es, diese alten verkrusteten Strukturen aufzubrechen. Der Schlüssel war, dass erneuerbare Energien durch eine von allen Stromkunden über eine Umlage finanzierte Einspeisevergütung und einen gewährten Einspeisevorrang plötzlich wirtschaftlich wurden. Dieser transformatorische Ansatz des EEG war gleich in mehrerer Hinsicht erfolgreich. Er war nicht nur klimafreundlich, er ermöglichte auch einen fairen Wettbewerb bei der Stromerzeugung. Neue zukunftssichere Jobs entstanden überall im Land.

Heute decken die erneuerbaren Energien schon über ein Drittel des nationalen Strombedarfs. Sie haben die Börsenstrompreise in den letzten Jahren spürbar sinken lassen. Dem EEG und seinem wirksamen Fördermechanismus ist es auch zu verdanken, dass erneuerbare Energien inzwischen weltweit auf Erfolgskurs sind. Das EEG ist internationale Entwicklungshilfe im besten Sinne.

Onshore-Windstrom wird heute bereits billiger produziert als Strom aus schmutziger Kohle, und als hochsubventionierter Atomstrom sowieso. Diese durch das EEG angestoßene rasante Entwicklung hat auch dazu geführt, dass die Klimakonferenz von Paris überhaupt ein Erfolg wurde. Denn anders als noch bei der letztlich gescheiterten Klimakonferenz von Kopenhagen im Jahr 2009 standen 2015 bereits wettbewerbsfähige klimafreundliche Alternativen zur Stromerzeugung zu Verfügung.

Nach Paris gilt es jetzt, den bereits mit den erneuerbaren Energien erfolgreich beschrittenen transformatorischen Weg konsequent auf andere Wirtschaftsbereiche zu übertragen. Das ist der Auftrag der Klimakonferenz und der neuen globalen Klimaschutzvereinbarung. Beispiel Verkehr: Auch hier ist mit dem klassischen „End of Pipe"-Ansatz kein Klimaschutz zu machen. Wir müssen stattdessen weg vom fossilen Öl und auf alternative Antriebe wie Strom umstellen, die Schiene ausbauen und Verkehrsträger besser miteinander vernetzen. So profitiert nicht nur das Klima, sondern es profitieren auch die Menschen, die schneller und bequemer zum Ziel kommen. Beispiel Landwirtschaft: Wir müssen die Landwirtschaft umstellen auf eine umwelt- und klimafreundliche Produktionsweise, weg von geschmackloser Einheitsware, weg von Massentierhaltung und Billigproduktion für den Export. Die Menschen profitieren durch ein breites Angebot an unterschiedlichen Sorten, regionalen Spezialitäten und Bioqualität.

Auch die Industrie steht nach der Vereinbarung von Paris vor der Aufgabe, sich grundlegend zu transformieren und die bisher überwiegend auf fossilen Ressourcen basierenden Pfade zu verlassen. Hier gibt es ebenfalls bereits zahlreiche klimafreundliche Alternativen zu bestehenden Verfahren und Produkten, die sich aber bislang – ähnlich wie seinerzeit die erneuerbaren Energien – noch nicht gegen die seit vielen Jahrzehnten etablierte klimaschädliche Konkurrenz haben durchsetzen können. So könnte die chemische Industrie schon heute zu einem erheblichen Teil auf erdölbasierte Produkte verzichten und stattdessen Biomasse für die Produktion von Chemikalien, Kunststoffen, Farben und Lacken einsetzen. In sogenannten Bioraffinerien kann Biomasse analog zur Raffination von Erdöl in unterschiedliche Fraktionen aufgetrennt und weiterverarbeitet werden.

Für die Erzeugung von Stahl sind klimafreundlichere Verfahren in der Erprobung und zum Teil sogar bereits marktreif. Sie verzichten auf die klimabelastende Kokserzeugung oder bauen auf elektrische Technologien. Auch für das bisher verwendete klimaschädliche Verfahren der Zementherstellung gibt es Alternativen. Bislang werden, im Wesentlichen unverändert seit der Patentierung des Verfahrens im Jahr 1874, Kalkstein, Ton und Quarzsand in Drehöfen bei Temperaturen von etwa 1450 Grad Celsius gebrannt und damit das Ausgangsmaterial Zementklinker hergestellt. Dieser Zementklinker aber lässt sich heute schon durch andere Bindemittel ersetzen, die mit Temperaturen von gerade einmal 200 Grad hergestellt werden. Alternativ kann ganz einfach auch wieder verstärkt nachwachsendes Holz als High-Tech-Baustoff zum Einsatz kommen. Im Textilbeton wird die „klassische" Armierung aus Stahl durch Textilfasern ersetzt und die erforderliche Materialstärke dadurch um ein Vielfaches reduziert. Das senkt den Energie- und Rohstoffbedarf auf ein Minimum.

Das Fazit an dieser Stelle: Erstens, das Beispiel der Entwicklung der erneuerbaren Energien zeigt, dass die Politik notwendig ist, um neue Ideen Konzepte und Verfahren in die Anwendung und die Verbreitung zu bringen. Die Förderung von Forschung und Entwicklung reicht nicht aus. Insbesondere dann nicht, wenn neue Verfahren mit alten noch profitablen Verfahren in Konkurrenz stehen. Unternehmen, besonders solche mit einer marktdominierenden Stellung, denken und handeln vor allem renditeorientiert. Mittel- und langfristige Investitionen, die zudem mit etablierten Produkten aus dem eigenen Haus konkurrieren, sind deshalb überhaupt nicht attraktiv. Als Beispiel seien an dieser Stelle die Biokunststoffe genannt, die alternativ zum Erdöl auf der Basis nachwachsender Rohstoffe hergestellt werden und mit erheblichem Aufwand, vor allem an öffentlichen Geldern, zur Markreife gebracht wurden. Diese haben es aber bisher – von Nischen abgesehen – nicht auf dem Markt geschafft.

Zweitens zeigt das Beispiel des EEG und der Ausbau der erneuerbaren Energien, dass der transformatorische politische Ansatz ein ungleich größeres Innovationspotenzial mit bringt als die „klassische" Umweltpolitik mit dem vorherrschenden „End of Pipe"-Ansatz in den vergangenen Jahrzehnten. Das ist relevant, da insbesondere die im Bundesverband der Deutschen

Industrie e. V. (BDI) organisierte Industrie gleich nach Ende der Klimakonferenz von Paris angesichts der weiterhin bestehenden *„einseitigen Verteilung der Finanzierungslasten"* davor gewarnt hat, jetzt *„über neue EU-, geschweige denn nationale Ziele, nachzudenken"*. Solange das Innovationspotenzial durch Klima- und Umweltpolitik ungenutzt bleibt, sägt die Industrie am Ast, auf dem sie selbst sitzt. Die Argumentation der Industrie folgt zudem dem Muster der achtziger Jahre und zeigt, wie wenig die Industrie diesen für sie überlebenswichtigen Zusammenhang anerkennt.

Drittens zeigt die bisherige Erfahrung der Klima- und Umweltpolitik, dass deren Bemühungen auch immer mit einem unmittelbaren Gewinn an Lebensqualität für die Menschen verbunden sind. Bei den frühen Errungenschaften wie sauberer Luft oder sauberem Wasser liegt dies auf der Hand. Die Energiewende und der Ausbau der erneuerbaren Energien verschonen die Menschen nicht nur vor schwersten Auswirkungen der Klimakrise, sondern haben Wettbewerb in den Strommarkt gebracht und Bürgerinnen und Bürgern die Möglichkeit gegeben, sich aktiv als TeilhaberInnen zu beteiligen. Das EEG wurde zur Basis einer breiten „Bürgerenergie".

Die Bundesregierung ist jetzt am Zug

Der Erfolg der Umweltbewegung der vergangenen Jahre gibt uns die Zuversicht, dass die Umsetzung der Beschlüsse von Paris am Ende ein Deal ist, von dem Umwelt und Wirtschaft wie auch die Menschen gleichermaßen profitieren. Es geht jetzt darum, politische Weichenstellungen vorzunehmen, die Wirtschaft und Gesellschaft vollständig zu dekarbonisieren. Denn anders ist das im Vertrag von Paris definierte Ziel, wonach in der zweiten Hälfte des Jahrhunderts die Treibhausgasemissionen in der Summe Null sein müssen, nicht zu erreichen. Dies wird nur gelingen, wenn wir im Sinne einer Transformation tatsächlich „umgestaltend" tätig werden und den erfolgreichen Ansatz bei der Energiewende in andere Bereiche übertragen. Das heißt im Einzelnen:

- Energiewende voranbringen und den Kohleausstieg einleiten
  Aus dem Beschluss von Paris leitet sich klar ab: Die Dekarbonisierung der Energiewirtschaft kommt. Damit ist der Kohleausstieg keine Frage des „Ob", sondern nur noch des „Wie" und „Wie schnell". Durch die Einführung von CO_2-Grenzwerten für fossile Kraftwerke müssen wir in den nächsten 15 bis 20 Jahren aus der Kohle aussteigen und konsequent in die erneuerbare Stromversorgung überleiten. Auch nach wie vor gewährte

Exportsubventionen für klimaschädliche Kohlekraftwerke müssen umgehend beendet werden.

■ Emissionshandel in Gang bringen, Anreize für die Industrie!
Die Industrie braucht Anreize, um in klimafreundliche Technologien zu investieren und um im Wettbewerb auf den Märkten von Morgen zu bestehen. Wir wollen dafür den europäischen Emissionshandel reformieren, einen Mindestpreis für CO_2 einführen und Ausnahmen bei Steuern und Abgaben auf die wenigen Branchen beschränken, denen tatsächlich Nachteile im internationalen Wettbewerb entstehen.

■ Aufbruch in den klimaneutralen Verkehr
Die Verkehrspolitik braucht einen Aufbruch. Die CO_2-Emissionen aus diesem Bereich sind heute nicht niedriger als vor zehn Jahren. Wir müssen in den nächsten zwei Jahrzehnten weg vom Öl im Straßenverkehr und über Kaufprämien den Einstieg in eine grüne Mobilität mit Elektromobilen auf den Weg bringen. Wir müssen Power to Gas fördern, das heißt Kraftstoffe aus erneuerbarem Strom etablieren. Und wir müssen die Angebote von Bus und Bahn verdoppeln und alle Verkehrsmittel miteinander verknüpfen.

■ Faire Wärme ohne Klimagase!
Die preisgünstigste und klimafreundlichste Energie ist die, die gar nicht erst erzeugt werden muss. Im Gebäudebestand liegen große Energieeinsparpotenziale, insbesondere durch die Dämmung der Gebäudehülle und den Austausch von Heizungen. Wir brauchen einen klimaneutralen Gebäudebestand in den nächsten 25 Jahren, erreichbar durch faire Wärme mit erneuerbaren Energien sowie Energieeffizienz und flankiert durch einen nötigen sozialen Ausgleich.

■ Agrarwende hin zu einer grünen Landwirtschaft!
Für den Futtermittelanbau werden Regenwälder gerodet und Moore trockengelegt. Gleichzeitig leiden Bäuerinnen und Bauern weltweit unter den Folgen der Klimakrise wie Dürren, Starkregen und Stürmen. Besonders die industrielle Massentierhaltung ist Gift für unser Klima. Über eine Flächenbindung der Tierhaltung müssen wir deshalb aus der industriellen Massentierhaltung aussteigen und in eine grüne Landwirtschaft einsteigen. Wir brauchen die Bauern und Bäuerinnen als Partner des Klimaschutzes. Der Ökolandbau braucht eine stärkere und zielgenauere Förderung. Agrarsubventionen dürfen nur noch zweckgebunden für Gemeinwohlleistungen der Landwirtschaft nach nachhaltigen Kriterien vergeben werden.

- Investitionen aus fossilen Geldanlagen abziehen!

Trotz der erforderlichen umfassenden Dekarbonisierung unserer Wirtschaft sind Milliardenbeträge in Unternehmen angelegt, die auf die Ausbeutung fossiler Ressourcen setzen. Das sind in erster Linie Kohle- und Ölförderer oder kohleabhängige Stromerzeuger. Hier müssen Bund, Länder und Kommunen vorangehen und Ihre Geldanlagen, zum Beispiel Rücklagen für die Pensionen der Beamten, konsequent aus fossilen Investments abziehen und in zukunftsfähige, mit dem Abkommen von Paris vereinbare Geschäftsfelder investieren (Divestment). Wir brauchen auch transparente Anlagestrategien der Geldinstitute und eine verpflichtende Kennzeichnung von Geldanlagen mit einem CO_2-Fußabdruck, damit die Risiken von klimaschädlichen Investitionen klar erkennbar sind.

Aus dem Klimagipfel in Paris kann ein historisches Ereignis werden, wenn wir rechtzeitig die Dekarbonisierung erreichen. Die Dekarbonisierung ist möglich, wenn wir die nächste industrielle Revolution einleiten. Die industrielle Revolution ist möglich, wenn wir beherzt, mutig und planvoll die wichtigsten Handlungsfelder bearbeiten.

Ein historischer Erfolg, aber erst der Anfang

Andreas Jung

Was in Paris auf internationaler Ebene beschlossen wurde, muss nun in nationale klimapolitische Maßnahmen übersetzt werden: Paris ist ein Erfolg – aber es ist erst der Anfang. Jetzt müssen die Nationalstaaten nachziehen. Für Deutschland als Vorreiter im Klimaschutz bedeutet das: Wir müssen sicherstellen, dass wir bis 2020 unser CO_2-Reduktionsziel von 40 Prozent im Vergleich zu 1990 erreichen – und dann noch ehrgeiziger mit unserer Energiewende voranschreiten.

Ambitioniert, transparent und verbindlich – so lauteten die Erwartungen an ein Nachfolgeabkommen des Kyoto-Protokolls (1997) im Vorfeld der UN-Klimakonferenz in Paris. Nach den gescheiterten Bemühungen in Kopenhagen 2009 wollte die Staatengemeinschaft dort einen gemeinsamen Weg zur Bekämpfung des menschengemachten Klimawandels einschlagen. Am 12. Dezember 2015 einigten sich die Vertragsstaaten auf einen gemeinsamen Text, der die weltweite Klimawende einläutet und damit auch das Ende des fossilen Zeitalters.

Die internationale Gemeinschaft hat damit einen historischen Durchbruch in der Klimapolitik erzielt. Sie beweist Handlungsfähigkeit: Erstmals wird der Klimawandel von allen Staaten gemeinsam bekämpft. Der G7-Gipfel von Elmau hat dabei den Weg nach Paris bereitet. Dort hatte Bundeskanzlerin Angela Merkel im Sommer 2015 die führenden Industrienationen auf das Ziel einer globalen Energiewende eingeschworen. Was Deutschland dort vorbereitet hat, wurde in Paris zum Abschluss gebracht.

„Deutlich unter zwei Grad"

Über zwei Wochen arbeiteten die Verhandlungsdelegationen der 195 Vertragsstaaten sowie eine Delegation der Europäischen Union am Textentwurf für ein Abkommen, das den verbindlichen Rahmen der künftigen internationalen Klimapolitik setzt. Der ambitionierte Vertrag, der 2020 in Kraft treten soll, begrenzt die globale Erderwärmung auf „deutlich unter 2 Grad Celsius" im Vergleich zum vorindustriellen Zeitalter – möglichst sogar auf 1,5 Grad. Es ist ein Erfolg der „High Ambition Coalition", zu der auch Deutschland zählt, dass diese 1,5 Grad Eingang in den Vertragstext gefunden haben. Besonders für die am stärksten vom Klimawandel betroffenen Staaten stellt diese Passage ein wichtiges Signal dar, dass die Weltgemeinschaft das Schicksal dieser Länder ernst nimmt und den Sorgen und Bedürfnissen der dort lebenden Menschen Rechnung trägt.

Hilfe für besonders verletzliche Staaten

Klugerweise nimmt der Vertrag auch die nicht mehr vermeidbaren Folgen des Klimawandels in den Blick, unter denen vor allem die armen und daher besonders verletzlichen Staaten leiden. Anpassung ist das Stichwort. In erster Linie sind hier die Industriestaaten gefordert, ihr technologisches Knowhow an bedürftige Länder weiterzugeben und sie finanziell zu unterstützen.

Zu dieser Verantwortung haben sie sich erneut bekannt und wollen ab 2020 jährlich mindestens 100 Milliarden US-Dollar hierfür bereitstellen. Jedoch ermutigt das Klimaabkommen auch andere Vertragsparteien, sich auf freiwilliger Basis dem Engagement der Industrieländer anzuschließen. Die klare bisherige Unterteilung der Vertragsstaaten in zwei Gruppen – Entwicklungs- und Industrieländer bzw. Nehmer- und Geberländer – bricht der Vertrag also auf. Zudem etabliert das Abkommen einen fünfjährigen Überprüfungs- und Ambitionszyklus für die Klimaschutzbeiträge, die von jedem Vertragsstaat zu leisten sind. Das heißt, dass in Zukunft alle Vertragsstaaten Rechenschaft darüber ablegen müssen, ob sie ihre Klimaschutzversprechungen erfüllen.

Ambitioniertes internationales Abkommen – konsequentes nationales Handeln

Was in Paris auf internationaler Ebene beschlossen wurde, muss nun in nationale klimapolitische Maßnahmen übersetzt werden: Paris ist ein Erfolg – aber es ist erst der Anfang. Jetzt müssen die Nationalstaaten nachziehen. Für Deutschland als Vorreiter im Klimaschutz bedeutet das: Wir müssen sicherstellen, dass wir bis 2020 unser CO_2-Reduktionsziel von 40 Prozent im Vergleich zu 1990 erreichen – und dann noch ehrgeiziger mit unserer Energiewende voranschreiten. Diesem Ziel hat sich die unionsgeführte Bundesregierung verschrieben. Nicht zuletzt aufgrund ihres christlichen Wertefundaments ist der Klimaschutz ein zentrales Anliegen von CDU und CSU. Die

Bewahrung der Schöpfung auch für künftige Generationen erfordert einen nachhaltigen, ressourcenschonenden Umgang mit Natur, Umwelt und Klima.

Energiewende und Klimaschutz gehören zusammen

Ob im Umwelt-, Wirtschafts-, Landwirtschafts- und Verkehrssektor oder auf nationaler, europäischer oder internationaler Ebene – der Klimaschutz muss ressortübergreifend und grenzüberschreitend mitgedacht und vorangetrieben werden. Ein wichtiger Beitrag zum Klimaschutz ist das Gelingen der deutschen Energiewende. Folgende Punkte auf der politischen Agenda müssen deshalb also miteinander in Einklang gebracht werden: eine sichere, bezahlbare und wirtschaftliche Umgestaltung unserer Energiegewinnung und unseres Energieverbrauchs sowie die Reduktion der Treibhausgasemissionen bis hin zur Klimaneutralität. Diese Kriterien sind entscheidend dafür, dass die Energiewende zum Erfolg wird und Deutschland als glaubwürdiger Vorreiter im Klimaschutz zahlreiche Nachahmer findet.

Umsetzung des Klimapakets der Bundesregierung

Es ist deshalb wichtig, dass das Aktionsprogramm Klimaschutz der Bundesregierung sowie der Nationale Aktionsplan Energieeffizienz konsequent umgesetzt werden. Beide bilden den Kern der nationalen politischen Anstrengungen, die deutschen Klimaziele zu erreichen.

Für das Gelingen der nationalen Energiewende gibt es noch weitere Aufgaben zu erledigen. Dazu gehört der Netzausbau, denn ohne Stromnetze kommt die erzeugte Energie nicht dort an, wo sie gebraucht wird. Der Ausbau der Speichertechnologien ist unerlässlich, um eine zuverlässige, kosteneffiziente und klimaschonende Verfügbarkeit von Strom selbst in windstillen und schattigen Zeiten zu garantieren. Aber auch für einen Erfolg der Elektromobilität muss die Batterietechnik weiterentwickelt und darüber hinaus die Infrastruktur für Ladestationen deutschlandweit verbessert werden. Es bedarf zudem einer Förderung von Effizienztechnologien, denn die beste Energie ist immer noch die nicht gebrauchte. Besonders im Gebäudebereich gibt es großes Potenzial, durch Sanierungsmaßnahmen den Energieverbrauch deutlich zu verringern. Zudem muss das System des Strommarkts so umgestaltet werden, dass Angebot und Nachfrage der erneuerbaren Energien und des konventionellen Kraftwerksstroms bestmöglich intelligent aufeinander abgestimmt sind.

Kohlekraft: Ausstieg auf Raten!

Nur wenn in jedem dieser Bereiche erhebliche Fortschritte passieren, werden wir auch unsere mittelfristigen Klimaziele bis 2050, nämlich eine Minderung der Treibhausgasemissionen um 80 bis 95 Prozent gegenüber 1990, erreichen. Essenziell hierfür sind verbindliche nationale politische Rahmenbedingungen mit einem Klimaschutzkonzept, das nicht nur den Stromsektor betrachtet, sondern auch den Wärme- und Verkehrsbereich miteinbezieht.

Der Klimaschutzplan 2050 der Bundesregierung muss deshalb ambitionierte Maßnahmen zur Erreichung dieses Ziels auf den Weg bringen. Dazu müssen auch konkrete Pläne für den sukzessiven Ausstieg aus der Kohleverstromung vorgelegt werden. Dies bedeutet nicht einen sofortigen Ausstieg aus der Kohle. Aber es ist klar, dass wir ohne einen ehrgeizigen Reduktionspfad für die Kohleverstromung keinen ambitionierten Klimaschutz betreiben können. Besonders wichtig ist hierbei, die Planbarkeit für die Wirtschaft optimal zu gestalten, so dass ein sozialverträglicher Strukturwandel in den betroffenen Kohlerevieren möglich ist. Stabile Rahmenbedingungen sind für das Gelingen dieses ambitionierten ökologischen Vorhabens entscheidend.

Wirtschaftswachstum und Klimaschutz gehen Hand in Hand

All diese Bereiche bieten großes Potenzial auch für den Wirtschaftsstandort Deutschland. Klimaschutz kann als Motor für unsere Wirtschaft fungieren, Innovationstreiber sein und Arbeitsplätze schaffen – zum Beispiel beim Thema Laststeuerung, bei intelligenten Netzen oder im Bereich der nachhaltigen Mobilität.

Zu diesem Ergebnis kommt auch der „New Climate Economy Report", ein Klima-Wirtschaftsbericht, der unter der Federführung des renommierten Ökonomen Sir Nicholas Stern veröffentlicht wurde. Engagement für den Klimaschutz kann nicht nur den Klimawandel eindämmen, sondern auch die wirtschaftliche Entwicklung vorantreiben. So kann die Energiewende für Deutschland zum Exportschlager werden. Viele Unternehmen haben dieses Potenzial bereits erkannt.

So haben sich unmittelbar nach der Klimakonferenz 35 große und mittelständische Unternehmen in Deutschland aus einer großen Bandbreite von Branchen zu ihrer Verantwortung bekannt und ihre Bereitschaft signalisiert, den Klimaschutz selbst als Vorreiter voranzutreiben. Einstimmig fordern sie ambitionierte Rahmenbedingungen für eine möglichst CO_2-arme Wirtschaftsweise in Deutschland und in der Europäischen Union.

Ohne Europa geht es nicht

Auch die Europäische Union muss nach ihren erfolgreichen und ambitionierten Verhandlungen in Paris den eigenen Ansprüchen weiterhin gerecht bleiben. Es ist deshalb nun an der Zeit, dass die Europäische Kommission ihre Klimaschutzziele für das Jahr 2030 überprüft und verschärft. Die bisherigen Mindestziele sowohl für die Reduktion von Treibhausgasemissionen als auch für die Steigerung der Energieeffizienz und den Zubau von erneuerbaren Energien lassen noch Luft nach oben. Es wäre zu spät, wenn eine Überprüfung der Ziele erst, wie geplant, 2018 in Angriff genommen würde.

Was den Emissionshandel betrifft, so hat die Einführung der Marktstabilitätsreserve bereits zu einer Verknappung der Zertifikatsmengen und damit zur Stärkung des Handels geführt. Jedoch bedarf es noch deutlicherer Reformanstrengungen für die vierte Handelsperiode ab 2021. Denn nur durch einen funktionierenden Emissionshandel und ehrgeizige europäische Klimaschutzziele können nationale klimapolitische Maßnahmen ihre Wirkung voll entfalten.

Nur durch eine ambitionierte Klimapolitik in Europa wird auch der Klimaschutz global ein Erfolg werden – das haben die Verhandlungen in Paris gezeigt und das wird sich auch in Zukunft bewahrheiten. Europa muss seiner Vorreiterrolle gerecht werden. Das wiederum gelingt nur, wenn Deutschland Motor im Klimaschutz bleibt. Das ist unsere Verantwortung!

Konsequenzen für die deutsche Politik

Matthias Miersch

Die internationalen Beschlüsse des G7-Treffens in Elmau, des UN-Nachhaltigkeitsgipfels in New York und der UN-Klimakonferenz in Paris sind von historischer Bedeutung. Sie initiieren einen Prozess, der auch für die deutsche Politik nicht ohne Folgen bleiben wird. Wenn wir unseren internationalen Verpflichtungen und nationalen Zielen gerecht werden wollen, brauchen wir ein nationales Klimaschutzgesetz und eine institutionelle Stärkung der Nachhaltigkeit auf Ebene der Bundesregierung und des Deutschen Bundestages.

Das Jahr 2015 hat für Umwelt, Klima und Entwicklung eine herausragende Bedeutung und kann mit Recht als „historisch" bezeichnet werden. Mindestens die folgenden drei Ereignisse rechtfertigen diese Bewertung:

Zum einen beschließen die Staats- und Regierungschefs der sieben größten Industrienationen unter deutscher Präsidentschaft in Elmau im Juli 2015 eine Dekarbonisierung der Weltwirtschaft in diesem Jahrhundert. Einen so weitreichenden Beschluss hat es noch nie zuvor gegeben. Zum anderen verabschieden die Staats- und Regierungschefs die „2030-Agenda für nachhaltige Entwicklung" beim UN-Nachhaltigkeitsgipfel in New York im September 2015. Und schließlich einigt sich die Weltgemeinschaft im Dezember 2015 in Paris auf ein völkerrechtlich verbindliches Abkommen, das zum ersten Mal alle Länder zu konkreten Klimaschutzmaßnahmen verpflichtet und Kapazitäten entwickeln soll, die eine Anpassung an die schon heute unausweichlichen Folgen des Klimawandels ermöglichen. Auch soll die Finanzierung der anstehenden Herausforderungen ausgebaut und verbessert werden.

Paris ist damit faktisch ein Baustein der Sustainable Development Goals. Denn „Transforming our World: The 2030 Agenda for Sustainable Development" umschreibt passend den ambitionierten Prozess auf dem Weg zu einem Weltzukunftsvertrag. Die Einigung der Vereinten Nationen auf 17 konkrete Ziele für eine nachhaltige Entwicklung, zur Armutsbekämpfung, zur Lösung sozialer Probleme und zum Klima- und Umweltschutz erfordert eine Umgestaltung der globalen Entwicklung – sozial, ökologisch und wirtschaftlich. Die Dekarbonisierung wird ebenso wie die Transformation der Volkswirtschaften in Richtung auf eine deutlich nachhaltigere Entwicklung an keinem Land spurlos vorübergehen können.

Die Agenda 2030 von New York war mit Sicherheit ein entscheidender Schritt für die Übereinkunft der Weltgemeinschaft in Paris. Überdies sind damit zwei bisher voneinander unabhängige Prozesse auf der Ebene der Vereinten Nationen, der 1992 mit dem Erdgipfel begründete Rio-Prozess und der Prozess der Millennium-Entwicklungsziele, verbunden worden. Hier können wir in den kommenden Jahren Erkenntnisse und Netzwerke ausbauen und so Synergien nutzen. Auch markieren die Ergebnisse von New York und Paris einen neuen Stil politischen Handelns und globaler Partnerschaft. Die Unterscheidung zwischen „Erster" und „Dritter" Welt, zwischen denen es längst „Zweite" Welten mit verschiedenen Entwicklungsständen gibt, ist obsolet und muss aufgegeben werden. Paris hat die gemeinsame Verantwortung aller Staaten verankert und die alte Aufteilung in „Verschmutzer" und „Betroffene" überwunden.

Die UN-Klimakonferenz in Paris hat beim Klimaschutz zentrale Ziele der 2030-Agenda wie in einem Brennglas gebündelt: Wohlstand für alle, Respekt vor ökologischen Grenzen, Erhalt der Lebensgrundlagen und globale Partnerschaft. Eine global nachhaltige Entwicklung ist ohne konsequenten Klimaschutz undenkbar.

Klimaschutz als unumkehrbarer Prozess

Das Abkommen von Paris ist ein Hoffnungszeichen für die Menschen weltweit. Erstmals haben alle 196 Staaten in einem völkerrechtlichen Vertrag die 2-Grad-Grenze verbindlich festgelegt. Auch so wichtige Akteure wie die USA und China, die in der Vergangenheit eher blockierten, sind diesmal dabei.

Mit dem Klimaabkommen wurden nicht nur Ziele definiert und Maßnahmen vereinbart, sondern es wurde ein Handlungsrahmen vorgegeben, der den weltweiten Klimaschutz in Zukunft steuert. So wurden nicht nur einmalig Ziele beschlossen, sondern es wurde ein dynamischer Prozess gestartet, der eine stetige Fortentwicklung garantiert. Hier hat ein Lernprozess stattgefunden, der von der Weltkonferenz in Rio 1992 über viele Etappen und zahlreiche Vertragsstaatenkonferenzen bis nach Paris führt: Alle fünf Jahre wird ein globaler Überprüfungsprozess stattfinden. So wird immer aufs Neue untersucht, inwieweit die Staaten in den Bereichen Minderung, Anpassung und Unterstützung gemeinsam auf Kurs sind. Bei der

Neuvorlage der nationalen Minderungsziele gilt das „Progressionsprinzip", das heißt, nachfolgende Beiträge müssen jeweils eine Ambitionssteigerung gegenüber dem vorangegangenen Ziel darstellen. Dies gilt zu Recht als einer der größten Erfolge der Klimakonferenz.

Um das 2-Grad-Ziel einhalten zu können, soll eine Balance zwischen Emissionsquellen und -senken in der zweiten Hälfte des Jahrhunderts erreicht werden. Ziel ist es, die Netto-Treibhausgas-Emissionen in den nächsten Jahrzehnten auf Null zu fahren. Dies erfordert nicht nur ein Ende der CO_2-Emissionen aus der Verbrennung von Kohle, Öl und Gas, sondern eine Dekarbonisierung der Weltwirtschaft insgesamt unter Einbeziehung aller Sektoren. Hier baut das Abkommen von Paris auf dem Beschluss der G7-Staaten in Elmau auf.

Bereits auf der kommenden Klimakonferenz in Marrakesch 2016 wird es um die Überprüfung der gültigen Klimaziele bis 2020 gehen. Dabei stehen noch die Industriestaaten im Vordergrund, weil nur sie auf der Basis des Kyoto-Protokolls von 1997 Verpflichtungen übernommen haben. Die Einhaltung der 2020-Ziele wird aber eine wichtige Voraussetzung für das Vertrauen in die gemeinsame Verantwortung für den Prozess insgesamt sein. Nur wenn die Industrieländer ihre 2020-Ziele einhalten, werden die Schwellen- und Entwicklungsländer ihrerseits die Umsetzung der ersten Verpflichtungsperiode des Abkommens von Paris von 2020 bis 2025 engagiert in Angriff nehmen.

Für uns bedeutet dies die Überprüfung des nationalen Aktionsprogrammes Klimaschutz 2020, mit dem wir eine Absenkung der Treibhausgasemissionen um 40 Prozent gewährleisten und die Klimaschutzlücke von 5 bis 8 Prozent schließen wollen. Nach wie vor gibt es Licht und Schatten bei unseren nationalen Minderungsbemühungen. Die aktuellen Berechnungen des Umweltbundeamtes auf Basis der Sektoren des Aktionsprogrammes Klimaschutz 2020 ergeben für 2014 zwar einen deutlichen Rückgang der Treibhausgasemissionen um 4,6 Prozent bzw. 43 Millionen Tonnen CO_2-Äquivalente, doch zeigen sich auch erhebliche Unterschiede in den einzelnen Sektoren. Während es im Energiesektor gelungen ist, etwa 22 Millionen Tonnen einzusparen, stiegen im Verkehrssektor die Treibhausgasemissionen um 3 Millionen Tonnen an. Auch in der Landwirtschaft nahmen die Treibhausgasemissionen gegenüber dem Vorjahr um rund 1 Million Tonnen zu. Hier müssen wir politisch gegensteuern, sonst werden wir unsere 2020-Ziele nicht einhalten können.

Bereits 2018 wird ein „Post-2020-Dialog" stattfinden, der die Ambitionen der Nationalstaaten bei der Treibhausgasminderung für den Zeitraum 2020 bis 2025 kritisch überprüft. Die Ergebnisse sollen in die Neuvorlage der nationalen Klimaschutzbeiträge für die erste 5-Jahres-Periode ab 2020 einfließen. Der erste Überprüfungsprozess der Ziele von Paris schließt sich 2023 an. Er wird zukünftig alle 5 Jahre erneut erfolgen.

Die Klimaschutzbeiträge mit einem Zeithorizont bis 2030 müssen bereits bis 2020 vorgelegt und aktualisiert werden. Dies betrifft insbesondere auch den Klimaschutzbeitrag der EU und die deutschen 2030-Ziele, die derzeit im Klimaschutzplan 2050 verankert werden. Der Klimaschutzplan 2050 ist als zentrales Handlungsinstrument von entscheidender Bedeutung für den weiteren deutschen Emissionspfad. Er muss sowohl ambitionierte und überprüfbare Sektorziele definieren als auch Maßnahmen zur Einhaltung der Ziele für 2030, 2040 und 2050 benennen. Insbesondere in den vier folgenden Bereichen – Wirtschaft, Stadtentwicklung, Verkehr und Landwirtschaft – müssen wir unsere Anstrengungen deutlich verstärken.

Dekarbonisierung der Wirtschaft

Führende Unternehmen in Deutschland haben in einer gemeinsamen Erklärung „Paris macht die globale Energiewende unumkehrbar" bereits am 14. Dezember 2015 das Abkommen von Paris ausdrücklich begrüßt. Sie fordern von der Politik klare Rahmenbedingungen für die Dekarbonisierung. So wünschen sich die Unternehmen unter anderem eine „Strategie zur Nachschärfung der Maßnahmen des Klimaschutzaktionsprogramms, damit die deutschen Energie- und Emissionsziele bis 2020 in allen Sektoren gleichermaßen erreicht werden". Außerdem fordern sie von der Bundesregierung einen ambitionierten Klimaschutzplan 2050 für Deutschland, der sich an den im Energiekonzept vereinbarten nationalen Energie- und Emissionsreduktionszielen für 2030, 2040 und 2050 verbindlich orientiert.

Immer mehr Unternehmen erkennen und ergreifen die ökonomischen Chancen, die sich mit einem ambitionierten Klimaschutz verbinden. Prognosen sagen rund eine halbe Million Beschäftigte in Deutschland im Jahr 2020 voraus. Erneuerbare Energien sind somit ein bedeutender Wirtschaftsfaktor für die deutsche Volkswirtschaft geworden.

Wenn Deutschland bis 2050 auf 95 Prozent der CO_2-Emissionen verzichten will, muss die Energieversorgung klimaneutral sein. Dies erfordert schon bis Mitte des Jahrhunderts eine tiefgreifende Veränderung der Energiesysteme. Wir brauchen deshalb einen nationalen Kohlekonsens und einen Umstieg auf eine klimaneutrale Energieerzeugung auf Basis der beschlossenen Klimaziele für 2050 einschließlich verbindlicher Zwischenziele für 2030 und 2040. Auch um die Wärmeversorgung und den Verkehr klimaneutral zu gestalten, werden wir zwingend auf Strom aus erneuerbaren Energiequellen angewiesen sein.

Der schrittweise Ausstieg aus Kohle, Öl und später Gas hat längst begonnen. Die Dynamik wird sich fortsetzen. Die Verfechter fossiler Energien werden unter Druck geraten, weil die erneuerbaren Energien zunehmend wettbewerbsfähig werden. Private Investoren legen ihr Geld mehr und mehr in Technologien der Zukunft an. Die aktuellen Börsenkurse bestätigen dies, denn an der Börse werden die Gewinne der Zukunft und nicht der Vergangenheit gehandelt.

Die Unternehmen brauchen Planungssicherheit, um Klimaschutzmaßnahmen und wirtschaftlichen Erfolg miteinander zu verbinden. Fehlende politische Entscheidungen führen zu Verunsicherungen, wodurch dringend notwendige Investitionen nicht getätigt werden. Wir brauchen jetzt langfristige Weichenstellungen. Die kommenden Jahre entscheiden über die Erfolge in den kommenden Jahrzehnten. Den Schätzungen des New Climate Economy Report (Better Growth, Better Climate 2014) zufolge werden bis 2030 weltweit rund 90 Billionen US-Dollar in städtische Infrastruktur, Energiesysteme und den Verkehrssektor fließen. Daraus erwächst eine große Chance, durch klimaverträgliche Investitionen das Wachstum zu steigern, Arbeitsplätze zu schaffen und Unternehmensgewinne zu erhöhen. Wirtschaftswachstum, Versorgungssicherheit und Klimaschutz müssen in einem verlässlichen politischen Ordnungsrahmen zusammen gedacht werden.

Vor dem Hintergrund der Endlichkeit unserer natürlichen Ressourcen, stetig steigender Rohstoffpreise, erschwerter Abbaubedingungen und Krisen in den Rohstoffländern brauchen wir den konsequenten Ausbau der Kreislaufwirtschaft. Abfallvermeidung, Recycling sowie Material- und Energieeffizienz sind von hoher Bedeutung. Sie tragen dazu bei, die sozialen und ökologischen Folgen des Rohstoffabbaus einzugrenzen. Die Kreislaufwirtschaft birgt enormes Potenzial, um Rohstoffe und Energie in den Wirtschaftsprozess zurückführen zu können. Gerade in einem rohstoffarmen Land wie Deutschland ist dies nicht nur aus ökologischen, sondern auch aus ökonomischen Gründen geboten. Deshalb brauchen wir ein anspruchsvolles Wertstoffgesetz. Mit der verbesserten Sammlung insbesondere von Kunststoffen und Metallen erreichen wir einen noch stärkeren Rücklauf der Rohstoffe. So vermindern wir den Einsatz von Primärenergie und sparen CO_2-Emissionen.

Klimafreundliches Bauen und nachhaltige Stadtentwicklung

In den Städten entsteht einerseits der überwiegende Teil der Treibhausgase. Ballungsräume verursachen mehr Abfall, Emissionen, Lärm und verbrauchen mehr Wasser, Strom und Wärme. Mit dem hohen Grad an Bodenversiegelung und Landschaftszersiedelung gehen Biodiversität und Grün in der Stadt verloren.

Städte bieten andererseits wegen ihrer Bevölkerungsdichte und -struktur sowie der hohen baulichen Dichte viele Möglichkeiten, technische Innovationen zu nutzen, Lösungen für den Klimaschutz zu entwickeln und den Einsatz von Energie und Ressourcen effizienter zu bündeln. Wir müssen die Energieeffizienz in den Städten steigern, indem wir die energetische Gebäude- und Stadtsanierung forcieren. Im Gebäudebereich werden knapp 40 Prozent der gesamten Endenergie in Deutschland verbraucht, hier stecken große Einsparpotenziale.

Dabei müssen wir einen fairen Ausgleich finden zwischen notwendigem Klimaschutz einerseits und akzeptablen Wohnkosten andererseits. Es gilt, Wohnraum in guter, nachhaltiger Qualität zu bezahlbaren Preisen zu bauen und zu modernisieren, ohne an den Zielen der Energieeinsparverordnung oder des Erneuerbare-Energien-Wärmegesetzes zu rütteln. Der Klimaschutz im Wohnungsbau braucht oberste Priorität.

Die Verkehrswende

Die Treibhausgasemissionen im Verkehrsbereich (auf Basis der Sektoren des Aktionsprogrammes Klimaschutz 2020) sind in den vergangenen 5 Jahren von 2009 mit 152 Millionen Tonnen um 8 Millionen Tonnen auf 160 Millionen Tonnen im Jahr 2014 angestiegen. Diese Zahlen machen deutlich: Wir brauchen für das Klima dringend eine Wende in der Verkehrspolitik. Im Aktionsprogramm Klimaschutz 2020 haben wir eine Reduzierung der Treibhausgasemissionen im Verkehrssektor um 7 bis 10 Tonnen bis 2020 beschlossen. Wichtige Bausteine einer Verkehrswende sind der verstärkte Einsatz elektrischer Antriebe bei den Kraftfahrzeugen, die Stärkung eines leistungsstarken und klimaneutralen öffentlichen Personennahverkehrs (ÖPNV), eine bessere Infrastruktur für Fahrräder und E-Bikes sowie Klimaschutzmaßnahmen im Luft- und Seeverkehr.

Allein das Ziel von 1 Million Elektrofahrzeugen im Jahr 2020 verlangt, dass wir Elektromobilität verstärkt fördern. Dazu gehören: eine Kaufprämie für privat genutzte Elektrofahrzeuge, Anreize durch Sonderabschreibungen für gewerblich genutzte Elektrofahrzeuge, eine verbindliche Quote für Elektrofahrzeuge bei der öffentlichen Beschaffung und ein Ladeinfrastrukturprogramm. Für einen attraktiven ÖPNV und weitere Fahrgastzuwächse müssen die Investitionen in die betreffende Infrastruktur erhöht und verstetigt werden. Zudem ist der Umstieg auf alternative Antriebstechnologien unerlässlich, um einen klimaneutralen ÖPNV gewährleisten zu können.

Während der Straßenverkehr zumindest über Nutzerabgaben oder Verbrauchs- und Emissionsvorgaben in den Klimaschutz eingebunden ist, fehlt im Bereich Luft- und Seeverkehr bisher ein wirksames Instrument. Die EU, die am wenigsten entwickelten Länder (LDC) und die Umweltintegritätsgruppe (EIG) hatten in Paris gefordert, dass die Treibhausgasemissionen des internationalen Luft- und Schiffsverkehrs in das Übereinkommen von Paris aufgenommen werden. Leider ist dies nicht gelungen. Wir müssen uns deshalb verstärkt dafür einsetzen, dass sie in die internationalen Anstrengungen zur globalen Treibhausgasminderung einbezogen werden. Entsprechende internationale Abkommen der ICAO (International Civil Aviation Organization) und der IMO (International Maritime Organization) sind dringend erforderlich.

Klimapolitische Herausforderungen in der Landwirtschaft

Die Landwirtschaft ist sowohl Mitverursacherin als auch in erheblichem Maße Betroffene des Klimawandels. Leider stagnierten in den vergangenen Jahren die Bemühungen zur Reduzierungen der Treibhausgasemissionen in der Landwirtschaft. Im Ergebnis sind die Treibhausgasemissionen in diesem Sektor in den vergangenen 5 Jahren um 3 Millionen Tonnen gestiegen, von 69 Millionen Tonnen im Jahr 2009 auf 72 Millionen Tonnen im Jahr 2014.

Zahlreiche Maßnahmen sind notwendig, um diesem Trend entgegenzuwirken und die Landwirtschaft nachhaltig und klimafreundlich zu gestalten. Dazu gehören insbesondere: die Erhaltung und Ausweitung von Dauergrünland, der Schutz der Moore, die Optimierung der Stickstoffeffizienz und die Erhöhung des Flächenanteils des ökologischen Landbaus.

Der Klimawandel wird vielfältige Veränderungen für die Landwirtschaft mit sich bringen. Höhere Temperaturen und eine verlängerte Vegetationsperiode können zu steigenden Erträgen führen. Andererseits werden die klimatischen Verschiebungen die Ausbreitung neuer Arten sowie eine Veränderung der Ökosysteme zur Folge haben. Die Reduzierung der Treibhausgase und die Anpassung an neue Klimaverhältnisse – einschließlich drohender Extremwetter-Ereignisse – erfordern eine neue veränderte Landwirtschaftspolitik.

Klimaschutz als interdisziplinäre Aufgabe

Der vorangegangene kurze Blick in die einzelnen Sektoren zeigt, wie enorm der Handlungsbedarf ist, um den international beschlossenen Zielen von Elmau, New York und Paris gerecht zu werden. Dies gilt selbst in einem wirtschaftlich so starken Land wie Deutschland. Unsere Wirtschaft und Lebensweise auf einen nachhaltigen und klimaneutralen Pfad zu führen, erfordert einen Wandel, der von der gesamten Gesellschaft getragen werden muss. Dieser Prozess bringt Anstrengungen mit sich und bleibt nicht frei von Konflikten. Darüber sollten wir uns im Klaren sein. Wir müssen uns fair und offen über die Ziele und Maßnahmen austauschen und dürfen uns nicht in ideologischen Schützengräben verschanzen, wie lange Jahre beim Konflikt um die Atomkraft geschehen.

Eine umfassende Modernisierung von Wirtschaft und Gesellschaft gelingt nur, wenn wir Ökologie nicht gegen Ökonomie und Arbeitsplätze ausspielen. Wir können mehr Klimaschutz nur mit und nicht gegen die Wirtschaft erreichen. Dabei ist die Wirtschaft oft schon weiter als manche Politiker glauben. Längst steigen Unternehmen und Finanzinvestoren weltweit aus fossilen Technologien aus und treffen zukunftsfähige Investitionsentscheidungen.

Deutschland geht keinen Sonderweg auf Kosten der Wettbewerbsfähigkeit, sondern ist und bleibt Vorreiter. In Paris ist es auch dank der Anstrengungen der Delegation aus Deutschland gelungen, alle Nationen auf einen Kurs in Richtung null CO_2-Emissionen zu verpflichten. Viele Länder schauen auf Deutschland und Europa.

Sicher ist: Paris wird unseren Klimaschutzplan 2050 mitschreiben, Paris wird Konsequenzen für unsere aktuellen Vorhaben mit sich bringen, etwa bei der Dekarbonisierung ganzer Sektoren wie Strom, Wärme, Verkehr und Gebäude. Während wir beim Umbau in der Energiepolitik auf dem Weg sind, steht die wirkliche Wende in der Verkehrs- und Agrarpolitik noch aus.

Das gemeinsame globale Emissionsziel von Netto-null-Treibhausgasemissionen in der zweiten Hälfte des Jahrhunderts für eine globale Dekarbonisierung wird unsere Politik grundlegend verändern. Wir müssen den bisher eingeschlagenen Weg beim Klimaschutz schneller gehen, nationale Strategien anpassen und uns auf der europäischen Ebene kurzfristig für eine Verschärfung der Klimaziele für 2020 und 2030 einsetzen.

Aktuell führen wir auf nationaler Ebene einen Dialog zum Klimaschutzplan 2050 mit Verbänden, der Wirtschaft, den Ländern und der Öffentlichkeit. Jetzt gilt es ambitionierte Zwischenziele für die Zeit nach 2020 zum Erreichen des langfristigen Klimaschutzziels zu entwickeln, und zwar für alle Sektoren. Zusätzlich brauchen wir mehr sektorübergreifende Strategien. So kann etwa die Wende in der Verkehrspolitik nur über eine klimaneutrale Energieerzeugung gelingen. Nur im offenen und selbstkritischen Dialog über unterschiedliche Interessenlagen können wir in themenübergreifenden Arbeitszusammenhängen Maßnahmen und Ziele vereinbaren, die anschließend alle mittragen.

Wir brauchen jetzt zusätzlich eine „Beschleunigung" unserer Vorhaben. Angesichts der großen Aufgabe, die uns Paris stellt, reicht es nicht, die nationalen Maßnahmen nur in Programmen und Plänen festzuschreiben. In anderen europäischen Ländern werden in nationalen Klimaschutzgesetzen alle Sektoren auf Ziele verpflichtet und Sanktionen formuliert, die bei einer Zielverfehlung drohen. Vor dem Hintergrund der historischen Entscheidung in Paris brauchen auch wir ein nationales Klimaschutzgesetz. Jetzt haben wir hierfür den nötigen Rückenwind.

Anders als die bisherigen Programme und Pläne, die auf Kabinettsbeschlüssen beruhen, würde ein Klimaschutzgesetz das verfassungsmäßige Gesetzgebungsverfahren durchlaufen. Damit wären sowohl der Deutsche Bundestag und die in ihm vertretenen Fraktionen als auch die Landesregierungen über den Bundesrat am Verfahren beteiligt. Eine gesetzliche Regelung würde zwar mehr Zeit beanspruchen, aber sie würde auch die politische und gesellschaftliche Konsensbildung deutlich vorantreiben und ein eventuelles Abweichen von den gesetzlich fixierten Zielen erschweren.

Die Klimapolitik wird gegenwärtig auf internationaler Ebene im Rahmen der Vertragsstaatenkonferenzen von Regierungsvertretern ausgehandelt. Parlamentarier genießen bestenfalls Beobachterstatus, mitunter nicht einmal das. Anschließend werden die nationalen Ziele und Maßnahmen zwischen den betroffenen Ressorts verhandelt und im Kabinett beschlossen. Erst wenn eine Änderung der gesetzlichen Regelungen erforderlich wird, kommt der Deutsche Bundestag ins Spiel. Dann ist der verbleibende Spielraum gering, zumal die Ziele bereits auf internationaler Ebene beschlossen worden sind. Dieses Verfahren ist angesichts der weitreichenden Folgen des Klimawandels und der Klimaschutzpolitik für unsere Wirtschaft und Gesellschaft nicht länger haltbar.

Auch die bisherige institutionelle Verankerung des Rates für Nachhaltige Entwicklung bei der Bundesregierung und des Parlamentarischen Beirates für nachhaltige Entwicklung beim Deutschen Bundestag wird der in New York beschlossenen 2030-Agenda für nachhaltige Entwicklung nicht gerecht. Beide Gremien bedürfen echter Mitentscheidungskompetenzen und dürfen nicht länger auf Empfehlungen und Erklärungen beschränkt bleiben.

Sowohl mit Blick auf die 2030-Agenda für nachhaltige Entwicklung als auch mit Blick auf unsere Klimaschutzziele brauchen wir politische Strukturen und Institutionen, mit denen wir die großen vor uns stehenden Aufgaben bewältigen können.

Die Rolle der Städte zwischen Rio und Paris

Beate Weber-Schuerholz

Ohne die Städte lässt sich das Weltklima nicht retten. Seit der Rio-
Konferenz haben sich Tausende von Städten erfolgreich auf den Weg
gemacht, um selbst ihren Beitrag zum Klimaschutz zu leisten. In Paris
wurden ihre Erfolge anerkannt und den Vertragsstaaten wurde direkt
und indirekt der Auftrag gegeben, sie dabei zu unterstützen.

Seit der wegweisenden Konferenz von Rio de Janeiro zu Umwelt und Entwicklung 1992, auf der man sich zum ersten Mal weltweit dem Schutz des
Klimas verpflichtete, hat sich bis zur Pariser Vereinbarung von 2015 ein fast
unglaublicher Prozess abgespielt, den zu Beginn wohl niemand für möglich
gehalten hätte. Er ist in der Öffentlichkeit und der Berichterstattung außer
in sehr speziellen Publikationen bis heute – auch nach Paris – relativ unbe-
achtet geblieben:

Praktisch parallel zur inzwischen dramatisch verlaufenden Veränderung
des Weltklimas hat sich eine Verschiebung bzw. Ausweitung der Bedeutung
der „untersten" politischen Handlungsebene, den Kommunen, bei der
Bekämpfung von Ursachen und Folgen des Klimawandels vollzogen. Dies
ist vielleicht vergleichbar mit den Demokratisierungsbewegungen weltweit,
wo Menschen den Willen zum Mitgestalten kraftvoll äußerten und nicht
nur von oben nach unten regiert werden wollten. Neben den großen internationalen (UN), regionalen (EU, NAFTA usw.) und nationalen Akteuren
traten zunehmend die Städte auf den Plan. Noch in Rio wurde eine Handvoll von Vertretern von Städten eher widerwillig und nur in einer Neben-
rolle akzeptiert. Trotzdem wurden die Kommunen erstmals in Kapitel 21,
Artikel 28, der dann „Lokale Agenda 21" genannt wurde, neben anderen zu
Beteiligenden wie der Zivilgesellschaft und der Wirtschaft durchaus rich-
tungweisend erwähnt. Dort heißt es:

„Da viele der in der Agenda 21 angesprochenen Probleme und Lösungen
auf Aktivitäten auf der örtlichen Ebene zurückzuführen sind, ist die Beteiligung und Mitwirkung der Kommunen ein entscheidender Faktor bei der
Verwirklichung der in der Agenda enthaltenen Ziele. Kommunen errichten,
verwalten und unterhalten die wirtschaftliche, soziale und ökologische

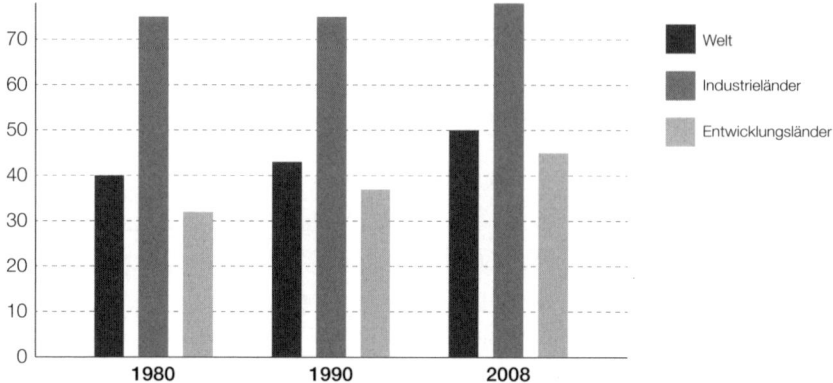

Abb. 1 Stadtbevölkerung in Prozent der Gesamtbevölkerung (Weltbank 2010).

Infrastruktur, überwachen den Planungsablauf, entscheiden über die kommunale Umweltpolitik und kommunale Umweltvorschriften und wirken außerdem an der Umsetzung der nationalen und regionalen Umweltpolitik mit. Als Politik- und Verwaltungsebene, die den Bürgern am nächsten ist, spielen sie eine entscheidende Rolle bei der Information und Mobilisierung der Öffentlichkeit und ihrer Sensibilisierung für eine nachhaltige umweltverträgliche Entwicklung" (Bundesumweltministerium 1992).

Selbst wenn sich die Lokale Agenda auch auf andere Themen wie den Schutz der Biodiversität bezieht, bleibt doch der des Klimas die alles überragende Aufgabe. Von grundlegender Bedeutung ist dabei das Einbeziehen der Zivilgesellschaft: die Zusammenarbeit der Partner am Ort mit der dortigen Wirtschaft, der Wissenschaft und den bürgerschaftlichen Organisationen.

Im Pariser Entscheidungstext vom Dezember 2015 nehmen die Städte und mit ihnen ihre Bürgerschaft einen noch wichtigeren Raum ein als in Rio ausgewiesen, davon später mehr. Auf der Konferenz traten aus gutem Grund und gut organisiert Vertreter von Städten aus 100 Ländern selbstbewusst auf, die einen bemerkenswerten Teil der Weltbevölkerung vertreten. Ohne sie und ihr starkes Engagement in 23 Jahren, zum Teil ohne jegliche politische, rechtliche, finanzielle oder organisatorische Unterstützung ihrer nationalen Regierungen und oft im Widerspruch zu deren Untätigkeit, wäre in diesen Jahren noch viel weniger erreicht worden.

Unzählige Städte haben den Klimaschutz zu ihrer Sache gemacht, gestützt von ihrer Bürgerschaft. Sie wollten nicht warten, bis sich endlich die schwereren politischen Tanker über ihnen in Bewegung setzten, oder bis man sie angemessen zur Kenntnis nehmen und unterstützen würde.

Da Städte aller Größen sowohl Verursacher als auch Betroffene des Klimawandels sind und damit am Anfang und am Ende der komplexen Wirkungszusammenhänge stehen, war dies auch eine dringend notwendige Entwicklung. In Städten lebt heute über die Hälfte der Menschheit – 2030 werden es schon 60 Prozent sein –, dort werden die meisten Ressourcen verbraucht, ein erheblicher Teil der klimaschädlichen Emissionen wird von dort verursacht.

Städte befinden sich aber auch an entscheidenden Hebeln, die ein Umsteuern bei wesentlichen Quellen der schädlichen CO_2-Emissionen ermöglichen: bei der Landschaftsplanung und dem Landverbrauch, den bereits existierenden und den im Bau befindlichen oder geplanten öffentlichen und privaten Gebäuden, bei der örtlichen Wirtschaft und den privaten Haushalten, der lokalen und regionalen Energieversorgung, der Verkehrspolitik und dem Beschaffungswesen. In vielen dieser Bereiche haben Städte schon bemerkenswerte Veränderungen und Einsparungen erreicht. Vor allem aber agieren sie direkt an den Menschen, deren Wissen sich erweitert, deren Wahrnehmung geschärft wird und deren eigenes Handeln sich verändert. In vielen Städten kommt der Druck zum Handeln aktiv von der Bevölkerung.

Trotz der zum Teil unvergleichbaren Rahmenbedingungen, der Größe und sozialen Verhältnisse, dem Problemdruck und den politischen Verhältnissen – überall können Kommunen Änderungen direkt und indirekt beeinflussen, wenn sie wollen. Und sie haben es in den vergangenen Jahren durchaus eindrucksvoll bewiesen.

Städte und ihre Organisationen

Nach der Rio-Konferenz sind Städte und Gemeinden vielfältig aktiv geworden mit Maßnahmen zum Klimaschutz, die alle bisherigen Grenzen zu überwinden suchten: quer über alle bisher in der Regel schwer durchlässigen sektoralen Zuständigkeiten in ihren Verwaltungen von der Stadtplanung zum Umweltamt, von der Verkehrspolitik zum Forst- und Landschaftsamt, vom Bauamt zum Jugendamt und zu den städtischen Betrieben, aber auch über äußere Grenzen hinweg durch die Zusammenarbeit mit Kolleginnen und Kollegen in anderen Städten und Ländern. Der regelmäßige Erfahrungsaustausch über Fakten und gute Maßnahmen oder auch Misserfolge wurde immer mehr zur treibenden Kraft, selbst wenn große Widerstände zu überwinden waren. Das Wissen darum, dass gleichzeitig überall auf der Welt engagierte Kommunalpolitiker und Verwaltungskräfte am selben Ziel arbeiteten und dass viele kleine Schritte zusammen einen großen ergeben, half sogar über fatalistische Kommentare und niederschmetternde Rückschläge hinweg. Die Richtung stimmte.

Auf der Rio+10-Konferenz in Johannesburg im Jahr 1992 traten dann mehrere Hundert Städte schon sehr selbstbewusst auf mit eigenen Veranstaltungen und guter Resonanz unter dem Titel: „Local Action moves the World" (Lokales Handeln bewegt die Welt bzw. bringt die Welt voran), organisiert von den Local Governments for Sustainability (ICLEI). Ihre seit Rio sich entwickelnden Städtebündnisse sind bis heute starke Motoren der Entwicklung.

In Paris traten sie vor allem im „Compact of Mayors" auf, dem Zusammenschluss der drei größten Städteorganisationen, die ganz oder ausschließlich im Bereich des Umwelt- und Klimaschutzes aktiv sind. Im Einzelnen:

- ICLEI, beeinflusst seit 1990 mit über 1000 Städten und Gemeinden aller Größe auf allen Kontinenten über 20 Prozent der Weltbevölkerung;
- C40 (Cities Climate Leadership Group), umfasst seit 2005 die 80 größten Städte der Welt, mit über einer halben Milliarde Menschen, die so genannten „Innovator Cities", die klare Führung bewiesen haben, kreativ und erfolgreich sind, unter anderem Kopenhagen, Barcelona, Heidelberg ...; und
- UCLG (United Cities and Local Governments), vertritt über 1000 Städte und vor allem 112 nationale Städtebündnisse, in Deutschland den Städtetag, und umfasst damit ca. die Hälfte der Weltbevölkerung, wobei der Klimaschutz nur eines der vielen Aufgabenfelder ist.

Der „Compact of Mayors" wurde nach dem Klimagipfel 2014 von Ban Ki Moon begründet, dem Generalsekretär der Vereinten Nationen, und wird vom UN-Sonderbeauftragten für Städte und Klimaschutz, Michael Bloomberg, und UN-Habitat unterstützt.

Dazu gibt es eine Fülle von kleineren Bündnissen, wie dem der Städte der Aalberg Convention und ihrer Commitments, sowie den sehr effektiven „Energy Cities" in Europa oder der neu begründeten Zusammenarbeit von Städten zwischen Guatemala, Honduras und El Salvador, die gerade erst mit ihrer Arbeit begonnen haben. Das Grundkonzept ist überall das gleiche: gemeinsam nach innen und außen stärker zu sein, voneinander zu lernen und miteinander voranzugehen.

Auf den verschiedenen Konferenzen der Vereinten Nationen zur nachhaltigen Entwicklung wurde immer wieder auf die wichtige Rolle der Städte verwiesen, natürlich nicht ausschließlich für den Bereich des Klimaschutzes. Eine ausführliche Studie zum Thema legte die frühere Generalsekretärin von ICLEI, Kaarin Taipale, 2012 vor unter dem Titel „Herausforderungen und der Weg nach vorn – der städtische Sektor" als Teil des Gesamtprojekts „Nachhaltige Entwicklung im 21. Jahrhundert".

In Lima war 2014 bei der Vorläuferkonferenz zu Paris im Rahmen des dort vereinbarten Lima-Paris-Aktionsprogramms (LPAA – Lima Paris Action Agenda) eigens NAZCA (Non-State Actor Zone for Climate Action) gegründet worden, eine Initiative für den gesamten Bereich der Nicht-Staatlichen Akteure, um besonderen Druck für erfolgreiche Verhandlungen zu erzeugen, weil sie alle mit ihren bisher erreichten Ergebnissen zeigen konnten, was möglich ist. Auch hier spielten die Bürgermeister eine überaus wichtige Rolle, aus gutem Grund:

Im Aktionsprogramm von NAZCA und der LPAA sind neben den über 5000 Unternehmen und 500 großen Investoren über 7000 Städte aus über 100 Ländern aktiv mit einer Bevölkerung von über 1,25 Milliarden Menschen, die 32 Prozent des globalen BIP (GDP) vertreten, bei denen viele durch den Klimawandel besonders betroffen sind. Der weitaus größte Teil der großen Städte dieser Erde befindet sich in den durch den drohenden Anstieg des Meeresspiegels gefährdeten Küstenbereichen.

Auf der Pariser Konferenz drängten die Städte und Regionen im oben beschriebenen Compact of Mayors nach vorne und forderten in einer eigenen Veranstaltung ihre nationalen Regierungen zu einem ehrgeizigen Beschluss zum Klimaschutz auf – mit einer ganzen Reihe sehr konkreter Forderungen.

Die Städte im Entscheidungstext von Paris

„Das Pariser Abkommen sendet (auch) ein starkes Signal an die vielen Tausende von Städten, Regionen, Unternehmen und Bürger auf der ganzen Welt, die sich bereits dem Klimaschutz verpflichtet haben, dass ihre Vision von einer kohlenstoffarmen, ‚resilienten' Zukunft der jetzt eingeschlagene Weg für die Menschheit in diesem Jahrhundert ist", so die Generalsekretärin des Sekretariats der Klimarahmenkonvention der Vereinten Nationen, Christiana Figueres, in ihrer Rede nach der Entscheidung in Paris. Und weiter, „Die Anerkennung der Aktionen (dieser Partner) ist eines der Schlüsselergebnisse dieser Konferenz."

Ein größeres Lob für ihre bisherige Arbeit hätte es kaum geben können für die Städte, die Regionen, die Wirtschaft, die Zivilgesellschaft und die anderen Partner, die eine bemerkenswerte Welle von Aktivitäten für den Klimaschutz in Gang gebracht hatten. Sie hatten alle während der Konferenz ihre Stärke demonstriert und Anerkennung, Unterstützung und Förderung von den Regierungen eingefordert.

„Städte bestimmen Tempo und Umfang des Fortschritts. Mit verstärkten Ressourcen und Finanzierungen und in Verbindung mit besserer Unterstützung durch nationale politische Entscheidungsträger könnte man die von den Städten gemachten Fortschritte um das Dreifache steigern", so heißt es in einer direkt vor der Konferenz veröffentlichten Studie der C40 Cities Climate Leadership Group und Arup.

In der Vereinbarung selbst ist diese Unterstützung nicht so deutlich, wenngleich die Städte an mehreren Stellen als unverzichtbare Partner erkennbar werden. Erst in Artikel 6, Abs. 8 findet sich ein wesentlicher Verweis:

- Vertragsparteien erkennen die Bedeutung der integrierten, ganzheitlichen und ausgewogenen nicht-marktbezogenen Ansätze, die den Vertragsstaaten bei der Umsetzung ihrer auf nationaler Ebene festgelegten Beiträge zur Verfügung stehen, ... Diese Ansätze haben folgende Ziele: (a) ... (b) Fördern der öffentlichen und privaten Beteiligung an der Umsetzung der auf nationaler Ebene festgelegten Beiträge; und (c) Aktivieren von Möglichkeiten zur Koordinierung von allen Instrumenten und einschlägigen institutionellen Regelungen.
- In Artikel 7, Abs. 2 heißt es: Die Vertragsparteien erkennen an, dass die Anpassung eine globale Herausforderung ist, mit der alle lokalen, subnationalen, nationalen, regionalen und internationalen Ebenen konfrontiert sind ...
- Weiter wird in Abs. 5 festgelegt, dass die Staaten einer Landes- und Gender-bezogenen, beteiligungsorientierten und vollständig transparenten Herangehensweise folgen sollten.
- Abs. 7 befasst sich in (a) mit dem Austausch von Informationen, bewährten Verfahren, Erfahrungen und Erkenntnissen, vor allem, wenn sich diese auf Wissenschaft, Planung, Politiken und Umsetzung von Anpassungsmaßnahmen beziehen;
- Erfreulich ist, dass in Art. 16, Abs. 2.2 Parteien des Übereinkommens, die nicht Vertragsparteien dieses Übereinkommens sind, das Recht bekommen können, sich als Beobachter an den Beratungen jeder Tagung der Konferenz der Vertragsparteien, ..., zu beteiligen.

Diese fünf Passagen ermöglichen es den Städten, Unterstützung und Förderung durch ihre nationalen Regierungen einzufordern.

Ergiebiger ist der Text der Entschließung. Unter Kapitel III „Entscheidungen zur Umsetzung der Vereinbarung" wird im Unterkapitel „Kapazitätsentwicklung" in Art. 74 beschlossen:

- (d) die Förderung der globalen, regionalen, nationalen und sub-nationalen Zusammenarbeit;
- (e) das Identifizieren und Sammeln von guten Praktiken, Herausforderungen, Erfahrungen und Lehren, die von den durch das Übereinkommen geschaffenen Organen aus ihrer Arbeit gewonnen werden konnten;
- (g) das Identifizieren von Möglichkeiten, Kapazitäten auf nationaler, regionaler und subnationaler Ebene zu stärken;

Im für die Städte besonders interessanten Absatz 118 werden die Bemühungen der Nicht-Vertragsparteien begrüßt, sie werden aufgefordert, ihre Klimaschutzaktivitäten auszuweiten und ermutigt, diese Maßnahmen in die Aktionsplattform der Nicht-Staatlichen Akteure (NAZCA) einzubringen.

Alle diese Artikel schaffen genügend Handlungsspielraum für die Städte, setzen aber voraus, dass die Vertragsstaaten die dafür notwendigen Rahmenbedingungen schaffen und die entsprechenden Gesetze erlassen.

Nachlese

Um den hohen Erwartungen an die Städte und ihren eigenen Vorstellungen entsprechen zu können, benötigen diese noch erheblich mehr Unterstützung, als dies im Einzelnen trotz aller Fortschritte beschlossen wurde. Die Gruppe der Bürgermeister/-innen im Compact of Mayors legte überzeugende Beweise dafür vor, dass Städte wirkliche Klimaschützer sein können und ihre Aktionen einen wesentlichen globalen Effekt haben. Die von ihnen bereits eingegangenen Verpflichtungen verursachen schon die Hälfte der weltweit für Städte vorgesehenen Einsparungen bis 2020.

Daher müssen die Staaten noch deutlicher als beschlossen die „sonstigen Akteure", unter denen sich wie oben besprochen die Städte befinden, tatsächlich fördern und unterstützen Die Fiktion, dass sie quasi natürlicherweise die Städte mit vertreten, wird in der Praxis zu häufig widerlegt, das geht von der Rechtsetzung bis zu Finanzierungsfragen. Die Vergangenheit zeigt, dass oft zwar Aufgaben nach unten verlagert, dazu jedoch nicht die entsprechenden Instrumente rechtlicher, politischer oder finanzieller Art geschaffen werden. Das ursprüngliche Energie-Einspeisegesetz in Deutschland ist ein hervorragendes Beispiel für starke, lokale Zusatzaktivitäten unterstützende nationale Gesetzgebung.

Internationale oder nationale Rechtsvorschriften bedürfen der konkreten Umsetzung und damit der Vollzugskontrolle auf lokaler Ebene. Dies wird zum großen Problem wenn aus Kosten- oder/und Privatisierungsdruck überall Personal, vor allem aber Kontrollpersonal abgebaut wird.

Klare nationale Gesetze zum absoluten Vorrang umweltfreundlicher Mobilität würden beispielsweise auch helfen, lokal immer wieder auftretende heftige Diskussionen mit erheblichem Konfliktpotenzial zu vermeiden oder zumindest abzumildern.

Ebenso wäre es für Städte in Küstennähe unabdingbar, dass international und national der weitere Abbau wertvollen, natürlichen Küstenschutzes und der CO_2-Speicherfähigkeit von Marschen und Wattgebieten durch Besiedlung oder wirtschaftliche Nutzung verhindert wird, so wie das beim Wald in der Entschließung eindeutig der Fall ist.

Die Durchsetzung solcher, für den Klimaschutz wesentlicher Interessen darf nicht ausschließlich von der Kraft und Ausdauer der lokalen Akteure abhängen. Vielfach reichen Amtsperioden von politischen Mandatsträgern nicht aus um solche Konflikte erfolgreich zu Ende zu bringen.

Dazu kommt das Problem zu langer Umsetzungszeiträume von großen Zielen: dass zum Beispiel auch heute noch weltweit neue Gebäude erstellt werden dürfen, die weit unter Niedrigenergie- oder sogar Passivhausstandard liegen, müsste sofort geändert werden, um die Belastungen, die wir heute haben, nicht weiter fortzuschreiben. Zusätzlich müssten alle derzeit weltweit bestehenden Gebäude zu einem möglichst nahen, fixierten Zeitpunkt auf gemeinsam festgelegte hohe Standards des Energiesparens und der Energieeffizienz gebracht werden.

Wir haben noch nicht einmal wirklich angefangen, in der Zukunft geringere Emissionen zu verursachen, wenn solche Dinge nicht geklärt sind. Das gute Beispiel des deutschen Energie-Einspeisegesetzes muss Schule machen.

Um eine wirklich effiziente Umsteuerung zu Erzeugung und Nutzung regenerativer Energien zu erreichen, müssen städtische oder regionale Unternehmen der Energieerzeugung und -verteilung der Kontrolle und Steuerung durch gewählte, unabhängige und bewusste Verantwortliche unterliegen. Die forcierte Privatisierung hat vielfach genau dies unmöglich gemacht. Überall dort, wo der politische Einfluss noch möglich war, haben diese Verantwortlichen wirkungsvoll zum Schutz des Klimas gearbeitet.

Erhebliche Anstrengungen, Aufwendungen und eine interessierte und gutwillige Öffentlichkeit, die bereit ist, diese Anstrengungen mit zu tragen, erfordert die Stützung bestehender Netzwerke von Städten, die in den Texten ausdrücklich positiv bewertet werden. Allerdings schaffen diese neben inhaltlichen technische (zum Beispiel Sprache) und organisatorische (zum Beispiel Reisen) Aufgaben mit finanziellen Implikationen. Sinnvoll wäre es, wenn Netzwerke weiter ausgebaut und noch effizienter werden sollen, dass diese direkt nach sachkundiger Prüfung Aktivitäten mit Finanzmitteln unterstützen könnten. Insbesondere Partnerschaften mit besonders finanzschwachen Kommunen in benachteiligten Regionen müssen gefördert werden. Bewährt haben sich auch nationale (zum Beispiel in China) und internationale (zum Beispiel in der Europäischen Union) Wettbewerbe für Städte, bei denen diese ihren jeweiligen Entwicklungsstand im Klimaschutz im Verhältnis zu anderen leichter abzuschätzen lernen und einen starken Anreiz bekommen, sich mit ihnen weiter zu entwickeln.

Ohne aktive Städte lässt sich das Weltklima nicht retten, dafür müssen sie angemessen im Prozess beteiligt und ihr erhebliches Potential voll ausgeschöpft werden, daran müssen nun in der Folge der Pariser Beschlüsse die Vertragsstaaten großes eigenes und gemeinsames Interesse haben.

Es gibt noch genug zu tun im weltweiten Klimaschutz für alle Ebenen, solange bis wir das Ziel erreicht haben, die weitere Verschlechterung des Weltklimas zu beenden und dann endlich zur Reparatur der Folgen bisheriger Fehlentwicklungen kommen.

Literatur

Bundesumweltministerium: Umweltpolitik, Konferenz der Vereinten Nationen für Umwelt und Entwicklung im Juni 1992 in Rio de Janeiro – Dokumente – Agenda 21 – BMU, Bonn, 1992.

UN Climate Change Newsroom: Framework Convention of Climate, Paris, 2015.

Van Staden, M.: ICLEI, Compact of Mayors: the World´s Largest Coalition on Local Climate Action and Towards SDGs/HABITAT3, 2015.

Weltbank: World Development Indicators, Washington, 2010.

Teil 4: Zivilgesellschaft

Ein Wunder – und ein Desaster

Anders Wijkman

> Wir müssen schneller handeln als geplant, um die in Paris formulierten Ziele zu erreichen. Die Alternative dazu würde eine umfassende Entwicklung der „Negativ-Emissionen-Technologie" erfordern, deren Konsequenzen unbekannt sind.

Das Paris-Abkommen ist eine diplomatische Leistung. Eine bisher zerstrittene Welt kam zusammen und erkannte den Ernst des Klimawandels an. Es hat aber auch kritische Bemerkungen gegeben. Der führende Klimaforscher Jim Hansen nennt das Abkommen „einen Betrug". Naomi Klein sagt: „Es ist seltsam, ein Ziel zu bejubeln, von dem man weiß, dass es scheitern wird." Bill McKibben beschreibt das Abkommen als „genug, um sowohl Umweltaktivisten als auch die fossile Brennstoffindustrie davon abzuhalten, sich zu sehr zu beschweren". Er fügt hinzu: „Das Abkommen rettet nicht den Planeten, aber es hat vielleicht die Chance gerettet, ihn retten zu können."

George Monbiot folgert im *Guardian*: „Das Abkommen ist ein Wunder im Vergleich zu dem, was hätte sein können – und ein Desaster im Vergleich zu dem, was hätte sein sollen." Er ergänzt: „Die tatsächlichen Ergebnisse dürften uns wahrscheinlich auf ein Niveau des Klimazusammenbruchs bringen, das für alle gefährlich und für manche tödlich sein wird."

Für mich treffen Monbiots Kommentare den Nagel auf den Kopf. Es war, in der Tat, ein Zustimmungsabkommen, nicht nur den Temperaturanstieg „weit unter 2 °C" zu halten, sondern auch „den Anstieg auf 1,5 °C" zu begrenzen. Welche Maßnahmen dafür nötig sind, wurde jedoch kaum angesprochen.

Es wurde keine Vereinbarung über die Dekarbonisierung und die Notwendigkeit einer globalen Kohlenstoffsteuer getroffen. Nichts wurde darüber gesagt, wie wichtig es ist, die Subventionen für fossile Brennstoffe auslaufen zu lassen. Die vorgesehene Geschwindigkeit, mit der in den Jahren bis 2030 die Verringerung der Emissionen realisiert werden soll – eine kritische Periode, um die Akkumulierung übermäßiger Mengen von CO_2 in der Atmosphäre zu verhindern –, ist, bescheiden gesagt, das Beste, was erreicht wurde. Es scheint einen ernsthaften Gegensatz zu geben zwischen dem, was getan und geplant wird, und dem, was notwendig ist.

Ungeachtet dessen, wie das Paris-Abkommen beurteilt wird, ist es eine große Herausforderung, das Ziel „weit unter 2 °C" zu erreichen. Um dieses Ziel zu erreichen, dürften in den nächsten Jahren – mit einer Wahrscheinlichkeit von 66 Prozent – nicht mehr als 800 Gigatonnen CO_2 ausgestoßen werden. Würden wir auf dem heutigen Niveau weitermachen, dann wäre dieses Budget in 20 Jahren aufgebraucht. Bei einem erstrebten 1,5-Grad-Ziel wären es weniger als 10 weitere Jahre auf diesem Niveau.

Um es klar auszudrücken: Das 1,5-Grad-Ziel ist bedeutungslos, so lange nicht vereinbart wird, wie es erreicht werden soll. Was das 2-Grad-Ziel betrifft, so ist das zwar noch in Reichweite – aber es wird geradezu eine Herkulesaufgabe, es zu erreichen. Deswegen müssen die Anstrengungen jetzt mit maximalem Tempo beginnen.

Zu viel Vertrauen auf CO_2-Bindung

Kohlenstoffdioxid in der Atmosphäre ist langlebig. Das verbleibende Kohlenstoffbudget, wie oben beschrieben, ist gering. Deshalb ist es realistisch anzunehmen, dass die CO_2-Emissionen die vorgegebene Grenze überschreiten werden. Die Frage ist nur: wie sehr?

Beinahe alle Wege, auf denen das 2-Grad-Ziel erreicht werden soll – ganz zu schweigen von den Maßnahmen, die ergriffen werden müssten, um das 1,5-Grad-Ziel einhalten zu können –, erfordern eine signifikanten Erhöhung der CO_2-Bindung ab 2050 bis zum Ende dieses Jahrhunderts. Um unter dem Temperaturziel zu bleiben, ist es nötig, bereits vorhandenes CO_2 aus der Atmosphäre zu entfernen und unschädlich zu machen. Das könnte beispielsweise durch Biokohle, künstliche Bäume, Geoengineering und biogenes CCS (BECCS) erreicht werden. Die in diesem Zusammenhang breit favorisierte Technologie ist BECCS, also die Kohlenstoffabscheidung und -speicherung durch Verbrennung von Biomasse (CCS).

Zwar gibt es untersuchte Technologien zur CO_2-Bindung durch BECCS, das Problem ist jedoch der nötige Umfang. Der folgende Kommentar von Professor Kevin Anderson, stellvertretender Direktor des Tyndall-Instituts, relativiert BECCS: „Das wahre Ausmaß der Realisierung von BECCS ist vor dem Hintergrund des Paris-Abkommens beängstigend – sie hätte zur Folge, dass jahrzehntelang Pflanzen, die ausschließlich der Energiegewinnung dienen, in einem Areal angepflanzt und geerntet würden, das ein- bis dreimal so groß ist wie Indien. Zur selben Zeit sieht die Flugzeugindustrie vor, vermehrt Biotreibstoff einzusetzen, die Schiffsindustrie erwägt ernsthaft Biomasse für den Antrieb der Schiffe zu verwenden und der chemische Sektor sieht in Biomasse potenzielle Rohstoffe. Und dann sind etwa 9 Milliarden Menschen mit Nahrung zu versorgen. Sollte diese bedenkliche Konstellation nicht ernsthaft im Abkommen berücksichtigt werden?"

Hinzu kommen logistische und legale Bedenken sowie die Frage nach der öffentlichen Akzeptanz. Um einen Kohlenstoffüberschuss kompensieren zu können, müsste ein großes Volumen von CO_2 eingelagert werden, damit das 2-Grad-Ziel erreicht werden kann. Ob es überhaupt realisierbar ist, die erforderliche Menge einzulagern, wurde bisher nicht geprüft.

Warum kein Marshall-Plan für kohlenstoffarme Investitionen?

BECCS ist zwar eine Option, meiner Meinung nach muss jedoch alles getan werden, den Einfluss dieser Technologie zu begrenzen. Bis vor kurzem wurde BECCS als Notlösung – eine Art Plan B – gesehen, wenn alles andere scheitert. Nach Paris und COP 21 wurde es jedoch zu einem zentralen Baustein der Umsetzungsstrategie. Hauptgrund dafür ist, dass die Regierungen es bislang nicht geschafft haben, Maßnahmen zu ergreifen, die den CO_2-Ausstoß verringern, und dass sie nicht in der Lage sind, einen dringend gebrauchten Impuls für die nahende Zukunft zu setzen. COP 21 war keine Ausnahme. Aus meiner Sicht ist zu großes Vertrauen in „negative Emissionsstrategien" gefährlich. Daraus entsteht ein falsches Gefühl der Sicherheit.

Anstatt sich auf eine Art Marshall-Plan zur Investition in kohlenstoffarme Technologie zu einigen – was sowohl aus technischer als auch aus ökonomischer Sicht möglich wäre –, suggeriert das Paris-Abkommen, dass Maßnahmen zur Einsparung von CO_2 im Zeitraum bis 2030 nur eine Reduktion von 2 Prozent pro Jahr einbringen würden. Wenn wir glauben, dass der Klimawandel ein ernstzunehmendes Thema sei – und das Paris-Abkommen sagt das –, gebietet uns die Vernunft, in der unmittelbaren Zukunft mehr zu tun und nicht blind auf BECCS-Technologien zu vertrauen.

Jetzt handeln

Die große Hoffnung der Post-Paris-Agenda liegt darin, dass unterschiedliche Akteure – Regierungen, Städte, Unternehmen, Finanzmärkte und zivilgesellschaftliche Organisationen – die Aufgabe ernst nehmen und *jetzt* alles Notwendige tun, um die Reduzierungsmaßnahmen zu unterstützen. Starkes Engagement von Staaten und Städten sind ausschlaggebend für den Erfolg.

Die Industrienationen müssen die Führung übernehmen. Manche Menschen behaupten, das Engagement wäre vor allem in der EU schon auf einem guten Weg. Ich möchte auch nicht die Klimapolitik der EU schmälern. Die Unterstützungsprogramme für erneuerbare Energien beispielsweise hatten eine große Bedeutung. Ohne diese wären Solar- und Windenergien nicht realisierbar gewesen. Doch das ist erst ein Anfang. Es stellt eine gigantische Herausforderung dar, Gesellschaften bis 2050 nahe an das Nullemissionsziel zu bringen.

Dieses Ziel kann erreicht werden. Wir haben das Wissen, die finanziellen Ressourcen und die Technologien, um den Weg der Dekarbonisierung zu gehen. Mit der positiven Erfahrungskurve für die Nutzung von Sonne und Wind – und in jüngerer Zeit auch für die Energiespeicherung – gibt es keine Ausreden mehr dafür, nicht aktiv zu werden. Aber niedrige Kosten für neue Technologien alleine werden nicht ausreichen, vor allem nicht, wenn gleichzeitig der Ölpreis abstürzt. Politische Rahmenbedingungen müssen sich ändern, damit Anreize für den notwendigen Technologiewandel gesetzt werden. Zusätzlich muss die Unterstützung des öffentlichen Sektors bezüglich Forschung, Innovationen und Demonstrationsprojekte signifikant wachsen. Wichtig werden außerdem unterstützende Investitionen in kohlenstoffarme Infrastruktur und leistungsstarke Materialien sein. Im besten Fall bieten diese Investitionen auch Chancen für den Beschäftigungsmarkt.

Die EU sollte die Führung übernehmen

Industrialisierte Staaten sollten sowohl ihre Reduktionsziele steigern als auch die politischen Rahmenbedingungen stärken. Das gilt nicht nur für die Europäische Union. Viele Vorschläge haben ebenfalls Relevanz für die meisten anderen OECD Staaten.

Ich bin glücklich, mich an dieser Stelle auf mein eigenes Land – Schweden – als ein Beispiel für bereits übernommene Verantwortung in Bezug auf das Paris-Abkommen beziehen zu können. Die „Swedish Gouvernement Task Force on Climate Change" hat – mit Einbeziehung von Vertretern aus insgesamt sieben politischen Parteien – kürzlich der Regierung einen einstimmigen Vorschlag unterbreitet, welcher die Klimapolitik in Schweden signifikant stärken soll. Die wichtigsten Elemente sind der Erlass eines Klimagesetzes und die Zielsetzung, die GHG-Emissionen bis 2045 um 85 Prozent zu reduzieren – eine ehrgeizigeres Ziel als das zunächst formulierte. Die Vorstellung des „Climate Change Act" – zusammen mit weiteren ehrgeizigen Emissionsreduzierungszielen – wird das Kohlenstoffmanagement verbessern und dabei helfen, das Ziel einer kohlenstoffarmen Wirtschaft zu erreichen. Der Geist von Paris hatte eine große Auswirkung auf unsere Überlegungen.

Um auf EU-Ebene Fahrt aufzunehmen, muss das *Emissions Trading System* (ETS) – welches knapp die Hälfte aller Kohlenstoffemissionen in der EU abdeckt – radikal reformiert werden. Der Kohlenstoffpreis ist derzeit viel zu niedrig, um Innovationen bei neuen, kohlenstoffarmen Technologien zu fördern. Auch behindern ein Mangel an Flexibilität des ETS und das Fehlen von Anpassungsfähigkeit an die radikalen Veränderungen der wirtschaftlichen Bedrohungen die Wirksamkeit des gesamten Systems. Eines scheint klar zu sein: Treibhausgasemissionen im ETS-Sektor werden wahrscheinlich nicht nur aufgrund des Kohlenstoffpreises vermindert werden. Die Eliminierung von Kohlenstoffemissionen, beispielsweise in Bereichen der Produktion von Stahl und Zement, wird eine enorme Anstrengung in Forschung und Entwicklung erfordern, um einen Technologiewandel oder die gezielte Förderung der Verbesserung von CCS zu erreichen. Der öffentliche Sektor wird dabei eine Rolle spielen.

Die Verbrennung von Kohle zur Stromproduktion stellt dabei ein spezielles Problem dar. Daran kann man wiederum sehen, dass ETS alleine nicht schnell genug die entscheidende Phase einleiten kann. Umweltstandards – wie solche, die in in den USA verabschiedet wurden – könnten ein Weg sein, um das Problem zu lösen.

In der restlichen Wirtschaft – außerhalb des Bereichs handelbarer Güter – müssen einige Dinge passieren, beispielsweise:

- Die Einführung von Steueranreizen wie steigenden Kohlenstoffsteuern. Kurz- und mittelfristig die Entwicklung fortgeschrittener Biokraftstoffe, vor allem für schwere Lastwagen.
- Die Entwicklung einer EU-weiten Ladeinfrastrukur, um Elektromobilität zu ermöglichen. Ein weiteres Schlüsselelement der Elektrifizierungsstrategie wird der umfassende Aufbau von Carsharing-Angeboten sein.

Wichtig ist außerdem der Ausbau und die Vergünstigung des öffentlichen Verkehrs.

- Das Ausmustern fossiler Brennstoffe und Unterstützung für saubere Energien dort, wo erneuerbare Energien noch nicht wettbewerbsfähig sind.
- Reduzierung der Emissionen, die durch die Lebensmittelproduktion entstehen, und die Weiterentwicklung der Kohlenstoffbindung, indem neue landwirtschaftliche Methoden, getestet werden. Um den Fleischkonsum zu verringern, sollten verschiedene wirtschaftliche Maßnahmen zum Einsatz kommen, etwa steigende Steuern (zum Beispiel eine differenzierte Mehrwertsteuer), und parallel dazu niedrigere Preise für gesunde Lebensmittel wie Obst und Gemüse.
- Die Einführung einer Müllverbrennungssteuer als Schritt in Richtung einer Kreislaufwirtschaft (siehe unten).
- Die Einführung einer CO_2-Bilanzierungspflicht für Finanzinstitute.

Sektorstrategien sind nicht genug

Klimapolitik sollte umfangreich sein und alle Sektoren der Gesellschaft umfassen. Aber Sektorstrategien allein werden nicht ausreichen. Es gibt bereichsübergreifende Probleme, die dringend Aufmerksamkeit benötigen. Ich werde zwei der Wichtigsten vorstellen:

Viel zu lange ist Fortschritt in Form des Bruttoinlandsproduktes BIP gemessen worden. Der Anstieg des BIP ist eine äußerst fragwürdige Messung des Wohlstands. Starkes Wachstum bedeutet nicht gesellschaftliches Wohlbefinden. Außerdem sagen Wachstumsraten wenig über den produzierten Müll, die Emissionen und die Gesundheit unserer wichtigsten Ökosysteme aus. Solange Regierungen darauf bestehen, gesellschaftliche Entwicklung mit Hilfe des BIP zu messen – ein quantitativer Indikator – gibt es wenig Hoffnung, dass wir die Entwicklung in Richtung Nachhaltigkeit steuern können. Es gibt Alternativen zum BIP in Form von Indikatoren, die qualitative Verbesserungen berücksichtigen. Es ist höchste Zeit, diese zu verwenden.

Der Hauptfokus zur Verbesserung des Klimas lag bis jetzt bei der Energienutzung. Aber die Materialflüsse in Gesellschaften sind genauso wichtig, auch weil diese beiden Prozesse miteinander verbunden sind. Die industrielle Gesellschaft wurde im Wesentlichen auf lineare Materialflüsse ausgelegt. Energie und Materialien waren billig und die Unternehmen mussten nicht für Umweltverschmutzung bezahlen. Die Logik des Geschäftes bestand aus der schnellen Produktion von Konsumgütern. Es gibt dabei jedoch drei ernsthafte Probleme: *Umweltverschmutzung, Ausbeutung und Verschwendung.* Emissionen in Luft und Wasser sind direkt proportional zu der Energie und dem Material, die in einer Gesellschaft verbraucht werden. Die Tatsache, dass viele Produkte und ihre Komponenten, die eigentlich wiederverwendet werden könnten, weggeworfen werden, kennzeichnet das vorherrschende Wertemodell. Für manche Materialien – endliche und erneuerbare – stellt die Erschöpfung einer Ressource in einer Welt mit schnell wachsender Bevölkerung eine echte Gefahr da. Fischbestände, frisches Wasser, tropische Regenwälder, Boden und seltene Erden werden an dieser Stelle häufig genannt.

Die Produktion von Rohmaterialien verursacht beinahe 20 Prozent der globalen Treibhausgase und die Abfallwirtschaft produziert weitere 3–4 Prozent. Ein Wechsel zu erneuerbaren Ressourcen und verbesserter Energieeffizienz in Produktionsprozessen würde helfen, diese Zahlen zu senken. Genauso wichtig wird es sein, den Materialabfall zu reduzieren, indem wiederverwendet, wiederaufbereitet oder recycelt wird.

Wir brauchen eine neue Unternehmenslogik. Modelle für Kreislaufwirtschaft müssen die lineare Wirtschaft ablösen, gekennzeichnet durch Praktiken wie *Hochhäuser* aus Holz, *elektronische Geräte* mit einer längeren Lebensspanne und wiederverwendbaren Komponenten; *Autofabriken* wie Renault, die alte Motoren zurücknehmen, erneuern und für den Gebrauch in einem neuen Auto herrichten; *Reifenfabriken* wie Michelin, die Reifen zum Mieten anbieten, wobei die Bezahlung nach der gefahrenen Kilometerzahl berechnet wird; *Bekleidungsunternehmen* wie Mud Jeans und Houdini, bei denen man Kleidung mieten kann, und *Beleuchtungsunternehmen* wie Philips, die Beleuchtung als eine Dienstleistung auffassen.

Eine neue Studie des Club of Rome untersuchte die möglichen makroökonomischen Effekte, die durch eine Kreislaufwirtschaft entstehen könnten. Fünf Länder – Finnland, Frankreich, die Niederlande, Spanien und Schweden – wurden mit Hilfe eines traditionellen Input/Output-Modells untersucht. Es ging um folgende Frage: Wie würde die Wirtschaft heute aussehen, wenn *die Energieeffizienz um 25 Prozent höher, der Einsatz fossiler Brennstoffe zugunsten erneuerbaren Energien um 50 Prozent niedriger und eine effizientere Verwendung von Materialien gewährleistet wäre?*

Das Ergebnis ist vielversprechend. Wenn die untersuchten Länder alle drei Maßnahmen gleichzeitig einführen würden, wären die Effekte enorm: Die CO_2-Emissionen wären zwischen 65–70 Prozent niedriger. Auch der Einfluss auf die Beschäftigungsrate wäre positiv: 75 000 zusätzliche Jobs in

Finnland, 100 000 in Schweden, 200 000 in den Niederlanden, 400 000 in Spanien und eine halbe Million in Frankreich.

Dieses Ergebnis ist nicht überraschend. Eine Wirtschaft, die sich darauf konzentriert, die Dinge zu erhalten, die bereits produziert wurden – durch Reparatur, Wartung, Verbesserung und Wiederaufbereitung –, ist arbeitsintensiver als die reine Förderung und Herstellung (wie es häufig in hochautomatisierten und robotisierten Anlagen der Fall ist).

Eine Kreislaufwirtschaft wird sich nicht von selbst einrichten. Politische Maßnahmen – genau wie gezielte Investitionen – werden erforderlich sein. Produktdesignfragen spielen dabei genau wie Steuern eine Rolle. Eine Steuerreform wäre unvermeidbar. Wir brauchen eine deutliche Reduzierung der Besteuerung von Arbeit und zugleich erhöhte Steuern auf Umweltverschmutzung und die Verwendung natürlicher Ressourcen. Die Befreiung recycelter Materialen von der Mehrwertsteuer wäre eine weitere effektive Maßnahme, um den Gebrauch von Sekundärrohstoffen zu erhöhen.

Wir müssen schneller handeln als geplant

Fazit: Wir müssen schneller handeln als geplant, um die in Paris formulierten Temperaturziele zu erreichen. Die Alternative dazu wäre eine umfassende Entwicklung von Technologien zur CO_2-Bindung, deren Konsequenzen unbekannt sind.

Natürlich sind die Industrienationen ein zentraler Faktor. Ob die Paris-Ziele erreicht werden, wird zu großen Teilen davon abhängen, welche Entwicklung diese Länder anstreben – sowohl in Bereichen der Finanzierung und Technologie als auch bezüglich Wohlfahrt und Wohlstand in einer kohlenstoffarmen Gesellschaft.

Die bisherige finanzielle Unterstützung für die ärmeren Länder – jährlich 100 Milliarden US-Dollar ab 2020 –, um diese beim Aufbau einer kohlenstoffarmen Infrastruktur zu unterstützen und ihre Anpassung an den zunehmenden Klimawandel zu ermöglichen, ist kläglich. Allein der globale Zuschuss zu fossilen Brennstoffen ist sechsmal so hoch. Berechnen wir auch die indirekten Kosten mit ein, ist die Summe laut internationalem Währungsfonds zehnmal so hoch. Es ist unglaublich, dass Industrienationen bisher nicht dazu bereit waren, größere Investitionen in die kohlenstoffarme Technologie zu tätigen. Diese Investitionen würden für uns alle einen Vorteil bringen. Je schneller sie realisiert werden, desto besser.

Der Klimawandel lässt nicht mit sich verhandeln

Kai Niebert

Die Staatengemeinschaft hat sich auf der Weltklimakonferenz in Paris 2015 das Ziel gesetzt, die globale Erwärmung auf 1,5 Grad zu begrenzen. Was bedeutet diese die 1,5-Grad-Grenze und was muss geschehen, damit dieses Versprechen haltbar wird?

Die Übernutzung der Atmosphäre lässt sich mittlerweile konkret in Zahlen messen: Seit Beginn der Industrialisierung hat sich die Erde um knapp 1 Grad Celsius erwärmt. Auf der Weltklimakonferenz in Kopenhagen (2009) wurde völkerrechtlich festgelegt, dass dieser Temperaturanstieg bis 2100 auf maximal 2 Grad beschränkt werden soll. Doch 2 Grad wären bereits ein Versagen der Staatengemeinschaft: Sie bedeuten extreme Störungen des Klimasystems, eine Gefahr für 130 Millionen Menschen durch einen höheren Meeresspiegel, Wasserknappheit für bis zu 2 Milliarden Menschen, zunehmende Belastungen wegen Mangelernährung, Durchfall, Herzerkrankungen, Erkrankungen der Atmungsorgane und ein Abschmelzen der Eisschilde Grönlands und der westlichen Antarktis (IPCC 2013).

Vor der Klimakonferenz 2015 in Paris hat man es kaum für möglich gehalten, dass die Staatengemeinschaft den Versuch unternehmen will, die Erwärmung unterhalb von 2 Grad begrenzen zu wollen. Doch zumindest in Paris meinte sie es ernst. Seit Dezember 2015 heißt die neue Zielmarke: maximal 1,5 Grad Erwärmung gegenüber dem vorindustriellen Niveau. Zwar heißen 1,5 Grad nicht, dass der Klimawandel keine Auswirkungen hat; unbestritten ist aber, dass typische Folgen der Klimaerwärmung wie Hitzewellen, Niederschlagsänderungen, Ernteausfälle oder ein Anstieg des Meeresspiegels bei einer Erwärmung um 1,5 Grad moderater ausfallen.

Das Ziel: 1,5 Grad

Der Mensch wird so oder so Spuren in der Atmosphäre hinterlassen: Trotz gefährlicher Technik – wie der Verpressung von CO_2 im Boden – ist es ausgeschlossen, die CO_2-Konzentration auf ein Niveau zu senken, wie sie vor

Beginn der Industrialisierung vorlag: bei rund 280 Teilchen pro einer Million anderer Teilchen (ppm). Das ist einer der Gründe, warum Erdsystemforscher uns mittlerweile im Anthropozän – dem Zeitalter des Menschen – angekommen sehen. Wir haben dem Planeten Erde bereits einen Stempel aufgedrückt, der noch lange sichtbar sein wird (Crutzen 2009; Steffen et al. 2015).

280 ppm CO_2 in der Atmosphäre ist der Wert, den Klimaforscher als Grenze für den Erhalt der natürlichen Zyklen aus Warm- und Kaltzeiten errechnet haben. Nur bei diesem Wert ist der Übergang in den natürlichen Zyklen der nächsten Kaltzeit möglich. Betrachtet man allein die Erdbahnparameter, die sogenannten Milankovitsch-Zyklen, die die Position der Erde zur Sonne beschrieben, müsste sich die Temperatur auf der Erde abkühlen. Laut Erdbahnparametern befinden wir uns seit einiger Zeit buchstäblich an der Pforte zu einer neuen Vereisungsepoche. Das seit gut 11 000 Jahren herrschende, klimatisch ungewöhnlich stabile und warme Holozän wäre vorbei. Doch statt sich abzukühlen, erwärmt sich die Erde. Dass diese Erwärmung nun auf 1,5 statt 2 Grad begrenzt werden soll, hat mehr als rhetorische Bedeutung:

- Besonders wenn es um Lebensmittel und Landwirtschaft geht, sieht eine um eine 1,5 Grad wärmere Welt ganz anders aus als eine 2 Grad wärmer Welt: Tropischer Mais, das Grundnahrungsmittel in vielen Teilen Afrikas, zeigt Ertragseinbußen um 50 Prozent bei einer Erwärmung zwischen 1,5 und 2 Grad.
- In einer 2-Grad-Welt müsste im Jahr 2300 ein Meeresspiegelanstieg von 2,7 Metern erwartet werden – genug um die meisten Atolle und Inselstaaten im Meer zu versenken. 1,5 Grad reduzieren diesen Anstieg auf 1,5 Meter.
- Da sich die Erde schon um knapp 1 Grad erwärmt hat, ist die Rechnung, wie dieses Ziel zu erreichen ist, einfach: Zur Begrenzung der Erwärmung auf 2 Grad müssten die CO_2-Emissionen im Schnitt um 10 Prozent für jedes Zehntelgrad geringere Erwärmung sinken. Um die Erwärmung auf 1,5 Grad zu begrenzen, müssen die CO_2-Emissionen im Durchschnitt um 20 Prozent für jedes Zehntelgrad Erwärmung fallen (NOAA 2016).

Das Vorhaben, die Erwärmung auf 1,5 Grad zu begrenzen, ist die Hauptbotschaft von Paris: Das Zeitalter der fossilen Brennstoffe ist vorüber. Allerdings fehlen auch nach Paris konkrete Aussagen dazu, was zum Erreichen dieses Ziels getan werden muss.

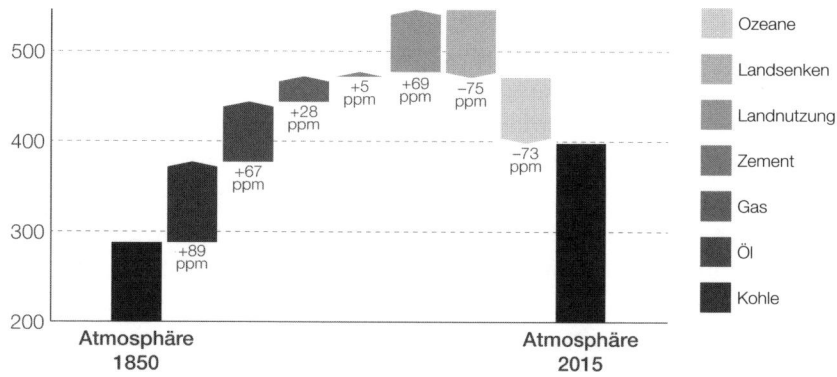

Abb. 1 Quellen und Senken für CO_2. Der Mensch pumpt CO_2 in die Atmosphäre und lässt der Natur zu wenig Möglichkeiten, es wieder zu binden (Le Quéré et al. 2015).

Das Restbudget: 280 Gigatonnen

Wie genau sich das Klima ändern wird, wenn eine bestimmte Menge Treibhausgase in die Atmosphäre gepumpt wird, ist unklar: Führen 10 Prozent mehr Treibhausgase auch zu 10 Prozent stärkeren Dürren, 10 Prozent höherem Meeresspiegel und 10 Prozent mehr Stürmen? Oder gibt es Kipppunkte in den Erdsystemen, jenseits derer es nicht nur graduelle, sondern sprunghafte Veränderungen gibt – wie etwa eine sich spontan ändernde Ozeanzirkulation, den Kollaps eines Ökosystems oder das Auftauen von Permafrost? Und mit welcher Wahrscheinlichkeit wollen wir das Ziel erreichen? Die heute verhandelten CO_2-Absenkpfade haben meist eine Wahrscheinlichkeit von bis zu 66 Prozent. Die Szenarien, die die globale Erwärmung auf 1,5 Grad begrenzen sollen, agieren mit Wahrscheinlichkeiten von 50 bis 66 Prozent. Das bedeutet 50–33 Prozent Wahrscheinlichkeit, dass wir das Ziel verfehlen. Würden Sie ein Flugzeug besteigen oder neben einem Atomkraftwerk wohnen wollen, das mit einer Wahrscheinlichkeit von 50 Prozent abstürzt bzw. explodiert?

Um das 1,5-Grad-Ziel mit einer Wahrscheinlichkeit von 66 Prozent zu halten, dürfen nicht mehr als 420 ppm CO_2 in der Atmosphäre sein. Vorindustriell hatten wir 280 ppm, heute liegen wir bei 400 ppm. Bleiben also noch 20 ppm. Die Erwärmung auf 1,5 Grad zu begrenzen, zieht ein sehr ambitioniertes CO_2-Restbudget für das 21. Jahrhundert nach sich: Die CO_2-Emissionen müssen nicht nur ihren Höhepunkt erreichen, sondern auch sinken.

Um die globale Erwärmung einigermaßen sicher auf 1,5 Grad zu begrenzen, dürfen durch die Verbrennung von Öl, Kohle und Gas maximal noch 200–415 Gigatonnen CO_2 ausgestoßen werden (Rogelj et al. 2015). Je weniger emittiert wird, desto größer wird die Chance, bei 1,5 Grad zu bleiben. 280 Gigatonnen CO_2 gelten dabei als realistische Größenordnung. In 2014 wurden etwa 32 Gigatonnen allein durch die Verbrennung fossiler Energieträger emittiert. Gesetzt den Fall, dass wir künftig das Niveau von 2014 halten und nicht – wie die Jahre zuvor – im Schnitt 2,5 Prozent mehr emittieren als im Vorjahr, blieben uns weniger als 10 Jahre. Dann müssten die jährlichen Emissionen schlagartig von 32 auf 0 fallen. Da ein Weiter-so für ein paar Jahre gefolgt von einem abrupten Abschalten unrealistisch ist, kann das nur heißen: Abschalten, Dämmen und Einsparen. Und zwar ab sofort.

Viele Autoren gehen deshalb davon aus, dass es – im Gegensatz zum 2,0-Grad-Szenario – einen Zeitpunkt geben müsse, an dem die Bindung des CO_2 den Ausstoß übersteigt. Wie kann das erreicht werden? Drei Beispiele:

- Eine der scheinbar einfachsten und auch billigsten Optionen ist die Wiederaufforstung. Bäume binden während ihres Wachstums CO_2. Allerdings geben sie es beim Verrotten wieder an die Atmosphäre zurück. Diese Lösung ist somit nur praktikabel, wenn das Holz beispielsweise verbaut würde, statt von Mikroorganismen zu CO_2 veratmet zu werden.
- Eine weitere Möglichkeit wäre es, Biomasse in Kraftwerken zu verbrennen, das entstehende CO_2 einzufangen und in irgendeiner Form zu binden. Das Problem: Die Verpressung von CO_2 in den Boden (CCS) ist gesellschaftlich nicht akzeptiert und auch höchst gefährlich, da immer wieder Lecks auftreten können. Sicherer wäre es, Biomasse unter Sauerstoffabschluss zu verkohlen und die stabile Biokohle zu vergraben.
- Eine nur in Experimenten erprobte, sehr kostspielige und ökologisch riskante Option ist die Düngung von Ozeanen mit Eisen. Dadurch lässt sich das Wachstum von Phytoplankton ankurbeln. Stirbt es ab, sinkt es auf den Meeresboden und vergräbt den Kohlenstoff so in den Tiefen der Weltmeere.
- Die sinnvollste und einfachste Möglichkeit, große Mengen von Kohlenstoff im Boden zu speichern, ist eine nachhaltige Bodenbewirtschaftung: Durch weniger Pflügen, eine Bodenbedeckung mit Pflanzen etc. lässt sich eine große Menge von Kohlenstoff wieder im Boden speichern, der in der intensiven Landwirtschaft von dort freigesetzt wurde.

Das Problem: 3200 Gigatonnen CO_2

Die Top-200 der Kohle-, Öl- und Gasunternehmen hielten im Jahr 2015 mehr als 550 Gigatonnen CO_2 in ihre Energiereserven. Weit mehr fossile Energieträger – etwa 2650 Gigatonnen – werden von staatlichen Unternehmen gehalten. Diese rund 3200 Gigatonnen CO_2 liegen als förderfähige Ressourcen in den Händen von Unternehmen und Staaten, die damit Geld verdienen wollen, wie die Carbon Tracker Initiative berechnete.

Die Carbon Tracker Initiative ist eine von Finanzanalysten gegründete Organisation, die das Konzept der Kohlenstoffblase aufgedeckt hat. Die Kohlenstoffblase beziffert die Menge an maximal noch zu emittierendem CO_2, um die Klimaziele halten zu können: 565 Gigatonnen CO_2 für das 2-Grad-Ziel. Für das 1,5-Grad-Limit sind es rund 280 Gigatonnen.

Die Rechnung ist dabei einfach: Die bekannten Lagerstätten für Öl, Kohle und Gas im Besitz von Unternehmen und Regierungen entsprechen etwa 3200 Gigatonnen CO_2. Allein die bisher bekannten Lagerstätten enthalten demnach etwa das Elffache dessen, was die Menschheit insgesamt noch emittieren darf, wenn sie den Klimawandel auf 1,5 Grad Celsius begrenzen will. Um das 1,5-Grad-Ziel zu halten, müssen mehr als 90 Prozent dieser Ressourcen da bleiben, wo sie sind: im Boden.

Insbesondere die Zahlen für unkonventionelle Kohlenstoffvorräte wie Schiefergas oder schwer förderbare Kohle sind schwer zu fassen und bringen Unsicherheiten in die Rechnung. Aber selbst wenn die Zahlen noch einmal um 10 Prozent nach oben oder unten abweichen, ist klar: Allein die Menge der bereits erschlossenen Kohle-, Öl- und Gasreserven ist zu groß, um verbrannt zu werden, ohne das Klima weiter zu vergiften. Technisch gesehen ist ein Großteil der erschlossenen Reserven zwar immer noch unter der Erde. Ökonomisch sind sie aber bereits oberirdisch gelistet in Aktienindizes, Teil von Rentenfonds und Anleihen. Nicht nur Unternehmen, sondern auch Staaten stützen ihren Wohlstand derzeit darauf. Bleibt der Kohlenstoff in der Erde, ist dies zunächst eine Wertminderung für Unternehmen, die die Förderrechte an einem Großteil dieser Reserven bereits erworben und sie in ihren Bilanzen als Vermögenswert eingestellt haben. Der Wert dieser fossilen Energiereserven wird von den Wissenschaftlern der Carbon Tracker Initiative auf 24 Billionen Euro geschätzt (Carbon Tracker 2013). Meint es die Staatengemeinschaft mit dem 1,5-Grad-Ziel ernst, handelt es sich bei der Kohlenstoffblase um die größte Spekulationsblase der Menschheitsgeschichte: Allein sieben der zehn größten Unternehmen der Welt sind im Bereich Erdöl und Gas tätig und wären damit direkt betroffen.

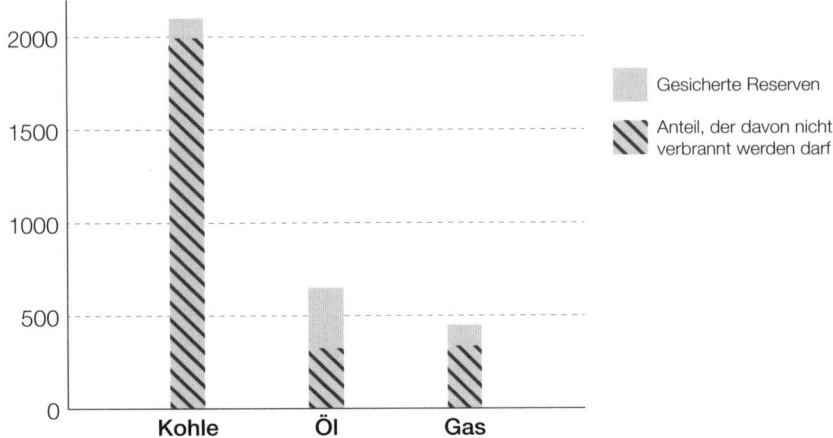

Abb. 2 Die Kohlenstoffblase. Y-Achse: $GtCO_2$.

Eine Studie der HSBC geht von Verlusten bis zu 60 Prozent des Unternehmenswertes aus (Spedding et al. 2013).

Die 100 führenden Kohle-, Erdöl- und Gasfirmen verfügen bereits heute über eine Menge an fossilen Brennstoffen, die 760 Gt CO_2 entspricht. Das allein würde ausreichen, um das verbleibende Kohlenstoffbudget der Menschheit um das Dreifache zu überschreiten und die globale Erwärmung durch das Erreichen von Kipppunkten unumkehrbar zu machen.

Das Problem, 2. Teil: denn sie verstehen nicht, was sie tun

Der starke wissenschaftliche Konsens über die Ursachen des Klimawandels steht in krassem Gegensatz zum Verstehen und der Implementierung wirksamer Mechanismen zum Stopp der CO_2-Akkumulation in der Atmosphäre. Problematisch ist, dass nicht nur Laien, sondern auch Wissenschaftler und politische Entscheidungsträger das Klimasystem nur einseitig in den Blick nehmen. Der Autor dieses Beitrags hat in Studien die Hinweise vom MIT belegen können, dass unabhängig vom Bildungsgrad der Befragten keine wirksamen Strategien zur Verminderung des Klimawandels beschrieben werden. So halten Laien und politische Entscheidungsträger es in der Regel für eine ausreichende Strategie, die jährlichen Zunahmen in der CO_2-Emission zu begrenzen oder zu stabilisieren: Statt jedes Jahr 1–2 Prozent mehr CO_2 zu emittieren, müssten wir die Zunahme einfach abbremsen oder beenden, um den Klimawandel zu stoppen. Diese Art von Denken und Politik zielt darauf ab, die Kurve einfach weniger stark nach oben verlaufen zu lassen. Dies ist auch genau der Weg, der in Paris eingeschlagen wurde: Die von den Staaten abgegebenen Selbstverpflichtungen steuern auf ein Abbremsen der Zunahme der CO_2-Emissionen zu.

Das Problem ist dabei ein kognitives: Menschen schätzen die Dynamik von Systemen systematisch falsch ein. Es fällt uns unendlich schwer, den Wasserstand in der Badewanne als ein Resultat des Zuflusses und des Abflusses oder unseren Kontostand als eine Folge von Monatseinkommen und Ausgaben zu deuten. Das gleiche gilt für die Atmosphäre, in der die CO_2-Konzentration abhängig von den CO_2-Emissionen (Zufluss) und der CO_2-Bindung in Ozeanen und Vegetation (Abfluss) ist. In der Regel nehmen Laien, Politiker, aber auch Wissenschaftler immer nur den Zufluss (CO_2-Emission) in den Blick und schließen daraus, dass bei einer Stabilisierung der Emissionen sich auch die Konzentration stabilisiert (Niebert & Gropengießer 2015). Ein fataler Irrtum.

Derzeit emittieren wir jedes Jahr nahezu die zweifache Menge an CO_2, die von Ozeanen oder der Vegetation wieder aufgenommen wird (40 Gt CO_2-Emission und 25 Gt CO_2-Bindung). Die Vorstellung, das Klima zu stabilisieren, indem man hofft, dass es nächstes Jahr statt 42, 44 oder 46 Gt Emissionen wieder nur 40 Gt sind, mag berechtigt sein. Doch diese Illusion gleicht der Idee, dass man einen ausgeglichenen Haushalt schaffen kann, wenn man doppelt so viel Geld ausgibt wie man einnimmt. Jede Badewanne muss überlaufen, wenn mehr Wasser hinein- als hinausfließt. Das Problem ist in Abbildung 3 dargestellt: Solange die Summe der Kohlenstoffflüsse in die Atmosphäre größer ist als die Summer der Flüsse aus der Atmosphäre hinaus, akkumuliert sich das CO_2 und es wird wärmer. Im Jahr 2016 ist die Atmosphäre mit knapp 400 ppm CO_2 gefüllt. Jedes Jahr kommen knapp 4 ppm hinzu und 2 ppm werden wieder gebunden. Was in Paris verhandelt wurde, ist noch nicht einmal eine Stabilisierung der CO_2-Emissionen. Die Selbstverpflichtungen bremsen die Zunahme der CO_2-Emissionen ein wenig ab, aber mehr auch nicht. Solange mehr emittiert als aufgenommen wird, wird die CO_2-Konzentration und damit die Temperatur in der Atmosphäre zunehmen. Eine Politik des Abwartens und Hoffens wird den Klimawandel nicht stoppen.

Die in Paris vorgelegten nationalen Klimaziele würden selbst bei vollständiger Umsetzung zu einer Zunahme der CO_2-Konzentration führen. Die INDCs, die nationalen Selbstverpflichtungen, flachen zwar die CO_2-Emissionskurven ab, führen sie aber nicht ins Negative. Verlassen wir uns auf die Selbstverpflichtungen, würden wir die Erwärmung auf etwa +3 Grad hochschnellen lassen. Um doch noch bei 1,5 Grad zu landen, müssen wir uns

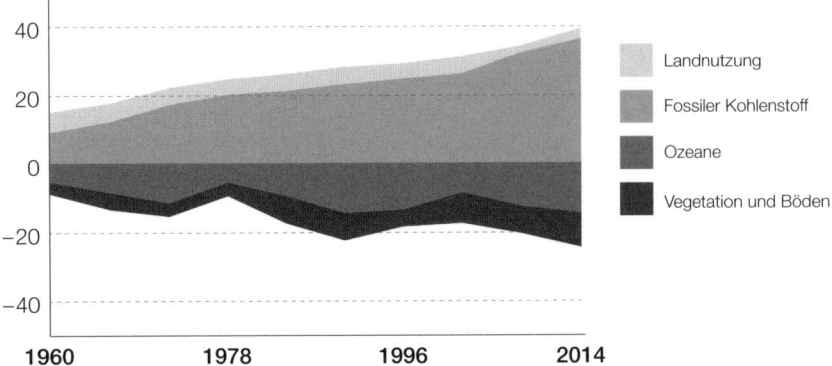

Abb. 3 Verhältnis der CO_2-Inputs und -Outputs in die Atmosphäre (in $GtCO_2$). Derzeit werden jährlich ca. 40 Gt CO_2 emittiert, aber nur 25 Gt CO_2 gebunden. Solange die Emission die Bindung übersteigt, akkumuliert sich CO_2 in der Atmosphäre (Le Quéré et al. 2015).

fortwährend vor Augen führen, was es bedeutet, dass der Bestand eines Systems (die CO_2-Konzentration) von seinen Zu- und Abflüssen (CO_2-Emission und -Bindung) abhängt. Um das Klima zu retten, müssen wir an beiden Stellschrauben drehen: Die CO_2-Emissionen müssen sinken und die CO_2-Bindung muss steigen, bis sich beide Größen entsprechen.

Paris zum Erfolg führen heißt Abschalten und Einsparen – ab sofort

Das Klimaabkommen von Paris ist eine Kombination aus rechtlich bindenden und nicht-verbindlichen Elementen, die Anlass zur Hoffnung geben, dass das Abkommen tatsächlich eine Wende schaffen könnte. Entscheidend ist aber, was die Staaten aus dem Abkommen machen: Das Abkommen muss nun in nationale Politik umgesetzt werden. Nur ein Mix aus Finanz- und Ordnungspolitik kann es schaffen, den Klimawandel in die Schranken zu weisen und den Kohlenstoff im Boden zu lassen.

Bereits die nächsten Monate und Jahre werden zeigen, ob die Staatengemeinschaft – vor allem aber die Nationalstaaten – bereit ist, ernsthaft die Herausforderungen einer Transformation in ein Jahrhundert der Nachhaltigkeit zu bewältigen. Den politischen Beschlüssen müssen nun wissenschaftlich abgesicherte Maßnahmen folgen. Den Klimawandel bei 1,5 Grad zu stoppen heißt für Deutschland und Europa:

- Wenn weltweit alle Kohlekraftwerke gebaut würden, die zu Beginn der Pariser Verhandlungen noch geplant waren, dann würden die CO_2-Emissionen die 1,5-Grad-Pfad um etwa das Achtfache überschreiten. Deutschland muss ein Zeichen setzen und sämtliche sich in Planung und Bau befindliche Kohlekraftwerke stoppen. Neue Kohlekraftwerke würden mit einer Laufzeit von mehr als 40 Jahren auch nach 2050 CO_2 ausstoßen. Um die erforderliche Dekarbonisierung bis Mitte des Jahrhunderts zu erreichen, muss der Kohleausstieg in Deutschland bis 2030 vollzogen sein. Wenn Deutschlands Kohleausstieg in der Lausitz scheitert, wird die Energiewende weltweit scheitern.

- 20 Prozent des Klimawandels sind vom Verkehr verursacht. Angesichts steigender CO_2-Emissionen im Verkehrssektor und historisch niedriger Rohölpreise ist eine Verkehrswende genauso überfällig wie eine deutliche Reduzierung des Energiebedarfs im Personen- und Güterverkehr. Der jüngste Abgasskandal hat zudem am Rande noch einmal enthüllt, dass Autos im Schnitt 40 Prozent mehr Kraftstoff verbrauchen als von den Herstellern angegeben. Daher sind eine Überarbeitung des Prüf- und Zulassungsverfahrens von Pkw sowie ein Ende der Kungelei zwischen Autoindustrie und Politik dringend erforderlich. Der Verkehrsminister muss die Automobilindustrie dazu bringen, dem Öl den Rücken kehren. Wir dürfen nicht mehr über 120 oder 130 Gramm CO_2 pro Kilometer reden. Seit Paris geht es um 0 Gramm pro Kilometer.

- Die Landwirtschaftsminister – immerhin verantwortlich für 20 Prozent der CO_2-Emissionen – müssen die Landwirtschaft ergrünen lassen. Wir brauchen eine regenerative Landwirtschaft, die den Kohlenstoff aus der Atmosphäre holt, statt ihn hineinzupusten und dabei auch noch die Artenvielfalt zu zerstören. Dies betrifft insbesondere eine Neuausrichtung der EU-Agrarpolitik nach dem Prinzip „Geld gegen Leistung" durch Umschichtung der Agrarsubventionen in zielgerichtete Agrarumweltmaßnahmen.

- Die Umweltministerin, die in Deutschland derzeit auch Bauministerin ist, muss sich nun ermutigt fühlen, die klima- und menschenfreundliche Stadtgestaltung ins Zentrum ihres Handels zu rücken. Wir brauchen nicht nur eine Energiewende zum Heizen der Häuser, sondern wir müssen Städte im Klimawandel insgesamt neu denken.

Der große Schwachpunkt des Paris-Vertrags sind die Finanzen. Das Versprechen der Industrieländer, den Schwellen- und Entwicklungsländern von 2020 bis 2025 jährlich 100 Milliarden Dollar für die Umstellung auf erneuerbare Energien und die Anpassung an den Klimawandel zur Verfügung zu stellen, wird bekräftigt. Doch wie es ab 2026 weitergeht – also dann, wenn der Klimawandel langsam spürbar wird –, ist unklar.

Dabei ließe sich der Klimawandel mithilfe der Finanzen sehr schnell in den Griff bekommen:

- Wir müssen klimaschädliche Subventionen schnellstens stoppen.
  Derzeit werden fossile Energieträger weltweit jedes Jahr mit 4,5 Billiarden (!) Euro subventioniert. Das ist mehr, als die gesamte Menschheit an Gesundheitsausgaben tätigt. Wenn wir die Subventionierungen fossiler Energieträger auf Null fahren, bleibt genug übrig, um den Entwicklungsländern nicht nur beim Umbau zu helfen. Gleichzeitig können auch die bei ihnen durch den Klimawandel entstandenen Schäden kompensiert werden.
- Wir müssen CO_2 einen Preis geben.
  Die EU muss darüber hinaus einen völlig neu konzipierten und verschärften Emissionshandel entwickeln. Dazu brauchen wir strengere und anziehende Reduktionsziele, um fossile Brennstoffe flächendeckend und ambitioniert zu bepreisen. Der Preis muss dabei tatsächlich so hoch sein, dass ein Anreiz geschaffen wird, 90 Prozent der bekannten Ressourcen im Boden zu lassen. Derzeit liegt der Preis für eine Tonne CO_2 bei etwa 7 Euro. Realistisch wären etwa 70 bis 100 Euro. Fossile Brennstoffe, die zur Bereitstellung von Strom, Wärme und Mobilität verwendet werden, würden so durch erneuerbare Energien, Effizienz und weniger verschwenderische Lebensstile ersetzt.

Würden die Staaten ihre Kraft auf die finanzielle Untermauerung der Beschlüsse von Paris statt auf den Abbau von Umweltstandards in Freihandelsabkommen stecken, würden Mensch, Umwelt und Klima profitieren.

Die Abkehr vom fossilen Entwicklungspfad ist immer noch möglich, erfordert aber eine sofortige Umsetzung und die Stärkung der nationalen Beiträge. Eine Pfadänderung ist in allen Bereichen notwendig: Energie, Verkehr, industrielle Prozesse, Wohnen, Landwirtschaft und Landnutzung. Der gelungene Klimagipfel kann die nun notwendigen Entscheidungen von Regierungen, Investoren und Bürgern nicht garantieren. Und dennoch: Dieser Gipfel hat die bislang sehr geringe Wahrscheinlichkeit, dass die Transformation in eine nachhaltige, klimafreundliche Gesellschaft gelingt, gesteigert. Nicht mehr – aber auch nicht weniger. Uns steht ein langer, zum

Teil noch unbekannter Weg bevor. Wir sind uns jedoch jetzt einig, wo wir ihn beenden wollen: bei 1,5 Grad.

Literatur

Carbon Tracker: Unburnable Carbon – Are the world's financial markets carrying a carbon bubble?, London, 2013.

Crutzen, P. J.: Geology of mankind. In: Nature (2002), Nr. 415, S. 23.

IPCC: Climate Change 2013 – The Physical Science Basis, Cambridge, 2013.

Le Quéré, C. et al.: Global Carbon Budget 2015. In: Earth System Science Data (2015), Nr. 7, S. 349–396.

Niebert, K.: Das Ende des Wachstums – oder der Irrtum der Raupe. In: Müller, M. et al.: Movum – Briefe zur Transformation, 1.Auflage, Berlin, 2015, S. 8–9.

Niebert, K., Gropengiesser, H.: Understanding Starts in the Mesocosm: Conceptual metaphoras a framework for external representations in science teaching. In: International Journal of Science Education (2015), Nr. 37, S. 903–933.

NOAA National Centers for Environmental Information: State of the Climate: Global Analysis for Annual 2015, Washington, 2016.

Rogelj, J. et al.: Energy system transformations for limiting end-of-century warming to below 1.5 °C. In: Nature Publishing Group (2015), Nr. 5, S. 519–527.

Spedding, P., K. Mehta, N. Robbins: Oil & carbon revisited: Value at risk from unburnable reserves, 2013.

Steffen, W. et al.: The trajectory of the Anthropocene: The Great Acceleration. In: The Anthropocene Review (2013), Nr. 2, S. 81–98.

Warum uns die Energiewende zu Gewinnern macht

Franz Alt

Nach dem Weltklimagipfel von Paris wird deutlicher denn je, dass zwei Herausforderungen für das Überleben der Menschheit zentral geworden sind: die Energiewende und eine größere Gerechtigkeit.

Alle wollen eine schöne, gerechte und naturfreundliche Welt. Aber alle wissen zugleich, dass sich unsere Welt zurzeit in die entgegengesetzte Richtung bewegt. Jeden Tag

- sterben 150 Tier- und Pflanzenarten für immer aus,
- produzieren wir 50 000 Hektar Wüste mehr,
- verlieren wir 86 Millionen Tonnen fruchtbaren Boden,
- emittieren wir 150 Millionen Tonnen CO_2 in die Luft,
- werden wir 220 000 Menschen mehr
- und jeden Tag verhungern 26 000 Menschen.

Das geht heute so und morgen und übermorgen, nächste Woche und nächsten Monat und im nächsten Jahr.

Sind wir noch zu retten?

Gibt es noch eine Möglichkeit, eine Welt mit sauberer Luft, reinem Wasser, gesunden Böden, umweltfreundlicher Energie und mehr Gerechtigkeit zu schaffen? Und sind nach dem Weltklimagipfel in Paris die Chancen größer als vorher?

Können wir uns eine Wirtschaft vorstellen, die nicht nur dem Kapital, sondern auch dem Gemeinwohl und den Menschen dient und deren Wohlbefinden verbessert, den sozialen Fortschritt unterstützt und in der kein Kind mehr verhungern muss, in der wir einen verantwortungsvollen und nachhaltigen Umgang mit den Ressourcen lernen und eine Schließung von Stoffkreisläufen?

Ja, das ist möglich, sagt der englische Zukunftsforscher John Elkington mit seiner These „Die Welt bleibt grün". Das sagen aber auch der deutsche Chemieprofessor und Umweltforscher Michael Braungart und der US-amerikanische Architekt William McDonough in ihrem revolutionären Buch *Intelligente Verschwendung – The Upcycle: Auf dem Weg in eine neue Überflussgesellschaft*. Braungart und McDonough sind die Begründer des „Cradle-to-Cradle"-Konzepts („Von der Wiege in die Wiege"), das aufzeigt, dass wir Menschen zu weit eleganteren und effizienteren Umweltlösungen als bisher in der Lage sind. Der Klimawandel wurde von Menschen verursacht, also können ihn Menschen auch wieder stoppen. Es waren menschliche Entscheidungen, in die Atomkraft einzusteigen, also können Menschen auch wieder beschließen, aus der Atompolitik auszusteigen.

Die Hauptthese des „Cradle-to-Cradle"-Prinzips: Abfall war gestern – ab jetzt gibt es nur noch Nährstoffe, die bisher lediglich am falschen Platz waren. Alle Produkte verbleiben in einem steten Kreislauf. Nur noch gesunde, recyclebare und unbedenkliche Materialien werden eingesetzt. Diese drei Autoren zeigen an vielen konkreten Beispielen, dass wir schon heute Produkte so herstellen können, dass alle verwendeten Materialien wieder genutzt werden. Solche Prozesse sind bereits nachweisbar bei Autos und Teppichböden, bei Waschmaschinen und Solaranlagen sowie beim Bau von Häusern. Teppiche und Farben können dazu beitragen, eine bessere Raumluft zu erzeugen. So wie ein Kirschbaum, der einen positiven Einfluss auf das restliche Ökosystem hat. In den USA und in Europa, in Indien, China und Japan setzen bereits viele Firmen mit Erfolg auf dieses neue Kreislaufprinzip. Dabei geht es nicht nur um eine neue Wirtschaft, sondern auch um ein neues Menschenbild: Der Mensch ist nicht länger Schädling, er wird Nützling.

Alle Menschen können künftig zu einem nie gekannten ökologischen Wohlstand finden. Das Prinzip „Von der Wiege in die Wiege" hilft, dass wir die bisherige „Verzichts-Philosophie" überwinden und neue Wege zu einem „Wohlstand für alle" beschreiten können. Ein ökologisches Wirtschaftswunder ist möglich. Ja, wir sind noch zu retten. Wir müssen nur lernen, nicht länger gegen die Natur, sondern mit der Natur zu leben, zu arbeiten und zu wirtschaften. Das heißt natürlich auch: weniger Konkurrenzdenken und -handeln, sondern mehr Kooperation. Weniger Ich, mehr Wir. 2014 und 2015 waren bereits bescheidene Wendejahre. 2015 beim Weltklimagipfel in Paris haben es erstmals in der Menschheitsgeschichte alle 195 Staaten und die EU geschafft, sich als Menschheitsfamilie zu verstehen und gemeinsam einem Klimaschutzabkommen zuzustimmen, das diesen Namen auch verdient. Doch die entscheidende Frage bleibt: Schaffen wir auch eine generelle und grundsätzliche, dauerhafte Wende?

Siegeszug für Sonne und Wind

Weltweit befindet sich der Ausbau von Sonnenenergie und Windkraft auf dem Siegeszug, während sich fossile und nukleare Kraftwerke auf einem Rückzug bewegen. Das ist so, auch wenn die alte Energiewirtschaft uns noch immer das Märchen von der „Renaissance der Atomkraft" erzählt. In den nächsten 15 Jahren muss weltweit mehr als die Hälfte aller Atomkraftwerke aus Alters- und Sicherheitsgründen stillgelegt werden. Und nach dem nächsten Atomunfall ist noch viel schneller Schluss. Warum eigentlich nicht vorher?

2014 und 2015 wurde weltweit bereits mehr Geld in erneuerbare Energien investiert als in fossil-atomare. Seit der Jahrtausendwende hat sich die Solarenergie global verhundertfacht und die Windenergie verzehnfacht. Die Konsequenz: 2014 ging der Ausstoß klimaschädlicher Treibhausgase erstmals seit Jahrzehnten leicht zurück – trotz steigender Wirtschaftskraft.

Der Preis für eine Kilowattstunde Solarstrom sank in Deutschland von 70 Cent im Jahr 2000 auf etwa 8 Cent heute, in sonnenreichen Ländern auf circa 4 Cent und weniger. Sonne und Wind schicken keine Rechnung – sie sind Geschenke des Himmels im wahrsten Sinne des Wortes, Energie von ganz, ganz oben!

Deshalb ziehen jetzt immer mehr Investoren ihr Geld aus fossilen und atomaren Anlagen zurück – wie zum Beispiel der weltgrößte staatliche Vermögensfonds in Norwegen von Kohleinvestitionen.

Die Menschen wollen die Energiewende – in Deutschland zu über 80 Prozent, ähnlich in Japan und allmählich sogar in den USA. Diese positiven Entwicklungen werden auch von der größten Volkswirtschaft der Welt vorangetrieben, von China. Dort gab es 2014 sieben Prozent wirtschaftliches Wachstum, aber acht Prozent weniger Treibhausgase als im Vorjahr. Ein überraschender Fortschritt, aber noch kein Beweis für eine dauerhafte und globale Trendwende. Doch auf der Pariser Weltklimakonferenz hat China erstmals die Verhandlungen nicht mehr blockiert, sondern mit vorangetrieben. Millionen Chinesen wollen im Winter, wenn die Feinstaub-Grenzwerte um das 25-Fache überschritten werden, künftig nicht mehr mit Gasmasken auf die Straße. Die Umwelt- und Klimafrage ist für die kommunistische Partei in China zur Machtfrage geworden. 2015 gab es im Reich der Mitte über

90 000 Aufstände gegen die Regierung, weitgehend wegen der Umweltpolitik. Auch deshalb ist das Land inzwischen Solar- und Windweltmeister.

In Deutschland gab es im ersten Halbjahr 2015 eine Zunahme von Ökostrom von 28 auf 32,5 Prozent. Im Wärmebereich werden allerdings erst elf Prozent erreicht und im Verkehrssektor lediglich fünf Prozent. Dabei liefern die Biokraftstoffe den größten Anteil. Der 2. Juli 2015 war für die Energiewende in Deutschland ein historischer Tag. 75 000 Gläubiger der insolventen Windfirma Prokon entschieden sich mit großer Mehrheit, dass die Firma als Energiegenossenschaft weitergeführt wird. Die Alternative war ein Angebot des Energiekonzerns EnBW, Prokon für 550 Millionen Euro zu übernehmen.

Die Gläubiger sind zu ihrem Entschluss zu beglückwünschen, denn die Energiewende kann nur von unten über dezentrale Strukturen funktionieren: über Genossenschaften, über Stadtwerke, über den Mittelstand, über Handwerker, Bauern und Hausbesitzer.

Papst und Dalai Lama sind sich einig

Auf geistiger Ebene, wohl der entscheidenden, unterstützen sowohl der Papst in seiner Enzyklika *Laudato si* ohne Wenn und Aber die Energiewende und den Klimaschutz ebenso als auch der Dalai Lama in dem soeben erschienen Buch *Ethik ist wichtiger als Religion*, das ich mit ihm zusammen ich acht Weltsprachen publizierte habe. (Als E-Book kostenlos in Deutsch, Französisch, Englisch, Spanisch, Portugiesisch, Chinesisch, Arabisch und Russisch herunterzuladen. Benevento-Verlag)

Ökostrom ist kein Luxus mehr für wenige, sondern preisgünstige und umweltfreundliche Energie für alle. In Indien und in Afrika werden bereits tausende Dörfer komplett mit Ökoenergie versorgt. Die Energiewirtschaft befindet sich weltweit in der Phase einer industriellen Revolution – von unten wie jede erfolgreiche Revolution. Afrika und die Sonne: welch eine Vision! Wir können mit einer solaren Energiewende erstmals in der Menschheitsgeschichte den Hunger überwinden, den Hunger ins Museum der Geschichte stellen. Voraussetzung dafür ist preiswerte und ausreichende Energie.

Und warum gibt es zurzeit in Deutschland so viele Bedenkenträger gegen die Energiewende? Strom aus Braunkohle ist die mit Abstand klimaschädlichste Form der Stromerzeugung. Braunkohlekraftwerke pusten mehr als doppelt so viel CO_2 in die Luft wie Gaskraftwerke. Doch die unheilige Allianz aus kurzsichtigen Gewerkschaftlern und Kohle-Politikern in CDU und

SPD ist noch immer stärker und einflussreicher als alle vernünftigen Gegenargumente der Klimaschützer. Das müssen und werden wir ändern. Deutschland darf nicht länger Braunkohle-Förder-Weltmeister bleiben.

Der Ausstieg aus der Braunkohle ist der nächste Ausstieg nach dem Atomausstieg. Den wir ja auch erst zur Hälfte geschafft haben. „Der gleichzeitige Ausstieg aus Atom und Kohle geht nicht", sagen Kanzlerin und Vizekanzler unisono in fast jeder Rede. Doch diese Politik passt überhaupt nicht zusammen mit dem, was der G7-Gipfel in Elmau verkündet hat und auch nicht mit dem erklärten Ziel der Bundesregierung, bis 2050 bis zu 90 Prozent allen Stroms in Deutschland erneuerbar zu erzeugen. Die derzeitige deutsche Kohlepolitik passt schon gar nicht zu den Pariser Beschlüssen. Je länger die Regierung mit dem Kohle-Ausstieg wartet, desto teurer kommt er. Die Weltbank hat schon vor Jahren ausgerechnet, dass keine Energiewende über die Folgekosten fünfmal teurer wird als eine rechtzeitige und intelligente Energiewende. Energiewende kostet – das ist wahr, aber keine Energiewende kostet die Zukunft. Das ist genauso wahr. Und die Folgekosten des Atomstroms sind unbezahlbar. Es ist ganz schlicht unvernünftig und teuer, noch immer Milliarden Euro in die alte Energietechnologien zu investieren oder auf die Braunkohle keine CO_2-Steuer zu erheben. Insgesamt wird in Deutschland noch immer zu viel Strom produziert. „Aber die Arbeitsplätze?", wird häufig gefragt. Fakt ist: Durch erneuerbare Energieträger entstehen weit mehr Arbeitsplätze als in den alten Energien verloren gehen.

Die Energiewende macht uns also alle zu Gewinnern: Es entstehen mehr Arbeitsplätze, wir schützen das Klima, leben in größerer Sicherheit und Unabhängigkeit, bekommen preiswerte und saubere Energie und können unseren Kindern einmal sagen: Das ist euer Planet. Wir haben dafür gesorgt, dass ihr eine lebenswerte Zukunft vor euch habt. Worauf warten wir noch?

Allein die Sonne schickt uns jeden Augenblick unseres Hierseins 15 000-mal mehr Energie, als zurzeit alle Menschen verbrauchen. Eigentlich gibt es gar kein Energieproblem. Wir machen uns nur eines. Die Energiewende ist also keine Last, wie uns von Interessenvertretern und ihren politischen Helfern oft erzählt wird, sondern die großartige Chance, ein für allemal eines der größten Probleme unserer Zeit zu lösen. Wie sagt doch die Bundeskanzlerin zu Recht: „Die Energiefrage ist die Überlebensfrage der Menschheit." Wir müssen keine Kriege mehr führen um Öl wie die letzten Irak-Kriege. Die intelligente Alternative heißt: Frieden durch die Sonne. Um die Sonne kann weder George W. Bush noch Bin Laden noch sonst ein Obergauner dieser Welt je einen Krieg führen. Unser Zentralgestirn liefert uns noch über vier Milliarden Jahre alle Energie, die wir brauchen: Preiswert, umweltfreundlich, ausreichend, für alle und für alle Zeit.

Die Energiewende wird freilich nur gelingen, wenn sie mit größerer sozialer Gerechtigkeit einhergeht. Eine Oxfam-Studie hat kürzlich ergeben, dass die 62 reichsten Menschen unseres Planeten über mehr Geld verfügen als die ärmere Hälfte der Menschheit. „Diese Wirtschaft tötet", schreibt der Papst zu Recht. Und diese Wirtschaft produziert Millionen neue Flüchtlinge. Zwei Dinge sind für das Überleben der Menschheit zur Überlebensfrage geworden: die Energiewende und eine größere Gerechtigkeit. Ein erster Schritt zu mehr Gerechtigkeit wäre zum Beispiel ein globaler Mindestlohn von einem Dollar pro Stunde. Die UNO kann diese Mindestlohn-Politik über ihre Internationale Arbeitsorganisation, ILO, anregen. Wie bei der Energiewende kommt es darauf an, dass damit einige fortschrittliche Länder vorangehen. Trotz anfänglicher Bedenken hat sich gerade in Deutschland gezeigt, dass der Mindestlohn ein großer Erfolg ist. Außerdem kann die größte Ungerechtigkeit zwischen Reich und Arm dadurch gemildert werden, dass endlich das Geschäftsmodell der Steueroasen beendet wird und Riesenvermögen höher besteuert werden. Noch immer haben neun von zehn Großkonzernen Niederlassungen in Steueroasen. Ein Skandal!

Bürger zur Sonne, zur Freiheit! Kohle- und Atompolitiker dürfen nie wieder mit unserer Stimme rechnen. Diese bescheidene Konsequenz sind wir künftigen Generationen schuldig.

Literatur

Alt, F.: Auf der Sonnenseite – Warum uns die Energiewende zu Gewinnern macht, München, 2013.
Dalai Lama, Alt, F.: Ethik ist wichtiger als Religion, Salzburg, 2015.

Ein Bruch mit der bisherigen Klimapolitik

Hubert Weiger, Ann Kathrin Schneider

Läutet das Abkommen von Paris die Transformation hin zu einer natur-und klimafreundlichen globalen Gesellschaft ein? Oder geht es von der falschen Annahme aus, Klimaschutz wäre auch mit einem „Weiter so" zu haben? Das angestrebte Gleichgewicht der Emissionen lässt einen Interpretationsspielraum zu, der die Notwendigkeit des grundlegenden Wandels negiert.

Das Pariser Klimaabkommen ist ein großer Fortschritt im Vergleich zur Klimadebatte der letzten Jahre, weil es akzeptiert, dass eine Erwärmung über 1,5 Grad verhindert werden muss, die mit katastrophalen Folgen für Menschen und Ökosysteme verbunden wäre.

Das zweite globale Ziel, ein Gleichgewicht zwischen den menschengemachten Emissionen und den Emissionen, die in den natürlichen Senken der Erde gebunden werden können, birgt jedoch die Gefahr, den notwendigen Wandel zu einer klimafreundlichen Gesellschaft weiter zu verschieben. Stattdessen wird – wieder einmal – die falsche Hoffnung erzeugt, Technologien zur unterirdischen Bindung von Emissionen könnten das Problem lösen. Beim Schutz des Klimas kann es nicht darum gehen, auf fragwürdige Technologien zur Bindung von Emissionen zu setzen. Stattdessen müssen die Emissionen schnell reduziert und die Wirtschaftsweise so schnell wie möglich klimafreundlich gestaltet werden. Der Ausstieg aus Kohle, Öl und Gas ist hierbei nur ein erster, wenn auch zentraler Schritt, der aber in dem Pariser Klimaabkommen nicht erwähnt wird. Im Pariser Vertrag lässt sich die Aussage zum Gleichgewicht zwischen den menschengemachten Emissionen und denen, die in Senken gebunden werden, so interpretieren, dass genügend Möglichkeiten geschaffen werden, das klimaschädliche CO_2 unterirdisch zu verpressen.

Die Frage ist, ob das Abkommen die Transformation hin zu einer natur- und klimafreundlichen globalen Gesellschaft einleitet oder ob es von der falschen Annahme ausgeht, Klimaschutz wäre auch mit einem „Weiter so" zu haben. Das zweite globale Klimaziel, das Gleichgewicht der Emissionen, lässt einen solchen Interpretationsspielraum zu, der die Notwendigkeit des grundlegenden Wandels negiert.

Dass das Abkommen gänzlich auf freiwilligen Selbstverpflichtungen basiert und keine verbindliche Umsetzung der von den Regierungen in Eigenregie verfassten Klimaschutzpläne einfordert, muss als Angst vor der Wankelmütigkeit einzelner Staaten gewertet werden, aber nicht als Sieg des Multilateralismus. Das Abkommen sieht zwar vor, dass die nationalen Klimaschutzpläne kontinuierlich verbessert werden sollen, die internationale Gemeinschaft kann ihre Nichteinhaltung jedoch nicht sanktionieren. Zudem bleiben sie deutlich hinter den Klimaschutzzielen zurück.

Das Klimaabkommen setzt ganz auf die Kraft der globalen Signale: So soll zum Beispiel in regelmäßigen Abständen untersucht werden, wo sich die internationale Gemeinschaft bezüglich der Zielerreichung gerade befindet. Diese Berichte sollen dann die einzelnen Regierungen motivieren, ihre Anstrengungen für den Klimaschutz zu verbessern. Die Fragen, wer sich wie schnell in die richtige Richtung bewegt und wer sich schneller bewegen müsste, werden im Kontext des internationalen Klimaregimes der Vereinten Nationen auch künftig nicht gestellt werden.

Alle müssen liefern

Das Klimaabkommen ist allerdings ein Bruch mit der bisherigen Klimapolitik, weil Klimaschutz nun nicht mehr nur von den bisherigen Industrienationen verlangt wird, sondern von allen Staaten. Ein Jahr zuvor, auf der Konferenz in Lima, waren die Regierungen aufgefordert worden, eigene Klimaschutzpläne zu erstellen, die dann die Grundlage für das Klimaregime nach 2020 bilden sollen. Neben der Verteilung der Verantwortung für Klimaschutz und Klimafinanzierung auf alle Staaten spiegelt sich, wenn auch in geschwächter Form, im Abkommen der Grundsatz der Klimarahmenkonvention wieder. Danach sollen weiterhin die voranschreiten, die durch ihren jahrzehntelangen Ausstoß klimaschädlicher Gase die Hauptverantwortung für den Klimawandel tragen und auch die besten wirtschaftlichen Möglichkeiten haben, getreu dem Grundsatz der „gemeinsamen, aber unterschiedlichen Verantwortlichkeiten und Möglichkeiten im Lichte unterschiedlicher nationaler Bedingungen".

Die Unterteilung der Welt in Industrieländer und alle anderen Länder findet sich im Vertrag fast nicht mehr. Eine Ausnahme ist, dass er allen Entwicklungsländern zugesteht, ihre Emissionen später zu reduzieren als die Industrieländer. Die zweite wichtige Ausnahme findet sich im Artikel zur

Finanzierung. Hier heißt es, dass Industrieländer die Entwicklungsländer bei der Finanzierung ihrer Energiewenden und der Anpassung an den Klimawandel unterstützen müssen. Andere Länder können Beiträge entrichten, jedoch auf freiwilliger Basis. In vielen Bereichen des Abkommens werden die Anforderungen an die Länder auf der Basis der unterschiedlichen wirtschaftlichen Fähigkeit eines Landes differenziert. Damit soll gewährleistet werden, dass Länder mit mittleren Einkommen, die früher als Entwicklungsländer bezeichnet wurden, aber mittlerweile zu Wohlstand gekommen sind, eine ähnlich große Verantwortung für den Klimaschutz übernehmen wie die „alten" Industrieländer.

Klimaschäden

Im Abkommen wurde festgehalten, dass es eine Anlaufstelle geben wird, die jenen Ländern Unterstützung bietet, welche Opfer von Klimaschäden werden. Es wurde aber nicht festgehalten, ob diese Institution über finanzielle Mittel verfügen wird, um Länder bei Klimaschäden konkret zu unterstützen bzw. wer diese Gelder zur Verfügung stellen soll.

Trotz der Unklarheiten im Detail ist sehr wichtig, dass Klimaschäden zukünftig anerkannt werden sollen und dass es dafür eine Institution gibt. Allerdings wurden auf Drängen der USA verbindliche Schadensersatzforderungen explizit ausgeschlossen.

Klimafinanzierung

Die Industrieländer, die zu den Hauptverursachern des Klimawandels zählen, sollen die Kosten für die Energiewenden in armen Ländern und die Anpassung an die Folgen des Klimawandels übernehmen. Andere Länder werden eingeladen, auf freiwilliger Basis Unterstützung anzubieten. Bei den Geldern soll eine Balance zwischen Anpassung und Klimaschutzprojekten angestrebt werden – wobei unerwähnt bleibt, was der Vertrag als eine angemessene Balance ansieht.

Ziel ist es hier, dass bis 2025 jährlich 100 Milliarden US-Dollar zur Verfügung gestellt werden – und danach ein noch auszuhandelnder Betrag. Bewusst wurde vermieden, einen Schlüssel für die Aufteilung der finanziellen Verpflichtungen in das Abkommen aufzunehmen. Auch die Frage, welcher Teil der 100 Milliarden von Regierungen gezahlt werden soll und welcher Teil private Mittel sein können, bleibt offen. Festgehalten werden muss, dass der Vertrag den unterzeichnenden Staaten keinerlei finanzielle Ver-

pflichtungen auferlegt – auch hier, ähnlich wie bei den Emissionsreduktionen, wird ein globales Ziel angestrebt; wer jedoch welchen Anteil zur Zielerreichung beiträgt, bleibt offen. Es ist ein Regime der Selbstverpflichtungen.

Was folgt auf Paris?

Während die Verabschiedung des Klimavertrags von 195 Staaten historische Bedeutung hat, ist der Inhalt des Abkommens ausgesprochen dünn. Es
ist ein großer Erfolg nicht zuletzt der geschickten Verhandlungsführung der
französischen Regierung, dass sich alle Staaten auf gemeinsame Ziele für
den Klimaschutz und die Klimafinanzierung geeinigt haben. Noch in den
Monaten davor schien es unwahrscheinlich, dass sich Regierungen, die vom
Klimawandel profitieren, mit Regierungen, die aufgrund des Klimawandels
Hunderttausende umsiedeln müssen, und mit Regierungen, deren Staats-
haushalte von der Ausbeutung fossiler Ressourcen abhängen, auf gemeinsame Klimaziele einigen können. Noch unwahrscheinlicher schien es, dass
alle Regierungen den bisherigen politischen Kompromiss, die Erwärmung
auf unter 2 Grad zu begrenzen, überdenken und anerkennen würden, dass
katastrophale Folgen des Klimawandels nur abgewendet werden können,
wenn die Erwärmung deutlich unter 2 Grad, am besten unter 1,5 Grad
begrenzt würde. Das ist in Paris geschehen, ein Teilerfolg besonders für jene,
die schon oberhalb 1,5 Grad Erwärmung ihre Lebensgrundlagen verlieren
würden.

Dieser Erfolg konnte auch deshalb erzielt werden, weil die Energiewende
bereits in vielen Ländern stattfindet. Das beweist: Die Abkehr von fossilen
Energieträgern wie Kohle, Öl und Gas ist möglich und nicht nur ökologisch
sinnvoll. Viele haben erkannt: Die Reduktion von klimaschädlichen Emissionen im Energiesektor ist machbar. Es geht nicht länger um technische Hindernisse und immer weniger auch um hohe Kosten: Viele sehen, dass allein
der politische Wille entscheidend ist. Unserem Land kommt hierbei eine
besondere Rolle zu: Es hat in den letzten Jahren konkret mit dem fulminanten Wachstum der erneuerbaren Energien aufgezeigt, wie der Energiesektor
umgebaut werden kann.

Allerdings ist sowohl in Deutschland als auch in anderen Ländern der
Ausbau der Erneuerbaren nicht gleichbedeutend mit dem Aus für Kohle, Öl
und Gas. Bei uns hat der Ausbau der Erneuerbaren die Kohleverstromung
nicht reduziert, geschweige denn verdrängt. In Indien ist geplant, in den
nächsten sieben Jahren das Solarprogramm deutlich auszubauen – und

gleichzeitig hunderte neuer Kohlekraftwerke zu bauen. Ähnliches gilt für China.

Auch viele andere Länder wehren sich dagegen, den Ausstieg aus den fossilen Brennstoffen in politische Programme oder gar Gesetze aufzunehmen, obwohl die Investitionen nun schon seit einigen Jahren in diese Richtung gehen. Seit zwei Jahren wird weltweit mehr Geld in grüne Energietechnologien wie Sonnen-und Windenergie investiert als in fossile. Je mehr erneuerbare Energiequellen realisiert werden, desto günstiger werden sie. Der Siegeszug der Ökoenergien ist nicht mehr aufzuhalten, dafür sorgt auch der Erfolg der „Divestment-Bewegung", der institutionelle und private Anleger wie Pensionsfonds, Kirchen, Städte und Universitäten unter Druck setzt, ihre Gelder aus fossilen Energien zurückzuholen. Mit Erfolg, Ende 2015 hat die deutsche Allianz angekündigt, ihre Gelder aus dem Kohlegeschäft abzuziehen. Und der führende deutsche Versicherer steht nicht allein da: Zuvor hatten der norwegische Pensionsfonds, die schwedische Stadt Uppsala, die London School of Economics und die französische Bank BNP Paribas angekündigt, ihr Portfolio zu dekarbonisieren.

Werden die Regierungen diesen Trend unterstützen und wird auch Deutschland seine Vorbildrolle für die Energiewende weiter ernst nehmen? Jüngste Entwicklungen sprechen dagegen. So soll in Deutschland der Ausbau der Erneuerbaren abgebremst werden. Der Bundesregierung scheint bewusst zu werden, dass Sonne und Wind perspektivisch Kohle aus dem Strommix verdrängen. Und das scheint nicht gewollt zu sein – ganz im Widerspruch zur Rhetorik der Bundesregierung auf dem Klimagipfel. Sie plant den Ausbau der erneuerbaren Energien in Deutschland auf 45 Prozent im Jahr 2025 zu begrenzen. Dies würde bedeuten, dass in zehn Jahren die fossilen Brennstoffe noch einen größeren Anteil an der Stromerzeugung in Deutschland liefern würden und dass die bisherige Zuwachsrate der erneuerbaren Energien von mehreren Prozent pro Jahr deutlich reduziert würde.

Eine solche Entscheidung wäre fatal – Deutschland würde sich nicht nur international isolieren, sondern auch seiner Verantwortung für die Reduktion der globalen Erwärmung unter 1,5 Grad nicht gerecht werden. Außerdem wäre es ein äußerst entmutigendes Signal, wenn die Bundesregierung, die in Paris zur Allianz der Ambitionierten gehörte, kurz danach den Ausbau der Erneuerbaren gesetzlich bremsen würde. Was wir brauchen, um die Ziele des Abkommens zu erreichen, sind gesetzliche Maßnahmen zur Umsetzung auf nationaler Ebene. Den Ausbau der erneuerbaren Energien gesetzlich zu behindern, während der Markt sie dank der geschickten staatlichen Anfangsförderung als Zukunftschance sieht, läuft dem Geist des Pariser Abkommens zuwider und würde nicht nur in Deutschland, sondern auch international den notwendigen Ausbau der Erneuerbaren und den Ausstieg aus den Fossilen verlangsamen.

Das Pariser Klimaschutzabkommen, so schwach es im Detail auch ist, kann nur dann zu einem Wandel hin zu klimafreundlicheren Gesellschaften beitragen, wenn es als starkes Signal mit konkreten positiven Konsequenzen wahrgenommen wird. Mit einem Ausbremsen der Energiewende droht Deutschland den Skeptikern Recht zu geben, die dem Abkommen keine lange Halbwertszeit und keinen transformativen Charakter zutrauen. Diese Kritiker bekommen Rückenwind auch von der Tatsache, dass sowohl im Abkommen wie auch in vielen nationalen Klimaschutzplänen keine Maßnahmen gegen die steigenden Emissionen im Verkehrssektor und in der Landwirtschaft enthalten sind. Und das, obwohl der Verkehrssektor bei weitem den größten Zuwachs an Emissionen verzeichnet. Der Weltklimarat IPCC warnt davor, dass die Emissionen von Autos, Flugzeugen und Schiffen sich in den Jahren zwischen 2010 und 2050 sogar verdoppeln könnten.

Um das Pariser Abkommen erfolgreich zu machen, ist eine mutige Fortführung der Energiewende in Deutschland notwendig, inklusive dem Ausstieg aus der Kohleverstromung bis 2030. In Europa müssen die Emissionsreduktionsziele, die Effizienzziele und die Erneuerbaren-Ziele ambitionierter gestaltet und verbindlich umgesetzt werden. Paris ist ein Weckruf, dass wir hier in Deutschland und in Europa schneller und weiter gehen müssen.

Die Erneuerbaren müssen so schnell wachsen wie möglich – eine Deckelung darf es nicht geben. Und das Klimaschutzabkommen kann nur dann zu einer grundlegenden Transformation unserer Gesellschaften beitragen, wenn die in ihm enthaltenen Ziele auf die verschiedenen Wirtschafts- und Lebensbereiche übertragen und überall dort Schritte gemacht werden, wo wir noch weit von einer klimafreundlichen und nachhaltigen Entwicklung entfernt sind. Die Zurückdrängung des Pkw-Verkehrs und verstärkte Investitionen in Schienen und Radwege sind nur zwei kleine Beispiele, wie die Mobilität in Zukunft aussehen muss.

In der Zivilgesellschaft, bei Kommunen, bei Unternehmen und in Städten gibt es hoffnungsvolle Konzepte, wie eine nachhaltige, emissionsfreie Gesellschaft mit hohem Lebensstandard aussehen kann. Sie haben die Endlichkeit der Ressourcen und den Klimawandel im Blick. Solche Konzepte müssen in größerem Stil umgesetzt werden. Die Politik muss geeignete Rahmenbedingungen für eine Abkehr von emissionsintensiver Landwirtschaft, fossiler Energieerzeugung und klimaschädlichen Verkehrssystemen schaffen. Darum geht es national, in der EU und weltweit.

Die Welt kann sich massiv zu ihrem Vorteil verändern

Martin Kaiser

Mit dem Klimaschutzabkommen von Paris, das de facto den Ausstieg aus fossilen Energieträgern bis Mitte des Jahrhunderts besiegelt, wurde die globale Energiewende unumkehrbar beschleunigt. Unternehmen und Regierungen müssen in Richtung einer hundertprozentigen Energieversorgung mit erneuerbaren Energien steuern, um nicht zukünftig für die katastrophalen Folgen der globalen Erwärmung haften zu müssen.

Der globale Klimawandel ist zu einer existenziellen Bedrohung nicht nur für viele Menschen, sondern für ganze Staaten geworden. So demonstrierten insgesamt fast 800 000 Menschen in 175 Ländern, bereits vor Beginn der Pariser Klimakonferenz. Und das, obwohl die Hauptdemonstration in Paris aufgrund der drei Wochen davor stattgefundenen Terrorattacken kurzfristig abgesagt wurde. Die Botschaft der Demonstranten: Wir können der globalen Erderwärmung nur Herr werden, wenn wir unsere Energieversorgung bis spätestens 2050 komplett und weltweit auf erneuerbare Energien umstellen. Gleichzeitig forderten die Demonstranten den gerechten Umgang mit indigenen Völkern, die Wahrung von Menschenrechten, die Gleichberechtigung von Frauen und einen fairen Übergang von Arbeit vom fossilen in den erneuerbaren Sektor im Zuge einer globalen Transformation. Dabei war und ist allen Beteiligten bewusst, dass Paris nur ein Meilenstein für die Klimabewegung auf dem Weg zu einem kompletten Umbau unserer Energieversorgung sein kann.

Die Welt hatte sich schon vor Paris deutlich verändert

Dieser zivilgesellschaftliche Aufruf fiel politisch in eine Zeit, die nicht zu vergleichen war mit der Zeit vor der in Kopenhagen gescheiterten Klimakonferenz 2009. Die negativen Folgen des globalen Klimawandels mit vermehrten Dürren, Überflutungen, Gletscherschmelze, Verschwinden der Korallenriffe und der mit der Verbrennung von Kohle und Öl verbundenen

Luftverschmutzung und Gesundheitsproblemen sind mittlerweile so offensichtlich geworden, dass alle Regierungen einen Erfolg im Rahmen des politischen Prozesses brauchten.

Vor allem von den größten Volkswirtschaften der Welt, den USA und China, ging enormer Handlungsdruck auf die internationale Staatengemeinschaft aus. US-Präsident Barack Obama und sein Außenminister John Kerry hatten längst erkannt, und noch vor Paris auch endlich zu einer politischen Priorität erklärt, dass die Folgen des Klimawandels für das amerikanische Volk sich nur verringern lassen, wenn ein internationaler Klimaschutzvertrag mit China und den anderen großen Emittenten zustande kommt. In einer von politischen Grabenkämpfen gelähmten Legislative in Washington DC hatte Obama deshalb auf eine Architektur gedrängt, die ihm ermöglicht, mit der Autorität eines Präsidenten das globale Klimaabkommen zu unterzeichnen und zu ratifizieren. Deshalb musste die Architektur des Abkommens den einzelnen Ländern einen großen Spielraum bei den nationalen Instrumenten geben. Das spielte auch der chinesischen Regierung in die Hände, die eine internationale Einflussnahme auf ihre Politik minimieren wollte. Durch die extreme Luftverschmutzung und die damit verbundenen Gesundheitsprobleme in der chinesischen Bevölkerung hat auch der chinesische Präsident Xi Jinping enormen Handlungsdruck zu Hause. Trotz aller globalpolitischen Differenzen hatten beide Länder durch einen strategischen Klimadialog auf Präsidentenebene die Voraussetzung geschaffen, sich in Paris auf ein Abkommen zu einigen, das aktives Handeln in allen großen Treibhausgas emittierenden Staaten nach sich zieht.

Der weltweite Boom der erneuerbaren Energien in den letzten fünf Jahren hat im Wesentlichen dazu beigetragen, dass eine Abkehr von der Verbrennung von Kohle, Öl und Gas nicht nur nötig, sondern auch möglich erscheint. Dies wurde zudem stark von neuen, progressiven Stimmen aus der Wirtschaft gefordert. Mit ihrem Appell, die Emissionen von Treibhausgasen bis Mitte des Jahrhunderts auf Null zu bringen, gaben sie progressiven PolitikerInnen die notwendige Rückendeckung. Einige wichtige Unternehmen, beispielsweise aus der IT-Branche, verpflichteten sich sogar selbst zu einer hundertprozentigen Energieversorgung mit Erneuerbaren. Viele Städte gehen ebenfalls in diese Richtung. 2015 war von weiteren wegweisenden Unternehmensentscheidungen geprägt. Der norwegische Pensionsfond, die Allianz, aber auch die OECD-Länder haben sich grundsätzlich von der Finanzierung von Kohlekraftwerken verabschiedet. Der Rückzug von Shell aus der Ölforderung in der Arktis ist ein weiteres Indiz dafür, dass Investitionen in fossile Energieträger immer riskanter werden.

Im Vorfeld des Pariser Klimaabkommens kam eine weitere, für den Erfolg wesentliche Debatte hinzu: die moralische Dimension der Klimazerstörung. Mit *Laudato si* hat Papst Franziskus eine fundamentale Debatte über die moralische Verpflichtung unternehmerischen Handelns angestoßen. Mit seiner Forderung, aus den fossilen Energieträgern auszusteigen und das Wohl der Menschen und deren Schutz in Zeiten des Klimawandels ins Zentrum politischen Handelns zu rücken, hat er neue gesellschaftliche Gruppen in die Klimadebatte mit einbezogen. Mit gemeinsamen Forderungspapieren haben sich die Glaubensgruppen zusammen für einen Ausstieg aus den fossilen Energieträgern bis Mitte des Jahrhunderts ausgesprochen.

Warum kam es in Paris zu einer Einigung?

Unter diesen Gegebenheiten verstand es die gastgebende französische Regierung gemeinsam mit dem Generalsekretär der Vereinten Nationen, Ban Ki-moon, und anderen progressiven Diplomaten einen Fahrplan im Vorfeld der Konferenz zu verfolgen, der eine Einigung in Paris vorbereitete und ermöglichte. Einen ersten ernsthaften Test gab es beim G7-Gipfel im bayerischen Elmau, bei dem es Bundeskanzlerin Merkel und Präsident Hollande, gemeinsam mit Obama, Cameron und Renzi, gelang, sich gegen Kanada und Japan mit der ‚Dekarbonisierung‘ der wichtigen Wirtschaftsnationen durchzusetzen. Damit war die Vision einer hundertprozentigen Energieversorgung und dem Ausstieg aus Kohle, Öl und Gas bis Mitte des Jahrhunderts auf höchster Ebene gesetzt und hat den Druck im Vorfeld von Paris enorm erhöht.

Aber wie sollten vor allem Indien, Brasilien und die anderen Schwellenländer überzeugt werden, einem globalen Klimaschutzabkommen beizutreten? In Indien, das immer noch viele hundert Gigawatt Strom mit Kohlekraftwerken plant, sind Erneuerbare längste eine tragende Säule der Zukunftsplanungen geworden. Auch die afrikanischen Länder sehen in einem Wechsel von fossilen zu erneuerbaren Energieträgern längst keine Bürde mehr, sondern eine Chance auf wirtschaftliche Entwicklung. Denn Sonnenenergie hat der afrikanische Kontinent mehr als genug. So hat der Erfolg der Erneuerbaren das Undenkbare in vielen Schwellenländern möglich erscheinen lassen.

Die kleinen Inselstaaten und die am meisten von den Folgen des Klimawandels betroffenen Länder hatten im Vorfeld der Klimakonferenz immer wieder deutlich gemacht, dass ein ‚Weiter so‘ nicht akzeptabel wäre. Zentrale Forderung war, die Erderwärmung nicht nur unter 2 Grad Celsius, sondern bereits unter 1,5 Grad Celsius zu begrenzen. Denn für ihre Länder, aber auch das globale Klima, wäre eine Erwärmung auf 2 Grad Celsius längst eine existenzielle Bedrohung. Konsequenterweise haben sie deshalb darauf bestanden, dass auch Schäden kompensiert werden, die durch den Klimawandel entstehen, und dass dies mit im Vertrag verankert werde. Hier standen vor allem die Interessen US-amerikanischer Unternehmen im Wege, die um die Haftung für die Verbrennung fossiler Energieträger enorm fürchtete. Das Signal Obamas für eine Annäherung an die Inselstaaten zu Beginn der Konferenz ebnete den Weg zu einer Einigung in dieser zentralen Frage und damit ebenfalls für das Gesamtabkommen.

Die Europäische Union konnte durch ihre äußerst schwachen, in 2014 getroffenen Beschlüsse zum Klima- und Energiepaket nicht mehr in ihrer früheren Rolle als Treiber von Ambition des Klimaprozesses in Paris auftreten. Trotzdem konnten eine gute luxemburgische EU-Präsidentschaft und einige engagierte EU-Länder, darunter Deutschland, zur Architektur des Abkommens sowie zu einem Langfristziel und damit zum Erfolg in Paris maßgeblich beitragen. Entscheidend war jedoch der französische Außenminister, Laurent Fabius, und sein diplomatisches Team, die in einer einzigartigen Manier den Verhandlungsprozess in Paris steuerten. Sie kannten die roten Linien aller Länder sowie die Materie und hatten einen enormen Erfolgsdruck. Drei Wochen nach den Terroranschlägen in Paris und vor zwei anstehenden Regionalwahlen in Frankreich standen Präsident Hollande und sein Außenminister Fabius einerseits unter Druck und andererseits erfuhren sie eine außergewöhnliche Unterstützung der internationalen Staatengemeinschaft. Dass es gerade in Zeiten des Ukraine-Konflikts, des Syrien-Kriegs und der Flüchtlingswelle zu einem universalen Klimaabkommen kam, beschrieben einige Medien als ,das Wunder von Paris'. Zu Recht!

Das Pariser Klimaabkommen wird die Welt verändern, obwohl es weiterhin Regelungslücken gibt

Aber was zeichnet nun das Pariser Klimaabkommen aus? Die Verbindung einer Begrenzung der globalen Erwärmung ,weit unter' 2 Grad Celsius mit dem starken Bemühen, sogar unter 1,5 Grad Celsius zu bleiben, mit einem De-facto-Ausstieg aus den fossilen Energieträgern bis Mitte des Jahrhunderts kann alles ändern. Länder können nicht mehr so weiter machen wie bisher, sondern müssen in allen Sektoren sehr viel schneller und konsequenter auf erneuerbare Energien umstellen. Alle fünf Jahre wird sich der politische Druck in den hauptverantwortlichen Ländern erhöhen, mehr für den

Klimaschutz zu tun. Erstmalig wird 2018 diskutiert, was getan werden muss, um die Erderwärmung in den beschlossenen Grenzen halten zu können. Bis 2020 müssen dann alle Länder nationale Langfristpläne bis 2050 vorlegen sowie ihre für 2025 beziehungsweise 2030 festgelegten Ziele neu formulieren. Somit wurde in Paris verhindert, dass schon jetzt die Ziele bis 2030 auf einem viel zu niedrigen Niveau festgezurrt werden. Erkämpft werden muss mehr Ambition in jedem einzelnen Land. Das ist eine der Schattenseiten des Abkommens.

Obwohl einige langjährige Verhandler es für unmöglich hielten, dass der Technologie der erneuerbaren Energien im Pariser Verhandlungspaket den absoluten Vorrang gegeben wird, ist genau dies gelungen. Gerade der universelle Zugang zu Energien soll mit Sonne und Wind zukünftig realisiert werden. In Kombination mit den großen Initiativen zu erneuerbaren Energien, in die auch große Investoren und Stiftungen einsteigen wollen, war Paris der globale Wendepunkt der Energieversorgung im 21. Jahrhundert: Sonne und Wind sind die Zukunft, das Ende der fossilen Energieträger ist beschlossen.

Zur Finanzierung der Folgen sowie der Vermeidung des Klimawandels konnte den reichen Ländern einiges, wenn auch bei Weitem nicht alles abgerungen werden. So wurden derzeit jährlich 100 Milliarden US Dollar von 2020 bis 2025 mit dem Versprechen zugesichert, diese Zusage danach zu steigern. Die 100 Milliarden können sowohl für die Minderung von Treibhausgasen als auch für die Anpassungsmaßnahmen an den Klimawandel verwendet werden. Wie groß die Beiträge des Privatsektors und der einzelnen Regierungen sein werden, bleibt dennoch vage. Zumindest sollen die Beiträge für den Grünen Klimafond, den wichtigsten Geldtopf im Bereich Klima, alle zwei Jahre neu verhandelt werden. Offen bleibt, wer für die viel höher zu erwartenden Kosten für Schäden durch den Klimawandel zukünftig aufkommen muss. Dabei wird die Haftung von Unternehmen in den nächsten Jahren in den Vordergrund rücken. Denn die fossilen Unternehmen haben es bisher geschickt verstanden, ihren Hals aus der Schlinge zu ziehen.

Gerade der Flug- und Schiffsverkehr, der enorm schnell zuwachsende Emissionen zu verzeichnen hat, wurde nicht in den globalen Klimaschutzvertrag aufgenommen. Das ist völlig unbegreiflich, zumal zur Erreichung des neuen, langfristigen Minderungsziels diese Sektoren einbezogen werden müssen. Dies ist ein klarer Webfehler des Abkommens. Wie die Land- und Forstwirtschaft zukünftig ihren Beitrag zur Minderung von Treibhausgasen leisten muss, wird in den nächsten Jahren zu diskutieren sein, da dies in

Paris aufgrund der begrenzten Zeit nicht möglich war. So ist die Tür durch den vereinbarten Folgeprozess offen, die negativen Folgen der industriellen Landnutzung in Zukunft zu minimieren.

Rechtlich verbindlich wird das Pariser Klimaabkommen nach Unterzeichnung und Ratifizierung. Dass beides sich schnell, idealerweise bis Ende dieses Jahres vollzieht, liegt sicher im Interesse vieler. Insbesondere in Präsident Obamas, der vor dem Ende seiner Amtszeit Anfang 2017 das Pariser Abkommen erfolgreich in trockene Tücher bringen möchte.

Die Weichen wurden gestellt

Mit der Erarbeitung und Präsentation nationaler Beiträge zum globalen Klimaschutz hat in vielen Ländern erstmalig ein Planungsprozess eingesetzt, der mehrere Ministerien beschäftigt und nun mit dem Pariser Abkommen einen enormen Schub bekommt. Die Wirkung der einzelnen Maßnahmen kann außerdem durch stärkere Transparenz-Regeln, die bei den künftigen Klimakonferenzen festgelegt werden sollen, schon vor Inkrafttreten des Abkommens zunehmen. Während der Entwicklung nationaler Strategien bis 2050 wird es der Zivilgesellschaft zudem ermöglicht, die in Paris beschlossene Langfristvision in konkrete Maßnahmen auf nationaler Ebene zu übersetzen.

An dem globalen Langfristziel, bis 2050 keine Emissionen mehr auszustoßen, werden sich jetzt alle Beschlüsse von Regierungen und Unternehmen messen lassen. Das wird Investitionen in Infrastruktur und Technologien fossiler Energieträger erheblich erschweren und unrentabel machen. Allein die von Staaten abhängigen multilateralen sowie die regionalen und nationalen Entwicklungsbanken müssen nun sehr schnell die Weichen in Richtung 100 Prozent Erneuerbare stellen. All das wird den globalen Transformationsprozess erheblich beschleunigen. Unter dem Motto ‚shift the trillions' will China auf dem bevorstehenden G20-Gipfel richtungsweisende Beschlüsse für Investoren in zukünftige Infrastrukturprojekte treffen. Deutschland wird 2017 den G20-Gipfel ausrichten und kann diese Initiativen somit fortführen.

Angefangen von IPCC über IRENA bis hin zur IEA müssen jetzt alle renommierten Institute Szenarien für eine Zukunft entwickeln, die eine Begrenzung der globalen Erwärmung unter 1,5 Grad Celsius ermöglichen könnte. Diese müssen dann die Diskussionen und Verhandlungen von 2018 bis 2020 auf allen Ebenen befruchten und informieren. Greenpeace hatte schon vor Paris ein globales Energieszenario vorgelegt, das zeigt, dass ein kompletter, globaler Umstieg auf erneuerbare Energien bis 2050 nicht nur möglich, sondern auch ökonomisch sinnvoll ist (Greenpeace International 2015). Dies sollte nun offizielle Handlungslinie werden und auf die nationalen Ebenen herunter gebrochen werden. Dabei muss zusätzlich eine sehr viel effizientere Nutzung der Energien angegangen werden.

Konsequenzen für Deutschland: Ein ‚Weiter so' wird es nicht geben können

Die Konsequenzen von Paris müssen und werden sich bereits jetzt auf die deutsche Klimapolitik auswirken. Nach Dieselgate, dem Abwürgen des Ausbaus erneuerbarer Energien durch fragwürdige Gesetzgebung und dem Hin und Her beim Kohleausstieg muss die Bundesregierung jetzt konsequent die Implikationen des Pariser Klimaabkommens anpacken. Zunächst muss im Rahmen des 2050-Klimaaktionsplans aus der bisher beschlossenen Spanne von 80 bis 95 Prozent Treibhausgasminderung bis 2050 das obere Ende, nämlich 95 Prozent, als verbindlich festgelegt werden. Denn mit dem Ziel, die Erderwärmung unter 1,5 Grad Celsius zu halten, muss Deutschland schneller aus den fossilen Energieträgern raus als bisher geplant. Im Klimaaktionsplan muss also der Ausstieg aus der Verbrennung von Kohle bis weit vor 2030 für Braun- und weit vor 2040 für Steinkohle verbindlich festgeschrieben werden. Dabei muss das Enddatum für jedes einzelne Kohlekraftwerk festgelegt werden. Auch müsste ein Sozialplan den Beschäftigten einen Übergang zu neuen Technologien ermöglichen und Regionen mit alternativen Wirtschaftsbetrieben müssten gestärkt werden. Allem voran müssen neue Genehmigungen für den Tagebau von Braunkohle zurückgenommen werden.

Der Ausbau der erneuerbaren Energien, für den Deutschland einmal eine Vorreiterrolle innehatte, darf nicht noch weiter durch neue sogenannte ‚Reformen' am Erneuerbaren-Energie-Gesetz an Schlagkraft verlieren. Eine dezentrale Produktion sollte weiterhin gefördert werden. Ein Ausbauziel darf nicht Obergrenze sein. Je eher Deutschland zu 100 Prozent seine Energieversorgung in den Bereichen Strom, Wärme, Industrie und Verkehr mit Erneuerbaren darstellen kann, desto mehr werden sich deutsche Unternehmen auch in der internationalen Energiewende platzieren können. Da Land- und Forstwirtschaft auch erheblich zur Emission von Treibhausgaben beitragen, muss die deutsche Agrarpolitik und -förderung komplett reformiert werden. Da die Landwirte mit Staatsgeldern mit am höchsten subventioniert sind, sollten diese Gelder zwingend an die Erfüllung von Umweltkriterien gebunden sein. Auch für die Forstwirtschaft darf es ein ‚Weiter so‘ nicht geben. Die in den letzten 10 bis 15 Jahren stattgefundene Plünderung unserer Wälder muss gestoppt und durch langfristige Wiederaufbaupläne ersetzt werden. Gerade die Wälder könnten in den nächsten Jahrzehnten einen sehr wichtigen Beitrag zur kurzfristigen Bindung von Kohlenstoffdioxid leisten. Sowohl das Klima als auch die Artenvielfalt werden es uns danken (Greenpeace e. V. 2015).

Chance für die Europäische Union

Die Europäische Union befindet sich an einem echten Tiefpunkt. Euro- und Flüchtlingskrise, drohender Brexit, TTIP und Terrorismus lassen die Mitgliedsstaaten immer weiter auseinander driften. Die gemeinsame Vision ist weder erkennbar noch vermittelbar. Was könnte ein neues, Identität-stiftendes Projekt für die europäischen Staaten sein? Der Erfolg von Paris ist mitten in und mit Hilfe von Europa zustande gekommen. Europa könnte sich gemeinsam für eine neue, klimafreundliche und -gerechte Ökonomie aufstellen und weltweit führend werden. Dazu bedürfte es auch eines neuen Zuschnitts der Europäischen Kommission, die mit ihrer derzeitigen Ausrichtung noch immer Antworten mit den Mitteln des letzten Jahrhunderts sucht. Ein Cluster für Klima, Energie, Wirtschaft, Nachhaltigkeit, Umwelt, Finanzen und Landwirtschaft innerhalb der Kommission könnte gemeinsam die Konsequenzen von Paris für die Union erarbeiten und mit den Mitgliedsländern diskutieren. Die bevorstehenden europäischen Gesetzesprozesse zu Klima und Energie würden dafür eine gute Grundlage bieten. Die Fortsetzung des Scheinaktionismus im Klimaschutz der letzten acht Jahre würde die EU nach Paris unglaubwürdig machen und noch weiter in eine Daseinskrise stürzen.

Der Motor der globalen Transformation wird die Zivilgesellschaft bleiben

War die Klimabewegung schon vor Paris mit den Glaubensgruppen, den progressiven Unternehmen sowie den Gewerkschaften auf eine sehr viel breitere und lautstarke Basis gestellt, wird sie mit den Beschlüssen von Paris gestärkt in die Auseinandersetzung mit den Öl-, Kohle- und Gasfirmen, aber auch den industriellen Landnutzern gehen. Die moralische Legitimation ist den klimazerstörenden Firmen weggebrochen, der Handlungsdruck zur Veränderung hat sich erhöht.

Keine langfristige Investition in fossile Infrastrukturen wird sich für Firmen und Banken mehr lohnen. Denn die Zivilgesellschaft wird auch von Investoren aller Art eine Umsetzung der Ziele des Pariser Klimaabkommens verlangen und durchsetzen. Politik und Gerichte können sich der Umsetzung eines universalen Klimaschutzvertrags nicht mehr verweigern. Diejenigen Firmen, die das nicht wahrhaben wollen, sollten vorsichtig sein, denn sie werden sich dem Risiko der finanziellen Haftung für Klimafolgen dann nicht mehr entziehen können.

Außen- und sicherheitspolitisch hat eine konsequente Verfolgung der deutschen Energiewende zu 100 Prozent Erneuerbaren bis spätestens 2050 mehr als Sinn. Denn die Unabhängigkeit von fossilen Energieimporten würde Deutschland, aber auch Europa freier machen. Eine Energieversorgung, die auf einer dezentralen, demokratischen Teilhabe an erneuerbaren Energien basiert, würde in vielen Ländern des globalen Südens die Lebensbedingungen vieler Menschen und nicht nur einer kleinen Elite verbessern und damit eine der Fluchtursachen adressieren. Diejenigen Unternehmen, die sich an die Spitze der Energiewende stellen und deren Chance nutzen, werden zukunftsfähig sein. Unternehmen, die diese Chancen nicht nutzen, werden mit und nach Paris in unserer Gesellschaft, aber zunehmend auch in anderen Ländern, nicht mehr akzeptiert werden. Die Vision einer hundertprozentigen Energieversorgung mit Erneuerbaren bis 2050, so wie sie in Paris de facto beschlossen wurde, wird der Klimabewegung auch zukünftig einen klaren Kompass für ihr Handeln gegenüber Unternehmen und Regierungen geben.

Literatur

Greenpeace e. V.: Klimaschutz: Der Plan, Energiekonzept für Deutschland, Hamburg, 2015.

Greenpeace International: Energy [R]evolution, a sustainable world, energy outlook 2015, Hamburg, 2015.

Plant ihr mal, wir fangen dann schon mal an

Thomas Friemel

Alle Euphorie in Paris kann das zunehmende Misstrauen der Menschen in die maßgeblichen Instanzen nicht überdecken. Die Skepsis bleibt. Zu Recht. Wir sind gut beraten, deshalb auf die andere Seite der Macht-Skala zu schauen, auf Gründer und Macher, die am ökosozialen Wandel arbeiten – denn dort beginnt gerade die Ära des undogmatischen, schlicht ums Überleben der Menschheit ringenden Pragmatismus.

Das Signal, das von Paris in die Welt ausgesendet wurde, war eindeutig: Hier hat sich gerade Historisches zugetragen: Von den pathetischen Worten des Präsidenten der Klimakonferenz und französischen Außenministers Laurent Fabius („Unsere Kinder würden uns ein Scheitern nicht vergeben.") über jene des französischen Präsidenten Francois Hollande („Ein großes Datum für die Menschheit.") bis hin zum Schriftzug auf dem illuminierten Eiffelturm „For the planet".

Da konnte man für einen Augenblick gerne vergessen, dass bislang noch nicht viel passiert war. Denn: Erst für April lud UN-Generalsekretär Ban Ki-moon zur Unterzeichnungszeremonie ein – und man durfte gespannt sein, wer tatsächlich zur Unterschrift schreiten würde. Und vor allem: wer nicht. Und die Hürden danach sind nicht unbedingt klein, denn mit dem Ratifizierungsprozess wird das Hauen und Stechen auf den nationalen Ebenen losgehen. Besonders spannend dürfte es in den USA werden: Der von den Republikanern dominierte Kongress lehnt das Abkommen mit markigen Worten ab. „Die Einigung wird nach den Präsidentschaftswahlen 2016 in den Schredder gehen", kommentierte etwa der republikanische Mehrheitsführer im US-Senat, Mitch McConnell. „Das Abkommen trampelt über die Mittelschicht hinweg – das ist nicht hinnehmbar."

Ein wenig Skepsis über die tatsächliche Umsetzung des Pariser Abkommens mag also erlaubt sein. Insbesondere wer die Geschichte dieser besonderen Sorte von UN-Gipfeln betrachtet, geht unwillkürlich auf die Euphoriebremse: Nach dem Umweltgipfel im brasilianischen Rio de Janeiro (1992) hat die globale Gemeinde nun 21 dieser Klimakonferenzen wie jene in Paris gesehen – mal mit Ernüchterung, mal mit Freude. Dass dieser seit 24 Jahren andauernde Prozess aber zu signifikanten Veränderungen fürs Klima geführt hat, ist bislang leider nicht zu erkennen. Im Gegenteil.

Das Vertrauen in die Instanzen erodiert

Und das hat weitreichende Folgen – nicht nur für den Planeten, sondern auch fürs allgemeingesellschaftliche Klima. Damit reihen sich die UN-Gipfel ein in eine Entwicklung, die seit Jahrzehnten auf diversen politischen und wirtschaftlichen Ebenen andauert und sich zunehmend zu beschleunigen scheint – die Erosion von Vertrauen einer breiten Schicht der Bevölkerung in die maßgeblichen Instanzen. Wer die entsprechenden Studien liest – etwa jene von Trendforscher Professor Peter Wippermann – kommt zu dem Schluss: Spätestens seit der Wirtschafts- und Finanzkrise sind wir eingetreten in eine Zeit des Misstrauens in und der Enttäuschung über das Handeln der tragenden Stützen unserer Gesellschaft. Ob staatliche Institutionen, Konzerne – und längst nicht nur jene des Banksektors, siehe VW – oder selbst lange Zeit für unbescholten geltende Vereine wie der ADAC: Die Häufung und die Ausmaße der Skandale, Niederlagen oder leeren Versprechungen der vergangenen Jahre haben bei den Menschen ein tiefes Misstrauen und damit Unsicherheit ausgelöst. Wem kann man noch glauben?

Wer eine Antwort auf diese grundsätzliche Frage sucht, dem sei ein Blick in die sozialen Medien empfohlen: Hier boomen die Einschätzungen und Empfehlungen der Community. Wer in den Augen der Freundinnen und Freunde besteht, dem schenke auch ich mein Vertrauen.

Was man hier lernen kann: Vertrauen basiert auf Authentizität, auf Nähe, Transparenz, auf dem Teilen gemeinsamer Werte. Wendet man diese Einsicht zum Beispiel auf Unternehmen an, sind zunehmend jene erfolgreich, die genau das tun. Zum Beispiel die GLS-Bank in Bochum: Die größte ökosoziale Bank der Welt mit mittlerweile einem Bilanzvolumen von zuletzt 4,17 Milliarden Euro ist gerade in der größten Vertrauenskrise im Finanzsektor überproportional auf allen Ebenen gewachsen – und wird in ihrer Community für ihre konsequente Ausrichtung als Förderer des ökosozialen Wandels gefeiert. So sehr sogar, dass die GLS-Kunden und -Mitglieder in den sozialen Medien für sie eintreten und sie weiterempfehlen. Mit dem Erfolg, dass sie nur noch mehr werden. So kann vertrauensvolle Arbeit Früchte tragen.

Insbesondere im Nachhaltigkeits-Bereich ist Vertrauen fundamental. Wer in diese Szene eintaucht, stellt schnell fest: Man verlässt sich hier nicht mehr auf Entscheidungen und Beschlüsse von den großen Parketts dieser Welt, man glaubt den Verlautbarungen insbesondere von Politikern und Großkonzernen nicht mehr. Vielmehr glaubt man an sich und die Macht der Community – weiter reicht das Vertrauen nicht. Mit Folgen: Wir haben es mit einer nie gekannten Entkopplung einer zunehmenden Zahl von Menschen von den globalen Entwicklungen und Strömungen zu tun. Fühlte sich das Individuum bis weit in die 90er Jahre hinein als wichtiger und als – wenn auch nur kleinen – Unterschied machender Teil von Entscheidungen (siehe die Großdemos dieser Zeit), so fühlt es sich heute in der vor allem durchs Internet befeuerten medialen Flut von Geschichten und Bildern aus aller Welt zunehmend als bloßer Zuschauer und Zaungast von Ereignissen, die es weder verstehen noch beeinflussen kann. Aber wie kann vor dem Hintergrund der daraus resultierenden Passivität bis hin zur Teilnahmslosigkeit die dringend notwendige ökosoziale Transformation gelingen und innerhalb dieser gar so eine komplexe und nur global lösbare Herausforderung wie der Klimawandel?

Die Startups machen es vor

Die Resignation ist greifbar. Aber sie wird auch nur dann zu einer handfesten Depression, wenn der Blick nur in die eine Richtung gelenkt wird – aufs Podium, zu „denen da oben", die an den großen Hebeln sitzen und uns Jahr für Jahr enttäuschen. Wohin also dann schauen? Die Antwort ist denkbar einfach und wird von einer zunehmenden Zahl insbesondere junger Menschen gelebt: Auf der anderen Seite der Macht-Skala, wo das Individuum zunehmend orientierungslos durchs Leben driftet, gibt es auffallend viele Menschen, die aus der Lethargie heraus in die Aktion gehen. „Selber machen!" – so ihr Schlachtruf. Wer sich heute in der Startup-Szene – und nicht nur in der des ökosozialen Sektors – umsieht, der trifft auf vielfältige Unternehmungen und auf die Überzeugung, dass wir viel zu lange auf maßgebliche und zum Beispiel fürs Klima wichtigen Entscheidungen gewartet haben. Ganz nach dem Motto: Plant ihr mal, wir fangen dann schon mal an.

Es lohnt sich, einen vertiefenden Blick auf diese Szene zu werfen – man kann eine Menge lernen.

Die Gründer in diesem ökosozialen Bereich sind erstaunliche Menschen. Sie sehen eine Marktlücke oder ein Problem, für das sie eine Lösung suchen und zu finden geglaubt haben. Während die Start-up-Unternehmer in der klassischen Wirtschaft in erster Linie Geld verdienen wollen, geht es den Gründern im ökosozialen Bereich um viel mehr: Sie wollen helfen. Sie wollen einen Missstand beheben. Und wenn es nicht zu kitschig klänge: Sie wollen die Welt ein klein wenig besser machen.

Und dabei ist es egal, ob es sich dabei um eine Initiative handelt, die in der Nachbarschaft die ältere Generation mit bunten Nachmittagen erfreut oder die wie Greenpeace global operiert, um den Klimawandel zu stoppen. Die Motivation ist stets dieselbe: die Dinge besser machen, die Welt reparieren, für das Gute kämpfen. Dort Hilfe geben, wo sie notwendig ist. Oder gleich eine Vielzahl von guten Projekten anschieben.

Ein Beispiel: Nehmen wir Philipp von der Wippel. Er ist 16 Jahre jung, als er im Frühjahr 2012 während eines Auslandsaufenthalts in England seinen Mitschüler Ebrahim kennenlernt, einen Jugendlichen aus der schon damals umkämpften syrischen Stadt Homs. Ebrahims Familie saß dort fest, und er beobachtete die Lage in seiner Heimatstadt täglich – mit wachsender Sorge. Und großem Unbehagen, weil sich in seinem Umfeld niemand für die zum Himmel schreienden Menschenrechtsverletzungen zu interessieren schien.

Ein unerträglicher Zustand für den jungen Mann. Gemeinsam denken Philipp und Ebrahim darüber nach, wie sie ihre Mitschülerinnen und Mitschüler für die Situation in Syrien sensibilisieren können. Beide haben keine Erfahrung im Gründen einer Initiative, in Projektmanagement oder gar in Einwerben von Spendengeldern. Was sie aber eint, ist die Überzeugung: Irgendetwas MÜSSEN sie tun, das Leid und die Not der Menschen in Homs hatte sie berührt und nicht mehr losgelassen.

Also starten sie nach vielen Gesprächen und Gedanken die Kampagne „Together we can – For Syria", bereiten Einzelschicksale aus dem Kriegsland emotional auf und machen sie in der Schule publik. Schon bald stehen die Medien, sogar die BBC, vor der Tür, die ersten Abgeordneten aus London setzen sich für das Projekt ein – Ebrahim wird nach nur drei Monaten zu dem Gesicht der Hilfe für Syrien.

Damit wäre schon eine ziemlich gute Geschichte erzählt. Aber sie wird noch viel besser: Philipp von der Wippel ist fasziniert davon, wie man aus dem Nichts etwas bewegen kann, mit nicht viel mehr in der Hand als dem unbändigen Willen, Menschen zu helfen. Und um wie viel mehr könnte man die Dinge bewegen, wenn man nur noch mehr Menschen ermutigte, ihr Projekt zu starten?!

Nach seiner Rückkehr in die Heimat beginnt der junge Mann, wieder aus dem Nichts heraus, „ProjectTogether" zu gründen. Die Idee ist so einfach wie genial: Menschen, die eine ökosoziale Initiative starten wollen, können sich via Mail oder Telefon bei dem Team von „ProjectTogether" mit ihrer Idee melden. Ein Coach betreut den Gründer über acht Wochen, diskutiert einmal wöchentlich mit ihm das Aufsetzen seiner Idee und begleitet ihn auf den ersten Schritten. „Unsere Vision ist, dass alle Menschen sich als Mitgestalter ihrer Gesellschaft sehen", sagt von der Wippel. „Jeder soll die Initiative ergreifen und sich für sein Anliegen engagieren."

Ein hohes Ziel. Aber die ersten Zahlen sind beeindruckend: Seit Start hat die mittlerweile gemeinnützige UG 180 Projekten auf die Beine geholfen, 800 Stunden zumeist ehrenamtliches Engagement fließen pro Monat ein, 30 Teammitglieder machen mit. Die gecoachten und umgesetzten Projekte tragen Namen wie „Lebensdurst-ICH", „My Biopic" oder „PedagogyPlant". Und das Besondere: Viele von jenen, die Unterstützung von „ProjektTogether" bekommen, werden später zu Coaches für andere Gründer. Ein Schneeballsystem der Hilfe.

Wer mit diesen oder anderen Gründern spricht, stellt eine wesentliche Gemeinsamkeit fest: Jeder von ihnen hat sich von etwas oder jemanden berühren lassen. Das ist eines der grundlegenden Unterscheidungsmerkmale zu Start-up-Unternehmen, die auf der Suche sind nach Marktlücken und -chancen, nach dem Big Deal oder Quick Money. Ökosoziale Gründer sind in der Regel persönlich betroffen. Sie suchen nicht, vielmehr stolpern sie über ein gesellschaftliches Problem, das sie fortan nicht mehr loslässt. Sei es, weil sie charakterlich so veranlagt sind, sei es, weil es tief mit ihrem eigenen Werdegang und ihrer Sozialisation zu tun hat.

Oder einfach nur mit dem Zeitgeist. Wer durch die digitale Start-up-Welt Berlins läuft, der hat schnell den Eindruck, dass auch hier zumindest vieles sozial und ökologisch sauber aufgesetzt wird. Denn diese Gründer haben begriffen: Wer sein Geschäft auf Kosten von Mensch und Umwelt aufbaut, hat schon verloren, zumindest in den westlich geprägten Ländern. Wer nicht nur kurzfristig Erfolg haben will, sondern auch langfristig, der muss sauber und konsequent sein – Vertrauen schaffen zahlt sich aus. Siehe Locomore: Das Bahn-Unternehmen wird im September 2016 die Strecke Stuttgart–Berlin mit eigenen Zügen bestreiten. Nichts Besonderes also. Wäre da nicht die Kleinigkeit, dass man außer grünem Strom, den auch die Bahn nutzt, alles ökologisch und sozial sauber aufgleisen will – so kommen zum Beispiel die Lebensmittel aus ökologischem Landbau und fairem Handel. Die Konsequenz des Tuns zahlte sich fürs Unternehmen aus: Per Crowdfunding sammelte es über eine Viertelmillion Euro ein – und kann nun durchstarten.

Ein Blick auf die vielfältigen Gründungen zum Beispiel im Bereich Klima, auch wenn sie noch so unbedeutend und klein erscheinen, beweisen: Alle treten mit einer Haltung an, die Vertrauen schafft. Und wer es versteht, diese klar und authentisch zu kommunizieren, dem gelingt auch der Markteintritt.

Diese wenigen Beispiele – und es ließen sich sicher hunderte weitere erzählen – zeigen: Es gibt sie noch, die das Heft in die Hand nehmen. Und es werden immer mehr. Die Resonanz auf diese Macher des Wandels ist in der Öffentlichkeit, so sie überhaupt gesehen werden, stets dieselbe: Sie sorgen für eine Art Erleichterung, dass doch noch nicht alles verloren ist. Sie sind der Beweis dafür, dass nicht alles vergebens, der „Drops gelutscht" ist. Und nicht selten fällt diese Saat auf den fruchtbaren Boden von Menschen, die mittun wollen, die sich bestehenden Unternehmungen anschließen oder selbst gründen wollen.

Impulse in die Mitte der Gesellschaft

Die Leistung dieser zumeist jungen Gründer und Macher liegt nicht nur darin, ein Projekt umzusetzen und damit den Planeten zu kurieren – dazu ist der Hebel natürlich viel zu klein, selbst wenn man alle Initiativen zusammennähme. Nein, der eigentliche Wert besteht darin, einen wichtigen Impuls in die Mitte der Gesellschaft zu tragen. Denn nur hier kann der dringend nötige kulturelle Wandel hin zu einem nachhaltigen Wandel in Breite und Tiefe ausgelöst werden. Kein Klimavertrag dieser Welt kann bewirken, was eine gemeinsame Haltung im Kern der Gesellschaft bewirken kann.

Wir stehen auf der Schwelle zu einer neuen Zeit. Als 1989 der Ostblock implodierte, feierte die Welt den Sieg des Kapitalismus, er durfte zum neoliberalen Ungeheuer heranwachsen. Insbesondere nach den vergangenen Jahren steckt er aber nun in der Rechtfertigungsfalle. Die Ernüchterung führt geradewegs in das Ende des Zeitalters der Ideologien und großen gesellschaftlichen Visionen. Es beginnt die Ära des undogmatischen, schlicht ums Überleben der Menschheit ringenden Pragmatismus. Die Gründer und Macher auf dem ökosozialen Acker sind seine Pioniere. Nicht die Leute auf dem Podium in Paris.

Neue Chancen und Gefahren

Barbara Unmüßig

Die Staatengemeinschaft hat sich in langwierigen multilateralen Verhandlungsprozessen auf 17 neue globale Nachhaltigkeitsziele – Sustainable Development Goals (SDGs) – und auf ein neues Klimaabkommen in Paris verständigt. Für die nicht gerade erfolgsverwöhnte UNO sind beide Abkommen, wenn auch unterschiedlich verbindlich, ein wichtiges Signal, dass sie überhaupt noch multilateral verhandelte Ergebnisse erzielen kann.

Das Pariser Klimaabkommen und die SDGs haben beide universellen Charakter. Das heißt, die Verantwortung der Umsetzung liegt bei allen Regierungen. Hat das Kyoto-Protokoll noch ausschließlich den Industrieländern Reduktionspflichten abverlangt, sind nun alle Länder, wenn auch auf Basis freiwilliger Reduktionsbeiträge, dabei.

Für das Post-Kyoto-Protokoll wurde schon beim Klimagipfel in Durban 2011 verabredet, dass ein neues Abkommen alle Staaten zum Handeln verpflichten soll. Das ist nun mit Paris gelungen. Die alte Aufteilung in Industrieländer, Schwellen- und Entwicklungsländer ist insofern zumindest in der Praxis aufgeweicht, als nun alle Länder Klimaschutzbeiträge leisten sollen. Dass die Verhandlungen für ein neues Klimaabkommen nicht gescheitert sind, hat maßgeblich damit zu tun, dass die G77 plus China hier Zugeständnisse gemacht haben, obwohl die Industrieländer, seit es Klimaverhandlungen gibt (1989), ihre CO_2 Emissionen nochmals massiv gesteigert und keinerlei Vorreiterrolle übernommen haben. Für die Schwellen- und Entwicklungsländer bleiben aber die „Prinzipien der gemeinsamen, aber unterschiedlichen Verantwortung und Fähigkeit" (common but differentiated responsibility and capability) eine zentrale Kategorie der Fairness und Gerechtigkeit, die vor allem beim Finanz- und Technologietransfer durch die Industrieländer nicht aufgeweicht werden dürfen.

Neu ist auch der Abschied von globalen Reduktionszielen, die Pflichten von oben nach unten und entlang von Gerechtigkeitsprinzipien zu teilen und entlang klimapolitischer Notwendigkeiten zu definieren. Herausgekommen ist, dass 186 Staaten nationale Klimastrategien und Reduktionsziele vorgelegt haben, die zusammengenommen – das wissen alle – allenfalls für eine 3 Grad wärmere Welt reichen. Dass hier Fairness und Vergleichbarkeit auf der Strecke bleiben (Was wird wie eingereicht? Welche Berichtspflichten gibt es? Wer überprüft die Umsetzung?), wurde in Kauf genommen, weil die jahrelangen Versuche, globale Reduktionsziele festzulegen, in Verhandlungsblockaden gemündet waren. Nachbessern und Nachsteuern ist hier also zwingend, wenn die globale mittlere Erderwärmung unter 2 Grad gehalten werde soll. Die verabredeten Transparenzregeln lassen jedenfalls viele Einzelheiten offen und müssen noch ausgearbeitet werden. Viel Hoffnung ruht deshalb auf dem Prozess der Bestandsaufnahme. Erstmals 2023 soll geprüft werden („Global stocktake"), was global erreicht wurde. Außerdem soll der Weltklimarat einen neuen Bericht über die Auswirkungen einer Erderwärmung auf 1,5 Grad und den damit verbundenen Treibhausgasemissionspfaden vorlegen, der mit der ersten Überprüfung der nationalen Klimaschutzziele 2018 zusammenfallen wird. Das schafft wenigstens Optionen für Nachbesserungen und Anlass für den Druck aus der Klimawissenschaft und Zivilgesellschaft, ihre Regierungen schneller zum Umsteuern zu treiben.

Die SDGs wiederum sind Ziele, die nicht den gleichen völkerrechtsverbindlichen Charakter wie das Klimaabkommen haben. Die 17 Ziele und 169 Unterziele sind in vielem vage und unambitioniert geblieben. Viele globale Umweltprobleme, wie die Plastikvermüllung der Meere und der Erde haben keinen Eingang in den Zielkatalog gefunden, obwohl es dazu bislang keinerlei globale Absprachen und Ziele gibt. Wer einen Zeitplan zum Abbau umwelt- und sozialschädlicher Subventionen erwartet hat, wurde enttäuscht. Auch dazu findet sich nichts in den Zielen. Gleichwohl sind sie als Agenda 2030 ein zentraler Referenzrahmen, an dem sich politische und ökonomische Entscheidungen von Regierungen werden messen lassen. Sind die Finanz-, Handels-, Investitions- und Infrastrukturentscheidungen der Regierungen kompatibel mit dem Pariser Klimaabkommen und den SDGs oder widersprechen diese diametral den neuen Abkommen? Diese Leitfrage sollte die Kampagnen und Initiativen zivilgesellschaftlicher Akteur/innen rund um bi- und multilaterale Handelsabkommen oder rund um die künftigen G20-Gipfel (2017 in Deutschland) prägen.

Die SDGs sind ihrerseits Ziele, die anders noch als die Millennium Development Goals auch von Industrieländern vor der eigenen Haustür umgesetzt werden sollen. Auch hier übernehmen alle Regierungen Pflichten. Manche sehen gerade hierin einen Paradigmenwechsel: nämlich die Anerkennung, dass alle Regierungen Verantwortung tragen und Politiken gestalten müssen, die den Klimawandel nicht weiter befördern und dazu beitragen, dass wir innerhalb der planetarischen Grenzen bleiben und Ungleichheit reduzieren. Die Umsetzung der SDGs gerade von den Mitgliedern der OECD wird zu einem Lackmustest der Glaubwürdigkeit für die Industrieländer werden, inwiefern sie den universellen Auftrag auch wirklich für ihre eigenen nationalen Nachhaltigkeitspolitiken ernstnehmen oder ob sie die SDGs ins Reich der Verantwortung der Entwicklungspolitik verbannen.

Das alte Prinzip globaler Umweltpolitik der „gemeinsamen, aber unterschiedlichen Verantwortung und Fähigkeit" findet sich richtigerweise noch immer in den Texten der neuen Abkommen. Denn nach wie vor sind die Industrieländer historisch und aktuell die Hauptemittenten von Emissionen aller Art (Treibhausgase, Müll), die Hauptverursacher des immensen Verlusts biologischer Vielfalt, die größten Pro-Kopf-Verbraucher von Ressourcen jedweder Art. Sie müssen die Transformation ihrer Ökonomien und des hohen Konsums drastisch und schneller zurückfahren. Und sie müssen auch aus der historischen Verantwortung heraus – und weil sie es ökonomisch können – die Hauptverantwortung in der Finanzierung der Transformation übernehmen sowie die Kosten für die Schäden, die durch Nichthandeln im globalen Süden längst entstehen. Gleichzeitig müssen im globalen Süden die Entwicklungspfade letztlich klimakompatibel und vor allem sozial gerecht gestaltet werden. Mit den Pflichten für alle Regierungen, wie sie aus den SDGs und dem Pariser Klimaabkommen erwachsen, ist in der Tat eine neue Etappe in der globalen Umwelt- und Entwicklungspolitik eingeleitet. Aus der Verantwortung, in den planetarischen Grenzen zu bleiben, soll sich keine Regierung mehr stehlen können.

Ehrgeizige Klimaziele oder nicht?

Gemessen an den Erwartungen an den Pariser Klimagipfel hat alle überrascht, dass sich in Artikel 2, Abs. 1 (a) folgender Satz findet: „Anstrengungen zu unternehmen, um den Temperaturanstieg im Vergleich zum vorindustriellen Zeitalter auf 1,5 Grad Celsius zu begrenzen".

Zivilgesellschaft und Klimawissenschaft haben dieses Ziel immer angestrebt. In den Klimaverhandlungen selbst sind es vor allem die vom Klimawandel massiv betroffenen Länder und kleinen Inselstaaten, die wiederholt darauf verwiesen haben, dass 1,5 Grad die eigentliche maximale Schwelle sein müsste, die nicht überschritten werden darf, wenn gefährlicher Klimawandel vermieden werden soll. Die von der EU und den AKP-Staaten angeführte sogenannte „High Ambition Coalition" (Allianz der Ehrgeizigen) spielte in Paris schließlich mit ihrer Forderung nach einem ambitionierten und rechtsverbindlichen Abkommen eine maßgebliche Rolle dabei, das 1,5-Grad-Limit im Pariser Abkommen sprachlich zu verankern.

1,5 Grad Celsius – ein Pyrrhussieg?

Dass 1,5 Grad nun im Abkommen steht, wurde demnach als großer Erfolg bejubelt. Die Schritte dahin sind jedoch sehr vage geblieben; von Rechtsverbindlichkeit keine Spur. Den meisten politischen und wirtschaftlichen Entscheidungsträgern dämmert es allerdings allmählich: dass dieses Ziel nicht nur einen kompletten und unmittelbaren Ausstieg aus fossilen Brennstoffen bei Strom und Wärme bedeutet (Energiesektor), sondern auch den Vollausstieg bei der Mobilität und zum Beispiel bei Kunststoffen und Kunstdünger. Ein „weiter so" hinsichtlich Wirtschaftswachstum und Ressourcenverbrauch ist mit einem 1,5-Grad-Ziel nicht vereinbar. Es wird in den kommenden Jahren deshalb mehr denn je darauf ankommen, nicht nur den Zeitdruck zum Umsteuern zu erhöhen (keine Zeit verlieren), sondern vor allem die Politiken, Technologien und Instrumente des Umsteuerns einer intensiven gesellschaftspolitischen Debatte zu unterziehen. Das wird nicht einfach. Manche Technologie erscheint als zu komplex und manche Lösungen scheinen so simpel. Bei den Lösungen firmiert vor allem an erster Stelle die Idee, CO_2 einen Preis zu geben und Verschmutzungszertifikate zu handeln. Klimapolitik wird fast nur noch in CO_2-Kategorien gedacht, Kohlenstoff gilt als die neue Währung des 21. Jahrhunderts. Das verhindert aber das Nachdenken über andere Lösungen, vor allem solche, die stärker in sozioökonomische und soziokulturelle Kontexte eingebettet sind.

Beim Waldschutz setzt das Pariser Abkommen auf das Instrument REDD+ – also die Reduzierung von Emissionen aus Entwaldung und Waldschädigung – und auf den Ausbau von Emissionshandel und CO_2-Märkten. Beim Waldschutz wurden nun einige wenige Mindeststandards vereinbart. Die genaue Ausgestaltung der Finanzierung eines Instruments – über Fonds oder über einen Emissionshandel – ist und bleibt ein Streitpunkt. Die Verankerung eines neuen globalen Marktmechanismus im Pariser Klimaabkommen verheißt hier jedoch perspektivisch nichts Gutes. Denn hier wurde nun vereinbart, dass nationale Klimaschutzziele durch den Handel mit „internationally transferred mitigation outcomes" erzielt werden können. Einige Länder – wie Neuseeland und die Schweiz – haben diese Idee bereits in ihre nationalen Klimaziele verankert. Sie gehen davon aus, dass sie ihre Ziele nicht allein durch nationale politische Maßnahmen erreichen wollen, sondern durch die Finanzierung von Klimaschutzmaßnahmen in anderen Ländern. Das große Interesse vieler reicher und emissionsstarker Länder liegt dabei ganz klar auf den regenwald- und biomassereichen Entwicklungsländern in Lateinamerika, Afrika und Asien. Das Scheunentor für einen internationalen Ablasshandel ist in Paris weit geöffnet worden.

Wichtig anzumerken ist hier, dass die Probleme in der Umsetzung von REDD+ immer deutlicher zutage treten: Es fehlt auch nach fast zehn Jahren „REDD+ Readiness" der Nachweis, dass REDD+ ein wirksames Instrument gegen die großflächige Waldzerstörung ist.

Zahlreiche Proteste sozialer Bewegungen und indigener Völker richten sich gegen REDD+, weil hier Wälder zu CO_2-Operateuren und zum Objekt von Verrechnungsmechanismen werden. Die Bedeutung, die REDD im Abkommen erhält, korrespondiert mit dem Ziel der Balance zwischen Emissionen und Senken.

Unbestritten genießen Marktmechanismen, vor allem der Emissionshandel und Technologien, auch wenn nicht im Einzelnen genannt, den absoluten Vorrang für die Umsetzung des Klimaschutzes. Ordnungspolitische Instrumente kommen so gut wie gar nicht vor.

Neue Technologien: Chance oder Irrweg?

Wie in der zweiten Hälfte des 21. Jahrhunderts Null- bzw. „Netto-Null"-Emissionen erreicht werden sollen, ist völlig unklar. Artikel 4, der sich mit dem „langfristigen Ziel" befasst, war einer der Abschnitte „in eckigen Klammern", um die in Paris bis zum letzten Tag gerungen wurde. Dabei ging es um Optionen wie Klimaneutralität, Netto-Null-Emissionen oder Dekarbonisierung, die zwar ähnlich klingen mögen, sich in ihrer Bedeutung jedoch erheblich unterscheiden. Schließlich übernahm man als Kompromiss eine Formulierung des Weltklimarats (IPCC), den *Scheitelpunkt* (Peak) des Treibhausgasausstoßes so schnell wie möglich zu erreichen, „um in der zweiten Jahrhunderthälfte ein Gleichgewicht zwischen menschengemachten Emissionen und der CO_2-Bindung in Senken herzustellen".

Diese Formulierung wird von vielen Beobachtern als Definition des „Netto-Null"-Ansatzes verstanden. Tatsächlich läuft die Netto-Null-Idee darauf hinaus, dass die Welt weiter Emissionen produzieren und das verbliebene CO_2-Budget sprengen kann, solange es einen (technischen) Weg gibt, die jetzigen zu hohen Emissionen irgendwann in der Zukunft „auszugleichen". Anstatt also umgehend anzufangen, die Emissionen radikal zu reduzieren – so die Idee –, können wir weiterhin enorme Mengen CO_2 ausstoßen – und sogar neue Kohlekraftwerke errichten – und derweil behaupten, Klimaschutz zu betreiben. All das ist möglich, wenn man glaubt, dass es uns in Zukunft gelingen wird, große Mengen von CO_2 aus der Atmosphäre zu saugen und „sicher" bis in alle Ewigkeit zu speichern, zum Beispiel unter der Erde oder in leeren Ölfeldern. Hierfür werden sogenannte „negative Emissionstechnologien" als richtungsweisend betrachtet. Fast alle Szenarien des Weltklimarats, die uns mit größerer Wahrscheinlichkeit auf einen 2-Grad-Korridor bringen, enthalten die implizite Annahme, dass wir in der zweiten Hälfte des Jahrhunderts solche Technologien anwenden werden.

Bei den 1,5-Grad-Szenarien steigt die Notwendigkeit zur Nutzung solcher Technologien nochmals erheblich an. Die wichtigste Technologie, die hier genannt wird, ist BECCS (Bioenergy with Carbon Capture and Storage). Die Idee ist folgende: Man pflanzt auf gigantischen Flächen Biomasse an, sie soll zunächst große Mengen CO_2 speichern; dann wird die Biomasse verbrannt. Dabei soll das CO_2 eingefangen und dann „sicher" bis in alle Ewigkeit unter der Erde gespeichert werden. Die dafür benötige Fläche wird auf jährlich die Fläche Indiens oder bis zur doppelten Menge der aktuell global genutzten Agrarfläche geschätzt. Mit BECCS drohten weitere massive Landnutzungsänderungen, die die globale Ernährungssicherheit in Frage stellt und verschiedenste planetarische Grenzen überschreiten würden (zum Beispiel Verlust der Biodiversität, Süßwasserverfügbarkeit, Stickstoffkreislauf usw.). Der starke Ruf von Klimaschützer/innen nach Geoengineering-Technologien – zu denen BECCS gehört – ist Ausdruck einer schieren Verzweiflung: Ohne das schaffen wir es doch nie! Er ist aber auch Ausdruck eines ziemlichen Tunnelblicks. Wenn wir die Klimakrise nur noch als eine Zahl von Tonnen CO_2-Äquivalenten in der Atmosphäre wahrnehmen und beschreiben können, dann fehlt uns der Blick auf mögliche Alternativen. Warum gibt es keine Szenarien im IPCC, die sich anschauen, wie sich eine konsequente globale Umsetzung agrarökologischer Praktiken, eine massive Reduktion des Energieverbrauchs oder des Fleischkonsums in Industrieländern, eine Einschränkung des Flugverkehrs, eine Regionalisierung des Welthandels – kurz gesagt: ein Umbau unserer Produktions- und Konsumweise – auf Temperaturanstiege auswirken würden und wie dies gleichzeitig Millionen Arbeitsplätze, auch auf dem Land im globalen Süden, schaffen würde, die die Menschen zum Bleiben statt zum Migrieren motivieren?

Angesichts der praktischen Probleme mit Technologien, die wie BECCS auf die Abscheidung und Speicherung von CO_2 setzen und somit das fossile Wirtschaftsmodell verlängern (und im Übrigen sich auch ökonomisch nicht rechnen), gibt es die realistische Gefahr, dass wir in nicht allzu langer Zeit über ganz andere Geoengineering-Technologien sprechen werden. Hierbei handelt es sich um Solar-Radiation-Management-Technologien, bei denen es darum geht, mit massivem Technologieeinsatz die Sonneneinstrahlung der Erde zu verändern – zum Beispiel durch künstliche Vulkane oder Spiegel im Weltall. Aktuell gibt es im Rahmen der Biodiversitätskonvention der Vereinten Nationen (UNCBD) ein Moratorium auf jegliche Geoengineering-Technologien (auch BECCS). Nach Paris ist zu befürchten, dass der politische Druck zunehmen wird, dieses aufzuweichen.

Da die internationale Gemeinschaft bei ihren Entscheidungen auf den Rat des Weltklimarats angewiesen ist, hinterlässt dies einen bitteren Nachgeschmack in Bezug auf die im Abkommen von Paris verankerten „ambitionierten Ziele". Skepsis, mehr noch extreme Wachsamkeit ist angebracht. Werden mit dem Label der 1,5 Grad nicht Technologien salonfähig gemacht, die unter dem Deckmantel, die Klimakatastrophe zu bekämpfen, Lösungen präsentiert, die andere ökologische Krisen noch verschärfen und die sozialen Verwerfungen befördern?

Es klingt gut, wenn alle Vertragsparteien bis 2020 „langfristige Entwicklungsstrategien zur Erreichung niedriger Treibhausgasemissionen entwickeln und vorlegen" (Artikel 4 des Abkommens von Paris). Das bietet die Chance für eine echte sozial-ökologische Transformation, die sozial- und umweltverträglichen Technologien und Politiken wie erneuerbaren Energien und einer sozial-ökologischen Landwirtschaft den Vorrang gibt. Und es braucht demokratische Aushandlungsprozesse über den Transformationsweg, die allerdings eine unabhängige Zivilgesellschaft und unabhängige Medien sowie demokratisch legitimierte Parlamente voraussetzt, die falsche und unausgereifte technische Lösungen sowie technologische Irrwege verhindern können.

Literatur

Fatheuer, T., Fuhr, L., Unmüßig, B.: Kritik der Grünen Ökonomie, München, 2015.
Moreno, C., Chassé, D., Fuhr, L.: Carbon Metrics. Global abstractions and ecological epistemicide, Berlin, 2015.

Die Rolle der Tropenwälder im Weltklimavertrag

Claude Martin

Der Klimavertrag von Paris beinhaltet auch die Verminderung der Emissionen aus der Entwaldung und Walddegradierung in Entwicklungsländern (REDD+). Sie macht heute etwa 10–12 Prozent der anthropogenen Treibhausgasemissionen aus. Es wäre aber naiv zu glauben, dass der Entwaldung einzig mit REDD+ Einhalt geboten werden könnte. Der rasche Ausstieg aus fossilen Energieträgern ist deshalb auch aus Sicht der Tropenwälder und ihrer Biodiversität entscheidend.

Der Weltklimavertrag beinhaltet eine ausdrückliche Forderung an alle Industrie- und Entwicklungsländer, insbesondere ihre Waldbestände zu erhalten und zu fördern. Er verweist auch auf frühere Beschlüsse über die Verminderung der Emissionen aus Entwaldung und Walddegradierung in Entwicklungsländern, die von der Klimarahmenkonvention gefasst wurden und durch ergebnisorientierte Zahlungen unterstützt werden können. Damit gemeint ist insbesondere das sogenannte REDD-Konzept (Reducing Emissions from Deforestation and Forest Degradation in Developing Countries). REDD+ in seiner weitern Bedeutung umfasst neben der Verminderung der Entwaldung auch den Waldschutz sowie die nachhaltige Forstwirtschaft. Durch den Querverweis in Artikel 5.2 werden diese Maßnahmen faktisch Teil des Paris-Abkommens. Im Übrigen streicht das Abkommen auch die Notwendigkeit hervor, empfindliche Ökosysteme zu schützen und die Ernährungssicherheit zu garantieren. Hingegen verfehlt es das Abkommen, eine konkrete Aussage zur Rolle der Landwirtschaft bei der Verminderung der Emissionen von Treibhausgasen zu machen.

Einer der Gründe, weshalb das Abkommen die Rolle der Landwirtschaft bei der Emissionsverminderung weglässt (Artikel 5 erwähnt nur die Wälder) gründet in den Bedenken vieler Entwicklungsländer, eine Verminderung der Emissionen aus der Landwirtschaft könnte ihre Nahrungsmittelproduktion beeinträchtigen.

Die Bedeutung von REDD+

Wenn man die angestrebten nationalen Beiträge zum Klimaschutz (Intended Nationally Determined Contributions – INDCs) in Betracht zieht, so stellt man fest, dass der größte Teil der Länder (117 von 160, die INDCs eingereicht haben) Emissionsreduktionen unter REDD+ aufgeführt haben. Obwohl diese nationalen Klimaschutzbeiträge nicht im Paris-Abkommen aufgeführt sind, ist schon jetzt abzusehen, dass den Wäldern eine wesentliche Rolle zugeordnet wird. In diesen Erwartungen ist eine gute Portion Wunschdenken enthalten. Die Funktion der Wälder als Kohlenstoff-Senken ist nämlich weit komplexer, als man sich dies vorgestellt hat.

Als das REDD System zu Beginn dieses Jahrhunderts erstmals diskutiert wurde, ging der Weltklimarat IPCC noch davon aus, dass die tropische Entwaldung und Walddegradierung etwa 25 Prozent der globalen Treibhausgasemissionen ausmachen würde. Im Zeitraum von 2000–2010 wurde dieser Anteil noch auf 10–12 Prozent geschätzt. Die markante Abnahme dieses Anteils kam aber vor allem aufgrund einer Zunahme beim Verbrauch fossiler Brennstoffe, teilweise aber auch wegen einer substanziellen Reduzierung der Entwaldung in Brasilien zustande.

Der nunmehr geringere Anteil von Treibhausgasemissionen aus der tropischen Entwaldung und Walddegradierung hat auch schon die Frage ins Spiel gebracht, ob sich der enorme internationale Aufwand und die hohen Kosten für REDD+ überhaupt lohnen, und ob nicht vielmehr auf andere Reduktionsziele gesetzt werden sollte. Richard A. Houghton vom Woods Hole Research Center, einer der führenden Spezialisten für Treibhausgas-bilanzen, hält aber fest, dass es sich bei diesen 10–12 Prozent (das heißt ca. 1,1 Gt Kohlenstoff pro Jahr) um einen Netto-Emissionswert handelt, bei dem die Kohlenstoffsenken aus der natürlichen und der geplanten Wiederbewaldung und Waldausbreitung bereits verrechnet sind (siehe Tabelle 1). Die tatsächlichen (Brutto-)Emissionen aus der tropischen Entwaldung und Walddegradierung könnten laut Houghton mehr als das Doppelte, bis zu einem Drittel der vom Menschen verursachten Treibhausgasemissionen ausmachen. Eine Reduktion aller Treibhausgasemissionen aus der tropischen Entwaldung durch REDD in Betracht zu ziehen ist allerdings völlig illusorisch: Die tropische Entwaldung ist ein viel zu komplexes Phänomen mit vielfältigen und regional verschiedenen Ursachen, als dass ein simples Kompensationssystem diesem Problem beikommen könnte (Houghton 2012).

Tabelle 1 Kohlenstoffbilanz der tropischen Wälder seit 2000

Emissionen aus:	Houghton (2013) 2000–2005		Grace et al. (2014) 2005–2010	
	Gt C/Jahr	% aller Emissionen	Gt C/Jahr	% aller Emissionen
Tropischer Entwaldung	0,81	7,44	0,9	8,49
Tropischer Walddegradierung	1,47	13,51	1,1	10,38
Total Entwaldung + Degradierung	2,28	20,96	2,0	18,87
Kohlenstoffbindung in trop. Wäldern	−1,17		−1,85	
Netto Emissionen	1,11	10,2	0,16	1,5

Houghton 2013, Grace et al. 2014, siehe auch Kapitel 11 der „Contribution of Working Group III to the Fifth Assessment Report of the IPCC".

Die Emissionen aus Entwaldung und Walddegradierung beinhalten auch Entnahmen von Biomasse sowie die Emissionen der Brände der Böden von Torfmoorwäldern. Der große Unterschied der Kohlenstoffbindung zwischen den beiden Erhebungen ist auf die Neubeurteilung intakter Tropenwälder als Senken zurückzuführen.

REDD+ eine Zangengeburt mit Defiziten

In seiner aktuellen Form wurde REDD im Jahr 2005 von dem brasilianischen Forscher Santilli vorgeschlagen. Länder, die sich dazu verpflichteten, ihre nationalen Entwaldungsraten unter ein vorher festgelegtes historisches Niveau zu reduzieren, sollten dafür kompensiert werden. Die Kompensation sollte aus dem Verkauf von Emissionsreduktionszertifikaten an Regierungen oder private Investoren finanziert werden. Im Jahr 2007 wurde dann auf der UN-Klimakonferenz die *Bali Road Map* beschlossen: Ein „Fahrplan" beinhaltete politische Ansätze und Anreize zur Reduktion von Emissionen aus Entwaldung und Walddegradierung. Auch die Rolle des Naturschutzes und der nachhaltigen Waldbewirtschaftung wurde anerkannt, weshalb das System nun als REDD+ bezeichnet wurde. Damals war viel Enthusiasmus zu

spüren, selbst bei den Nichtregierungsorganisationen: REDD+ galt als kosteneffiziente Methode, eine Reduktion von Treibhausgasemissionen zu
erzielen. Doch diese Sicht der Dinge stellte sich bald als naiv heraus. Das
globale Phänomen der Entwaldung lässt sich nicht so leicht mit einer Wun-
derwaffe erledigen. Eine Vielzahl technischer Aspekte bereitet auch heute
noch den Verhandlungsführern Kopfzerbrechen:

Da ist das Problem der Referenzwerte: Sollte man die Entwaldungsraten
der Vergangenheit als Richtschnur für die Zukunft nehmen? In vielen Ländern lässt ihre Verlässlichkeit zu wünschen übrig. Und selbst da, wo Satelli-
tenbilder ein Instrument zur Überwachung der Entwaldung bieten, bleibt
die Beurteilung der Walddegradierung problematisch.

Es stellte sich die Frage nach der Zusätzlichkeit (additionality): Bei zu
hohen Referenzwerten für die Entwaldung besteht die Gefahr der Verwässerung von Anreizen. So könnten Länder mit hohen Entwaldungsraten leichter zu Vergütungen kommen als jene, die bereits in der Vergangenheit für
die Erhaltung ihrer Wälder Sorge getragen haben.

Probleme schafft auch die Frage der Dauerhaftigkeit von Waldschutzmaßnahmen, etwa die Verlagerung von Entwaldungsaktivitäten in andere
Landesgegenden. Von indigenen Völkern gab es Befürchtungen, ihre ohnehin schon unsicheren Landrechte könnten als Emissionsrechte an andere
verkauft werden. Und schließlich stellte sich die Frage nach sachkundigen
und unbestechlichen Behörden zur Überwachung eines REDD-Systems.

Im Lauf der vergangenen Jahre machten die Verhandlungen bei den
Konferenzen der Klimarahmenkonvention wesentlich langsamere Fortschritte, als man dies in Bali 2007 beabsichtigt hatte. Die Idee einer ergebni-
sorientierten Finanzierung zur Verhinderung der Entwaldung war zwar ein
neuer Ansatz in der Wald-und Klimadebatte, aber er setzte einen wirtschaftlichen und ordnungspolitischen Wandel voraus: Vor allem die Unabhängigkeit des Staates von mächtigen Konzernen, welche die Entwaldung und
Walddegradierung in den größten Regenwaldländern antreiben, erwies sich
als ausschlaggebend.

Wirtschaftliche Interessen treiben die Entwaldung voran

Einige Industrieländer, allen voran Norwegen, traten in der Vorbereitungs-
phase einer formellen zukünftigen Vereinbarung unter der Klimarahmenkonvention als finanzstarke Unterstützer für REDD+ in Erscheinung. So
unterzeichnete Norwegen Leistungsvereinbarungen mit den Regierungen
von Indonesien und Brasilien, mit denen es sich verpflichtete, je eine Milli-

arde US-Dollar bereitzustellen. Leider existierte in Indonesien, anders als in Brasilien, keine verlässliche Information zum Ausmaß der Entwaldung, obwohl die bereits gut entwickelte Fernerkundungstechnologie dies durchaus ermöglicht hätte. Die Umwandlung der Torfsumpfwälder für Ölpalmen- oder Zellstoff- und Papierholzplantagen in Borneo verschärfen hier das Problem der Treibhausgasemissionen noch zusätzlich. Obwohl Indonesien einem Prozess der REDD+-Vorbereitung, Bereitschaft (readiness), und Verifizierung beistimmte und sich verpflichtete, seine Treibhausgasemissionen aus der Entwaldung massiv zu verringern, haben sich die Hoffnungen der Geldgeber zerschlagen. Zu Beginn der Klimakonferenz (COP 21) in Paris haben nun Norwegen, die Bundesrepublik und das Vereinigte Königreich bis 2020 insgesamt 5 Milliarden USD an leistungsgebundenen Mitteln für REDD+ in Aussicht gestellt, was immer noch weit unter der Zielmarke von 20 Milliarden USD pro Jahr liegt, die notwendig wären, um die Entwaldung zu halbieren. Nicht zuletzt der Privatsektor ist aufgerufen, sich in Zukunft an diesen Kosten zu beteiligen, und dafür ist ein robuster Handel mit Emissionszertifikaten aus REDD+-Projekten notwendig.

Aus den vergangenen zehn Jahren der REDD+-Geschichte lässt sich heute schließen, dass eine Reduktion der tropischen Entwaldung ein wesentlich komplizierterer Vorgang ist, als sich dies die Initiatoren von REDD+ vorgestellt haben. Bis vor etwa 20 Jahren war die tropische Entwaldung auf globaler Ebene noch hauptsächlich der Subsistenzlandwirtschaft und dem Wanderfeldbau zuzuschreiben. Heute wird die Entwaldung und Walddegradierung von mächtigen wirtschaftlichen Kräften im Bereich der Landwirtschaft, der Zellstoff-und Papierholzproduktion und zunehmend im Bergbau angetrieben. Die für REDD+ verfügbaren Finanzmittel werden diese Kräfte nicht so schnell aufwiegen können, besonders nicht in Ländern mit schwachen und/oder korrupten Regierungen.

Tropische Regenwälder als Kohlenstoff-Senken

Artikel 4.1 des Weltklimavertrages fordert die Vertragsparteien dazu auf, baldmöglichst den Zenit ihrer Treibhausgasemissionen zu überschreiten und danach eine rasche Reduktion der Emissionen voranzutreiben. Dies soll in der zweiten Hälfte des 21. Jahrhunderts zu einem Gleichgewicht zwischen „anthropogenen Emissionen nach Quellen und Entnahmen durch Senken von Treibhausgasen" führen. Sieht man ab von technologischen Methoden, etwa Carbon Capture and Storage (CCS), das im Paris-Abkommen nicht einmal Erwähnung findet, kann dies nur bedeuten, dass die Weltgemeinschaft für die CO_2-Entnahme aus der Atmosphäre auf natürliche Senken hofft. Und da die Landwirtschaft – gegenwärtig eine Hauptquelle der Treibhausgasemissionen – im Abkommen ebenfalls ausgespart wurde, sind mit diesen Senken wohl in erster Linie die Wälder gemeint. Sie sollen uns vor einer fatalen Klimakatastrophe bewahren. Die Möglichkeiten von REDD+, die Emissionen aus der Entwaldung zu beschränken, haben wir bereits oben diskutiert. Die dafür notwendigen Einschätzungen der Emissionen aus der Entwaldung sind heute einigermaßen zuverlässig, dank der neuesten Satellitentechnologie, welche Biomasse-Schätzungen ermöglicht. Die Emissionen aus der Walddegradierung sind wesentlich schwieriger zu erfassen und vorläufig noch mit großen Ungewissheiten behaftet.

Die Bilanzierung der Kohlenstoffflüsse in Wäldern ist generell eine äußerst komplexe Angelegenheit. Dies betrifft vor allem die CO_2-Bindung tropischer Wälder. Sie fällt in vier Kategorien: die Kohlenstoffbindung intakter Wälder, die Regeneration von Sekundärwäldern (nach der Holznutzung), die natürliche Wiederbewaldung ehemaliger Pflanzungen sowie Aufforstungen. Bislang stützt sich die Kohlenstoffbindung aus tropischen Wäldern praktisch ausschließlich auf natürliche Regeneration und Wiederbewaldung. Aufforstungen und andere Baumpflanzungen fallen bis heute nicht ins Gewicht. Besonders die Frage, ob und in welchem Ausmaß intakte Regenwälder (Primärwälder) eine Netto-Kohlenstoffsenke darstellen oder nicht, hat die Gemüter erhitzt. Die Aufnahme von CO_2 durch die Pflanzen (Photosynthese) wird bekanntlich durch die Pflanzenatmung (Respiration) sowie durch die CO_2-Emissionen aus der Verrottung von Pflanzenmaterial und des Bodens gemindert. Die Bilanz entscheidet dann, ob sich der Wald als CO_2-neutral, als Senke oder als Emissionsquelle erweist. Und da diese Bilanz wiederum von Außenfaktoren abhängt, dem Phosphorgehalt des Bodens und dem Wasser in erster Linie, ist diese Bilanz äußerst labil. Bis vor einigen Jahren ging man davon aus, dass die Kohlenstoffbilanz intakter Wälder, die sich im Klimaxstadium befinden, neutral ist, das heißt die Kohlenstoff-Aufnahme und -Abgabe sich in etwa die Waage halten.

Die wichtige Rolle intakter Regenwälder

In neueren Untersuchungen werden nun allerdings die intakten tropischen Wälder immer häufiger als Netto-Kohlenstoffsenke nachgewiesen. Sie könnte – unter normalen klimatischen Verhältnissen – mindestens 0,47 Gt Kohlenstoff pro Jahr ausmachen. Die Schätzungen erhöhter Kohlenstoffbindung intakter tropischer Wälder sind 2015 auch vom Jet Propulsion Laboratory der NASA mit einer Vielzahl von Messungen und der neuesten Fernerkundungstechnologie bestätigt worden. Diese Senke, die bis vor wenigen Jahren noch übersehen wurde, erklärt auch den großen Unterschied zwischen den Werten von Houghton bzw. Grace et al. in Tabelle 1. Viele Autoren vermuten hinter dieser positiven Kohlenstoffbilanz intakter Wälder den Einfluss einer CO_2-Düngung durch die Zunahme der CO_2-Konzentration in der Atmosphäre. Wenn sich diese Vermutung bestätigt, handelt es sich hier um eine negative Rückkoppelung, welche die Zunahme der CO_2-Emissionen aus menschlichen Quellen durch erhöhte Speicherung in natürlichen Senken teilweise abpuffert. Der wichtige Beitrag der Tropenwälder als Kohlenstoffsenken (1,17 – 1,85 Gt C/Jahr) bedeutet auch: Wenn der Entwaldung und Walddegradierung Einhalt geboten würde, könnten diese Wälder beinahe die CO_2-Emissionen des globalen Transportsektors kompensieren. Diese Annahme ist aber höchst hypothetisch – nicht nur wegen der oben beschriebenen Schwierigkeit, die Entwaldung auf globaler Ebene einzudämmen, sondern weil sich hier noch eine bedrohliche Konsequenz der Klimaveränderung dazugesellt.

Tropenwälder sind nicht nur Retter, auch Opfer

Die vom Menschen verursachte Erderwärmung, die inzwischen bereits um 1 Grad Celsius über dem vorindustriellen Niveau liegt, hinterlässt nicht nur im Polareis oder bei der Häufigkeit und Schwere von Hurrikanen ihre Spuren. Auch die tropischen Regenwälder bekommen die Klimaveränderung zu spüren: Sie wirkt sich in der Form von verlängerten Trockenzeiten aus, die zu Trockenstress in vielen tropischen Regenwäldern führen. Dabei sind nicht etwa höhere Temperaturen das eigentliche Problem, sondern die jahreszeitliche Verteilung der Regenfälle. Das Bestehen eines tropischen Regenwaldes wird nicht vorwiegend durch die Höhe der jährlichen Regenfallmenge bestimmt, sondern durch ihre jahreszeitliche Verteilung. Unterliegt ein Regenwald über Jahre hinweg Dürreperioden von zwei Monaten oder mehr, so ändern sich die Waldstruktur, ihre Dynamik und Produktivität über kurz oder lang.

Seit den 1990er Jahren leiden insbesondere die afrikanischen und südamerikanischen Regenwälder unter periodischem Trockenstress. Mit dem in immer kürzeren Abständen auftretenden El-Niño-Phänomen im äquatorialen Pazifik verschärfen sich die Dürreperioden noch und führen etwa in Borneo regelmäßig zu den berüchtigten und unkontrollierbaren Bränden der Torfmoorwälder. Wissenschaftler der Universität Leeds stellten gefähr-

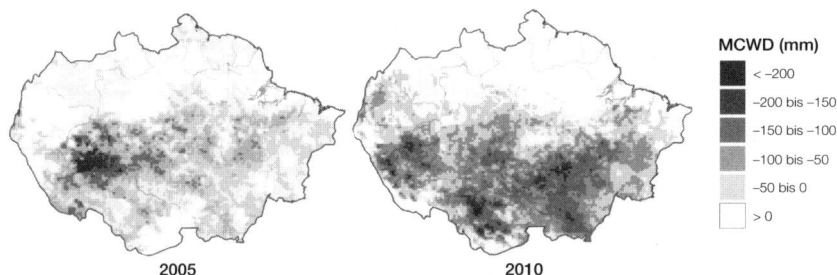

Abb. 1 Wasserdefizit in Amazonien in den Dürrejahren 2005 und 2010. Das maximale klimatologische Wasserdefizit (MCWD) in Amazonien verglichen mit dem 10-Jahres-Durchschnitt. Es ist ein Maß für die Intensität der Dürre in diesen Jahren (Angepasst aus Lewis et al. 2011).

liche Rückkoppelungs-Mechanismen in den Regenwäldern des Amazonasbecken fest: Durch die Verknappung von Bodennährstoffen und Wasser kommt die Fotosynthese und damit die Aufnahme von CO_2 in Dürreperioden zum Erliegen, während die Pflanzenatmung und die Verrottung weiterhin CO_2 produziert. Unter dem Einfluss des El Niño verwandeln sich die Amazonaswälder zeitweise von einer Kohlenstoffsenke in eine Netto-Kohlenstoffquelle! Die Dürren der Jahre 2005 und 2010 führten in Amazonien so zu einem massiven Verlust der Kohlenstoffbindung. In diesen Jahren wurden die Wälder zu einer Netto-Emissionsquelle, welche die sonst übliche Bindung von ca. 0,4 Gt Kohlenstoff mehrerer Jahre zunichte machte (s. Abb. 1). Im Jahre 2014 stellte die NASA auch im Kongobecken, mit neuester Satellitentechnologie, zunehmende Dürreerscheinungen für die Zeitperiode 2000–2012 fest. Wir sehen also einer Zukunft entgegen, in der die ansteigenden Treibhausgasemissionen – in Jahren mit normaler Niederschlagsverteilung – einerseits zu einer etwas verstärkten CO_2-Düngung in tropischen Regenwäldern führen. Andererseits entfalten aber die immer häufiger und stärker auftretenden Dürreperioden die gegenteilige Wirkung – eine Schwächung der Regenwälder als CO_2-Senken bis hin zu einer Netto-Emissionsquelle.

Weltklimavertrag essenziell für die Erhaltung der Biodiversität

Das Paris-Abkommen vermeidet den Verweis auf eine schrittweise „Dekarbonisierung" der Weltwirtschaft, was viele Beobachter enttäuscht hat. Stattdessen spricht es etwas schwammig von einem Gleichgewicht zwischen anthropogenen Emissionen und Entnahmen durch Senken von Treibhausgasen. Diese Formulierung kann den Eindruck erwecken, dass die natürlichen Senken eine wesentliche Rolle bei der Stabilisierung des Weltklimas zu spielen haben. Die Biosphäre soll einmal für unsere Klimasünden aufkommen.

Freilich kann die Reduktion der tropischen Entwaldung und Walddegradierung theoretisch einen wichtigen Beitrag leisten, wie wir gesehen haben. Dem steht aber die Komplexität der Entwaldungsprozesse entgegen. Die ursprünglichen Aussichten, bald wesentliche Fortschritte durch ein REDD+-Kompensations-System zu erzielen, haben herbe Rückschläge erlitten. Es ist nach Paris gewiss nicht angebracht REDD+ aufzugeben. Das Konzept besitzt nach wie vor das Potenzial, in Ländern mit hohen Entwaldungsraten das Spiel zu wenden. Ebenso wichtig wäre aber auch, der Kapazität bestehender Tropenwälder als CO_2-Senken mehr Beachtung zu schenken: der Erhaltung der Primärwälder, der Vermeidung der Waldfragmentierung und -degradierung durch den Holzeinschlag und der Regeneration von Sekundärwäldern.

Die Tatsache, dass selbst große Gebiete von tropischem Regenwald in Amazonien und in Zentralafrika in immer kürzeren Abständen unter klimabedingtem Dürrestress leiden und sich zeitweise zu Netto-Emissionsquellen verwandeln, muss als Anzeichen gefährlicher Kipppunkte (tipping points) gewertet werden. Eine frühe und massive Reduktion der Treibhausgasemissionen aus anthropogenen Quellen, insbesondere aus der Verbrennung fossiler Energieträger, ist deshalb auch aus der Sicht der Erhaltung der Tropenwälder eine dringende Notwendigkeit. Von ihnen hängt notabene auch das Überleben des größten Anteils der Biodiversität unseres Planeten ab.

Literatur

Angelsen, A.: Moving Ahead with REDD. CIFOR, Bogor, 2008.

Angelsen, A., McNeill, D.: The Evolution of REDD+, CIFOR, Bogor, 2012.

Baccini, A. et al.: Estimated carbon dioxide emissions from tropical deforestation improved by carbon-density maps. In: Nature Climate Letter (2012), Nr. 2, S. 182–185.

Grace, J. et al.: Perturbations in the carbon budget of the tropics. In: Global Change Biology (2014), Nr. 10, S. 3238–3255.

Houghton, R. A.: Carbon emissions and the drivers of deforestation and forest degradation in the tropics. In: Current Opinion in Environmental Sustainability (2012), Nr. 4, S. 579–603.

Houghton, R. A.: The emissions of carbon from deforestation and degradation in the tropics. Past trends and future potential. In: Carbon Management (2013), Nr. 4, S. 539–546.

Lewis, S. L.: Tropical forests and the changing earth system. In: Philosophical Transactions of the Royal Society B (2006), Nr. 361, S. 195–210.

Lewis, S. L. et al.: The 2010 Amazon drought. In: Science (2011), Nr. 331, S. 554.

Martin, C.: Endspiel – Wie wir das Schicksal der tropischen Regenwälder noch wenden können, München, 2015.

Pan, Y. et al.: A large and persistent carbon sink in the world's forests. In: Science (2011), Nr. 333, S. 988–993.

Salomon, S. et al.: Contribution of Working Group I to the Fourth Assessment Report of the Intergovernmental Panel on Climate Change IPCC. Cambridge, 2007.

Santilli, M. et al.: Tropical Deforestation and the Kyoto Protocol. In: Climate Change (2005), Nr. 71, S. 267–276.

Smith, P. et al.: Agriculture, Forestry and Other Land Use (AFOLU). Climate Change 2014. Mitigation of Climate Change chapter 11. Contribution of Working Group III to the Fifth Assessment Report of the IPCC. Cambridge, 2014.

The Prince's Charities' International Sustainability Unit: Tropical Forests. A Review, London, 2015.

UNFCC: Decision 1/CP.13 Bali Action Plan, 2007.

Zhou, L. et al.: Widespread decline of Congo rainforest greenness in the past decade. In: Nature (2014), Nr. 509, S. 86–90.

Die Neuerfindung des Systems Mensch

Nick Reimer

Die Klimakonferenz COP 21 in Paris hat allenfalls das Deckblatt zu einem neuen Geschichtskapitel der Menschheit formuliert. Bis dieses neue Geschichtskapitel zu Ende geschrieben ist, müssen dummerweise aber erst noch ein paar Festungen gestürmt werden.

Als alles vorbei war, begann die Zeit der großen Worte. „Der 12. Dezember hat gezeigt: Wir können die Welt zusammen verändern", schwärmte Carole Dieschbourg, die Verhandlungsführerin der EU. „Dieser Vertrag ist eine friedliche Revolution", erklärte Frankreichs Präsident François Hollande. US-Präsident Barack Obama sprach vom „Wendepunkt für die Welt". Und Bundesumweltministerin Barbara Hendricks ließ sich sogar zu der Aussage hinreißen: „Heute haben wir Geschichte geschrieben."

Leider liegt sie damit falsch. Genauso wie die anderen. Die Klimakonferenz COP 21 in Paris hat nämlich allenfalls das Deckblatt zu einem neuen Geschichtskapitel der Menschheit formuliert. Überschrift: „Die Staaten verpflichten sich, die Welt bis zum Jahr 2050 ‚klimaneutral' zu machen." Was tatsächlich einer „friedlichen Revolution" in der Geschichte der Menschheit gleich käme. Schließlich ist der Aufstieg der Spezies bislang eng mit der Ausbeutung fossiler Rohstoffe verbunden. Bis dieses neue Geschichtskapitel zu Ende geschrieben ist, müssen dummerweise aber erst noch ein paar Festungen gestürmt werden. Ein Überblick über die Gefechtslage.

Der Zeitplan

Ein Teil des in Paris beschlossenen Vertrages liegt ab dem 22. April 2016 – dem internationalen Umwelttag Earth Day – bei den Vereinten Nationen in New York für die Staats- und Regierungschefs zur Unterschrift aus. Der andere Teil muss erst noch ratifiziert werden.

Die lateinischen Worte ‚ratus' und ‚facere' bedeuten „gültig" und „machen", also in nationales Recht umsetzen. Beispielsweise muss der Deutsche Bundestag ein „Gesetz zur Ratifizierung des Paris-Protokolls" beschließen. Dem muss der Deutsche Bundesrat zustimmen, schließlich sind Interessen der Bundesländer betroffen. Und dann hat auch das deutsche Verfassungsgericht ein Wörtchen mitzureden, denn irgendjemand klagt immer gegen ein solches Gesetz, was gut ist, denn dadurch stärkt es die deutsche Verfassung. Erst danach kann die Bundesrepublik ihre Ratifizierungsurkunde bei der UNO einreichen.

Der „Paris-Vertrag" wird erst gültig, wenn mindestens 55 Staaten eine solche nationale Ratifizierungsurkunde bei der UNO eingereicht haben. Damit nicht genug: Diese 55 Staaten müssen auch noch zusammen mindestens 55 Prozent der weltweiten Treibhausgase verursachen. Das 55-55-Quorum: Bislang ist der „Paris-Vertrag" nichts als bedrucktes Papier. Nur wenn diese notwendige Anzahl Stimmen der Weltstaatengemeinschaft zusammenkommt, hat er auch eine Lebenschance. Beim Kyoto-Protokoll dauerte es acht Jahre, bis das Quorum im Februar 2005 endlich erreicht wurde. Das Paris-Protokoll soll aber bereits in fünf Jahren gültig sein.

Die US-Wahlen

„Fünfzig Prozent der US-amerikanischen Klimaschutzpolitik betreffen China", urteilte Alexander Ochs, Leiter der Abteilung Internationale Klimapolitik beim renommierten Worldwatch Institute. In Washington grassierte die Angst vor einem ökonomischen Abstieg. Deshalb wollten die USA in den Klimaverhandlungen nur einen neuen Vertrag akzeptieren, der auch die Chinesen mit Reduktionspflichten belegt. Was andersrum genauso gilt. Xie Zhenhua, der chinesische Sonderbeauftragte für den Klimawandel, erklärte: „Die Industriestaaten sind Schuld am Problem, deshalb müssen sie in Vorleistung gehen." Schließlich entstammen heute 80 Prozent aller Treibhausgase in der Atmosphäre einem Schlot der Industriestaaten.

Deshalb könnte die „friedliche Revolution" bereits an den Wahlen in den Vereinigten Staaten im November scheitern. Die Republikaner leugnen nach wie vor die Existenz der Erderwärmung. „Unsere Wirtschaft kann den ideologischen Krieg des Präsidenten gegen die Kohle nicht verkraften", sagt der republikanische Senator Mitch McConnell aus Kentucky, der gleichzeitig Mehrheitsführer der Republikaner im US-Senat ist. Nahezu jeder Republikaner argumentiert so, 41 der 45 republikanischen Mitglieder des US-Senats forderten in einem Brief Barack Obama auf, seine Klimaschutz-Ziele zurückzunehmen.

Und wenn das Obama nicht tut, dann werden eben wir es tun – so versprechen es unisono die republikanischen Präsidentschafts-Kandidaten Donald Trump, Ted Cruz und Marco Rubio. Ein Kandidat der Demokraten folgte aber zuletzt vor 50 Jahren einem demokratischen Präsidenten. Und das war 1963 zweifelsfrei eine besondere historische Konstellation: John F. Kennedy war im November in seinem dritten Amtsjahr erschossen worden, sein Vize-Präsident Lyndon B. Johnson beerbte ihn politisch. Seitdem setzte sich nach einem demokratischen Präsidenten aber nie mehr ein Demokrat gegen die Republikaner durch.

Es scheint also aussichtslos: Löst ein Republikaner Barack Obama ab, wird er den Paris-Vertrag wie auch schon das Kyoto-Protokoll nach 1997 ins politische Nirwana stampfen. Diesmal werden dann auch die Chinesen aus dem Vertrag aussteigen. Zusammen sind die beiden Großmächte aber für mehr als 45 Prozent aller weltweiten Treibhausgase verantwortlich. Ohne China und die USA wird der „Paris-Vertrag" ergo niemals das notwendige Quorum von 55 Prozent erreichen. Schon im November könnte also Schluss sein mit der „friedlichen Revolution".

Die nächste Klimakonferenz in Marrakesch

Fest steht schon jetzt: Das Paris-Protokoll wird das Problem der Erderwärmung nicht lösen. Selbst wenn die Staaten ihre für das Abkommen freiwillig gemeldeten Reduktionen nachbessern würden: Sie reichten bei Weitem nicht aus, um wenigstens in den „2-Grad-Korridor" einzuschwenken. Nach Berechnungen des UN-Klimasekretariates steuert die Welt mit den eingereichten Klimaplänen auf eine globale Durchschnittstemperatur von 2,7 bis 3,2 Grad über der vorindustriellen Zeit bis zum Ende des Jahrhunderts. Und: Eingereichte Klimapläne müssen auch noch umgesetzt werden. Staaten wie Österreich, Kanada oder Australien haben ihre Verpflichtungen gegenüber dem Kyoto-Protokoll beispielsweise nie eingehalten.

Es wäre egal, ob die Menschheit dann vernünftig würde: Oberhalb von 2 Grad setzen so genannte Kippelemente ein, die Erderwärmung verselbstständigt sich. Beispielsweise wegen des auftauenden Permafrosts in Sibirien, Alaska oder Kanada: Unter der dauergefrorenen Erde sind Milliarden Kubikmeter Methan eingelagert, ein 24-mal so aggressives Treibhausgas wie Kohlendioxid. Taut allein diese Fracht auf, forciert sich die Erderwärmung auf mindestens 4 Grad. Die Wissenschaft hat 17 solcher Kippelemente ausgemacht und warnt inständig: Nicht mehr als 2 Grad! Denn mit einer solch gestiegenen Globaltemperatur können schwere Verwerfungen im Klimasystem nur zu 70 Prozent ausgeschlossen werden. Besser wäre es, die Erderwärmung auf 1,5 Grad zu begrenzen. Wissenschaftler wie Oliver Geden von der

Stiftung Wissenschaft und Politik halten aber nicht einmal das 2-Grad-Ziel für noch erreichbar.

Immerhin erinnern die Experten an das Montreal-Abkommen zum Schutz der Ozonschicht. Als diese im Jahr 1987 beschlossen wurde, war es löchrig wie ein Schweizer Käse. Niemals hätte das Montreal-Protokoll die Ozonschicht gerettet. Aber dann gab es viele Nachverhandlungen – so lange, bis das Abkommen solide war. Tatsächlich schließt sich die Ozonschicht langsam wieder, die menschgemachte Selbstvernichtung konnte gerade noch aufgehalten werden. Christiana Figueres, die Chefin des UN-Klimasekretariates, sagt deshalb einen „graduellen Prozess" voraus: Erst im Verlauf der Klimakonferenzen nach Paris würden die Länder ihre Klimaziele anheben, weil sie zur „Einsicht gelangen, dass dies in ihrem langfristigen Interesse liegt". Die Klimakonferenz COP 22 in Marrakesch bietet die erste Chance für solche Nachbesserungen, mit COP 23 folgt 2017 die zweite wahrscheinlich in einem asiatischen Staat. Die Frage wird sein: Sind die Europäer dann immer noch mit ihrer Eurokrise, Flüchtlingskrise, Brexit-Krise beschäftigt? Oder rücken wieder Zukunftsthemen auf die Agenda? Anders gefragt: Bessern die Europäer ihr Klimaziel bis dato nach? Nur dann werden andere folgen.

Ein Angriff auf die Schornsteine

2015 lag die globale Oberflächentemperatur zum ersten Male um durchschnittlich 1 Grad über dem vorindustriellen Wert von 1850. Damit sie bis zum Jahr 2100 tatsächlich nicht um mehr als 1,5 Grad über diesen Referenzwert ansteigt – wie in Paris beschlossen – müssten sofort radikale Schnitte bei den Emissionen gemacht werden. Zuletzt stiegen die weltweiten Emissionen jährlich aber um durchschnittlich 2 Prozent.

2015 lag die globale Oberflächentemperatur zum ersten Mal um durchschnittlich 1 Grad über dem vorindustriellen Wert von 1850. Damit sie bis zum Jahr 2100 tatsächlich nicht um mehr als 1,5 Grad über diesen Referenzwert ansteigt – wie in Paris beschlossen –, müssten sofort radikale Schnitte her. Zuletzt stiegen die weltweiten Emissionen jährlich um durchschnittlich 2 Prozent, für das 1,5-Grad-Ziel müssten sie aber ab sofort um etwa 5 Prozent jedes Jahr sinken. Das hat es noch nie gegeben. Nach Berechnungen des UN-Klimarats IPCC sind dafür auch „negative Emissionen" notwendig, Techniken, die Treibhausgase aus der Luft wieder binden. Eine massive Aufforstung des Planeten könnte helfen, die umstrittene CCS-Technologie, das Abscheidung und Speicherung von Kohlendioxid ebenso. Aber die Kapazität des Aufforstens ist beschränkt und die Technologie des „Carbon Capture and Storage" ist bislang noch nicht über das Versuchsstadium hinausgewachsen.

Klimaschutz „made in Germany"

Klimaschutzweltmeister Deutschland? Von wegen! Statt zu sinken, sind 2015 die deutschen Treibhausgase lediglich auf dem Niveau von 2014 geblieben. Die Bundesrepublik hat sich verpflichtet, bis 2020 ihren Treibhausgasausstoß um 40 Prozent unter das Basisjahr 1990 zu senken. Vier Jahre vor der Zielmarke sind aber erst 28 Prozent geschafft.

Und etwa 40 Prozent der bisherigen deutschen Reduktion gehen auf den Zusammenbruch der DDR-Ökonomie zurück. Will Deutschland sein Ziel erreichen, müssten ab diesem Jahr die Emissionen um mindestens drei Prozent jährlich sinken. Das gab es noch nie, weil es keine wirkliche Klimaschutzpolitik durch die deutsche Regierung – oder: das deutsche Volk – gab. Dazu kommt, dass dank des deutschen Atomausstiegs 2017 und 2019 die Atomkraftwerke Gundremmingen und Philippsburg vom Netz gehen und endlich keinen Strahlenmüll mehr produzieren. Allerdings fallen damit auch zwei der leistungsstärksten kohlendioxidarmen Stromfabriken unseres Landes weg. Die müssen ersetzt werden, entweder durch einen sprunghaften Ausbau der Erneuerbaren – der bei der jetzigen Gesetzgebung unwahrscheinlich ist –, oder durch ein „mehr" am Einsparen. Die deutsche Treibhausgas-Produktion muss also in den nächsten vier Jahren um deutlich mehr als drei Prozent jährlich reduziert werden.

„Die deutsche Energiewende wird weltweit sehr stark beachtet", sagt Jochen Flasbarth, Staatssekretär im Bundesumweltministerium und einer der Chefverhandler in Paris. „Die Gegner des Klimaschutzes warten nur darauf, dass wir unser Ziel nicht schaffen." Dann nämlich wäre der Beweis erbracht, das dieses neue Kapitel der Menschheitsgeschichte gar nicht geschrieben werden kann. Flasbarth: „Unser Land hat einen guten Ruf in der Welt. Daraus resultiert auch eine große Verantwortung." Wo wir hin müssen, verdeutlicht die „Klima-Uhr" der Bündnisgrünen: Am 27. Januar 2016 hatte die Bundesrepublik schon so viel Kohlendioxid ausgestoßen, wie wir im Jahr 2050 jährlich nach dem Pariser Klimavertrag noch dürfen.

Ran an den treibhausgasintensiven Lebensstil

Immer noch ist – statistisch gesehen – jeder Deutsche für 9,5 Tonnen Treibhausgas pro Jahr und Kopf verantwortlich. Zum Vergleich: Ein Eritreer ist nicht einmal für 100 Kilogramm im Jahr verantwortlich. Drei Tonnen pro Jahr und Menschenkind gelten derzeit als klimaverträglich. Aber die Menschheit wächst, weshalb es Mitte des Jahrhunderts nur noch zwei Tonnen für jeden Menschenkopf pro Jahr sein dürfen.

Mehr als 100 Länder erfüllen bereits diesen klimafreundlichen Wert. Also müssen wir Deutschen runter vom Emissionsniveau: Mit 88 Kilo Fleisch pro Jahr essen wir viel zu klimaschädlich (Platz 21). Staaten ohne Tempolimit gibt es kaum noch, lediglich in Afghanistan, Bhutan, Nepal, Nordkorea, Somalia und fünf weiteren Ländern, wo die Straßenlage sowieso nicht mehr als Tempo 30 zulässt, gibt es keine Geschwindigkeitsbegrenzung. Wir sind die Reiseweltmeister (vor allem Fliegen ist klimaschädlich) und wir sind die Ankündigungsweltmeister: Bereits 1991 beschloss der Deutsche Bundestag, das Treibhausniveau bis 2005 um „mindestens 25 Prozent" zu senken. Krasses Fehlverhalten: Erst zehn Jahre später war der Wert dann endlich erreicht.

Deshalb ist jeder Einzelne gefordert: Noch nicht den Stromanbieter gewechselt? (Wahre Ökostrompioniere wie Lichtblick oder Naturstrom sind oft mittlerweile billiger als der Tarif, den Sie jetzt haben). Immer noch mit dem Auto zur Arbeit unterwegs? Noch keine Kohlendioxid-Ersatzpapiere bei Atmosfair gekauft, falls sie doch mal fliegen müssen? Immer noch nicht ihrem persönlichen Abgeordneten in einem Brief geschrieben, dass sie ihn nur wiederwählen werden, wenn er sich jetzt endlich dem Klimaschutz widmet? Ihr Geld liegt immer noch auf einem Konto der Deutschen Bank, die immer noch weltweit den Neubau von Kohlekraftwerken finanziert? Jetzt sind Sie dran: Das Paris-Abkommen wird nur eine Chance haben, wenn Sie es persönlich ratifizieren – und in ihrem Alltag umsetzen.

Natürlich gibt es noch einige Dutzend andere Festungen, die genommen werden müssen, wenn die „friedliche Revolution" Mitte des Jahrhunderts tatsächlich zur „friedlichen Revolution" führen soll. Ein Börsencrash ist notwendig, denn die Fossilkonzerne preisen jedes neu gefundene Erdöl oder Kohlefeld in ihren Unternehmenswert ein. Und da mit dem Vertrag von Paris klar ist, dass all diese Funde gar nicht mehr ausgebeutet werden dürfen, stehen sie als „faule Unternehmenswerte" in den Bilanzen.

Ein UN-Klima-Sicherheitsrat ist notwendig, der Grünhelme nach Brasilien schickt, um die anhaltende Rodung des Amazonas zu stoppen. Wir brauchen einen Internationalen Klima-Gerichtshof, der zum Beispiel die künstliche Beschneiung der Ski-Pisten in den Alpen verbietet. Schließlich kostet das so viel Strom, wie die kleinen Inselstaaten insgesamt verbrauchen. Und während der Strom in Europa „just for fun" auf den Skipisten verpulvert wird – das Schweizer Skigebiet Saas-Fee wirbt neuerdings für Sommerski – geht es bei den Inselstaaten um die nackte Existenz.

Eine weltweite Solarrevolution ist notwendig, die mit der politischen Einsicht beginnt, all die fossilen Subventionen abzubauen, die es Sonne, Wind und Co. immer noch so schwer machen. Der Internationale Währungsfonds hat nachgerechnet: 2015 subventionierten die Staaten der Welt die Nutzung fossiler Energien mit 4900 Milliarden Euro. Notwendig sind persönliche Kohlendioxidpatenschaften: Wer viele Treibhausgase produziert, muss an jene zahlen, die so gut wie nichts verursachen. Notwendig ist eine weltweite Kohlenstoffsteuer, die fossile Investitionen unwirtschaftlich macht und dafür sorgt, dass Kohle, Erdöl und Gas in der Erde bleiben. Es ist schlicht und einfach eine Neuerfindung des Systems Mensch notwendig: sein Umgang mit Energie, mit Ressourcen, mit der Natur.

Aber bevor es an diese Festungen geht: Wichtig ist erst einmal die Nummern 1 bis 6 zu stürmen!

Autorinnen und Autoren

Franz Alt, geb. 1938; Dr., ehem. Moderator des Politmagazins *Report* sowie Leiter der Zukunftsredaktion des SWR. Herausgeber des Online-Magazins *Sonnenseite.* Unter anderem ausgezeichnet mit dem Bambi, dem Adolf-Grimme-Preis und dem Umweltpreis der deutschen Wirtschaft.

Hans Diefenbacher, geb. 1954; Prof. Dr., apl. Professor für Wirtschaftswissenschaften am Alfred-Weber-Institut der Universität Heidelberg, Leiter des Arbeitsbereichs „Frieden und Nachhaltige Entwicklung" sowie stellvertretender Leiter der Forschungsstätte der Evangelischen Studiengemeinschaft (FEST).

Ottmar Edenhofer, geb. 1961; Prof. Dr., Direktor des Mercator Research Institute on Global Commons and Climate Change (MCC), Berlin, Professor für die Ökonomie des Klimawandels an der Technischen Universität Berlin sowie stellvertretender Direktor und Chefökonom des Potsdam-Instituts für Klimafolgenforschung (PIK). Von 2008 bis 2015 leitete er die Arbeitsgruppe III des Weltklimarates IPCC.

Christian Flachsland, geb. 1980; Prof. Dr., leitet die Arbeitsgruppe Governance am Mercator Research Institute on Global Commons and Climate Change (MCC), Berlin, und ist Assistant Professor for Climate & Energy Governance an der Hertie School of Governance.

Jochen Flasbarth, geb. 1962; seit Dezember 2013 Staatssekretär im Bundesministerium für Umwelt, Naturschutz, Bau und Reaktorsicherheit (BMUB). Flasbarth war zuvor seit 2009 Präsident des Umweltbundesamtes. Er war deutscher Chefunterhändler beim Pariser Weltklimagipfel.

Thomas Friemel, geb. 1967; Mitgründer und Verlags-Chefredakteur des Social Publish Verlag, der unter anderem das Wirtschaftsmagazin *enorm* herausgibt. Geschäftsführender Gesellschafter von KOMBÜSE – Kommunikationsbüro für Social Entrepreneurship. Mitglied im Beirat der Deutschen Umweltstiftung.

Hartmut Graßl, geb. 1940; Prof. Dr., Physiker, ehemaliger Direktor des Max-Planck-Instituts für Meteorologie. Herausgeber der wissenschaftlichen Fachzeitschrift *Theoretical and Applied Climatology.* Ehemals Vorsitzender des Wissenschaftlichen Beirates der Bundesregierung globale Umweltveränderungen (WBGU). Mitglied im Beirat der Deutschen Umweltstiftung.

Rüdiger Haum, geb. 1971; Dr., Politik- und Medienwissenschaftler, ehemaliger Wissenschaftlicher Referent beim Wissenschaftlichen Beirat der Bundesregierung globale Umweltveränderungen (WBGU). Seit 2015 Wissenschaftlicher Mitarbeiter am Haus der Zukunft Berlin.

Peter Hennicke, geb. 1942; Prof. Dr., ehemaliger Präsident des Wuppertal Instituts für Klima, Umwelt, Energie. Ehemaliges Mitglied der Enquete-Kommissionen des Bundestages Vorsorge zum Schutz der Erdatmosphäre und Schutz der Erdatmosphäre. Mitglied des Club of Rome.

Lukas Hermwille, geb. 1985; Research Fellow im Forschungsschwerpunkt internationale Klimapolitik am Wuppertal Institut für Klima, Umwelt, Energie.

Anton Hofreiter, geb. 1970; Dr., Biologe, Vorsitzender der grünen Bundestagsfraktion.

Pierre Ibisch, geb. 1967; Prof. Dr., Professor für Naturschutz an der Hochschule für nachhaltige Entwicklung Eberswalde. Ko-Direktor des Centre for Econics and Ecosystem Management und Forschungsprofessor für ökosystembasierte nachhaltige Entwicklung. Stellvertretender Vorsitzender der Deutschen Umweltstiftung.

Hartmut Ihne, geb. 1956; Prof. Dr., Politikwissenschaftler und Philosoph, Professor für Ethik und Kommunikation und seit 2008 Präsident der Hochschule Bonn-Rhein-Sieg. Publikationen unter anderem zu Global Governance und Politikberatung, zur Entwicklungspolitik, zu Religion und Globalisierung und zu rechtsphilosophischen sowie ethischen Fragestellungen.

Andreas Jung, geb. 1975; Dr., Mitglied des Deutschen Bundestages (CDU). Vorsitzender des Parlamentarischen Beirats für nachhaltige Entwicklung. Mitglied im Ausschuss für Wirtschaft und Energie. Beauftragter für Klimaschutz der CDU/CSU-Bundestagsfraktion.

Martin Kaiser, geb. 1965; Diplom-Geoökologe (Univ.) und Diplom-Ingenieur (FH), leitet die internationale Klimapolitik für Greenpeace weltweit und war in dieser Funktion 2009 in Kopenhagen und 2015 in Paris mit dabei. Verantwortlich für Kampagnen zum Urwaldschutz, zu internationalem Biodiversitätsschutz und Naturschutzgebieten sowie zu Klima und Energie.

Claudia Kemfert, geb. 1968; Prof. Dr., Abteilungsleiterin Energie, Verkehr, Umwelt am Deutschen Institut für Wirtschaftsforschung und Professorin für Energieökonomie und Nachhaltigkeit, Hertie School of Governance, Berlin. Mitglied im Beirat der Deutschen Umweltstiftung.

Ulrike Kornek, geb. 1985; Dr., wissenschaftliche Mitarbeiterin am Mercator Research Institute on Global Commons and Climate Change (MCC), Berlin.

Maria Krautzberger, geb. 1954; seit Mai 2014 Präsidentin des Umweltbundesamtes (UBA). Ehemalige Staatssekretärin in der Berliner Senatsverwaltung für Stadtentwicklung. Ehemals Umweltsenatorin in der Hansestadt Lübeck.

Manfred Kriener, geb. 1953; gehört zur Gründergeneration der *taz*. Arbeitet seit 36 Jahren als Umweltjournalist in Berlin.

Mojib Latif, geb. 1954; Prof. Dr., Meteorologe, Klimaforscher. Professor am ehemaligen Institut für Meereskunde und heutigen Helmholtz-Zentrum für Ozeanforschung Kiel. Seit 2007 ist er zudem Mitglied im Exzellenzcluster Ozean der Zukunft der CAU Kiel. Seit 2015 Vorstandsvorsitzender des Deutschen Klima-Konsortiums e. V. (DKK). Mitglied im Beirat der Deutschen Umweltstiftung.

Reinhold Leinfelder, geb. 1957; Prof. Dr., Geologe und Paläontologe. Ehemaliger Generaldirektor des Museums für Naturkunde Berlin; Ehemaliges Mitglied des Wissenschaftlichen Beirates der Bundesregierung Globale Umweltveränderungen (WBGU). Gründungsdirektor der Haus der Zukunft gGmbH (Berlin). Mitglied im Beirat der Deutschen Umweltstiftung.

Claude Martin, geb. 1945; Dr., Biologe. Ehemaliger Generaldirektor des WWF International. Ehemaliges Mitglied des Rates der Volksrepublik China für internationale Zusammenarbeit zu Umwelt und Entwicklung (CCICED). Mitbegründer des Weltforstrats Forest Stewardship Council (FSC).

Matthias Miersch, geb. 1968; Dr., Jurist. Umweltpolitischer Sprecher der SPD-Bundestagsfraktion. Sprecher der Parlamentarischen Linken der SPD-Bundestagsfraktion. Mitglied im Beirat der Deutschen Umweltstiftung

Volker Mosbrugger, geb. 1953; Prof. Dr., Paläontologe. Generaldirektor des Forschungsinstituts und des Naturmuseums Senckenberg in Frankfurt am Main. Ehemaliger Dekan der Fakultät für Geowissenschaften in Tübingen. Generaldirektor der Senckenberg Gesellschaft für Naturforschung.

Michael Müller, geb. 1948; Bundesvorsitzender der Naturfreunde. Ehemaliger Parlamentarischer Staatssekretär beim Bundesminister für Umwelt, Naturschutz und Reaktorsicherheit. Ehemaliger stellvertretender Vorsitzender der SPD-Bundestagsfraktion. Mitherausgeber des Online-Magazins *klimaretter.info.*

Kai Niebert, geb. 1979; Prof. Dr., Nachhaltigkeitsforscher und Professor für Didaktik der Naturwissenschaften und Nachhaltigkeit an der Universität Zürich. Präsident des Deutschen Naturschutzrings (DNR). Mitglied im Beirat der Deutschen Umweltstiftung.

Hermann E. Ott, geb. 1961; Dr., Jurist. Promotion über „Umweltregime im Völkerrecht". Seit 1994 am Wuppertal Institut, ehemals Abteilungsleiter Klimapolitik und Leiter des Berliner Büros. Ehemaliges Mitglied des Bundestages, klimapolitischer Sprecher der grünen Fraktion und Mitglied der Enquete-Kommission Wachstum, Wohlstand, Lebensqualität. Stellvertretender Vorsitzender der Deutschen Umweltstiftung.

Nick Reimer, geb. 1966; gründete während der politischen Wende 1989/1990 die erste überregionale Umweltzeitschrift der DDR, *ÖkoStroika.* Von 2000 bis 2011 war er Wirtschaftsredakteur der *taz* und zuständig für Klima und Energie. Seitdem ist er Chefredakteur des Onlinemagazins *klimaretter.info.*

Holger Rogall, geb. 1954; Prof. Dr., Professor für Nachhaltige Ökonomie an der Hochschule für Wirtschaft und Recht Berlin (HWR) und Lehrbeauftragter an der Leuphana Universität Lüneburg. Direktor des Instituts für Nachhaltigkeit (INa) der HWR Berlin und Leiter des Instituts für Nachhaltige Ökonomie (INÖk). Mitglied im Beirat der Deutschen Umweltstiftung.

Sabine Schlacke, geb. 1968; Prof. Dr., Direktorin des Instituts für Umwelt- und Planungsrecht, Westfälischen Wilhelms-Universität Münster. Seit 2011 Richterin des Staatsgerichtshofs der Freien Hansestadt Bremen. Vorstand der Gesellschaft für Umweltrecht. Mitglied des Wissenschaftlichen Beirates der Bundesregierung Globale Umweltveränderungen (WBGU).

Ann-Kathrin Schneider, geb. 1975; Leiterin Internationale Klimapolitik beim Bund für Umwelt und Naturschutz Deutschland (BUND), Teilnahme an Klimakonferenzen seit 2005.

Uwe Schneidewind, geb. 1966; Prof. Dr., Präsident des Wuppertal Instituts für Klima, Umwelt, Energie in Wuppertal und Mitglied im Club of Rome. Stellvertretender Vorsitzender der Vereinigung für ökologische Wirtschaftsforschung (VÖW) sowie

Mitglied des Wissenschaftlichen Beirats der Bundesregierung Globale Umweltveränderungen (WBGU).

Susanne Schwarz, geb. 1991; Journalistin, freie Autorenschaft für diverse Zeitungen und Magazine. Redakteurin des Online-Magazins *klimaretter.info* sowie des Debattenportals *klimadiplomatie.de*.

Christoph Seidler, geb. 1979; Journalist und Buchautor. Wissenschaftsredakteur im Hauptstadtbüro von *SPIEGEL ONLINE*. Ehemaliger Mitarbeiter des MDR sowie der Vereinten Nationen.

Frank-Walter Steinmeier, geb. 1956; Dr., Bundesminister des Auswärtigen, ehemaliger Chef des Bundeskanzleramtes, Mitglied im Präsidium der Deutschen Gesellschaft für die Vereinten Nationen.

Jörg Sommer, geb. 1963; Journalist, Autor von über 180 Büchern und seit 2009 Vorstandsvorsitzender der Deutschen Umweltstiftung, außerdem Mitherausgeber der Zeitschrift *movum* sowie des *JAHRBUCH ÖKOLOGIE*. Aktiv in zahlreichen Beiräten und Gremien der Nachhaltigkeit.

Frank Uekötter, geb. 1970; PD Dr., Mitbegründer des Rachel Carson Centers in München und lehrt seit 2013 geisteswissenschaftliche Umweltforschung an der Universität Birmingham. 2015 erschien sein Buch *Deutschland in Grün. Eine zwiespältige Erfolgsgeschichte*.

Barbara Unmüßig, geb 1956; Vorstand der Heinrich-Böll-Stiftung. Die thematischen Schwerpunkte der Stiftung wie Globalisierung, Menschen- und Frauenrechte, Geschlechterpolitik, internationale Klima-, Agrar- und Ressourcenpolitik sowie Demokratieförderung und Krisenprävention werden von ihr strategisch verantwortet. Sie hat zahlreiche Zeitschriften- und Buchbeiträge veröffentlicht, unter anderem zu Fragen der Global Governance, der internationalen Umweltpolitik und der Geschlechterpolitik.

Beate Weber-Schuerholz, geb. 1943; Lehrerin. 11 Jahre Abgeordnete des Europäischen Parlaments, unter anderem Vorsitzende des Umweltausschusses; 16 Jahre Oberbürgermeisterin von Heidelberg. Mitglied im Beirat der Deutschen Umweltstiftung.

Hubert Weiger, geb. 1947; Prof. Dr., Forstwissenschaftler. Vorsitzender des Bunds für Umwelt und Naturschutz Deutschland (BUND). Vorstandsmitglied des Agrar-Bündnis e. V.

Anders Wijkman, geb. 1944; ehemaliges Mitglied des Europäischen Parlaments. Mitglied der Schwedischen Akademie der Wissenschaften. Co-Präsident des Club of Rome. Mitglied des World Future Council (WFC).

Ernst Ulrich von Weizsäcker, geb. 1939; Prof. Dr., Chemiker und Physiker, ehemaliges Mitglied des Deutschen Bundestages, ehemaliger Direktor des UNO-Zentrums für Wissenschaft und Technologie, ehemaliger Direktor des Instituts für Europäische Umweltpolitik. Gründungspräsident des Wuppertal Instituts für Klima, Umwelt, Energie. Ehemaliger Vorsitzender der Vereinigung Deutscher Wissenschaftler. Ko-Vorsitzender des International Resource Panel des UN Umweltprogramms UNEP. Co-Präsident des Club of Rome.